教育部高等职业教育示范专业规划教材

工 程 力 学

主　编　张凤翔
副主编　张　薇　孙小芳　刘志强
参　编　于　辉　杨兆举
主　审　赵　彤　张建中

机 械 工 业 出 版 社

本书依据教育部《高职高专教育近机械类专业力学课程教学基本要求》编写而成。书中理论知识既体现“必需”、“够用”、“实用”的原则，又着眼为学生未来的可持续发展提供知识保证。全书共三篇15章。第一篇“静力学”部分包括：静力学的基本概念与受力分析、平面力系、空间力系。第二篇“材料力学”部分包括：材料力学的基本概念、拉伸与压缩、剪切、扭转、弯曲、应力状态分析与强度理论、组合变形、压杆稳定。第三篇“运动力学”部分包括：点的运动与刚体的基本运动、点的合成运动与刚体的平面运动、动力学基本方程、动能定理与动静法。每章后均有小结和思考题。

本书可作为高等职业学校、高等专科学校、成人高校及本科院校举办的二级职业技术学院和民办高校近机械类专业力学课程的教材，也可供相关的工程技术人员参考。

图书在版编目（CIP）数据

工程力学/张凤翔主编.—北京：机械工业出版社，2009.8（2017.7重印）
教育部高等职业教育示范专业规划教材
ISBN 978-7-111-27453-7

Ⅰ.工… Ⅱ.①张… Ⅲ.工程力学-高等学校：技术学校-教材 Ⅳ.TB12

中国版本图书馆CIP数据核字（2009）第103195号

机械工业出版社（北京市百万庄大街22号 邮政编码100037）
策划编辑：于 宁 责任编辑：于 宁 刘远星 责任校对：张晓嫆
封面设计：马精明 责任印制：刘 岚

北京玥实印刷有限公司印刷
2017年7月第1版第5次印刷
184mm×260mm · 16.25印张 · 398千字
12001—13900册
标准书号：ISBN 978-7-111-27453-7
定价：39.00元

凡购本书，如有缺页、倒页、脱页，由本社发行部调换

电话服务 网络服务
服务咨询热线：010-88379833 机 工 官 网：www.cmpbook.com
读者购书热线：010-88379649 机 工 官 博：weibo.com/cmp1952
教育服务网：www.cmpedu.com
封面无防伪标均为盗版 金 书 网：www.golden-book.com

前　言

本书依据教育部《高职高专教育近机械类专业力学课程教学基本要求》编写而成，可作为高等职业学校、高等专科学校、成人高校及本科院校举办的二级职业技术学院和民办高校近机械类专业力学课程的教材，也可供相关的工程技术人员参考。

本书在编写过程中，根据高职高专院校的培养目标，将传统内容重新整合，注重力学基本概念、基本原理、基本方法的理解和掌握，理论及公式推导从简或删略，重视宏观分析，注重工程应用，既体现了“少而精”的原则，又保证了内容的连续性。书中例题典型，难度适中。章前有学习目标和内容概括，章后附有本章小结、思考题和丰富的习题，书后附有部分习题参考答案，便于自学。

本书分三篇：第一篇“静力学”，第二篇“材料力学”，第三篇“运动力学”，共计15章。教学学时控制在60~80学时为宜。

本书由张凤翔任主编，张薇、孙小芳、刘志强任副主编，参加编写的还有于辉、杨兆举。其中，绪论及第1章、第2章、第9章、第10章、第11章由莱芜职业技术学院张凤翔编写，第12章、第13章、第14章、第15章由沈阳理工大学张薇编写，第3章、第7章由沈阳理工大学于辉编写，第4章、第5章、第6章由郑州电力高等专科学校孙小芳编写，第8章由张凤翔、于辉合编。各章习题答案由莱芜市高级技工学校刘志强、莱芜职业技术学院杨兆举校对完成。全书由张凤翔统编修改定稿。

本书由青岛科技大学赵彤博士、山东科技大学张建中教授担任主审，他们提出了不少宝贵的意见，特向他们表示衷心的感谢。

在本书编写中，为了突出特色，我们做了许多努力，但限于作者水平，书中难免存在错误和不妥之处，恳请读者给予指正。

编　者

目 录

第三篇　运动力学

绪　论

1. 工程力学的研究对象及主要内容

工程力学是一门研究物体机械运动和构件承载能力的科学。所谓机械运动，是指物体在空间的位置随时间的变化；而构件承载能力则是指机械零件和结构部件在工作时安全可靠地承担外载荷的能力。

如图 0-1 所示生产车间的起重机系统，从大梁到减速箱、传动轴、联轴器的设计中，首先遇到的问题就是在确定的起吊重量下，它们将受到什么样的力；其次便是在不同力的作用下，零件或部件将会发生怎样的变形，这些变形对于起重机的正常工作会产生什么影响等。此外，当突然起吊重物或在重物起吊过程中突然刹车时，重物将产生怎样的运动，以及这种运动对起重机系统的零件或部件将产生什么影响。

又如图 0-2 所示机械加工中用的摇臂钻床，钻孔时将受到力的作用，摇臂、立柱以及底座都要发生不同程度的变形。为了保证孔的加工精度，必须尽量减小这种变形。那么，怎样设计摇臂、立柱和底座才能减小这种变形呢？

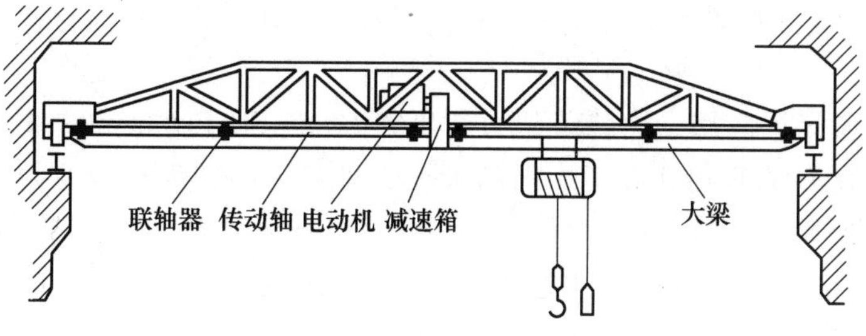

图 0-1　起重机系统

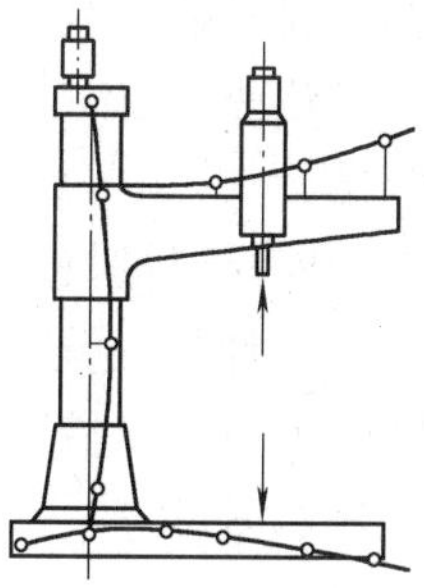

图 0-2　摇臂钻床

上述问题不单纯属于“工程力学”，而是与不同的工程设计都有关系。但是，“工程力学”可以为分析和解决这些问题打下必要的基础。

工程力学有其自身的科学系统，本书包括静力学、材料力学和运动力学三部分。

静力学主要研究物体的受力与平衡规律，即根据所研究的物体与周围物体之间的联系，确定作用在所研究物体上的力有哪些，它们的大小、方向如何；材料力学主要研究构件在外力作用下的强度、刚度和稳定性等问题的基本原理和计算方法，即研究构件变形时其内部将产生哪些力，这些力达到何种限度时，构件将会失去正常的工作能力；运动力学是从几何角度来研究物体运动的规律，分析物体运动改变的原因，建立物体的运动与其上作用力之间的关系。

随着研究问题的不同，工程力学研究的对象可以是刚体，也可以是变形体。

所谓刚体是指在任何力的作用下都完全不变形的物体。事实上，任何物体受力后都将发生不同程度的变形，但在绝大多数工程实际问题中这种变形都是很小的。因此，当分析物体的运动和平衡规律时，这种微小变形的影响是很小的，故可略去不计，这时的物体被抽象为刚体。当刚体的几何形状和尺寸很小时，可将其抽象为具有一定质量的几何点，称为质点。两个或两个以上相互有联系的质点组成的系统称为质点系。当刚体的几何形状和尺寸不能忽略时，则刚体可看成是任意两质点间距离保持不变的质点系。

分析构件的强度、刚度和稳定性问题时，由于这些问题与变形密切相关，因而即使是微小变形也必须加以考虑，这时的物体（构件）称为变形体。

2. 学习工程力学的基本要求和方法

工程力学有较强的系统性，各部分内容之间联系较紧密，学习中要循序渐进，要认真理解基本概念、基本理论和基本方法。要注意所学概念的来源、含义、力学意义及其应用；要注意有关公式的根据、适用条件；要注意分析问题的思路、解决问题的方法。在学习中，一定要认真研究，独立完成一定数量的思考题和习题，以巩固和加深对所学概念、理论、公式的理解、记忆和应用。

工程实际问题，往往比较复杂，为了使研究的问题简单化，通常抓住问题的本质，忽略次要因素，将所研究的对象抽象为力学模型。如研究物体平衡时，用抽象化的刚体这一理想模型取代实际物体；研究物体的受力与变形规律时，用变形固体模型取代实际物体；对构件进行计算时，将实际问题抽象化为计算简图等。所以，根据不同的研究目的，将实际物体抽象化为不同的力学模型，是工程力学研究中的一种重要方法。

工程力学来源于实践又服务于实践。在研究工程力学时，现场观察和实验是认识力学规律的重要实践环节。在学习本课程时，观察实际生活中的力学现象，学会用力学的基本知识去解释这些现象，通过实验验证理论正确性，并提供测试数据资料作为理论分析、简化计算的依据。

随着计算机技术的飞速发展和广泛应用，除传统的力学研究方法（理论方法和实验方法）外，计算机分析方法也为研究力学问题开辟了广阔的天地。对于一些较为复杂的力学问题，人们可以借助于计算机推导那些难于导出的公式，利用计算机整理数据、绘制实验曲线、显示图形等。由此可以展望，力学与计算机技术的紧密结合，将成为工程设计的新的主要手段。

3. 工程力学在工程技术中的地位和作用

工程力学是工科机械类或近机械类专业的一门重要技术基础课。工程力学中讲述的基础理论和基本知识，在基础课与专业课之间起桥梁作用。它为专业设备及机器的机械运动和强度计算提供必要的理论基础。一些日常生活中的现象和工程技术问题，可直接运用工程力学的基本知识去分析研究。所以，学好工程力学知识，可为解决工程实际问题打下基础。

工程力学的理论既抽象而又紧密结合实际，研究的问题涉及面广，系统性、逻辑性强。这些特点，对于培养辩证唯物主义世界观、培养逻辑思维和分析问题的能力，也起着重要作用。

第一篇　静力学

第1章 静力学基本概念与受力分析

【学习目标】

1）深入理解力、力的投影、力矩、力偶矩以及约束等基本概念。

2）掌握力的基本性质以及有关推论的内容。

3）掌握力矩及力偶的有关性质。

4）掌握各种常见约束的性质，正确表示出其相应的约束力。

5）掌握对物体进行受力分析的方法，正确画出分离体的受力图。

本章主要介绍静力学的基本概念以及物体受力分析的方法与受力图的绘制等内容，这些基本概念是静力分析的基础，而物体的受力分析和画受力图是学习本课程必须首先掌握的一项重要基本技能。

1.1 力的概念

1.1.1 力的定义

力的概念是人们在长期的生活与生产实践中逐步形成，并经过归纳、概括和科学的抽象建立起来的。例如，人挑担、举重、推车等都要用力。力的作用不仅存在于人与物体之间，而且广泛地存在于物体与物体之间。例如，空中自由下落的物体、球拍击打乒乓球、机车牵引列车、起重机吊起物体等，都是力的作用。大量事实说明，力是物体之间的相互机械作用。作用的结果可以是物体的运动状态发生改变，也可以是物体发生变形。力使物体运动状态发生改变的效应称为力的外效应或运动效应；而力使物体发生形状改变的效应称为力的内效应或变形效应。静力学和运动力学两篇只研究力的外效应，力的内效应则在材料力学中研究。

实践表明，力对物体的作用效应决定于三个因素：

（1）力的大小　它是指物体间机械作用的强弱。本书采用国际单位制（SI），力的单位是牛顿，用符号 N 来表示，或千牛顿，用符号 kN 表示。

（2）力的方向　它包含方位和指向两个方面。如谈到某钢索拉力竖直向上，竖直是指力的方位，向上是说它的指向。

（3）力的作用点　它是指力在物体上作用的地方，实际上它不是一个点，而是一块面积或体积。当力的作用面积很小时，就看成一个点。如钢索起吊重物时，钢索的拉力就可以被认为集中作用于一点，称为集中力。当力的作用地方是一块较大的面积时，如蒸汽对活塞的推力，就称为分布力。当物体内每一点都受到力的作用时，如重力，就称为体积力。

上述三个因素称为力的三要素。这三个要素中，只要有一个发生变化，力的作用效应就随之发生改变。如图 1-1 所示，用手推一木箱，若力 $\boldsymbol{F}$ 作用在 A 点能使木箱向前运动，力小则木箱速度增加就缓慢，力大则速度增加就较快；用同样大小的力 $\boldsymbol{F}'$，反向作用在 B 点，则木箱后退；若力作用在 C 点，木箱就有绕 K 点翻倒的危险。因此要确定一个力，必须说明它的大小、方向和作用点。

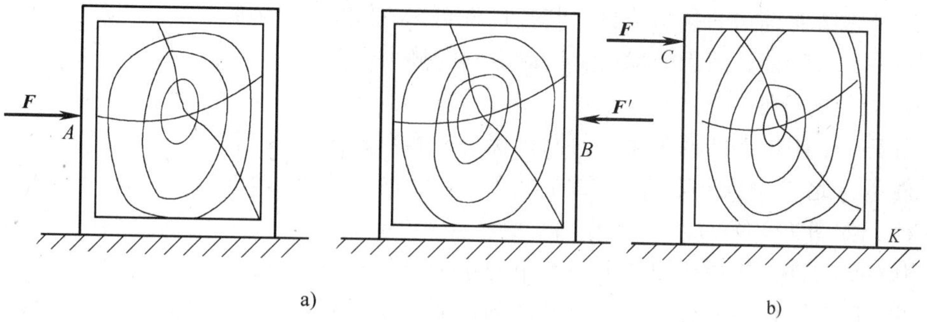

图 1-1　手推木箱

力的作用效果与它的大小、方向都有关，表明力是矢量，简称力矢。如图 1-2 所示，一个力矢可以用一个带箭头的有向线段表示，按一定比例画出的线段长度表示力的大小，线段的方位（如与水平线的夹角 θ）和箭头的指向表示力的方向，线段的起点或终点表示力的作用点，如图 1-2 中的 A 或 B 点。通过力的作用点沿力矢画的直线 KL，称为力的作用线。本书中，力矢用大写黑体字母表示，如 $\boldsymbol{F}$；力的大小是标量，用普通字母表示，如 F。

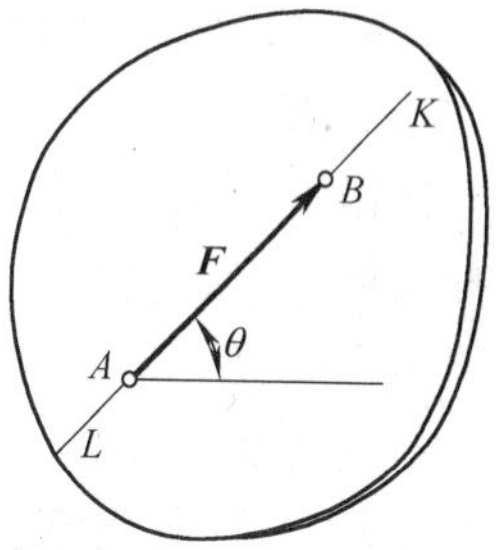

图 1-2　力的表示

为了准确地理解力的概念，必须强调指出，因为力是物体间的相互机械作用，所以力是不能脱离物体而存在的，即有作用力就必有反作用力，力总是成对出现的。分析问题时，常将它们区分为施力物体和受力物体。但二者是没有严格界限的，通常把研究对象称为受力物体，而把与它发生机械作用的其他物体称为施力物体。物体之间的相互机械作用可以是直接接触，如灯绳与灯之间的作用；也可以是非接触作用，如磁力、万有引力等场力。

实际的工程结构和机器，都是同时受到很多个力的作用，作用在物体上的一群力称为力系。按照力系中各力作用线间的相互关系，力系可分为以下三种：

（1）汇交力系　各力作用线或作用线的延长线相交于一点。

（2）平行力系　各力作用线相互平行。

（3）任意力系　各力作用线既不相交于一点，又不相互平行。

按照力系中各力作用线的分布范围，上述三种力系各自又可分为平面力系和空间力系两类，其中平面汇交力系是最简单、最基本的一种力系，而空间任意力系则是最复杂、最一般的力系。

如果一物体在力系作用下处于平衡状态，即物体相对于地球保持静止或作匀速直线运动，则称这一力系为平衡力系。如一力系用另一力系代替而对物体产生相同的外效应，则称这两个力系互为等效力系。若一个力与一个力系等效，则称此力为该力系的合力，而该力系中的各力称为此力的分力。

1.1.2 力的性质

力的性质是人类在长期的生活和生产实践中，经过观察和实验，根据大量事实，加以抽象、归纳和总结而得到的科学结论，其正确性可以在实践中得到验证，并为大家所公认而无需证明，所以也称为静力学公理。

1. 二力平衡条件

作用于一个刚体上的两个力，使刚体保持平衡状态的必要与充分条件是：此二力大小相等，方向相反，且沿同一直线，即 $\boldsymbol{F}_1 = -\boldsymbol{F}_2$，如图 1-3 所示。

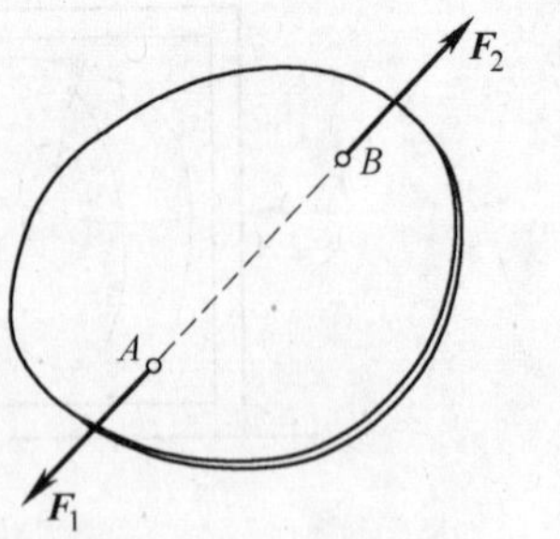

图 1-3　二力平衡条件

二力平衡条件是作用于刚体上最简单力系的平衡条件。对于刚体来说，这个条件是充分的，也是必要的；而对于变形体，它只是必要条件，并非充分条件。例如，一软绳受等值、反向、共线的两个拉力时，可以平衡，而受到两个等值、反向、共线的压力时就不能平衡。

工程上常遇到只受两个力作用而平衡的构件，称为二力构件或二力杆。如图 1-4a 所示，三铰拱中 *BC* 杆在不计自重时，就可看成是二力构件。根据二力平衡条件，二力构件上的两个力必沿两力作用点的连线，且等值、反向，如图 1-4b 所示。

2. 加减平衡力系原理

在作用于刚体上的已知力系中，加上或减去任一平衡力系，不改变原力系对刚体的作用效应。

加减平衡力系原理只对刚体适用，对变形体增减平衡力系，就会影响其变形，所以不适用于变形体。

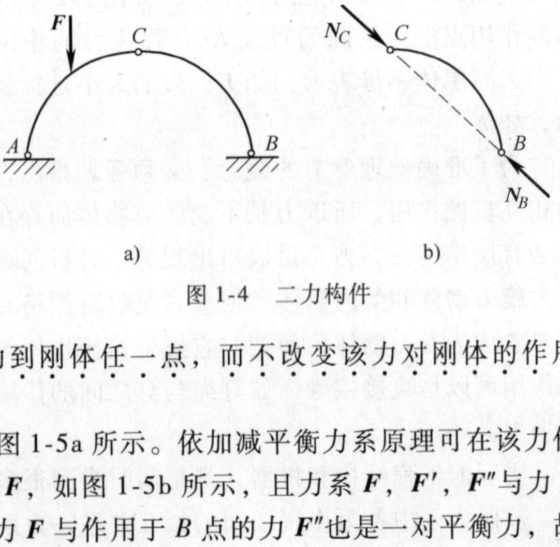

图 1-4　二力构件

推论 1　力的可传性原理

作用于刚体上的力，可沿其作用线移动到刚体任一点，而不改变该力对刚体的作用效应。

证明　设力 $\boldsymbol{F}$ 作用于刚体上的 *A* 点，如图 1-5a 所示。依加减平衡力系原理可在该力作用线上的任一点 *B* 加一对平衡力 $\boldsymbol{F}' = -\boldsymbol{F}'' = \boldsymbol{F}$，如图 1-5b 所示，且力系 $\boldsymbol{F}$，$\boldsymbol{F}'$，$\boldsymbol{F}''$与力 $\boldsymbol{F}$ 是等效的。从另一个角度看，作用于 *A* 点的力 $\boldsymbol{F}$ 与作用于 *B* 点的力 $\boldsymbol{F}''$也是一对平衡力，故可减去而不改变其效应。于是，只剩下作用在 *B* 点的力 $\boldsymbol{F}'$了，如图 1-5c 所示。*B* 点的力 $\boldsymbol{F}'$ 与原来作用于 *A* 点的力 $\boldsymbol{F}$ 等效，故可看成是原 *A* 点的力 $\boldsymbol{F}$ 顺着力作用线移动至 *B* 点的结果，这就证明了力的可传性。

力的可传性只适用于刚体。对刚体而言，力的三要素可改为大小、方向和作用线。

3. 力的合成法则

作用于物体上同一点的两个力，可以合成为一个合力，合力也作用在该点，合力的大小和方向由这两个力为边构成的平行四边形的对角线来确定，如图 1-6a 所示。这一合成方法称为力的平行四边形法则，用矢量式可表示为

$$\boldsymbol{R} = \boldsymbol{F}_1 + \boldsymbol{F}_2 \tag{1-1}$$

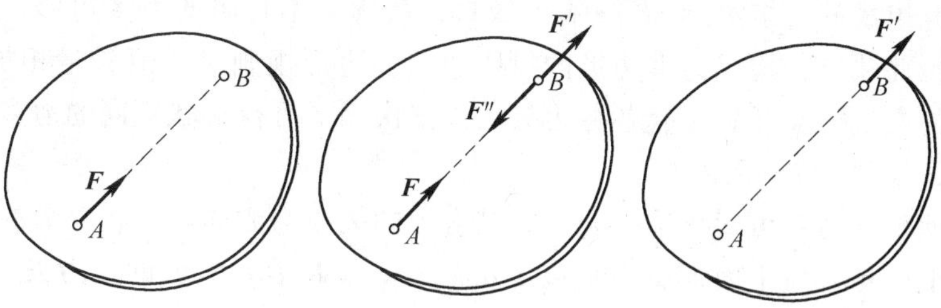

图 1-5　力的可传性

即作用于物体上同一点的两个力的合力等于这两个力的矢量和。

实际上，求合力 $\boldsymbol{R}$ 时不必作出整个平行四边形，如图 1-6b、c 所示，只需作出其中一个三角形 ABD 或 ACD 即可，即平行四边形法则可简化为力的三角形法则。显然，合力的大小、方向与二力的绘制顺序无关，可用比例尺和量角器直接从图上量出，或用三角公式计算。该法则是力系简化的基本依据之一，利用它还可以将已知力按一定条件分解为两个分力，最常见的是沿两个相互垂直的方向分解。

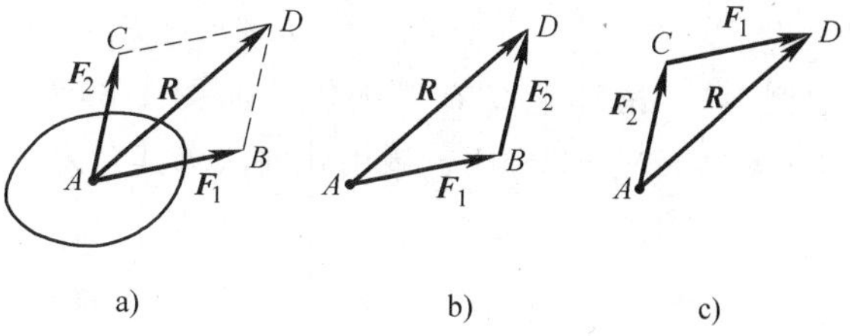

图 1-6　力的合成法则

现在讨论平面汇交力系的合成。设一刚体受到平面汇交力系 $\boldsymbol{F}_1$，$\boldsymbol{F}_2$，$\boldsymbol{F}_3$，$\boldsymbol{F}_4$ 的作用，各力作用线汇交于 A 点，根据刚体内部力的可传性，可将各力沿其作用线移至汇交 A 点，如图 1-7a 所示。

根据力的平行四边形法则，逐步两两合成合力，最后求得一个通过汇交点 A 的合力 $\boldsymbol{R}$。还可以用更简便的方法求此合力 $\boldsymbol{R}$ 的大小与方向。任取一点 a，先作力三角形求出 $\boldsymbol{F}_1$ 与 $\boldsymbol{F}_2$ 的合力 $\boldsymbol{R}_1$，再作力三角形合成 $\boldsymbol{R}_1$ 与 $\boldsymbol{F}_3$ 得 $\boldsymbol{R}_2$，最后合成 $\boldsymbol{R}_2$ 与 $\boldsymbol{F}_4$ 得 $\boldsymbol{R}$，如图 1-7b 所示。多边形 $abcde$ 称为此平面汇交力系力的多边形，矢量 $\overrightarrow{ae}$ 称为此力多边形的封闭边。封闭边矢量 $\overrightarrow{ae}$ 即表示此平面汇交力系合力 $\boldsymbol{R}$ 的大小与方向（即合力矢），而合力的作用线仍应通过原汇交点 A，如图 1-7a 所示的 $\boldsymbol{R}$。这种求合力的方法称为力的多边形法则，又称为几何法。

必须注意，此力多边形的矢序规则为：各分力的矢量沿着环绕力多边形边界的同一方向

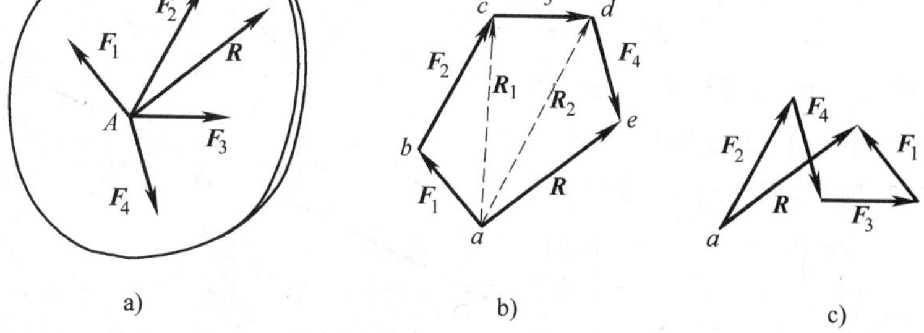

图 1-7　力的多边形法则

首尾相接。由此组成的力多边形 *abcde* 有一缺口，故称为不封闭的力多边形，而合力矢则应沿相反方向连接此缺口，构成力多边形的封闭边。多边形规则是一般矢量相加的几何解释。根据矢量相加的交换律，任意变换各分力矢的作图次序，可得形状不同的力多边形，但其合力矢仍然不变，如图 1-7c 所示。

总之，平面汇交力系可简化为一合力，其合力的大小与方向等于各分力的矢量和，合力的作用线通过汇交点。设平面汇交力系包含 n 个力，以 $\boldsymbol{R}$ 表示它们的合力矢，则有

$$\boldsymbol{R} = \boldsymbol{F}_1 + \boldsymbol{F}_2 + \cdots + \boldsymbol{F}_n = \sum \boldsymbol{F} \tag{1-2}$$

如力系中各力的作用线都沿同一直线，则此力系称为共线力系，它是平面汇交力系的特殊情况，它的力多边形在同一直线上。若沿直线的某一指向为正，相反为负，则力系合力的大小与方向决定于各分力的代数和，即

$$R = F_1 + F_2 + \cdots + F_n = \sum F \tag{1-3}$$

例 1-1 吊环上套有三根绳，如图 1-8a 所示。已知三绳的拉力分别为：$F_1 = 500\text{N}$，$F_2 = 1000\text{N}$，$F_3 = 2000\text{N}$，试用几何法求其合力。

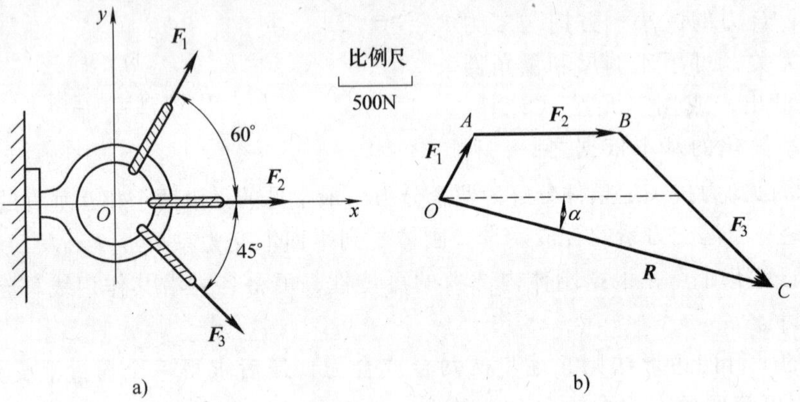

图 1-8 例 1-1 图

解 选定适当的比例尺。以力系的汇交点 O 为起点，按照选定的比例尺画出力多边形 $OABC$，由 O 点指向 C 点的封闭边矢量 $\overrightarrow{OC}$ 即为所求合力 $\boldsymbol{R}$，如图 1-8b 所示。然后按选定比例尺量得合力的大小为 $R = 2800\text{N}$，用量角器量得合力 $\boldsymbol{R}$ 与水平线之间的夹角为 $\alpha = 20°$。

推论 2 三力平衡汇交定理

刚体只受三个力作用而平衡，若其中两个力的作用线汇交于一点，则第三个力的作用线也必通过该点，且三力作用线共面。

证明 设刚体上 A、B、C 三点分别作用三个相互平衡的力 $\boldsymbol{F}_1$、$\boldsymbol{F}_2$、$\boldsymbol{F}_3$，如图 1-9 所示。依力的可传性，可将 $\boldsymbol{F}_1$、$\boldsymbol{F}_2$ 移动到汇交点 O，并依力的合成法则得合力 $\boldsymbol{R}$，则 $\boldsymbol{F}_3$ 与 $\boldsymbol{R}$ 平衡。依二力平衡条件，$\boldsymbol{F}_3$ 与 $\boldsymbol{R}$ 必共线，当然 $\boldsymbol{F}_3$ 与 $\boldsymbol{F}_1$、$\boldsymbol{F}_2$ 共面，且必通过 O 点。

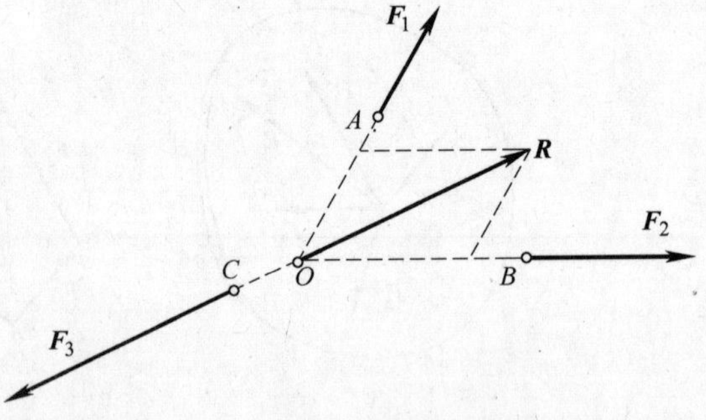

图 1-9 三力平衡汇交定理

此定理说明了不平行的三力平衡的必

要条件，当两个力的作用线相交时，可用来确定第三个力的作用线方位。

4. 作用与反作用定律

两个物体间的作用力和反作用力，总是同时存在，且大小相等，方向相反，沿同一直线，分别作用在这两个物体上。

此定律概括了自然界物体间相互作用的关系，表明一切力都是成对出现的。需要注意的是，作用与反作用定律中的二力与二力平衡条件中的二力是截然不同的，作用力与反作用力是分别作用在两个物体上的，当然不能平衡，而一对平衡力是作用在同一个物体上的。

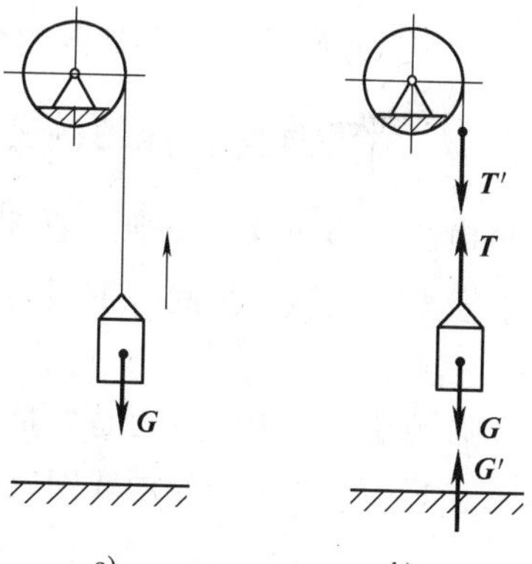

图 1-10　作用力与反作用力

例如图 1-10 所示提升装置，重物用钢丝绳悬挂在鼓轮上匀速直线提升，$\boldsymbol{G}$ 为重物所受的重力，$\boldsymbol{T}$ 为绳给重物的拉力，由于这两个力都作用在重物上，所以它们不是作用力与反作用力的关系，而是二力平衡。至于它们各自的反作用力在哪里，则首先要分清谁是“受力物体”，谁是“施力物体”。力 $\boldsymbol{T}$ 是绳拉重物的力，则其反作用力是重物拉绳的力 $\boldsymbol{T}'$，该力作用于绳上，与力 $\boldsymbol{T}$ 等值、反向、共线。力 $\boldsymbol{G}$ 是地球对重物的吸引力，所以其反作用力是重物吸引地球的力 $\boldsymbol{G}'$，该力作用于地球上，与力 $\boldsymbol{G}$ 等值、反向、共线。

1.2　力的投影

1.2.1　力在直角坐标轴上的投影

如图 1-11 所示，设力 $\boldsymbol{F}$ 作用于 A 点，在力 F 作用线所在的平面内任取直角坐标系 Oxy，过力 $\boldsymbol{F}$ 的两端点 A 和 B 分别向 x 轴和 y 轴作垂线，得垂足 a、b 和 a'、b'。线段 ab 和 $a'b'$的长度冠以适当的正负号，称为力 $\boldsymbol{F}$ 在 x、y 轴上的投影，记作 F_x、F_y或 X、Y。

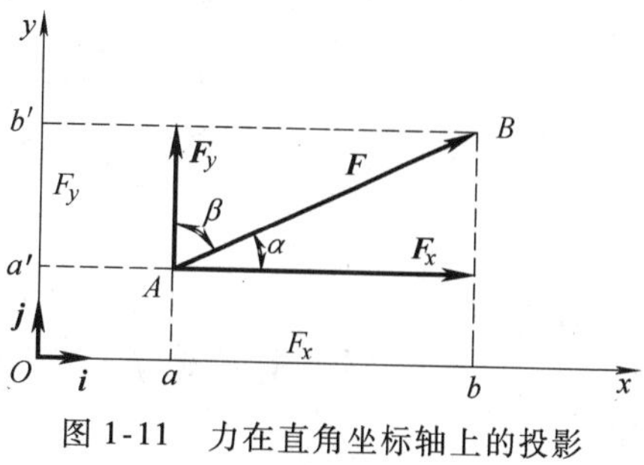

图 1-11　力在直角坐标轴上的投影

力在轴上的投影是代数量，其正负号规定为：从力的始端 A 的投影 a（或 a'）到末端 B 的投影 b（或 b'）的指向与轴的正向相同时为正；反之为负。

投影与力的大小及方向有关。设力 $\boldsymbol{F}$ 与坐标轴正向间的夹角分别为 α 及 β，则由图 1-11 可知

$$\left.\begin{aligned} F_x &= F\cos\alpha \\ F_y &= F\cos\beta \end{aligned}\right\} \tag{1-4}$$

即力在某轴的投影，等于力的大小乘以力与投影轴正向间夹角的余弦。当力与轴正向间的夹角为锐角时，投影为正；夹角为钝角时，投影为负；当力与轴垂直时，投影为零；力与轴平行时，投影的绝对值等于该力的大小。

反之，若已知力 $\boldsymbol{F}$ 在坐标轴上的投影 F_x、F_y，亦可求出该力的大小和方向为

$$\left.\begin{aligned} F &= \sqrt{F_x^2 + F_y^2} \\ \tan\alpha &= \left|\frac{F_y}{F_x}\right| \end{aligned}\right\} \tag{1-5}$$

式中，α 为力 $\boldsymbol{F}$ 与 x 轴所夹的锐角，其所在象限由 F_x、F_y的正负号决定。

1.2.2 力沿直角坐标轴的分解

由图 1-11 可知，按照力的平行四边形法则，将力 $\boldsymbol{F}$ 沿直角坐标轴 x、y 可分解为 $\boldsymbol{F}_x$ 与 $\boldsymbol{F}_y$，且与力的投影之间有下列关系

$$\boldsymbol{F} = \boldsymbol{F}_x + \boldsymbol{F}_y = F_x\boldsymbol{i} + F_y\boldsymbol{j} \tag{1-6}$$

必须注意：力的分力是矢量，具有确切的大小、方向和作用点（线）；而力的投影是代数量，它不存在唯一作用线问题，二者不可混淆。

1.2.3 合力投影定理

设由 n 个力组成的平面汇交力系作用于一个刚体上，以汇交点 O 作为坐标原点，建立直角坐标系 Oxy，如图 1-12a 所示。由式（1-6）可得出此汇交力系的合力 $\boldsymbol{R}$ 的表达式为

$$\boldsymbol{R} = R_x\boldsymbol{i} + R_y\boldsymbol{j}$$

式中，R_x、R_y为合力 $\boldsymbol{R}$ 在 x、y 轴上的投影，如图 1-12b 所示。

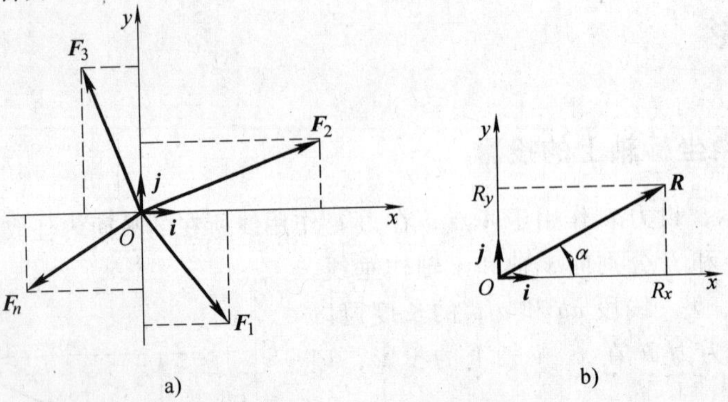

图 1-12 合力投影定理

因为

$$\boldsymbol{R} = R_x\boldsymbol{i} + R_y\boldsymbol{j} = \sum\boldsymbol{F} = \sum(F_x\boldsymbol{i} + F_y\boldsymbol{j}) = (\sum F_x)\boldsymbol{i} + (\sum F_y)\boldsymbol{j}$$

故得

$$\left.\begin{aligned} R_x &= \sum F_x \\ R_y &= \sum F_y \end{aligned}\right\} \tag{1-7}$$

称为合力投影定理，即合力在某一轴上的投影等于各分力在同一轴上投影的代数和。

合力的大小和方向为

$$\left.\begin{aligned} R &= \sqrt{R_x^2 + R_y^2} = \sqrt{(\sum F_x)^2 + (\sum F_y)^2} \\ \tan\alpha &= \left|\frac{R_y}{R_x}\right| = \left|\frac{\sum F_y}{\sum F_x}\right| \end{aligned}\right\} \tag{1-8}$$

式中，α 为合力 $\boldsymbol{R}$ 与 x 轴所夹的锐角，合力的指向由 $\sum F_x$ 和 $\sum F_y$ 的正负号决定，合力作用线通过原力系的汇交点。应用式（1-7）和式（1-8）求平面汇交力系合力的方法称为解析法。

例 1-2　试用解析法求例 1-1 中各绳拉力的合力。

解　选取坐标系 Oxy，如图 1-8a 所示。由合力投影定理得

$$R_x = \sum F_x = (500\cos60° + 1000 + 2000\cos45°)\,\text{N} = 2664.2\text{N}$$

$$R_y = \sum F_y = (500\sin60° + 0 - 2000\sin45°)\,\text{N} = -981.2\text{N}$$

故合力的大小和方向分别为

$$R = \sqrt{R_x^2 + R_y^2} = \sqrt{2664.2^2 + (-981.2)^2}\,\text{N} = 2839.1\text{N}$$

$$\alpha = \arctan\left|\frac{R_y}{R_x}\right| = \arctan\left|\frac{-981.2}{2664.2}\right| = 20.2°$$

因 $\sum F_x$ 为正，$\sum F_y$ 为负，故合力 $\boldsymbol{R}$ 在第四象限。计算结果表明，解析法较几何法精确，工程上应用较多。

1.3　力对点之矩

力对物体的运动效应分为移动与转动两种。其中力的移动效应由力矢的大小和方向来度量，而力的转动效应则由力对点之矩来度量。

1.3.1　力矩的概念

考察扳手拧紧螺母情况，如图 1-13 所示。由实践经验可知，当用扳手拧紧螺母时，力 $\boldsymbol{F}$ 对螺母的拧紧程度不仅与力 $\boldsymbol{F}$ 的大小有关，而且与螺母中心到力 $\boldsymbol{F}$ 作用线的垂直距离 d 有关。显然，力 $\boldsymbol{F}$ 的值越大，距离 d 越大，螺母拧得越紧。此外，如果力 $\boldsymbol{F}$ 的作用方向与图 1-13 所示相反，扳手将使螺母松开。因此在力学中以乘积 Fd 并冠以适当的正负号为度量力 $\boldsymbol{F}$ 使物体绕 O 点转动效应的物理量，这个量称为力 $\boldsymbol{F}$ 对 O 点之矩，简称力矩，记作 $M_O(\boldsymbol{F})$ 或 $m_O(\boldsymbol{F})$，即

$$M_O(\boldsymbol{F}) = \pm Fd \tag{1-9}$$

其中，点 O 称为矩心，垂直距离 d 称为力臂，力 $\boldsymbol{F}$ 与矩心 O 所确定的平面称为力矩作用面，乘积 Fd 称为力矩大小。

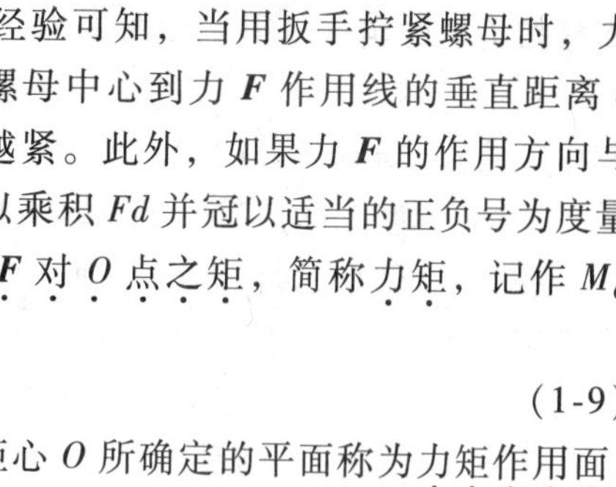

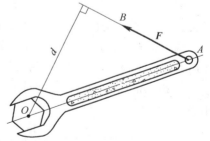

图 1-13　扳手拧紧螺母

平面问题中力矩作用面是固定不变的，所以力对点之矩是一个代数量。它的正负通常规定为：力使物体绕矩心逆时针转动时，力矩为正；反之为负。

力矩的常用单位是牛·米（N·m）或千牛·米（kN·m）。

应当注意：首先，力矩必须与矩心相对应，不指明矩心来谈力矩是没有任何意义的；其次，力矩的概念是由上述力对物体上固定点的作用所引出的，当形成抽象化概念之后，在具体应用时，对于矩心的选择无任何限制，作用于物体上的力可以对任意点取矩。

1.3.2 力矩的性质

由力矩的定义可得出力矩具有如下性质：

1）力 $\boldsymbol{F}$ 对 O 点之矩不仅取决于力 $\boldsymbol{F}$ 的大小，同时还与矩心的位置即力臂 d 有关。

2）力 $\boldsymbol{F}$ 对任一点之矩，不因该力的作用点沿其作用线移动而改变。

3）力的作用线通过矩心时，力矩等于零。

4）互成平衡的两个力对于同一点之矩的代数和为零。

5）平面力系的合力对作用面内任一点之矩等于各分力对同一点之矩的代数和，即

$$M_O(\boldsymbol{R}) = M_O(\boldsymbol{F}_1) + M_O(\boldsymbol{F}_2) + \cdots + M_O(\boldsymbol{F}_n) = \sum M_O(\boldsymbol{F}) \tag{1-10}$$

这就是平面力系的合力矩定理。

当力矩的力臂不易求出时，常将力分解为两个易确定力臂的分力（通常是正交分解），然后应用合力矩定理计算力矩。

例 1-3 如图 1-14a 所示圆柱直齿轮，受到啮合力 $\boldsymbol{F}$ 作用。设 $F=1400\text{N}$，压力角 $\alpha=20°$，齿轮的分度圆（啮合圆）的半径 $r=60\text{mm}$，试计算力 $\boldsymbol{F}$ 对于轴心 O 的力矩。

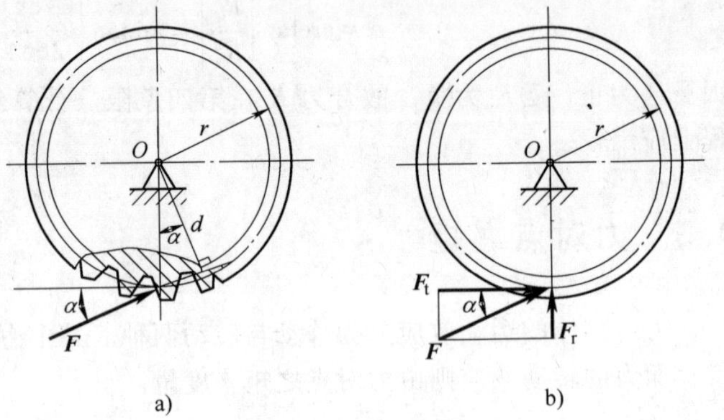

图 1-14 例 1-3 图

解 计算力 $\boldsymbol{F}$ 对点 O 之矩，可直接按力矩的定义求得，如图 1-14a 所示，即

$$M_O(\boldsymbol{F}) = Fd$$

其中，力臂 $d=r\cos\alpha$，故

$$M_O(\boldsymbol{F}) = Fr\cos\alpha = 1400 \times 0.06 \times \cos 20° \text{N}\cdot\text{m} = 78.93\text{N}\cdot\text{m}$$

我们也可以根据合力矩定理，将力 $\boldsymbol{F}$ 分解为切向力 $\boldsymbol{F}_t$ 和径向力 $\boldsymbol{F}_r$，如图 1-14b 所示。由于径向力 $\boldsymbol{F}_r$ 通过矩心 O，则

$$M_O(\boldsymbol{F}) = M_O(\boldsymbol{F}_t) + M_O(\boldsymbol{F}_r) = F\cos\alpha \cdot \text{r} + 0 = 78.93\text{N}\cdot\text{m}$$

由此可见，以上两种方法的计算结果是相同的。

例 1-4 水平梁 AB 受三角形线分布力的作用，如图 1-15 所示。分布力的最大集度为 q，梁长为 l，试求合力的大小及作用线的位置。

解 在梁上距 A 端为 x 处取一微段 $\mathrm{d}x$，其上作用力的大小为 $q'\mathrm{d}x$，其中 q' 为该处的分布力集度。由图可知，$q'=qx/l$，因此分布力的合力的大小为

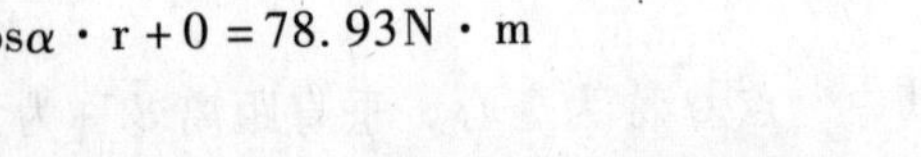

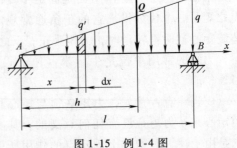

图 1-15 例 1-4 图

$$Q = \int_0^l q'\mathrm{d}x = \frac{1}{2}ql$$

设合力 $\boldsymbol{Q}$ 的作用线距 A 端的距离为 h，作用在微段 $\mathrm{d}x$ 上的力对 A 点之矩为 $-q'\mathrm{d}x \cdot x$，全部力对 A 点之矩的代数和可用积分求出，根据合力矩定理有

$$-Qh = -\int_0^l q'x\mathrm{d}x$$

得

$$h = \frac{2l}{3}$$

计算结果说明：合力大小等于三角形线分布力的面积，合力作用线通过该三角形的几何中心。

1.4　力偶

1.4.1　力偶的概念

在工程和日常生活中，经常会遇到物体受大小相等、方向相反、作用线互相平行的两个力作用的情形，例如图1-16所示汽车司机转动转向盘，钳工用丝锥攻螺纹等。实践证明，这样的两个等值、反向、不共线平行力 $\boldsymbol{F}$、$\boldsymbol{F}'$ 对物体只产生转动效应，而不产生移动效应，称为力偶，用符号（$\boldsymbol{F}$，$\boldsymbol{F}'$）表示。

力偶所在的平面称为力偶的作用面，力偶的两个力作用线间的垂直距离称为力偶臂。

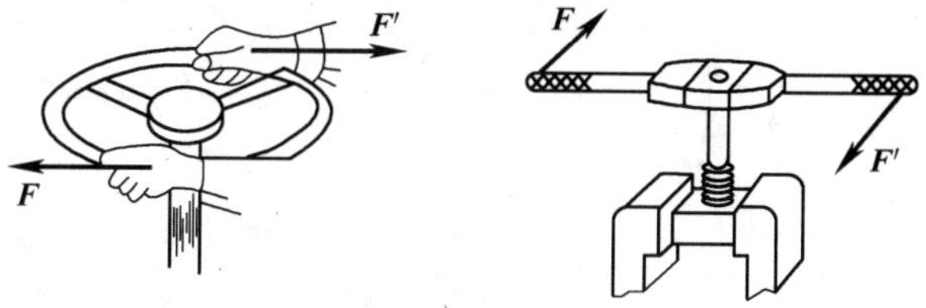

图1-16　力偶

力偶对物体的转动效应与组成力偶的力的大小和力偶臂的长短有关，力学上将力偶的力 $\boldsymbol{F}$ 的大小与力偶臂 d 的乘积冠以适当的正负号，作为力偶对物体转动效应的度量，称为力偶矩，记作 M（$\boldsymbol{F}$，$\boldsymbol{F}'$），也可简记为 M 或 m，即

$$M(\boldsymbol{F},\boldsymbol{F}') = M = \pm Fd \tag{1-11}$$

力偶矩是代数量，式中的正负号规定为：力偶的转向是逆时针时为正；反之为负。

力偶矩的单位与力矩的单位相同，也是N·m或kN·m。

综上所述，力偶对物体的转动效应与力偶矩的大小、力偶的转向和力偶的作用面有关，称为力偶的三要素。

1.4.2　力偶的性质

力偶是由两个具有特殊关系的力组成的力系，虽然力偶中的每个力仍具有一般力的性质，但作为整体，却表现出与单个力不同的特性。

1）力偶无合力。由于组成力偶的两个平行力在任意轴上的投影之和为零，故力偶不能与一个力等效，也不能与一个力平衡，力偶只能与力偶等效或平衡。因此力和力偶是组成力系的两个基本物理量。

2）力偶对其作用面内任一点之矩恒等于力偶矩，而与矩心的位置无关。

设有一力偶（$\boldsymbol{F}$，$\boldsymbol{F}'$），力偶臂为 d，如图1-17所示。在力偶作用面内任取一点 O 为矩心，设 O 点与力 $\boldsymbol{F}'$ 的距离为 x，则力偶的两个力对 O 点之矩的和为

$$F(x+d) - F'x = Fd$$

这表明力偶对其作用面内任一点之矩恒等于力偶矩，与矩心的位置无关。

3）作用在刚体同一平面内的两个力偶，若力偶矩大小相等，转向相同，则两个力偶彼此等效。

由此可以得出推论：只要保持力偶矩大小和转向不变，力偶可在其作用面内任意移动，且可同时改变力偶中力的大小和力偶臂的长短，而不改变它对刚体的作用效应。

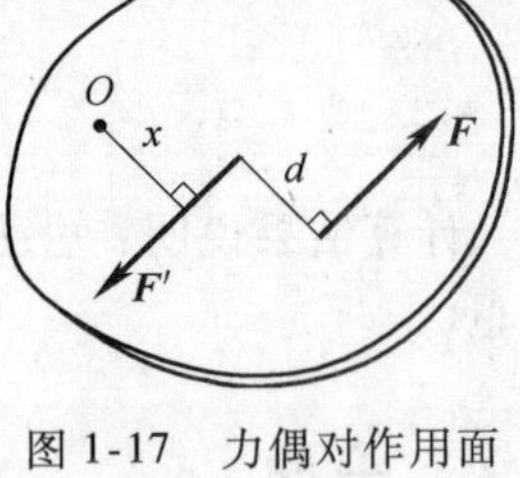

图 1-17 力偶对作用面内任一点之矩

由力偶的性质可见，力偶对物体的转动效应完全取决于其力偶矩的大小、转向和作用平面。因此表示平面力偶时，可用力和力偶臂或一带箭头的弧线表示，并标出力偶矩的值即可，而不必标明力偶在平面的具体位置以及组成力偶的力和力偶臂的值。例如图 1-18a 所示逆时针力偶可表示为图 1-18b 或图 1-18c，其中 M 表示力偶矩的值。

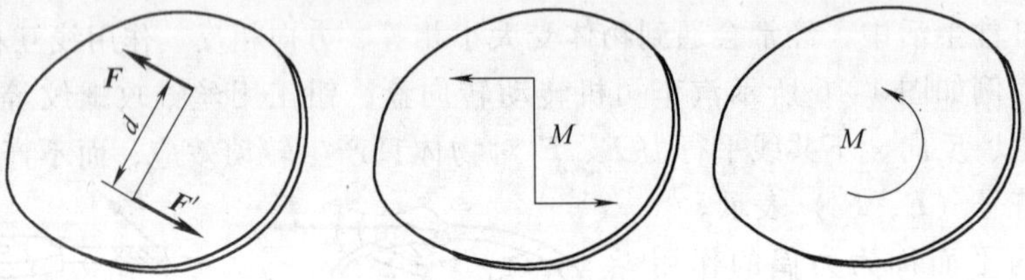

a) b) c)

图 1-18 力偶的表示

1.4.3 平面力偶系的合成

作用在物体上同一平面内的多个力偶称为平面力偶系。平面力偶系可合成为一个合力偶，合力偶矩等于各个力偶矩的代数和，即

$$M = M_1 + M_2 + \cdots + M_n = \sum M_i \tag{1-12}$$

证明 设有平面力偶系 M_1，M_2，…，M_n，如图 1-19a 所示。在力偶作用面内任选两点 A、B，以其连线作为公共力偶臂 d。保持各力偶的力偶矩不变，将各力偶分别表示成作用在 A、B 点的反向平行力，如图 1-19b 所示，则有

$$F_1 = \frac{M_1}{d},\ F_2 = -\frac{M_2}{d},\ \cdots,\ F_n = \frac{M_n}{d}$$

于是在 A、B 两点处各得一组共线力系，其合力分别为 $\boldsymbol{R}$ 和 $\boldsymbol{R}'$，如图 1-19c 所示，且有

$$R = F_1 - F_2 + \cdots + F_n,\ R' = F_1' - F_2' + \cdots + F_n'$$

$\boldsymbol{R}$ 和 $\boldsymbol{R}'$为一对等值、反向、不共线的平行力，它们组成的力偶称为合力偶，合力偶矩为

$$M = Rd = (F_1 - F_2 + \cdots + F_n)d = M_1 + M_2 + \cdots + M_n = \sum M_i$$

即合力偶矩等于各个力偶矩的代数和。

1.4.4 力的平移定理

由力的可传性原理知，作用在刚体上的力可以沿其作用线移动到刚体上任意一点，而不改变它对刚体的作用效应。问题是，在不改变力对刚体作用效应的前提下，能否将力平行移动到作用线以外的任一点呢？

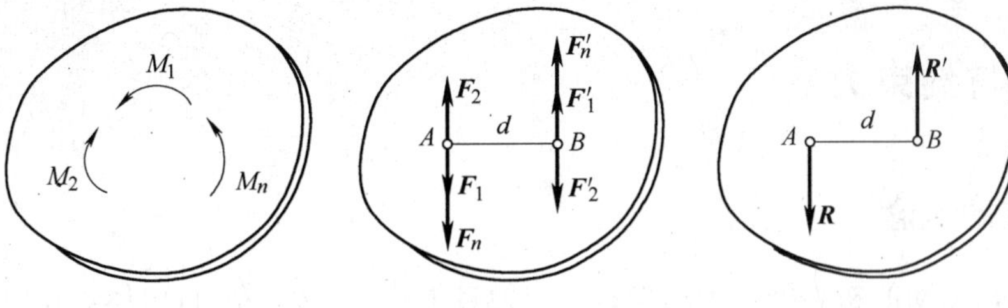

a) b) c)

图 1-19 平面力偶系的合成

定理 作用于刚体上的力可以平行移至刚体内任一点，欲不改变该力对刚体的作用效应，则必须在该力与新作用点所确定的平面内附加一力偶，其力偶矩等于原力对新作用点之矩。这就是力的平移定理。

证明 设在刚体上 A 点作用一个力 $\boldsymbol{F}$，现要将它平行移动到刚体内任一点 B，而不改变它对刚体的作用效应，如图 1-20a 所示。为此，根据加减平衡力系原理，可在 B 点加上一对与原力 $\boldsymbol{F}$ 等值且平行的平衡力 $\boldsymbol{F}'$和 $\boldsymbol{F}''$，如图 1-20b 所示。力系 $\boldsymbol{F}$，$\boldsymbol{F}'$，$\boldsymbol{F}''$可看做是作用于 B 点上的力 $\boldsymbol{F}'$与一个力偶（$\boldsymbol{F}$，$\boldsymbol{F}''$），这样作用于 A 点的力 $\boldsymbol{F}$ 就与作用于 B 点的力 $\boldsymbol{F}'$和力偶（$\boldsymbol{F}$，$\boldsymbol{F}''$）的组合等效。这就等于将力 $\boldsymbol{F}$ 由 A 点平移到 B 点，然后再附加一个力偶（$\boldsymbol{F}$，$\boldsymbol{F}''$），其力偶矩为 $M = Fd$，亦等于原力 $\boldsymbol{F}$ 对 B 点之矩，如图 1-20c 所示，即

$$M = M_B(\boldsymbol{F})$$

根据力的平移定理，可以将一个力等效为一个力和一个力偶；反之，也可以将同一平面内的一个力 $\boldsymbol{F}'$和一个力偶 M 合成为一个合力 $\boldsymbol{F}$，该合力 $\boldsymbol{F}$ 与力 $\boldsymbol{F}'$大小相等，方向相同，作用线相距 $d = \dfrac{|M|}{F'}$。合成的过程就是图 1-20 的逆过程。

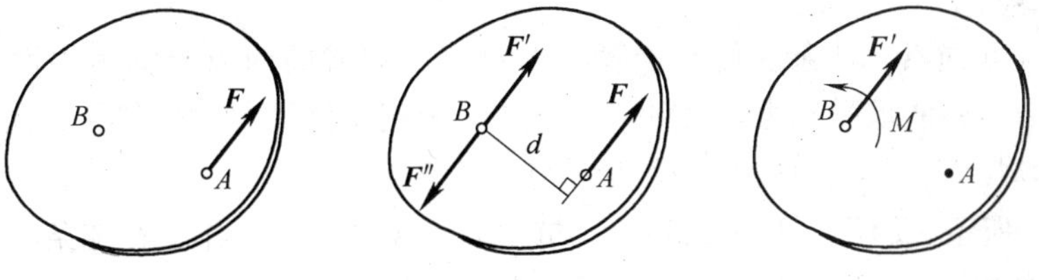

a) b) c)

图 1-20 力的平移定理

力的平移定理是力系简化的依据，也是分析力对物体作用效应的一个重要手段。例如攻螺纹时，要求双手用力均匀，这时丝锥只受一力偶作用。若两手用力不均匀或单手用力（图 1-21a），则根据力的平移定理，将力平移至丝锥的中心后，得一力和一力偶（图 1-21b），力偶使丝锥产生转动，起到攻螺纹的作用，但力将使丝锥产生弯曲，严重时使其折断。因此攻螺纹时，切忌用单手去操作。

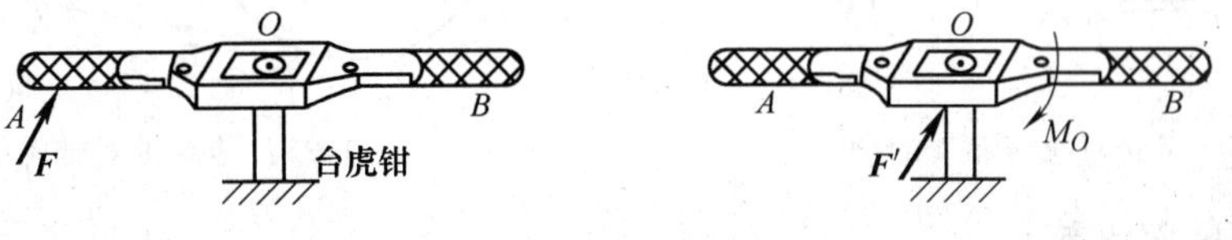

a) b)

图 1-21 丝锥攻螺纹

1.5 约束与约束力

1.5.1 约束的概念

自然界中，运动的物体可分为两类：一类为自由体；一类为非自由体。在空间可以自由运动，其位移不受任何限制的物体称为自由体。例如，在空中飞行的飞机，在太空中飞行的飞船、卫星等。在空间中某些运动或位移受到限制的物体称为非自由体。例如，机车只能在铁轨上运行，其运动受到限制，故为非自由体。工程中大多数结构构件或机械零部件都是非自由体。

很显然，非自由体之所以不能在空间任意运动，是因为它的某些运动或位移受到限制，我们将这种限制称为约束。约束的作用总是通过某物体来实现的，因此也将约束定义为：对非自由体的某些运动或位移起限制作用的物体。例如，铁轨是机车的约束，主轴上的轴承是主轴的约束等。约束与非自由体（又称为被约束物体）相接触产生了相互作用力，约束作用于非自由体上的力称为约束力，也简称为反力。约束力总是作用在约束与被约束物体的接触处，其方向总是与约束所能限制的被约束物体的运动方向相反。

能主动地使物体运动或有运动趋势的力，称为主动力或载荷（亦称为荷载），例如重力、水压力、切削力等。物体所受的主动力一般是已知的，而约束力是由主动力的作用而引起，是被动力，它是未知的。因此，对约束力的分析就成为十分重要的问题。

1.5.2 工程中常见的约束及约束力

1. 柔性约束

各种柔体（如绳索、链条、传动带等）对物体所构成的约束统称为柔性约束。柔体本身只能承受拉力，不能承受压力。其约束特点是：限制物体沿着柔体伸长方向的运动。因此它只能给物体以拉力，这类约束的约束力常用符号 $\boldsymbol{T}$ 表示。

如图 1-22a 所示，起吊一减速箱箱盖，链条对箱盖的约束力作用在链条与箱盖的接触点上，方向沿着链条的中心线，其指向背离受力体，如图 1-22b 所示。当链条或传动带绕过轮子时，约束力沿轮缘的切线方向，如图 1-23 所示。

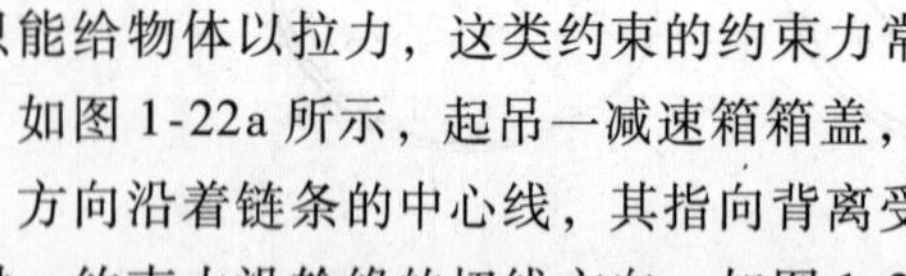

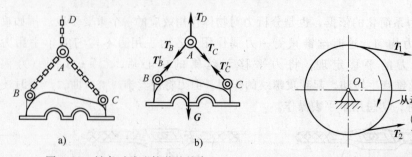

图 1-22 链条对减速箱盖的约束

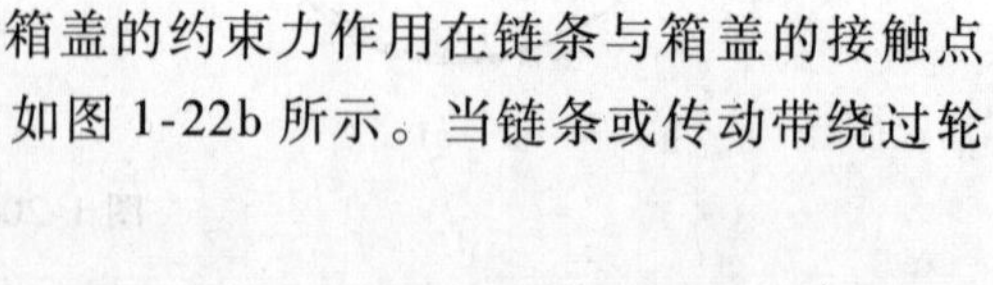

图 1-23 传动带对带轮的约束

2. 光滑接触面约束

当两个物体接触处的摩擦力很小，与其他力相比可以略去不计时，则可认为接触面是光滑的，由此形成的约束称为光滑接触面约束。与柔性约束相反，此类约束只能压物体，限制被约束物体沿二者接触面公法线方向的运动，而不限制沿接触面切线方向的运动。因此，光滑面约束的约束力只能沿着接触面的公法线方向，并指向被约束物体。这类约束的约束力常用符号 N 表示，如图 1-24 所示。

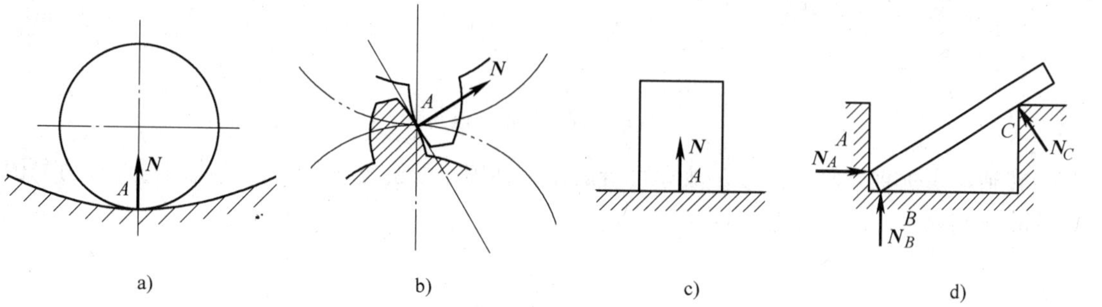

图 1-24 光滑接触面约束

3. 光滑圆柱铰链约束

工程中，常将两个具有相同圆孔的物体用圆柱销连接起来。如不计摩擦，受约束的两个物体都只能绕销钉轴线转动，销钉对被连接的物体沿垂直于销钉轴线方向的移动形成约束，这类约束称为光滑圆柱铰链约束。一般根据被连接物体的形状、位置及作用，可分为以下几种形式：

（1）中间铰链约束 如图 1-25a 所示，1、2 分别是具有相同圆孔的两个物体，将圆柱销穿入物体 1 和 2 的圆孔中，便构成中间铰链，其简图通常用 1-25b 表示。

由于销与物体的圆孔表面都是光滑的，两者之间总有缝隙，产生局部接触，本质上属于光滑接触面约束，故销对物体的约束力 $\boldsymbol{N}$ 必沿接触点的公法线方向，即通过销钉中心。但由于接触点不确定，故约束力 $\boldsymbol{N}$ 的方向也不能确定，通常用两个正交分力 $\boldsymbol{N}_x$、$\boldsymbol{N}_y$ 表示，如图 1-25c 所示。

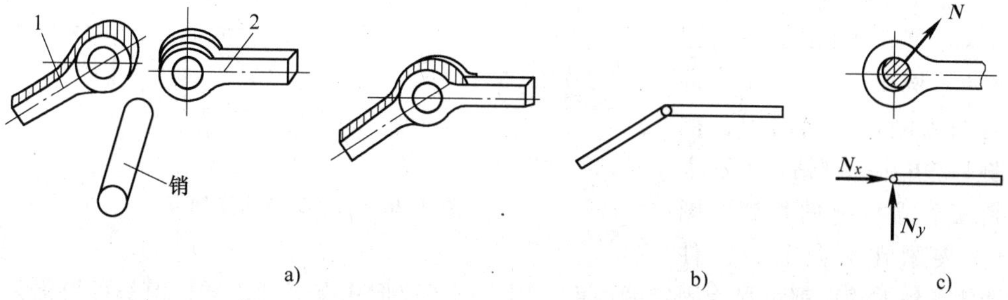

图 1-25 中间铰链约束

（2）固定铰链支座约束 如图 1-26a 所示，将中间铰链结构中的一个物体换成支座，且与基础固定在一起，则构成固定铰链支座，计算简图如图 1-26b 所示。约束力的特点与中间铰链相同，如图 1-26c 所示。

机器中常见的支承传动轴的向心轴承，如图 1-27a 所示，这类轴承允许转轴转动，但限

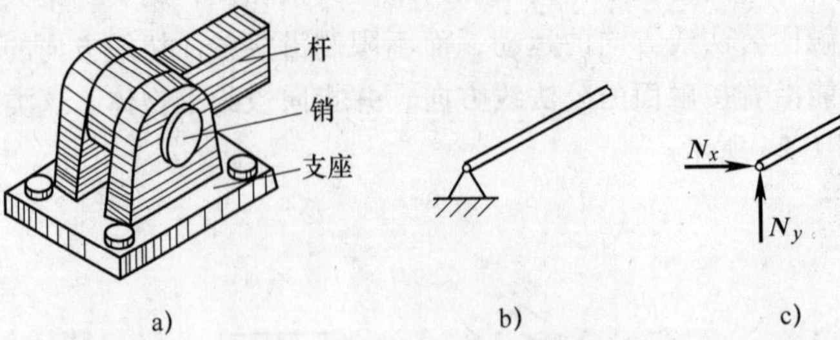

图 1-26　固定铰链支座约束

制与转轴轴线垂直方向的位移，故亦可看成是一种固定铰链支座约束，其简图与约束力如图1-27b、c 所示。

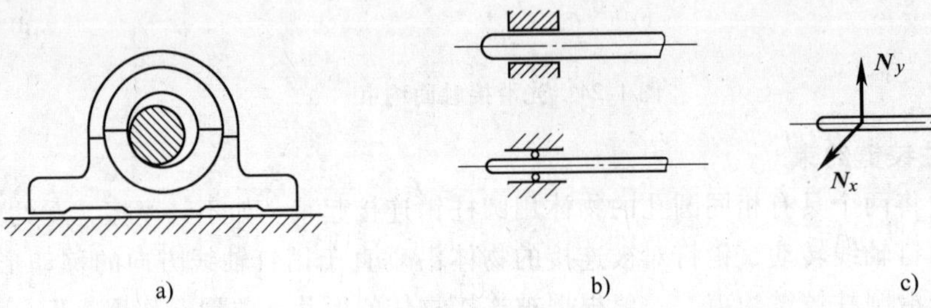

图 1-27　向心轴承约束

（3）活动铰链支座约束　将固定铰链支座底部安放若干辊子，并与支承面接触，则构成活动铰链支座，又称辊轴支座，如图 1-28a 所示。这类支座常见于桥梁、屋架等结构中，通常用简图 1-28b 所示。活动铰链支座只能限制构件沿支承面垂直方向的移动，不能阻止物体沿支承面的运动或绕销钉轴线的转动。因此活动铰链支座的约束力通过销钉中心，垂直于支承面，如图 1-28c 所示。

4. 固定端约束

工程中把使物体的一端既不能移动又不能转动的约束称为固定端约束。例如图 1-29a 中一端紧固地插入刚性墙内的阳台挑梁、图 1-29b 中摇臂钻在图示平面内紧固于立柱上的摇臂、图 1-29c 中夹紧在卡盘上的工件等，端部受到的约束都可视为固定端约束。固定端约束形式有多种多样，但都可简化为类似图 1-29d 所示形式。

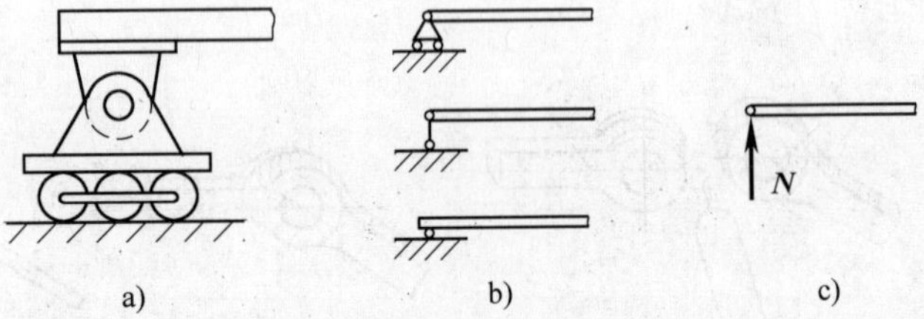

图 1-28　活动铰链支座约束

固定端约束处的实际约束力分布比较复杂，当主动力为平面力系时，这些力也将组成平面力系。应用力的平移定理，将分布的约束力向固定端 A 点简化，得到一约束力 $\boldsymbol{F}_A$ 和一约束力偶 M_A。一般情况下，$\boldsymbol{F}_A$ 的方向是未知的，常用两个正交分力 $\boldsymbol{F}_{Ax}$、$\boldsymbol{F}_{Ay}$ 或 $\boldsymbol{X}_A$、$\boldsymbol{Y}_A$ 表示，如图 1-29e、f 所示。

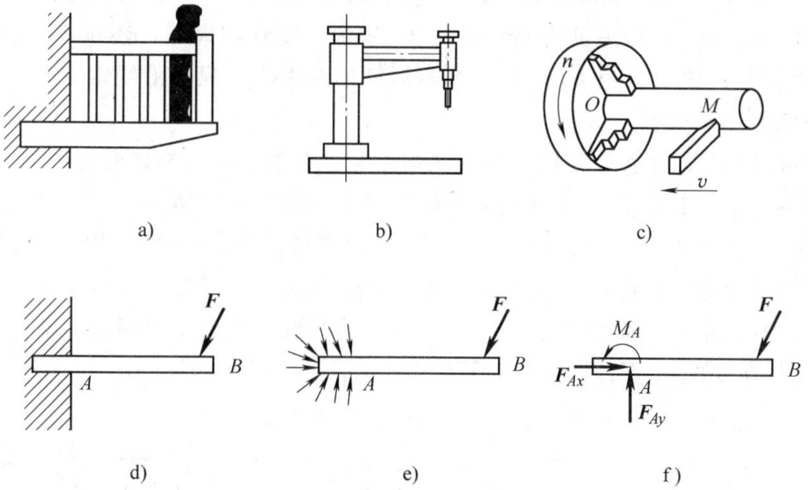

图 1-29　固定端约束

1.6　物体的受力分析和受力图

工程上遇到的物体几乎全是非自由体，它们同周围物体相联系。在求解工程力学问题时，一般首先需要根据问题的已知条件和待求量，选择一个或几个物体作为研究对象，然后分析它受到哪些力的作用，其中哪些是已知的，哪些是未知的，此过程称为受力分析。

对研究对象进行受力分析的步骤如下：

1）为了能清晰地表示物体的受力情况，将研究对象从与其联系的周围物体中分离出来，单独画出（即解除约束），这种分离出来的研究对象称为分离体。

2）在分离体上画出它所受的全部力（包括主动力及周围物体对它的约束力），称为受力图。

下面举例说明受力图的画法。注意：凡图中未画出重力的就是不计自重；凡不提及摩擦时，则接触面视为光滑的。

例 1-5　试分析图 1-30a、c 所示球及杆的受力。

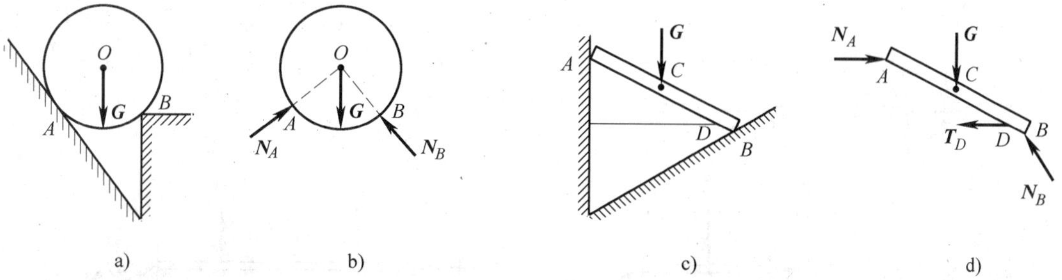

图 1-30　例 1-5 图

解　分别选取图示球、杆为研究对象，画出其分离体。

在图 1-30a 中，圆球除受主动力 $\boldsymbol{G}$ 外，在 A、B 两点还受到约束，均属光滑接触，故约

束力 N_A、N_B应分别过接触点沿接触面的公法线方向指向圆心（压力），如图 1-30b 所示。

在图 1-30c 中，杆 AB 受主动力 $\boldsymbol{G}$，除在 A、B 两点受到约束外，还在 D 点受绳索约束。A、B 处为光滑接触，约束力为 N_A、N_B；绳索对杆的约束力，只能沿绳索方向，为拉力 $\boldsymbol{T}_D$，如图 1-30d 所示。

例 1-6 如图 1-31a 所示三铰拱结构，试画出左、右拱及机构整体受力图。

解 分别取左、右拱以及三铰拱整体为研究对象，画出分离体。

(1) 右拱 BC 由于不计自重，且又只在 B、C 两铰链处受到约束，故为二力构件。其约束力 $\boldsymbol{N}_B$、$\boldsymbol{N}_C$沿两铰链中心连线，且等值、反向（设为压力），如图 1-31b 所示。

(2) 左拱 AB 受主动力 $\boldsymbol{F}$ 作用，B 铰处的约束力依作用与反作用定律，$\boldsymbol{N}'_B = -\boldsymbol{N}_B$，拱在 A 铰处的约束力为 $\boldsymbol{N}_{Ax}$、$\boldsymbol{N}_{Ay}$，如图 1-31b 所示。

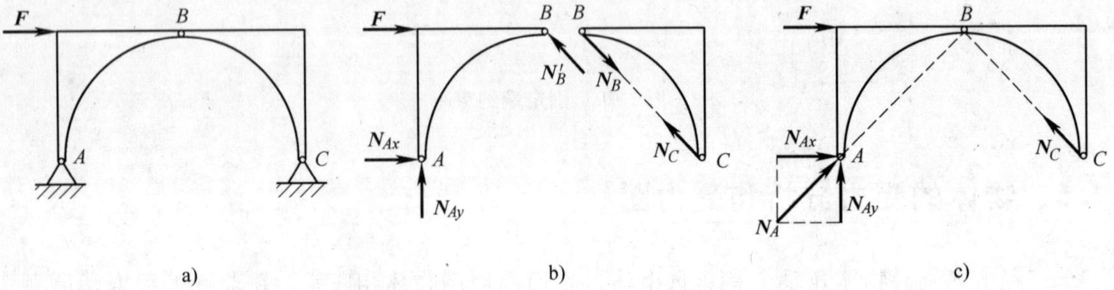

图 1-31 例 1-6 图

(3) 三铰拱整体 B 处所受力为内力，不画。其外力有主动力 $\boldsymbol{F}$，约束力 $\boldsymbol{N}_C$、$\boldsymbol{N}_{Ax}$、$\boldsymbol{N}_{Ay}$，如图 1-31c 所示。如果注意到三力平衡汇交定理，则可肯定 $\boldsymbol{N}_{Ax}$与 $\boldsymbol{N}_{Ay}$的合力 $\boldsymbol{N}_A$必通过 B 处，且沿 A、B 两点的连线作用，这时可以 $\boldsymbol{N}_A$代替 $\boldsymbol{N}_{Ax}$与 $\boldsymbol{N}_{Ay}$。

例 1-7 一多跨梁 ABC 由 AB 和 BC 用中间铰链 B 连接而成，支承和载荷情况如图 1-32a 所示。试画出梁 AB、梁 BC、销 B 及整体的受力图。

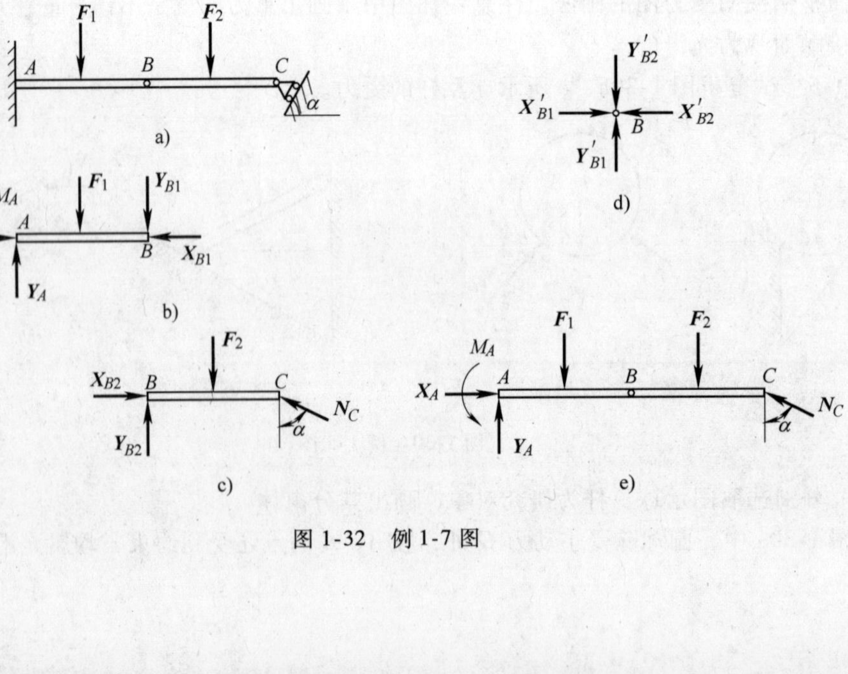

图 1-32 例 1-7 图

解　(1) 取出分离体梁 AB，受力图如图 1-32b 所示。其上作用有主动力 $\boldsymbol{F}_1$，中间铰链 B 的销钉对梁 AB 的约束力用两正交分力 $\boldsymbol{X}_{B1}$、$\boldsymbol{Y}_{B1}$ 表示，固定端约束处有两个正交约束力 $\boldsymbol{X}_A$、$\boldsymbol{Y}_A$ 和一个约束力偶 M_A。

(2) 取出分离体梁 BC，受力图如图 1-32c 所示。其上作用有主动力 $\boldsymbol{F}_2$，销钉 B 的约束力 $\boldsymbol{X}_{B2}$、$\boldsymbol{Y}_{B2}$，活动铰链支座 C 的约束力 $\boldsymbol{N}_C$。

(3) 取销钉 B 为研究对象，受力情况如图 1-32d 所示，销钉 B 受 $\boldsymbol{X}'_{B1}$、$\boldsymbol{Y}'_{B1}$ 和 $\boldsymbol{X}'_{B2}$、$\boldsymbol{Y}'_{B2}$ 四个力的作用。销钉为梁 AB 和梁 BC 的连接点，其作用是传递梁 AB 和 BC 之间的作用，约束两梁的运动，从图 1-32d 可看出，销钉 B 的受力呈现等值、反向的关系。因此，在一般情况下，若销钉处无主动力作用，则不必考虑销钉的受力，将梁 AB 和 BC 间点 B 处的受力视为作用力与反作用力即可。

(4) 图 1-32e 所示为整体 ABC 的受力图，受到 $\boldsymbol{F}_1$、$\boldsymbol{F}_2$、$\boldsymbol{N}_C$、$\boldsymbol{X}_A$、$\boldsymbol{Y}_A$ 和 M_A 的作用，中间铰链 B 处为内力作用，故不予画出。

通过上述实例分析，可归纳一下画受力图的步骤和应注意的问题：

1) 明确研究对象，取出分离体。依题意可选取单个物体，也可选取由几个物体组成的系统作为分离体。

2) 分析研究对象在哪些地方受到约束，依约束的性质，在分离体上正确地画出约束力，并将主动力也一并画出。

3) 在画两个相互作用物体的受力图时，要特别注意作用力和反作用力的关系。即作用力一经假设，反作用力必与之反向、共线，不可再行假设。

4) 画整个系统的受力图时，内力不画。因为内力成对出现，自成平衡力系，只需画出全部外力。注意，内力、外力的区分不是绝对的。例如，例 1-6 中，当取右拱为分离体时，$\boldsymbol{N}_B$ 属于外力，当取整体时，$\boldsymbol{N}_B$ 又成为内力。可见内力和外力的区分，只有相对于某一确定的分离体才有意义。

5) 画受力图时，通常应先找出二力构件，画出它的受力图。还应经常注意三力平衡汇交定理的应用，以简化受力分析。

6) 画单个物体的受力图或画整个物体系统的受力图时，为方便起见，也可在原图上画，但画物体系统中某个物体或某一部分的受力图时，则必须取出分离体。

通过取分离体和画受力图，把物体之间的复杂联系转化为力的联系，这样就为分析和解决力学问题提供了依据。因此，必须熟练、牢固地掌握这种科学的抽象方法。

本章小结

1. 力的概念

力是物体之间的相互机械作用。其效应有两种，即外效应（运动效应）和内效应（变形效应）。力的三要素为：大小、方向、作用点。力是矢量。

2. 静力学公理

静力学公理阐明了力的基本性质。二力平衡条件是最基本的力系平衡条件；加减平衡力系原理是力系等效代换与简化的理论基础；力的合成法则是力系合成与分解的基本法则；作用与反作用定律揭示了力的存在形式和力在物系内部的传递方式。

二力构件是受两个力作用处于平衡的构件。正确分析和判断结构中的二力构件，是物体受力分析中所必须掌握的基本要求。

3. 力的投影

过力矢量的两端分别向坐标轴作垂线，垂足间带有正负号的线段表示该力在该轴上的投影。合力与分力在同一轴上的投影关系为

$$\left.\begin{aligned}R_x &= \sum F_x\\ R_y &= \sum F_y\end{aligned}\right\}$$

4. 力对点之矩

力矩是力对物体转动效应的度量。可按力矩的定义 $M_O(\boldsymbol{F}) = \pm Fd$ 和合力矩定理 $M_O(\boldsymbol{R}) = \sum M_O(\boldsymbol{F})$ 来计算平面问题中力对点之矩。

5. 力偶

力偶是等值、反向、不共线的一对平行力。力偶是另一个基本力学量，它的作用取决于三要素：力偶矩的大小、转向和力偶的作用面方位。力偶矩的值为力偶中任一力 $\boldsymbol{F}$ 的大小与力偶臂 d 的乘积，即

$$M(\boldsymbol{F},\boldsymbol{F}') = M = \pm Fd$$

力偶的性质有：

1）力偶无合力。

2）力偶对其作用面内任一点之矩恒等于力偶矩，而与矩心的位置无关。

3）作用在刚体同一平面内的两个力偶，若力偶矩大小相等，转向相同，则两个力偶彼此等效。

6. 工程上常见的约束类型

（1）柔性约束　只能承受沿柔索的拉力。

（2）光滑接触面约束　只能承受位于接触点的法向压力。

（3）光滑圆柱铰链约束　能限制物体沿垂直于销钉轴线方向的移动，一般表示为两个正交分力。

（4）固定端约束　能限制物体沿任何方向的移动和转动，用两个正交约束力和一个约束力偶表示其作用。

7. 受力图

画有研究对象及其所受全部外力的示意图称为受力图。其上只画受力，不画施力；只画外力，不画内力。

思　考　题

1-1　何谓二力杆？二力平衡原理能否应用于变形体？如对不可伸长的钢索施二力作用，其平衡的必要与充分条件是什么？

1-2　如图 1-33 所示三角架，作用于 AB 杆中点的铅垂力 $\boldsymbol{F}$，能否沿其作用线移至 BC 杆的中点？为什么？

图 1-33　思 1-2 图

1-3　“分力一定小于合力”。这种说法对不对？为什么？试举例说明。

1-4　试区别等式 $\boldsymbol{R} = \boldsymbol{F}_1 + \boldsymbol{F}_2$ 与 $R = F_1 + F_2$ 所表示的意义。

1-5　若根据平面汇交的四个力作出如图 1-34 所示的图形，问此四个力的关系如何？

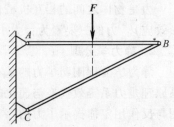

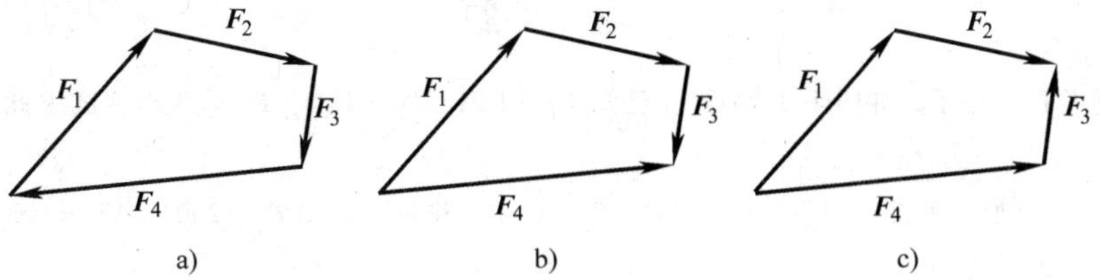

图 1-34　思 1-5 图

1-6　如图 1-35 所示，力 $\boldsymbol{F}$ 相对于两个不同的坐标系，试分析力 $\boldsymbol{F}$ 在此两个坐标系中的投影有何不同，分力有何不同。

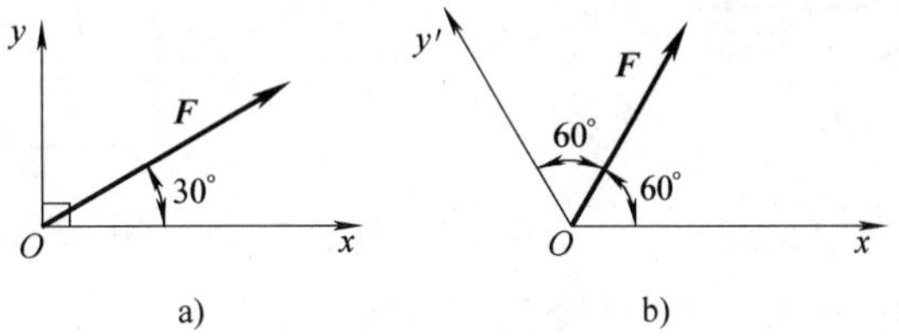

图 1-35　思 1-6 图

1-7　确定约束力方向的原则是什么？约束有哪几种基本类型？其反力如何表示？

1-8　杆 AB 重为 $\boldsymbol{G}$，B 端用绳子拉住，A 端靠在光滑的墙面上，如图 1-36 所示，问杆能否平衡？为什么？

1-9　力矩与力偶矩的异同点有哪些？如图 1-37 所示的圆盘在力偶 $M = Fr$ 和力 $\boldsymbol{F}$ 的作用下保持静止，能否说力和力偶保持平衡？为什么？

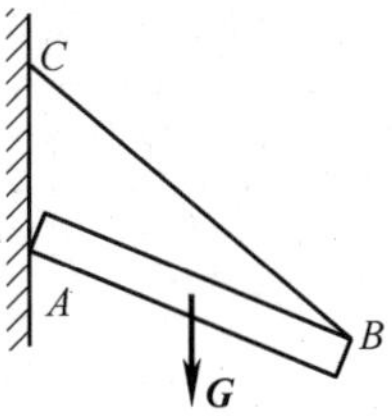

图 1-36　思 1-8 图

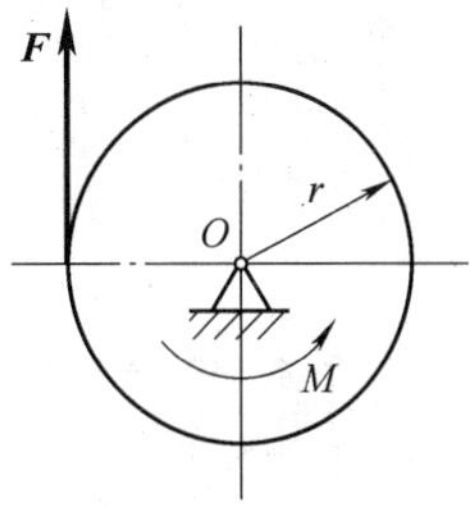

图 1-37　思 1-9 图

1-10　如图 1-38 所示带轮，紧边和松边的张力分别为 $\boldsymbol{T}_1$、$\boldsymbol{T}_2$，若改变带的倾角 θ，是否会改变二力及其合力对 O 点之矩？为什么？

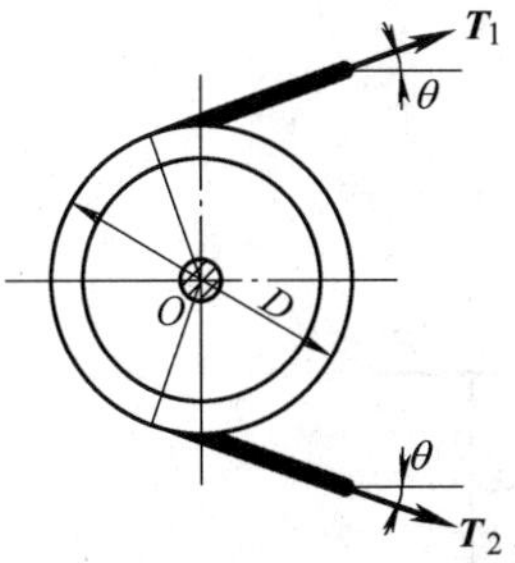

图 1-38　思 1-10 图

习 题

1-1 三力共拉一碾子，如图 1-39 所示。已知 $F_1=1\text{kN}$，$F_2=1\text{kN}$，$F_3=\sqrt{3}\text{kN}$，试求此力系合力的大小和方向。

1-2 如图 1-40 所示铆接薄钢板在孔 A、B、C 三点受力作用，已知 $F_1=200\text{N}$，$F_2=100\text{N}$，$F_3=100\text{N}$。试求此汇交力系的合力。

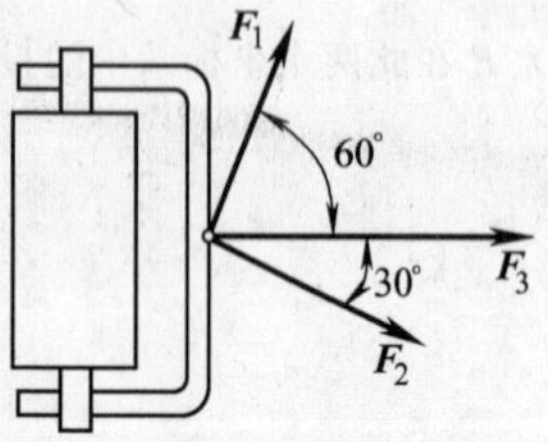

图 1-39 题 1-1 图

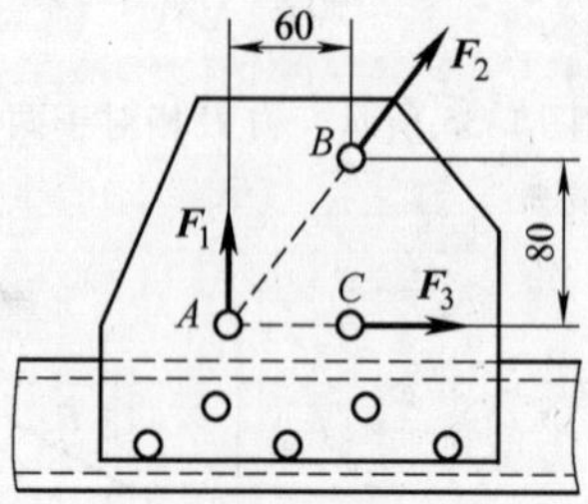

图 1-40 题 1-2 图

1-3 求图 1-41 所示各杆件的作用力对杆端 O 点的力矩。

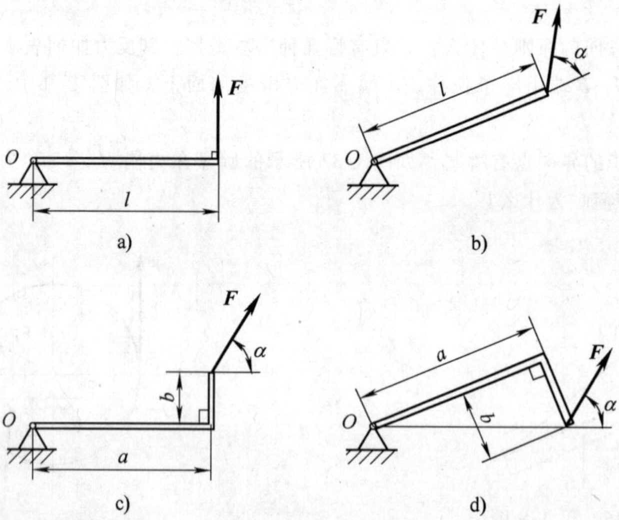

图 1-41 题 1-3 图

1-4 有一矩形钢板，边长 $a=4\text{m}$，$b=2\text{m}$，如图 1-42 所示。为使钢板转一角度，顺着边长加两反向平行力 $\boldsymbol{F}$、$\boldsymbol{F}'$，设能转动钢板时所需力 $F=F'=200\text{N}$，试考虑如何加力方可使所用的力最小，并求出最小力的值。

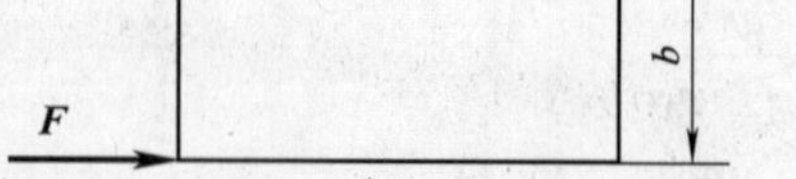

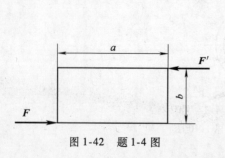

图 1-42 题 1-4 图

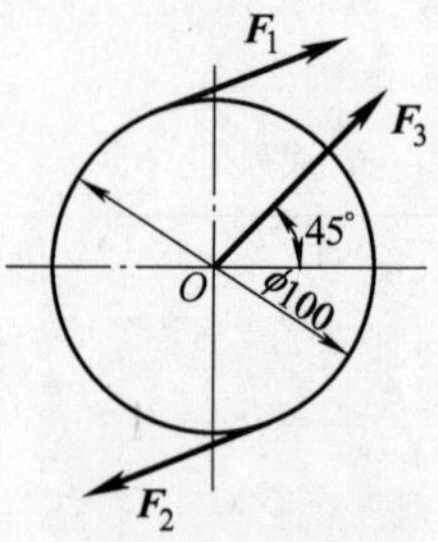

图 1-43 题 1-5 图

1-5 如图 1-43 所示圆盘受三个力 $\boldsymbol{F}_1$、$\boldsymbol{F}_2$、$\boldsymbol{F}_3$ 作用，已知 $F_1 = F_2 = 1000\text{N}$，$F_3 = 2000\text{N}$，$\boldsymbol{F}_1$、$\boldsymbol{F}_2$ 作用线平行，$\boldsymbol{F}_3$ 与水平线成 45°角；圆盘直径为 100mm。试求此三力合力的大小、方向及其作用线至 O 点的距离。

1-6 扳手受到一力和一力偶作用，如图 1-44 所示，求此力系合力的作用点 D 的位置（用距离 x）表示。

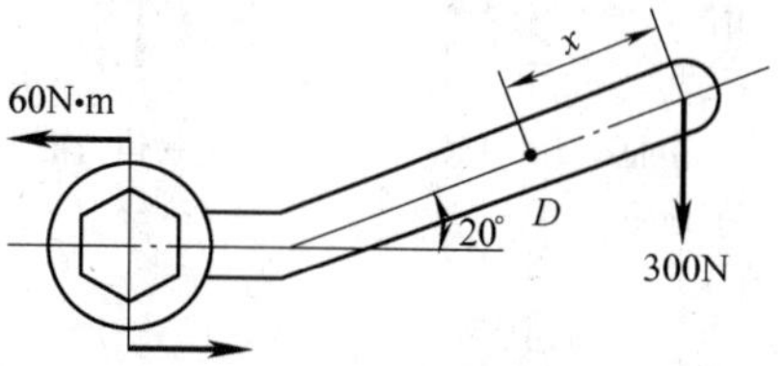

图 1-44 题 1-6 图

1-7 画出图 1-45 所示指定物体的受力图。

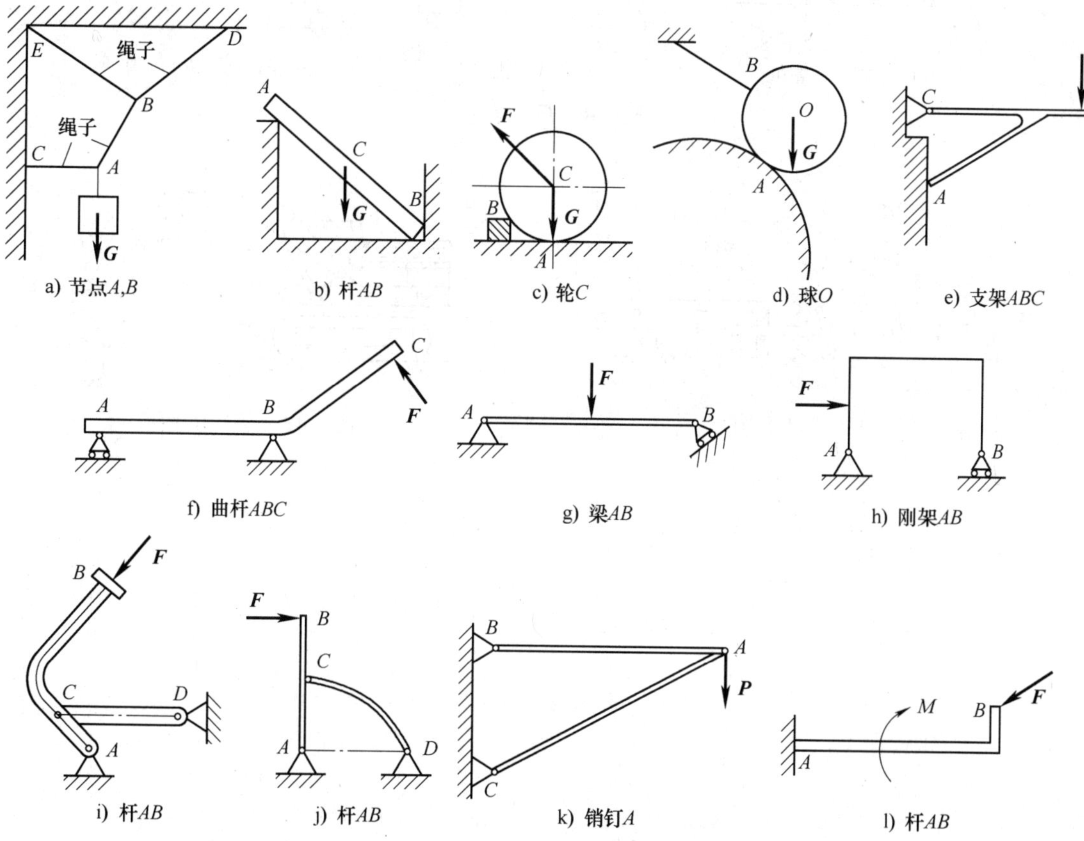

图 1-45 题 1-7 图

1-8 画出如图 1-46 所示各物系中指定物体的受力图。

1-9 油压夹紧装置如图 1-47 所示，油压力通过活塞 A、连杆 BC 和杠杆 DCE 增大对工件的压力，试分别画出活塞 A、辊子 B 和杠杆 DCE 的受力图。

1-10 挖掘机简图如图 1-48 所示，HF 与 EC 为液压缸，试分别画出动臂 AB、斗杆与铲斗组合体 CD 的受力图。

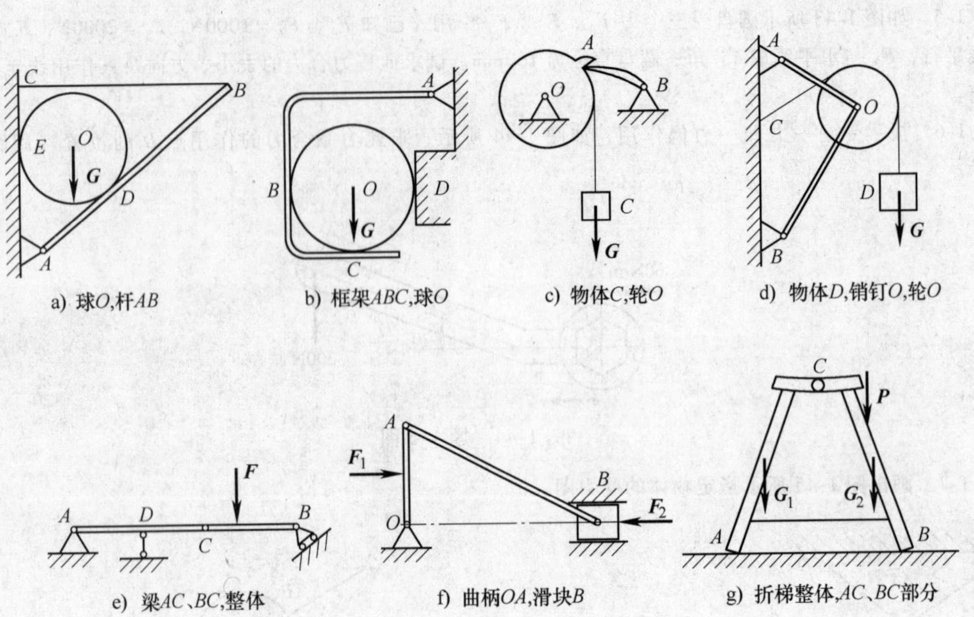

a) 球O,杆AB　b) 框架ABC,球O　c) 物体C,轮O　d) 物体D,销钉O,轮O

e) 梁AC、BC,整体　f) 曲柄OA,滑块B　g) 折梯整体,AC、BC部分

图 1-46　题 1-8 图

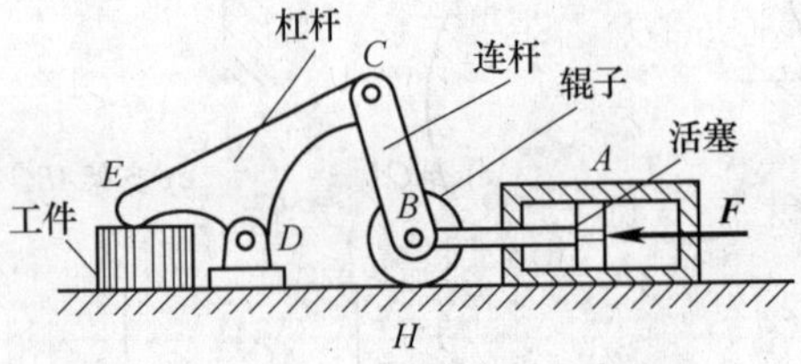

图 1-47　题 1-9 图

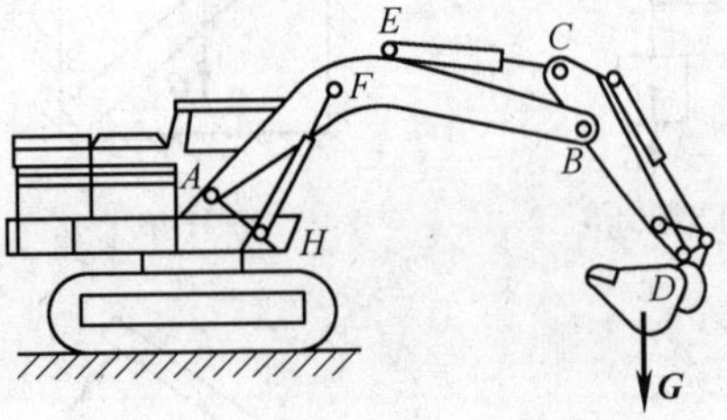

图 1-48　题 1-10 图

第2章　平面力系

【学习目标】

1）掌握平面任意力系的简化方法及简化结果。

2）掌握平面力系的平衡条件以及平衡方程，掌握单个刚体以及物体系统平衡问题（包括考虑摩擦）的解题方法。

3）正确理解静定和静不定问题的概念。

各力的作用线均位于同一平面内的力系，称为平面力系。平面力系中的各力作用线可能任意分布，可能汇交于一点，也可能相互平行。各力作用线任意分布的情况是工程实际中最常见的问题。另外，有些构件虽然形式上不是受平面力系的作用，但当其结构和所受载荷都对称于某一平面时，也可将原力系简化为该对称平面内的平面力系。因此研究平面力系具有重要意义。本章主要讨论平面任意力系的简化、各种平面力系的平衡方程及其应用、物体系统的平衡，以及考虑摩擦时物体平衡问题的解法。

2.1　平面任意力系的简化

2.1.1　平面任意力系向作用面内一点简化

设在刚体上作用一平面任意力系 $\boldsymbol{F}_1$，$\boldsymbol{F}_2$，…，$\boldsymbol{F}_n$，各力的作用点分别为 A_1，A_2，…，A_n，如图 2-1a 所示。为了分析此力系对刚体的作用效应，在力系作用面内任选一点 O，称为简化中心，利用力的平移定理，将各力平移到 O 点，得到一个作用于 O 点的平面汇交力系 $\boldsymbol{F}'_1$，$\boldsymbol{F}'_2$，…，$\boldsymbol{F}'_n$和一个附加的平面力偶系 M_1，M_2，…，M_n，如图 2-1b 所示，这些附加力偶矩分别等于相应的力对 O 点之矩，即 $M_i = M_O(\boldsymbol{F}_i)$。

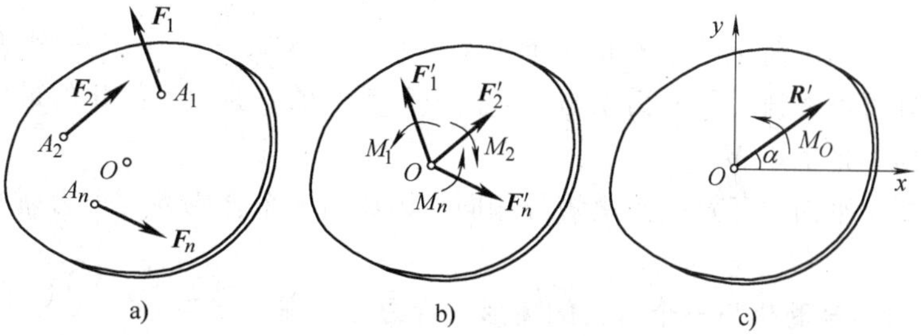

图 2-1　平面任意力系的简化

对于平面汇交力系 $\boldsymbol{F}'_1$，$\boldsymbol{F}'_2$，…，$\boldsymbol{F}'_n$，可进一步合成为一个合力 $\boldsymbol{R}'$，称为平面任意力系的主矢。主矢 $\boldsymbol{R}'$等于原力系各力的矢量和，即

$$\boldsymbol{R}' = \boldsymbol{F}'_1 + \boldsymbol{F}'_2 + \cdots + \boldsymbol{F}'_n = \boldsymbol{F}_1 + \boldsymbol{F}_2 + \cdots + \boldsymbol{F}_n = \sum \boldsymbol{F} \tag{2-1}$$

其作用线通过简化中心 O 点。显然主矢并不能代替原力系对物体的作用，因而它不是原力系的合力。主矢 $\boldsymbol{R}'$的大小和方向为

$$\left.\begin{aligned} R'_x &= F_{1x} + F_{2x} + \cdots + F_{nx} = \sum F_x \\ R'_y &= F_{1y} + F_{2y} + \cdots + F_{ny} = \sum F_y \\ R' &= \sqrt{(\sum F_x)^2 + (\sum F_y)^2} \\ \tan\alpha &= \left|\frac{\sum F_y}{\sum F_x}\right| \end{aligned}\right\} \tag{2-2}$$

式中，α 为 $\boldsymbol{R}'$与 x 轴所夹的锐角，$\boldsymbol{R}'$的指向由$\sum F_x$和$\sum F_y$的正负号判定。

由于主矢 $\boldsymbol{R}'$等于各力的矢量和，所以，它与简化中心的选择无关。

对于附加的平面力偶系 M_1，M_2，…，M_n，可按平面力偶系的合成方法，将其合成为一合力偶，其力偶矩 M_O称为平面任意力系的主矩，主矩等于各附加力偶矩的代数和，即

$$M_O = \sum M_i = \sum M_O(\boldsymbol{F}) \tag{2-3}$$

由于主矩 M_O等于各力对简化中心力矩的代数和，当取不同的点为简化中心时，各力的力臂将有改变，各力对简化中心的力矩也有改变，所以在一般情况下主矩与简化中心的选择有关。

综上所述，在一般情形下，平面任意力系向作用面内任选一点 O 简化，可得一个力和一个力偶，如图 2-1c 所示。这个力称为原力系的主矢，主矢等于各力的矢量和，作用线通过简化中心 O；这个力偶的力偶矩称为原力系对简化中心的主矩，主矩等于各力对简化中心力矩的代数和。

2.1.2 平面任意力系的简化结果分析

平面任意力系向作用面内一点简化的结果，可能有四种情况：①$\boldsymbol{R}'=0$，$M_O\neq0$；②$\boldsymbol{R}'\neq0$，$M_O=0$；③$\boldsymbol{R}'\neq0$，$M_O\neq0$；④$\boldsymbol{R}'=0$，$M_O=0$。下面对这几种情况作进一步的分析讨论。

1. 平面任意力系简化为一个力偶的情形

如果力系的主矢等于零，而力系对于简化中心的主矩不等于零，即

$$\boldsymbol{R}'=0,\ M_O\neq0$$

在这种情形下，作用于简化中心 O 的平面汇交力系 $\boldsymbol{F}'_1$，$\boldsymbol{F}'_2$，…，$\boldsymbol{F}'_n$为一平衡力系，按照加减平衡力系原理可以去掉。故原力系与一平面力偶系等效，原力系简化的最后结果为一合力偶，其合力偶矩就是主矩 M_O。

因为力偶对于平面内任意一点之矩都相同，因此当力系合成为一个力偶时，主矩与简化中心的选择无关。

2. 平面任意力系简化为一个合力的情形 · 合力矩定理

如果平面任意力系向 O 点简化的结果为主矩等于零，主矢不等于零，即

$$\boldsymbol{R}'\neq0,\ M_O=0$$

此时附加平面力偶系为一平衡力系，亦可去掉。故原力系与一平面汇交力系等效，主矢 $\boldsymbol{R}'$就是原力系的合力，而合力的作用线恰好通过选定的简化中心 O。

如果平面任意力系向 O 点简化的结果是主矢和主矩都不等于零，即

$$\boldsymbol{R}'\neq 0,\quad M_O\neq 0$$

如图 2-2a 所示，则根据力偶的性质，将矩为 M_O 的力偶用两个等值、反向的平行力 $\boldsymbol{R}$ 和 $\boldsymbol{R}''$ 表示，使得 $\boldsymbol{R}=\boldsymbol{R}'=-\boldsymbol{R}''$，且满足 $d=|M_O|/R'$，如图 2-2b 所示。

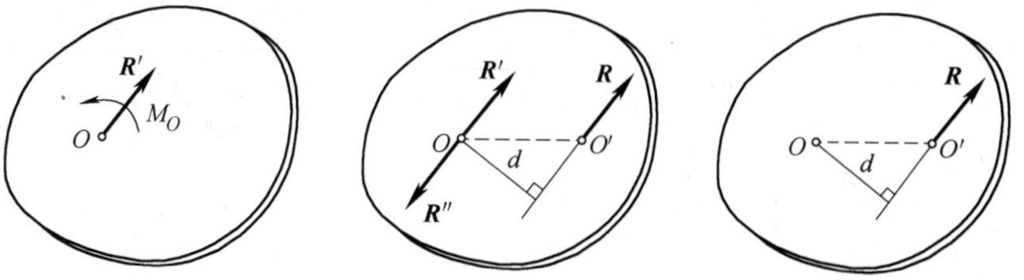

a)　b)　c)

图 2-2　主矢和主矩都不为零

再去掉平衡力系 $\boldsymbol{R}'$，$\boldsymbol{R}''$，于是就将作用于 O 点的力 $\boldsymbol{R}'$ 和力偶（$\boldsymbol{R}$，$\boldsymbol{R}''$）合成为一个作用线通过点 O' 的力 $\boldsymbol{R}$，如图 2-2c 所示。这个力 $\boldsymbol{R}$ 就是原力系的合力，合力矢等于主矢；合力的作用线在 O 点的哪一侧，需根据主矢和主矩的方向确定；合力作用线到点 O 的距离可按下式算得

$$d=\frac{|M_O|}{R'} \tag{2-4}$$

此外，由图 2-2b 可见，平面任意力系的合力 $\boldsymbol{R}$ 对点 O 之矩为

$$M_O(\boldsymbol{R})=Rd=R'd=M_O$$

由式（2-3）

$$M_O=\sum M_O(\boldsymbol{F})$$

故有

$$M_O(\boldsymbol{R})=\sum M_O(\boldsymbol{F}) \tag{2-5}$$

由于简化中心 O 是任意选取的，故式（2-5）有普遍意义，可叙述如下：平面任意力系的合力对作用面内任一点之矩等于力系中各力对同一点之矩的代数和，这就是平面任意力系的合力矩定理。此定理对任一有合力的平面力系皆成立。

3. 平面任意力系平衡的情形

如果力系的主矢、主矩均等于零，即 $\boldsymbol{R}'=0$，$M_O=0$，则原力系平衡，这种情形将在 2.2 节详细讨论。

例 2-1　已知平面任意力系如图 2-3a 所示，$F_1=F$，$F_2=2\sqrt{2}F$，$F_3=2F$，$F_4=3F$，求：（1）力系向 O 点简化的结果；（2）力系的合力。

解　（1）选 O 点为简化中心，求力系的主矢和主矩。由式（2-2）及式（2-3）得

$$R'_x=\sum_{i=1}^{4}F_{ix}=0+F_2\cos45^\circ+F_3-F_4=F$$

$$R'_y=\sum_{i=1}^{4}F_{iy}=-F_1+F_2\sin45^\circ+0+0=F$$

$$R'=\sqrt{R'^2_x+R'^2_y}=\sqrt{2}F$$

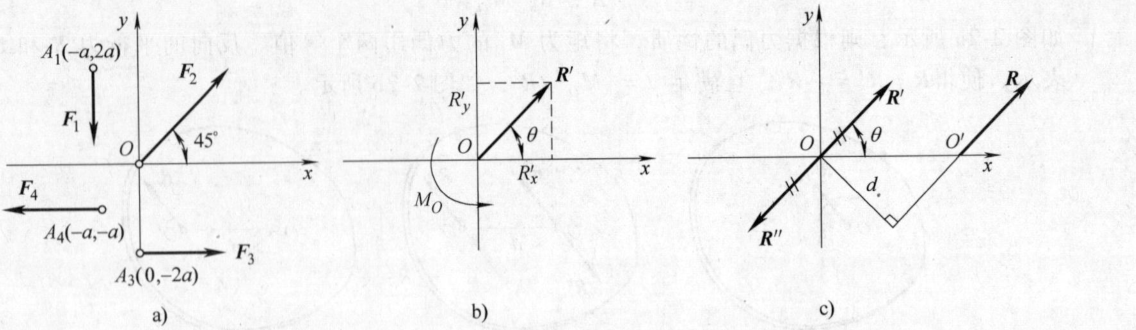

图 2-3 例 2-1 图

$$\tan\theta = \left|\frac{R'_y}{R'_x}\right| = 1, \theta = 45°(\text{第 I 象限})$$

$$M_O = \sum M_O(\boldsymbol{F}) = F_1 \cdot a + F_2 \cdot 0 + F_3 \cdot 2a - F_4 \cdot a = 2Fa$$

$\boldsymbol{R}'$与 M_O 如图 2-3b 所示。

（2）求合力。由于 $\boldsymbol{R}' \neq 0$，$M_O \neq 0$，所以力系可以合成为一个合力 $\boldsymbol{R}$，其大小

$$R = R' = \sqrt{2}F$$

方向与 $\boldsymbol{R}'$相同，作用线偏离 O 点的距离为

$$d = \frac{M_O}{R'} = \sqrt{2}a$$

如图 2-3c 所示。

2.2 平面力系的平衡方程及其应用

2.2.1 平面任意力系的平衡方程

平面任意力系向平面内任一点简化后，若主矢和主矩皆为零，则力系必定平衡。因此平面任意力系平衡的必要与充分条件是：力系的主矢和对于任一点的主矩都等于零，即

$$\boldsymbol{R}' = 0, M_O = 0 \tag{2-6}$$

由此平衡条件可导出不同形式的平衡方程。

1. 基本形式

由式（2-2）和式（2-3）可知，当式（2-6）满足时，必有

$$\left.\begin{aligned} \sum F_x &= 0 \\ \sum F_y &= 0 \\ \sum M_O(\boldsymbol{F}) &= 0 \end{aligned}\right\} \tag{2-7}$$

因此，平面任意力系平衡的充分与必要条件为：力系中各力在两个相互垂直的坐标轴上投影的代数和分别为零，并且各力对平面内任一点之矩的代数和也为零。式（2-7）是平面任意力系平衡方程的基本形式，也称为一矩式方程。这是一组三个独立的方程，用这组平衡方程求解平面任意力系的平衡问题时，至多可求解三个未知量。

2. 二矩式

三个平衡方程中有两个力矩方程和一个投影方程，即

$$\left.\begin{array}{l}\sum F_x=0(\text{或}\sum F_y=0)\\ \sum M_A(\boldsymbol{F})=0\\ \sum M_B(\boldsymbol{F})=0\end{array}\right\} \tag{2-8}$$

其中，A、B是平面内任意两点，投影轴不能与矩心A、B的连线垂直。

3. 三矩式

三个平衡方程皆为力矩方程，即

$$\left.\begin{array}{l}\sum M_A(\boldsymbol{F})=0\\ \sum M_B(\boldsymbol{F})=0\\ \sum M_C(\boldsymbol{F})=0\end{array}\right\} \tag{2-9}$$

其中，A、B、C必须是平面内不共线的任意三点。

为什么上述后两种形式的平衡方程必须有附加条件呢？读者可自行证明。

下面举例说明求解平面任意力系平衡问题的方法与步骤。

例2-2　如图2-4a所示简易起重机，A、C处为固定铰支座，B处为铰链。已知横梁AB重$G_1=4\text{kN}$，电葫芦连同重物共重$G_2=10\text{kN}$。当电葫芦在图示位置时，试求拉杆BC的拉力和支座A的约束力。

解　(1) 选取横梁AB为研究对象，画受力图。作用于横梁AB上的力有重力$\boldsymbol{G}_1$、$\boldsymbol{G}_2$，杆BC对梁的拉力$\boldsymbol{S}_{BC}$，铰链A处的约束力$\boldsymbol{N}_{Ax}$、$\boldsymbol{N}_{Ay}$，如图2-4b所示。

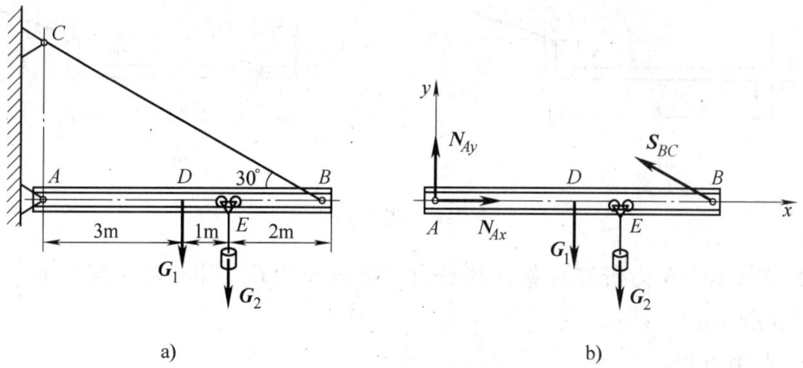

图2-4　例2-2图

(2) 选取坐标轴，列平衡方程，则有

$$\sum F_x=0,\ N_{Ax}-S_{BC}\cos 30°=0$$

$$\sum F_y=0,\ N_{Ay}-G_1-G_2+S_{BC}\sin 30°=0$$

$$\sum M_A(\boldsymbol{F})=0,\ S_{BC}\sin 30°\times 6-G_1\times 3-G_2\times 4=0$$

解得

$$S_{BC}=\frac{3G_1+4G_2}{6\sin 30°}=17.33\text{kN}$$

$$N_{Ax}=S_{BC}\cos 30°=15.01\text{kN}$$

$$N_{Ay}=G_1+G_2-S_{BC}\sin 30°=5.33\text{kN}$$

例 2-3 起重机重 $P_1=10\text{kN}$，可绕铅直轴 AB 转动；起重机的挂钩上挂一重为 $P_2=40\text{kN}$ 的重物，如图 2-5 所示。起重机的重心 C 到转动轴的距离为 1.5m，其他尺寸如图所示。求在推力轴承 A 和轴承 B 处的约束力。

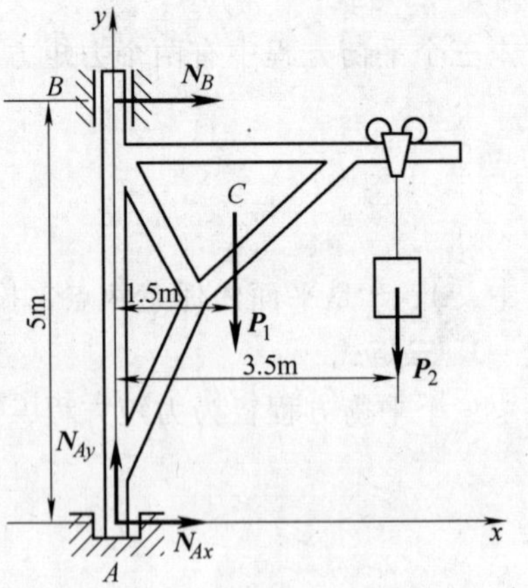

图 2-5 例 2-3 图

解 (1) 以起重机整体为研究对象，画受力图。它所受的主动力有 $\boldsymbol{P}_1$ 和 $\boldsymbol{P}_2$。由于对称性，约束力和主动力都位于同一平面之内。推力轴承 A 处有两个约束力 $\boldsymbol{N}_{Ax}$ 与 $\boldsymbol{N}_{Ay}$，轴承 B 处只有一个与转轴垂直的约束力 $\boldsymbol{N}_B$，约束力方向如图 2-5 所示。

(2) 取坐标系如图所示，列平面任意力系的平衡方程，即

$$\sum F_x=0,\ N_{Ax}+N_B=0$$

$$\sum F_y=0,\ N_{Ay}-P_1-P_2=0$$

$$\sum M_A(\boldsymbol{F})=0,\ -N_B\times 5-P_1\times 1.5-P_2\times 3.5=0$$

求解以上方程，得

$$N_{Ax}=31\text{kN},\ N_{Ay}=50\text{kN},\ N_B=-31\text{kN}$$

$\boldsymbol{N}_B$为负值，说明它的方向与图中假设的方向相反，即应指向左。

例 2-4 高压架空线进户的绝缘子支架如图 2-6a 所示。已知右端电线总拉力为 $T=1.8\text{kN}$，$\alpha=15°$，$a=200\text{mm}$，$b=40\text{mm}$。试求固定端 A 的约束力。

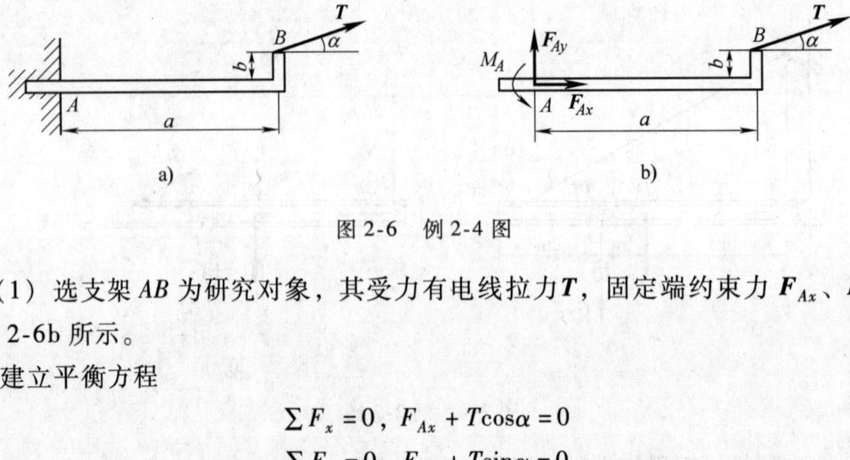

图 2-6 例 2-4 图

解 (1) 选支架 AB 为研究对象，其受力有电线拉力$\boldsymbol{T}$，固定端约束力 $\boldsymbol{F}_{Ax}$、$\boldsymbol{F}_{Ay}$和力偶 M_A，如图 2-6b 所示。

(2) 建立平衡方程

$$\sum F_x=0,\ F_{Ax}+T\cos\alpha=0$$

$$\sum F_y=0,\ F_{Ay}+T\sin\alpha=0$$

$$\sum M_A(\boldsymbol{F})=0,\ M_A+T\sin\alpha\cdot a-T\cos\alpha\cdot b=0$$

解得

$$F_{Ax}=-T\cos\alpha=-1.8\cos15°\text{kN}=-1.74\text{kN}$$

$$F_{Ay}=-T\sin\alpha=-1.8\sin15°\text{kN}=-0.47\text{kN}$$

$$M_A=T(b\cos\alpha-a\sin\alpha)=1.8\times(0.04\cos15°-0.2\sin15°)\text{kN}\cdot\text{m}=-0.02\text{kN}\cdot\text{m}$$

负值表明，固定端约束力的实际方向与图示方向相反。

在应用平衡方程解平衡问题时，应注意以下几个问题：

1) 为了使计算简化，一般应将矩心选在几个未知力的交点上，并尽可能使较多的力的

作用线与投影轴垂直或平行。

2）计算力矩时，如果其力臂不易计算，而其正交分力的力臂容易求得，则可以用合力矩定理计算。

3）在解具体问题时，应根据已知条件和便于解题的原则，选用平衡方程的一种形式。

2.2.2　平面特殊力系的平衡方程

平面汇交力系、平面平行力系和平面力偶系，皆可看做平面任意力系的特殊情况，它们的平衡方程皆可由平面任意力系的平衡方程导出。

1. 平面汇交力系的平衡方程

若选平面汇交力系的汇交点 O 为矩心，显然有 $\sum M_O(\boldsymbol{F}) \equiv 0$，故其平衡方程为

$$\left.\begin{aligned}\sum F_x = 0\\ \sum F_y = 0\end{aligned}\right\} \qquad (2\text{-}10)$$

即平面汇交力系平衡的必要与充分条件是：力系中各力在任意两个相互垂直的坐标轴上投影的代数和均为零。该式亦可根据平面汇交力系合成的结果为一合力的结论导出，即力系平衡时 $\boldsymbol{R}=0$。由此既可导出解析式（2-10），又可导出平衡的几何形式，即力的多边形自行封闭。利用此两种形式均可求解平面汇交力系的平衡问题，且至多可求解两个未知量。

例 2-5　如图 2-7a 所示压路碾子，自重 $G=20\text{kN}$，半径 $R=0.6\text{m}$，障碍物高 $h=0.08\text{m}$。碾子中心 O 处作用一水平拉力 $\boldsymbol{F}$。欲将碾子刚好拉过障碍物，求水平拉力的大小以及碾子对地面和障碍物的压力。

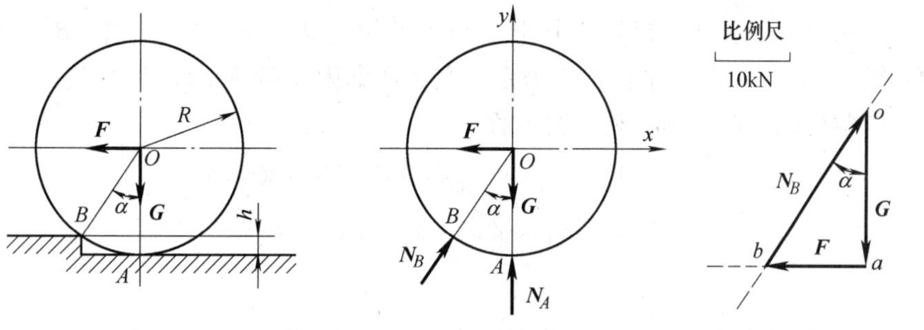

图 2-7　例 2-5 图

解　选碾子为研究对象，其受力有重力 $\boldsymbol{G}$、水平拉力 $\boldsymbol{F}$，地面及障碍物的约束力 $\boldsymbol{N}_A$ 和 $\boldsymbol{N}_B$，如图 2-7b 所示，各力组成平面汇交力系。当碾子刚好欲绕障碍物 B 向左翻转但尚未翻转时，碾子处于平衡的临界状态，且应满足 $N_A=0$。

（1）解析法　选取坐标轴如图所示，力系的平衡方程为

$$\sum F_x = 0,\ N_B\sin\alpha - F = 0$$

$$\sum F_y = 0,\ N_B\cos\alpha - G = 0$$

又

$$\cos\alpha = \frac{R-h}{R} = 0.867,\ \sin\alpha = \sqrt{1-\cos^2\alpha} = 0.5$$

解得

$$F = 11.55\text{kN},\ N_B = 23.09\text{kN}$$

根据作用与反作用定律，碾子对地面的压力 $N'_A = 0$，对障碍物的压力 $N'_B = 23.09\text{kN}$，方向与 $\boldsymbol{N}_B$ 相反。

（2）几何法　根据平衡的几何条件，力 $\boldsymbol{G}$、$\boldsymbol{F}$ 与 $\boldsymbol{N}_B$ 应组成封闭的力三角形。按比例先画已知力矢 $\boldsymbol{G}$，如图 2-7c 所示，再从 a、o 两点分别作平行于未知力 $\boldsymbol{F}$、$\boldsymbol{N}_B$ 的平行线，相交于 b 点。按照各力矢首尾相接自行封闭的原则，图 2-7c 中的矢量 $\overline{ab}$ 和 $\overline{bo}$ 即为水平拉力 $\boldsymbol{F}$ 和 B 点约束力 $\boldsymbol{N}_B$ 的大小与方向。

从图 2-7c 中按比例量得 $F = 11\text{kN}$，$N_B = 22\text{kN}$。也可按三角几何关系求出。

例 2-6　利用绞车和绕过定滑轮的绳子起吊重物，滑轮由两端铰接的刚杆 AB 和 AC 所支撑，滑轮尺寸不计，如图 2-8a 所示。已知物重 $P = 2\text{kN}$，不计滑轮和杆的自重，试求平衡时 AB 和 AC 杆所受的力。

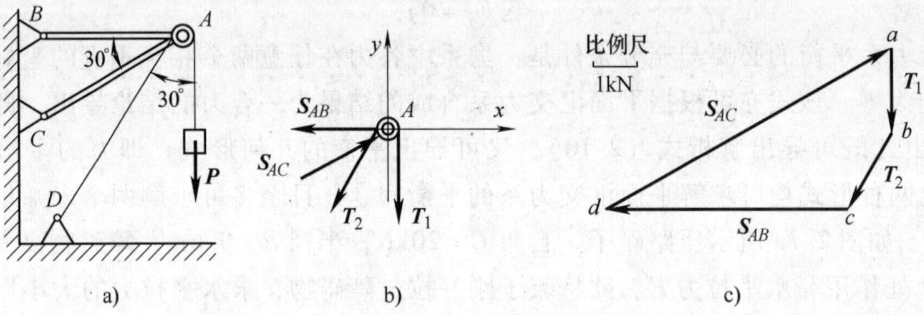

图 2-8　例 2-6 图

解　（1）选滑轮 A 为研究对象，其上受绳子的拉力 $\boldsymbol{T}_1$、$\boldsymbol{T}_2$ 及二力杆 AB 与 AC 的反力 $\boldsymbol{S}_{AB}$、$\boldsymbol{S}_{AC}$ 的作用，这些力组成平面汇交力系，受力图如图 2-8b 所示，其中 $T_1 = T_2 = P$。

（2）选取坐标轴如图所示，列平衡方程

$$\sum F_x = 0,\ -S_{AB} + S_{AC}\cos 30^\circ - T_2 \sin 30^\circ = 0$$

$$\sum F_y = 0,\ S_{AC}\sin 30^\circ - T_2\cos 30^\circ - T_1 = 0$$

解得

$$S_{AB} = 5.46\text{kN},\ S_{AC} = 7.46\text{kN}$$

由作用与反作用定律知，AB 杆受到滑轮水平向右的拉力为 $S'_{AB} = S_{AB} = 5.46\text{kN}$，$AC$ 杆受到滑轮的压力为 $S'_{AC} = S_{AC} = 7.46\text{kN}$。

此题也可用几何法求解，所画出的力多边形如图 2-8c 所示，请读者自行练习，并比较两种解法的优缺点。

2. 平面平行力系的平衡方程

如图 2-9 所示，设物体受平面平行力系 $\boldsymbol{F}_1$，$\boldsymbol{F}_2$，…，$\boldsymbol{F}_n$ 作用。如选取 y 轴与各力平行，则有 $\sum F_x \equiv 0$。于是，平行力系的独立平衡方程的数目只有两个，即

$$\left.\begin{aligned}\sum F_y &= 0\\ \sum M_O(\boldsymbol{F}) &= 0\end{aligned}\right\}\qquad(2\text{-}11)$$

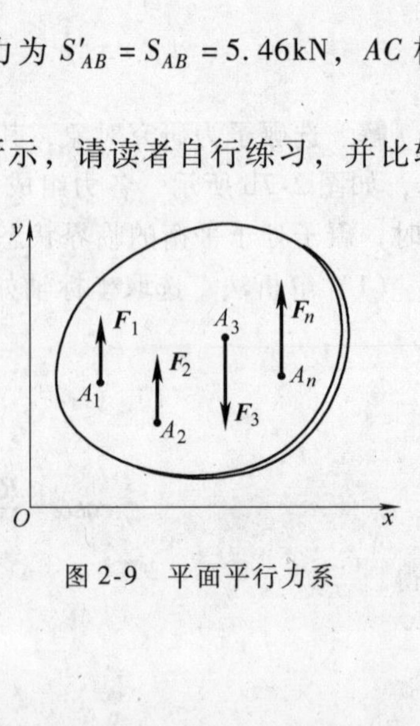

图 2-9　平面平行力系

式（2-11）表明平面平行力系平衡的必要与充分条

件为：力系中各力在平行于力作用线方向上投影的代数和以及各力对平面内任一点之矩的代数和均为零。

平面平行力系的平衡方程也可表示为二矩式，即

$$\left.\begin{aligned}\sum M_A(\boldsymbol{F})=0\\ \sum M_B(\boldsymbol{F})=0\end{aligned}\right\} \tag{2-12}$$

其中，A、B 两点的连线不与诸力平行。

例 2-7 塔式起重机如图 2-10 所示。机架重力 $G=700\text{kN}$，作用线通过塔架的中心。最大起重量 $P=200\text{kN}$，最大悬臂长为 12m，轨道 AB 的间距为 4m。平衡荷重 $\boldsymbol{Q}$ 到机身中心线距离为 6m。试求保证起重机在满载和空载时都不致翻倒，平衡荷重 $\boldsymbol{Q}$ 应为多少。

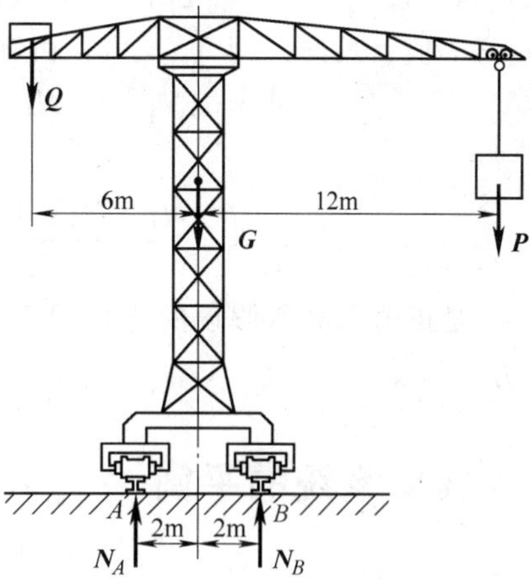

图 2-10 例 2-7 图

解 选起重机为研究对象，其上受有主动力 $\boldsymbol{G}$、$\boldsymbol{P}$、$\boldsymbol{Q}$ 和轨道约束力 $\boldsymbol{N}_A$、$\boldsymbol{N}_B$。这些力组成平面平行力系，如图 2-10 所示。

（1）满载时，$\boldsymbol{Q}$ 值不能太小，否则起重机将绕 B 轨向右翻转。当起重机处于将绕 B 轨向右翻转但尚未翻转的临界平衡状态时，左轨反力 $N_A=0$，平衡荷重为最小值 $Q_{\min}$，列平衡方程

$$\sum M_B(\boldsymbol{F})=0,\ Q_{\min}\times(6+2)+G\times 2-P(12-2)=0$$

解得

$$Q_{\min}=75\text{kN}$$

（2）空载时，$P=0$，此时 $\boldsymbol{Q}$ 值不能太大，否则起重机将绕 A 轨向左翻转。当起重机处于将绕 A 轨向左翻转但尚未翻转的临界平衡状态时，右轨反力 $N_B=0$，平衡荷重为最大值 $Q_{\max}$，列平衡方程

$$\sum M_A(\boldsymbol{F})=0,\ Q_{\max}\times(6-2)-G\times 2=0$$

解得

$$Q_{\max}=350\text{kN}$$

起重机实际工作时不允许处于极限状态，要使起重机不会翻倒，平衡荷重应在这两者之间，即

$$75\text{kN}<Q<350\text{kN}$$

3. 平面力偶系的平衡方程

由于平面力偶系合成的结果为一合力偶，所以平面力偶系平衡的必要与充分条件是：力偶系中各力偶矩的代数和等于零，即

$$M=\sum M_i=0 \tag{2-13}$$

式（2-13）称为平面力偶系的平衡方程。由于力偶在任一轴上投影的代数和均为零，故平衡方程式（2-13）亦可由式（2-7）导出。由此方程可求解一个未知力偶或组成力偶的一对未知力（当力偶臂已知时）。

例 2-8 如图 2-11 所示工件上作用有三个力偶。已知三个力偶的矩分别为：$M_1=M_2=10\text{N}\cdot\text{m}$，$M_3=20\text{N}\cdot\text{m}$；固定螺柱 A 和 B 的距离 $l=200\text{mm}$。求两个光滑螺柱所受的力。

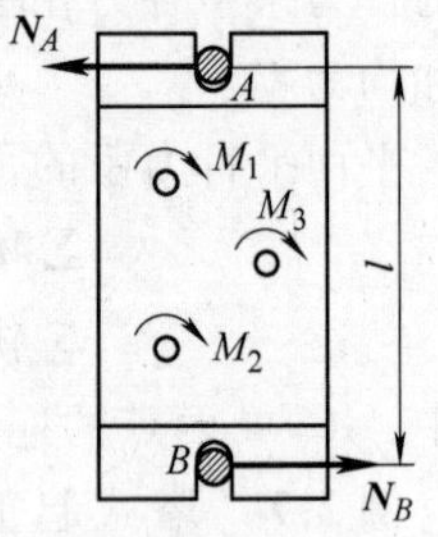

图 2-11 例 2-8 图

解 选工件为研究对象。工件在水平面内受三个力偶 M_1、M_2、M_3 和两个螺柱的水平反力 N_A、N_B 的作用。三个力偶合成的结果为一合力偶，如果工件平衡，必有一反力偶与它相平衡。因此螺柱 A 和 B 的水平反力 N_A 和 N_B 必组成一力偶，假设方向如图所示，则 N_A 与 N_B 必等值，反向，即 $N_A = N_B$。由平面力偶系的平衡条件

$$\sum M_i = 0, N_A \cdot l - M_1 - M_2 - M_3 = 0$$

得

$$N_A = \frac{M_1 + M_2 + M_3}{l} = 200\text{N}$$

因为 N_A 是正值，故所假设的方向是正确的，而螺柱 A、B 所受的力则应与 N_A、N_B 大小相等，方向相反。

2.3 物体系统的平衡

2.3.1 静定与静不定问题的概念

从前面的讨论已经知道，对每一种力系来说，独立平衡方程的数目是一定的，能求解的未知量的数目也是一定的。对于一个平衡物体，若独立平衡方程数目与未知量的数目恰好相等，则全部未知量可由平衡方程求出，这样的问题称为静定问题（图 2-12a）。前面所讨论的都属于这类问题。但工程上有时为了增加结构的刚度或坚固性，常设置多余的约束，而使未知量的数目多于独立方程的数目，未知量不能由平衡方程全部求出，这样的问题称为静不定问题或超静定问题。未知量数目与独立的平衡方程数目之差称为静不定的次数。图 2-12a 所示简支梁 AB，为提高其承载能力，若在 C 点加一辊轴支座（图 2-12b），则未知约束力数目变为 4 个，而独立的平衡方程数是 3 个，故为一次静不定问题。对于静不定问题的求解，要考虑物体受力后产生变形这一因素，找出变形与受力间的关系，列出补充方程，这些内容将在后续课程中讨论。

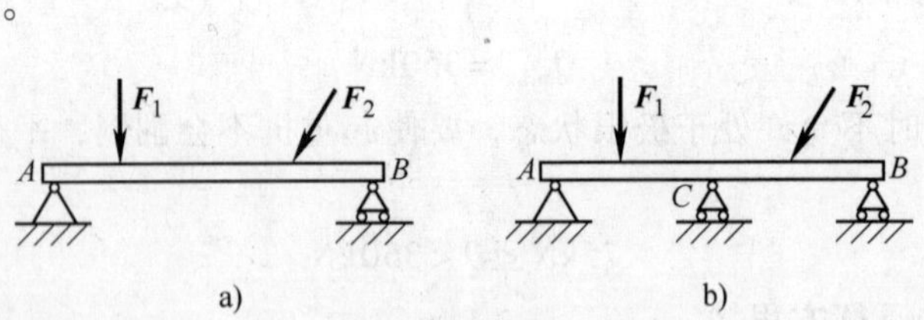

图 2-12 静定与静不定问题

2.3.2 物体系统的平衡问题

工程中的结构，一般是由几个构件通过一定的约束联系在一起的，称为物体系统，如图 2-13a 所示的三铰拱。作用于物体系统上的力，可分为内力和外力两大类。系统外的物体作用于该物体系统的力，称为外力；系统内部各物体之间的相互作用力，称为内力。对于整个物体系统来说，内力总是成对出现的，两两平衡，故无需考虑，如图 2-13b 的铰 C 处。而当取系统内某一部分为研究对象时，作用于系统上的内力变成了作用在该部分上的外力，必须

在受力图中画出，如图 2-13c 中铰 C 处的 $\boldsymbol{N}_{Cx}$ 和 $\boldsymbol{N}_{Cy}$。

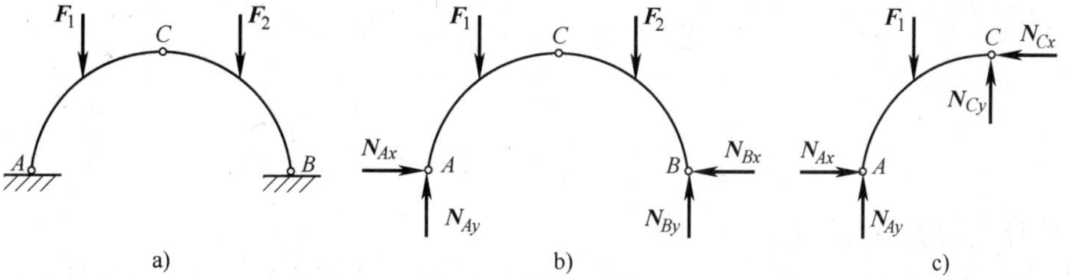

图 2-13　三铰拱

物体系统平衡是静定问题时才能应用平衡方程求解。一般若系统由 n 个物体组成，每个平面力系作用的物体，最多列出三个独立的平衡方程，而整个系统共有不超过 $3n$ 个独立的平衡方程。若系统中未知力的数目等于或小于能列出的独立平衡方程的数目，该系统就是静定的；否则就是静不定的问题。

在求解静定物体系统的平衡问题时，可以选每个物体为研究对象，列出全部平衡方程，然后求解；也可先取整个系统为研究对象，列出平衡方程，这样的方程因不包含内力，式中未知量较少，解出部分未知量后，再从系统中选取某些物体作为研究对象，列出另外的平衡方程，直至求出所有的未知量为止。在选择研究对象和列平衡方程时，应使每一个平衡方程中的未知量个数尽可能少，最好是只含有一个未知量，以避免求解联立方程。

例 2-9　如图 2-14a 所示曲轴冲压机简图由轮 O、连杆 AB 和冲头 B 组成。A、B 两处为铰链连接。$OA=R$，$AB=l$。如忽略摩擦和物体的自重，当 OA 在水平位置、冲压力为 $\boldsymbol{F}$ 时系统处于平衡状态。试求冲头给导轨的侧压力、轮 O 处的约束力以及作用在轮上的力偶矩 M 的大小。

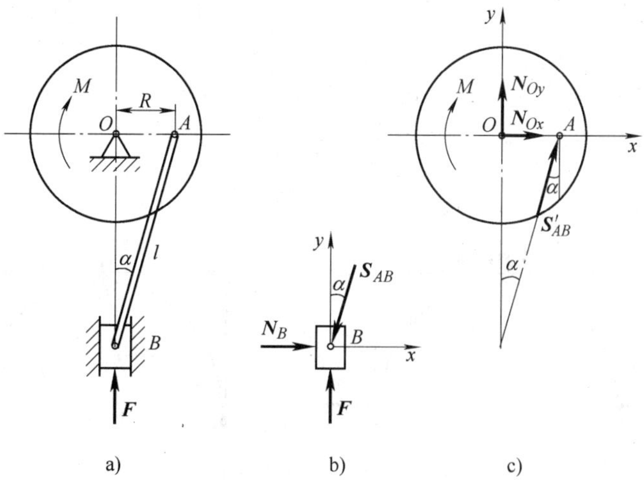

图 2-14　例 2-9 图

解　(1) 以冲头为研究对象。冲头受冲压力 $\boldsymbol{F}$、导轨约束力 $\boldsymbol{N}_B$ 以及连杆（二力杆）的作用力 $\boldsymbol{S}_{AB}$ 作用，受力如图 2-14b 所示，为一平面汇交力系。

设连杆与铅直线间的夹角为 α，按图示坐标轴列平衡方程

$$\sum F_y = 0,\ F - S_{AB}\cos\alpha = 0$$

$$\sum F_x = 0,\ N_B - S_{AB}\sin\alpha = 0$$

解得

$$S_{AB} = \frac{F}{\cos\alpha} = \frac{Fl}{\sqrt{l^2 - R^2}},\ N_B = F\tan\alpha = \frac{FR}{\sqrt{l^2 - R^2}}$$

故冲头给导轨的侧压力与 $\boldsymbol{N}_B$ 等值，反向。

（2）以轮 O 为研究对象，其上作用矩为 M 的力偶，连杆作用力 $\boldsymbol{S}'_{AB}$ 以及轴承在 O 处的约束力 $\boldsymbol{N}_{Ox}$、$\boldsymbol{N}_{Oy}$，为一平面任意力系，如图 2-14c 所示。按图示坐标轴列平衡方程

$$\sum M_O(\boldsymbol{F}) = 0,\ S'_{AB}\cos\alpha \cdot R - M = 0$$

$$\sum F_x = 0,\ N_{Ox} + S'_{AB}\sin\alpha = 0$$

$$\sum F_y = 0,\ N_{Oy} + S'_{AB}\cos\alpha = 0$$

解得

$$M = FR,\ N_{Ox} = -\frac{FR}{\sqrt{l^2 - R^2}},\ N_{Oy} = -F$$

负号说明 $\boldsymbol{N}_{Ox}$、$\boldsymbol{N}_{Oy}$ 的方向与图示假设的方向相反。

此题也可先取整个系统为研究对象，再取冲头为研究对象，列平衡方程求解。请读者自解，并作比较。

例 2-10 三铰拱如图 2-15a 所示，已知尺寸 a、h，其上作用的分布载荷 q，试分别求固定铰链支座 A、B 和中间铰链 C 所受的力。

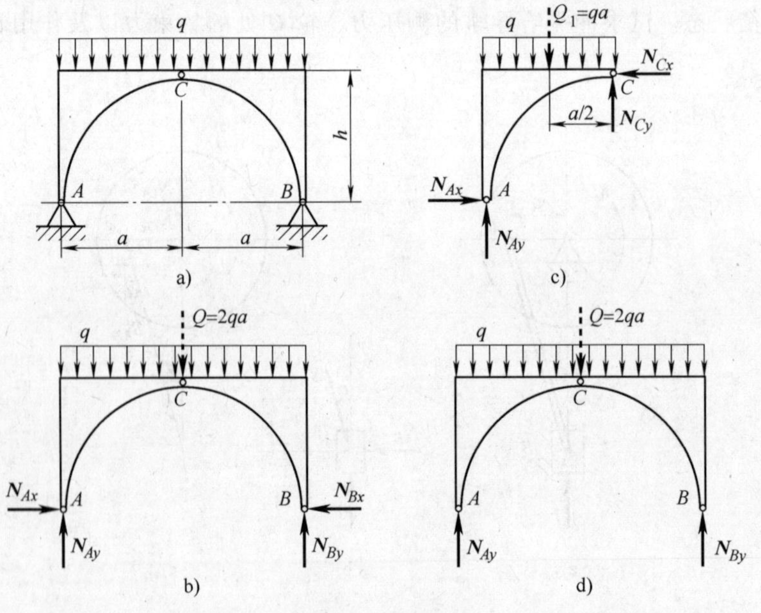

图 2-15 例 2-10 图

解 （1）首先取整体为研究对象，其上作用均布载荷 q，约束力 $\boldsymbol{N}_{Ax}$、$\boldsymbol{N}_{Ay}$ 和 $\boldsymbol{N}_{Bx}$、$\boldsymbol{N}_{By}$，其中均布载荷可用一集中力 $\boldsymbol{Q}$ 等效替代，其大小为 $Q = 2qa$，作用于分布段的中点 C，如图

2-15b 所示。由于 A、B 两处共有四个未知力，而独立的平衡方程只有三个，显然不能解出全部未知力。列平衡方程

$$\sum F_x = 0,\ N_{Ax} - N_{Bx} = 0$$

$$\sum F_y = 0,\ N_{Ay} + N_{By} - Q = 0$$

$$\sum M_A(\boldsymbol{F}) = 0,\ N_{By} \cdot 2a - Q \cdot a = 0$$

解得

$$N_{Ax} = N_{Bx},\ N_{Ay} = N_{By} = qa$$

（2）再以左半拱（或右半拱）为研究对象，其受力如图 2-15c 所示。列出平衡方程

$$\sum F_x = 0,\ N_{Ax} - N_{Cx} = 0$$

$$\sum F_y = 0,\ N_{Ay} - Q_1 + N_{Cy} = 0$$

$$\sum M_C(\boldsymbol{F}) = 0,\ N_{Ax} \cdot h - N_{Ay} \cdot a + Q_1 \cdot \frac{a}{2} = 0$$

解得

$$N_{Ax} = N_{Bx} = N_{Cx} = \frac{qa^2}{2h},\ N_{Cy} = 0$$

工程中，经常遇到对称结构上作用对称载荷的情况，在这种情形下，结构的支反力也对称。有时，可以根据这种对称性直接判断出某些约束力的大小，但这些结果及关系都包含在平衡方程中。例如本题中，根据对称性，可得 $N_{Ax} = N_{Bx}$，$N_{Ay} = N_{By}$，再根据铅垂方向的平衡方程，容易得到 $N_{Ay} = N_{By} = qa$。

从本题的讨论还可看出，所谓“某一方向的主动力只会引起该方向的约束力”的说法是完全错误的。本题中，在研究整体的平衡时，图 2-15d 所示的受力图是错误的，根据这种受力分析，整体虽然是平衡的，但局部（左半拱、右半拱）却是不平衡的，读者可自行分析。

2.4 考虑摩擦时的平衡问题

摩擦是一种普遍存在于机械运动中的自然现象，人行走、车行驶、机器运转无一不存在着摩擦。前面几节分析物体的受力时，都假定物体表面是理想光滑的，因而都没有考虑摩擦力对物体的作用。这是因为在工程实际中有许多物体的接触面比较光滑，并且具有良好的润滑条件，摩擦力不起主要作用。为了简化问题而忽略摩擦，不会对计算结果的正确性造成重大的影响，可以获得比较接近实际的近似结果。但在很多工程问题中，摩擦已成为主要因素，必须加以考虑。摩擦既有有利的一面，如传动、制动和夹具夹紧工件等需利用摩擦；也有有害的一面，如摩擦要消耗能量，并使机器磨损，从而降低精度和机械效率，缩短机器寿命。研究摩擦现象，就是要有效发挥其有利的一面，限制其有害的一面。

按照接触物体之间可能发生的相对运动分类，摩擦可分为**滑动摩擦**和**滚动摩擦**。滑动摩擦是指当两物体有相对滑动或相对滑动趋势时的摩擦。滑动摩擦依据两接触面间的相对运动是否存在，可分为**静滑动摩擦**和**动滑动摩擦**两类。滚动摩擦是指当两物体有相对滚动或相对滚动趋势时的摩擦。摩擦机理十分复杂，已超出本书的研究范围，这里仅介绍工程中常用的摩擦近似理论。

2.4.1 滑动摩擦

两个表面粗糙相互接触的物体，当发生相对滑动或有相对滑动趋势时，在接触面上产生阻碍相对滑动的力，这种阻力称为滑动摩擦力，简称摩擦力，一般以 $\boldsymbol{F}$ 表示。在两物体开始相对滑动之前的摩擦力，称为静摩擦力；滑动之后的摩擦力，称为动摩擦力。

由于摩擦力是阻碍两物体间相对滑动的力，因此物体所受摩擦力的方向总是与物体的相对滑动或相对滑动的趋势方向相反，它的大小则需根据主动力作用的不同来分析，可以分为三种情况，即静摩擦力 $\boldsymbol{F}$、最大静摩擦力 $\boldsymbol{F}_{max}$ 和动摩擦力 $\boldsymbol{F}'$。

1. 静摩擦力

放置在粗糙的水平面上重为 $\boldsymbol{G}$ 的物块，如图 2-16 所示，受水平拉力 $\boldsymbol{T}$ 的作用，拉力的大小由砝码的重量确定。当拉力 $\boldsymbol{T}$ 由零值逐渐增加但不是很大时，物体仍保持静止，可见支承面对物块的约束力除法向约束力 $\boldsymbol{N}$ 外，还有切向的静摩擦力 $\boldsymbol{F}$，它的大小可由平衡方程确定，即

$$\sum F_x = 0,\ T = F$$

当水平拉力 $\boldsymbol{T}$ 增大时，静摩擦力 $\boldsymbol{F}$ 亦随之增大，这是静摩擦力和一般约束力共同的性质。静摩擦力又与一般约束力不同，它并不随拉力 $\boldsymbol{T}$ 的增大而无限度地增大。当拉力 $\boldsymbol{T}$ 的大小达到一定数值时，物块处于将要滑动、但尚未开始滑动的临界状态，此时静摩擦力达到最大值，即为最大静摩擦力 $\boldsymbol{F}_{max}$。此后，如果 $\boldsymbol{T}$ 再继续增大，静摩擦力不能再随之增大，物块将失去平衡而开始滑动。这就是静摩擦力的特点。

在物块开始滑动时，摩擦力的值从 F_{max} 突变至动摩擦力 F'（F'略低于 F_{max}）。此后，如 $\boldsymbol{T}$ 继续增加，摩擦力基本上保持常值 F'。若速度更高，则 F'值下降。以上过程中 T-F 关系曲线如图 2-17 所示。

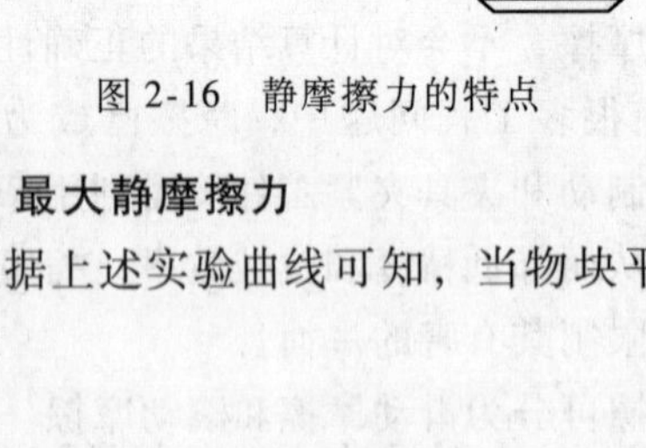

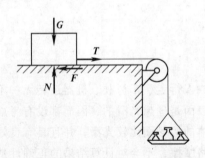

图 2-16 静摩擦力的特点

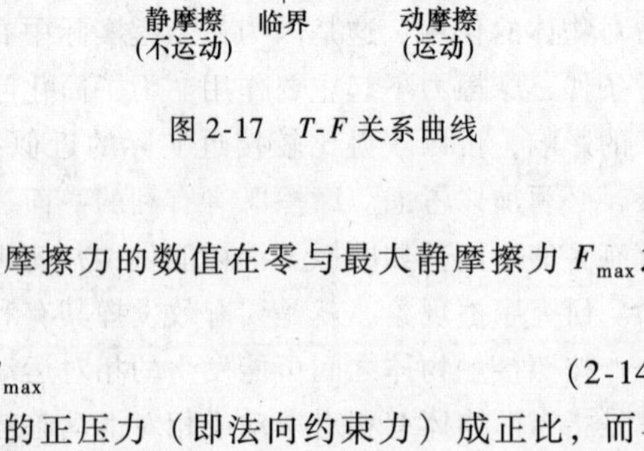

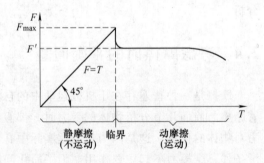

图 2-17 T-F 关系曲线

2. 最大静摩擦力

根据上述实验曲线可知，当物块平衡时，静摩擦力的数值在零与最大静摩擦力 F_{max} 之间，即

$$0 \leqslant F \leqslant F_{max} \tag{2-14}$$

实验表明：最大静摩擦力的大小与两物体间的正压力（即法向约束力）成正比，而与接触面积的大小无关，即

$$F_{max} = fN \tag{2-15}$$

式中，f 称为静摩擦因数，它是无量纲量。式（2-15）称为静摩擦定律（又称库仑定律）。

静摩擦因数f主要与接触物体的材料和表面状况（如表面粗糙度、温度、湿度和润滑情况等）有关，可由实验测定，也可在机械工程手册中查到。

3. 动摩擦力

实验表明：动摩擦力的大小与接触体间的正压力成正比，即

$$F' = f'N \tag{2-16}$$

式中，f'称为动摩擦因数，它是无量纲量。式（2-16）称为动摩擦定律。

动摩擦力与静摩擦力不同，基本上没有变化范围。一般动摩擦因数略小于静摩擦因数。动摩擦因数除与接触物体的材料和表面情况有关外，还与接触物体间相对滑动的速度大小有关。一般说来，动摩擦因数随相对速度的增大而减小。当相对速度不大时，f'可近似地认为是个常数，动摩擦因数f'也可在机械工程手册中查到。

2.4.2　摩擦角与自锁现象

1. 摩擦角

当有摩擦时，支承面对物体的约束力有法向约束力$\boldsymbol{N}$和摩擦力$\boldsymbol{F}$，如图2-18a所示。这两个力的合力$\boldsymbol{R}=\boldsymbol{N}+\boldsymbol{F}$，称为支承面的全约束力，简称全反力，其作用线与接触面的公法线成一偏角φ。当达到临界平衡状态时，静摩擦力达到最大值F_{max}，偏角φ也达到最大值φ_m，如图2-18b所示，全反力与法线间夹角的最大值φ_m称为摩擦角。

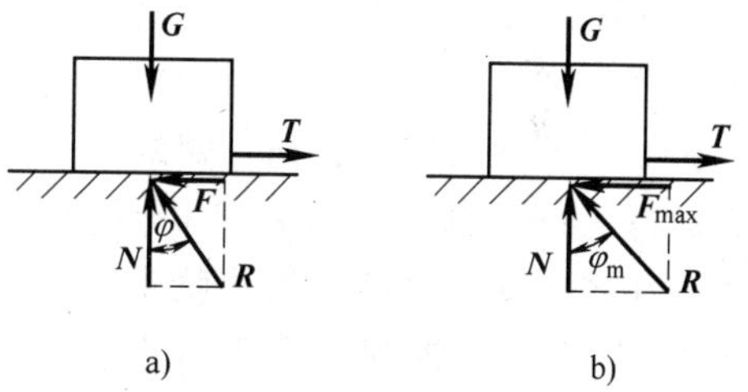

图2-18　摩擦角

由图可知

$$\tan\varphi_m = \frac{F_{max}}{N} = f \tag{2-17}$$

即摩擦角的正切等于静摩擦因数。可见，φ_m与f都是表示材料摩擦性质的物理量。

根据摩擦角的定义可知，全反力的作用线不可能超出摩擦角以外，全反力必在摩擦角之内，即物块平衡时，有

$$\varphi \leqslant \varphi_m \tag{2-18}$$

2. 自锁现象

如图2-19a所示，设主动力的合力为$\boldsymbol{P}$，其作用线与法线间的夹角为α。现研究α取不同值时，物块平衡的可能性。

1）当$\alpha \leqslant \varphi_m$时，如图2-19a所示，在这种情况下，接触面的全反力$\boldsymbol{R}$必能与主动力的合力$\boldsymbol{P}$满足二力平衡条件，且$\varphi = \alpha \leqslant \varphi_m$。

2）当$\alpha > \varphi_m$时，如图2-19b所示，在这种情况下，接触面的全反力$\boldsymbol{R}$不能与主动力的合力$\boldsymbol{P}$满足二力平衡条件，因此，物块不可能保持平衡。

结论：当主动力合力的作用线在摩擦角范围之内时，则无论主动力有多大，物体必定保持平衡，这种力学现象称为自锁；相反，当主动力合力的作用线在摩擦角范围之外时，则无论主动力有多小，物体必定滑动。若物体与支承面的静摩擦因数在各个方向都相同，则摩擦角范围在空间就形成了一个锥体，称为摩擦锥，如图2-19c所示。

工程实际中常应用自锁原理设计一些机构或夹具，使它们始终保持在平衡状态下工作。

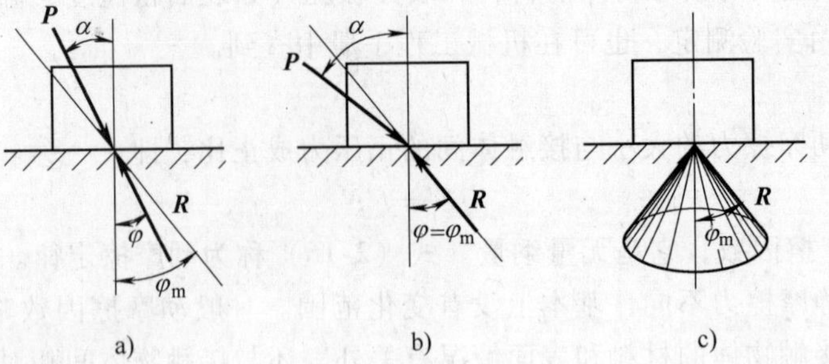

图 2-19 自锁现象

如图 2-20a 所示螺旋千斤顶，它由手柄 1、丝杆 2、螺纹槽底座 3 组成。在工作过程中要求丝杆连同重物 4 在任意位置都能保持平衡，即实现自锁。螺纹可看做是卷在圆柱体上的斜面，如图 2-20b 所示。将它展开后，丝杆的一部分相当于滑块，螺纹槽底座相当于斜面，螺纹升角 α 即为斜面倾角，如图 2-20c 所示。因此，斜面的自锁条件就是螺纹的自锁条件，即螺纹升角 α 小于或等于摩擦角。另外，工程中有些机构又要设法避免自锁，例如在导轨中滑动的工作台、升降机等。

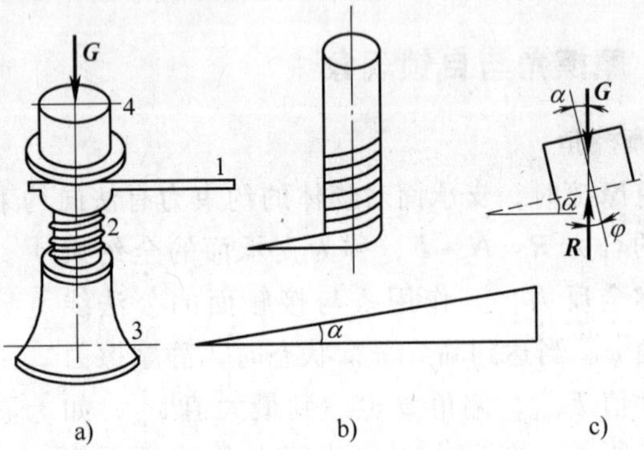

图 2-20 螺旋千斤顶

1—手柄 2—丝杆 3—螺纹槽底座 4—重物

2.4.3 考虑摩擦时的平衡问题

有摩擦的平衡问题和忽略摩擦的平衡问题其解法基本上是相同的。不同的是，在进行受力分析时，应画上摩擦力。求解此类问题时，最重要的一点是判断摩擦力的方向和计算摩擦力的大小。由于摩擦力与一般的未知约束力不完全相同，因此，此类问题有如下一些特点：

1）分析物体受力时，摩擦力的方向一般不能任意假设，要根据相关物体接触面的相对滑动趋势预先判断确定，摩擦力的方向总是与物体的相对滑动趋势方向相反。

2）需分清物体是处于一般平衡状态还是临界状态。在一般平衡状态下，静摩擦力的大小由平衡条件确定，并满足 $F \leqslant F_{\max}$ 关系式；在临界状态下，静摩擦力为一确定值，满足 $F=F_{\max}=fN$ 关系式。

3）由于物体平衡时摩擦力有一定的范围（$0 \leqslant F \leqslant F_{\max}$），故有摩擦的平衡问题的解也有一定的范围，而不是一个确定的值。但为了计算方便，一般先在临界状态下计算，求得结果后再分析、讨论其解的平衡范围。

例 2-11 一重量为 $\boldsymbol{P}$ 的物体放在倾角为 α 的斜面上，如图 2-21a 所示。已知二者之间的摩擦角为 φ_m，且 $\alpha > \varphi_m$。试求使物体保持静止的水平推力 $\boldsymbol{Q}$ 的大小。

解 因为斜面倾角 $\alpha > \varphi_m$，当物体上没有其他力作用时，物体处于非自锁状态，将沿斜面下滑。当作用在物体上的水平推力 $\boldsymbol{Q}$ 太小时，不足以阻止物体的下滑；当 $\boldsymbol{Q}$ 过大时，又

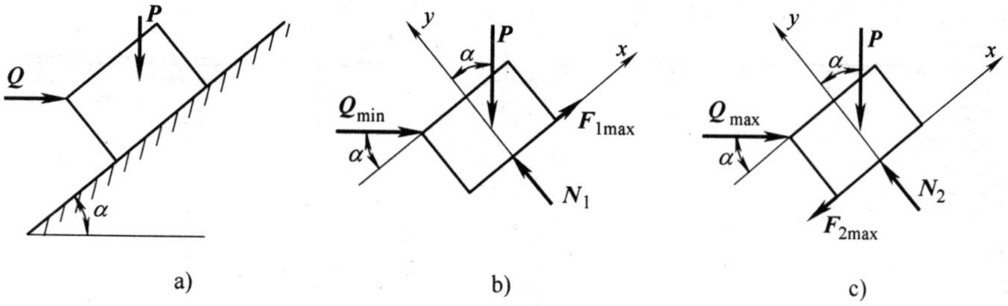

图 2-21　例 2-11 图

可能使物体沿斜面上滑。因此欲使物体静止，力 $\boldsymbol{Q}$ 的大小需在某一范围之内，即

$$Q_{min} \leqslant Q \leqslant Q_{max}$$

（1）求 Q_{min}　Q_{min} 为使物体不致下滑时所需的力 $\boldsymbol{Q}$ 之最小值，此时物体处于下滑临界状态，受力情况如图 2-21b 所示。列平衡方程

$$\sum F_x = 0, \quad Q_{min}\cos\alpha - P\sin\alpha + F_{1max} = 0$$

$$\sum F_y = 0, \quad N_1 - Q_{min}\sin\alpha - P\cos\alpha = 0$$

列补充方程

$$F_{1max} = fN_1 = N_1\tan\varphi_m$$

解得

$$Q_{min} = \frac{\sin\alpha - \tan\varphi_m\cos\alpha}{\cos\alpha + \tan\varphi_m\sin\alpha}P = \frac{\tan\alpha - \tan\varphi_m}{1 + \tan\varphi_m\tan\alpha}P = P\tan(\alpha - \varphi_m)$$

（2）求 Q_{max}　Q_{max} 为使物体不致上滑时所需的力 $\boldsymbol{Q}$ 之最大值，此时物体处于上滑临界状态，受力情况如图 2-21c 所示。列平衡方程

$$\sum F_x = 0, \quad Q_{max}\cos\alpha - P\sin\alpha - F_{2max} = 0$$

$$\sum F_y = 0, \quad N_2 - Q_{max}\sin\alpha - P\cos\alpha = 0$$

列补充方程

$$F_{2max} = fN_2 = N_2\tan\varphi_m$$

解得

$$Q_{max} = \frac{\sin\alpha + \tan\varphi_m\cos\alpha}{\cos\alpha - \tan\varphi_m\sin\alpha}P = \frac{\tan\alpha + \tan\varphi_m}{1 - \tan\varphi_m\tan\alpha}P = P\tan(\alpha + \varphi_m)$$

综合以上结果可知，使得物体保持静止的水平推力 $\boldsymbol{Q}$ 的大小应满足下列条件

$$P\tan(\alpha - \varphi_m) \leqslant Q \leqslant P\tan(\alpha + \varphi_m)$$

例 2-12　图 2-22a 为一制动器的结构简图，已知闸瓦与制动轮间的摩擦因数为 f，悬挂物体重 $\boldsymbol{Q}$，有关尺寸如图所示。试求制止制动轮逆时针转动所需力 $\boldsymbol{P}$ 的最小值。

解　制动是通过闸瓦与制动轮间的摩擦力 $\boldsymbol{F}$ 来实现的。$\boldsymbol{F}$ 的大小，取决于闸瓦与制动轮之间的正压力，而正压力随制动力 $\boldsymbol{P}$ 变化。当制动力 $\boldsymbol{P}$ 为最小值时，制动轮处于即将逆时针转动而尚未转动的临界平衡状态，摩擦力达到最大值 F_{max}。

（1）选制动轮为研究对象，受力图如图 2-22b 所示。由力矩方程和补充方程

$$\sum M_O(\boldsymbol{F}) = 0, \quad -F_{max}R + Qr = 0$$

$$F_{max} = fN_C$$

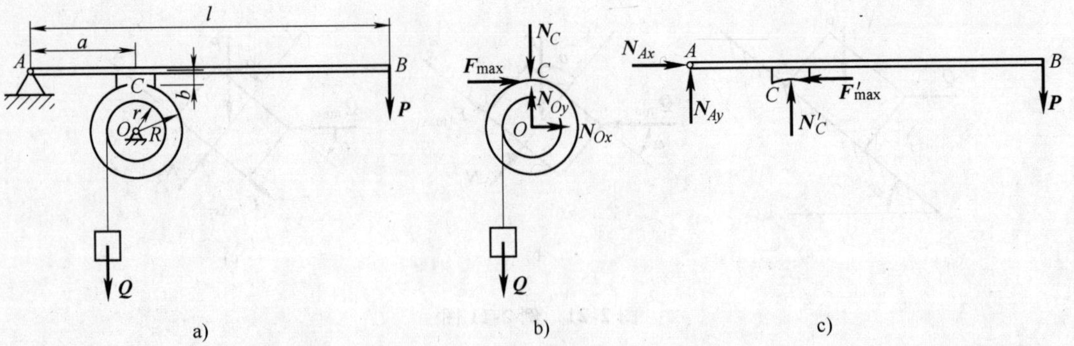

图 2-22　例 2-12 图

解得

$$F_{\max}=\frac{Qr}{R},\ N_C=\frac{Qr}{fR}$$

（2）选制动杆为研究对象，受力图如图 2-22c 所示，其中 $N'_C=N_C$，$F'_{\max}=F_{\max}$。由力矩方程

$$\sum M_A(\boldsymbol{F})=0,\ -F'_{\max}b+N'_Ca-P_{\min}l=0$$

解得

$$P_{\min}=\frac{N'_Ca-F'_{\max}b}{l}=\frac{Qr}{fRl}(a-fb)$$

此即为制止制动轮逆时针转动所需力 $\boldsymbol{P}$ 的最小值。

例 2-13　攀登电线杆时用的套钩如图 2-23a 所示，已知套钩尺寸 b、电线杆直径 d、摩擦因数 f。试求套钩不致下滑时人的重力 $\boldsymbol{G}$ 的作用线与电线杆中心线的距离 a。

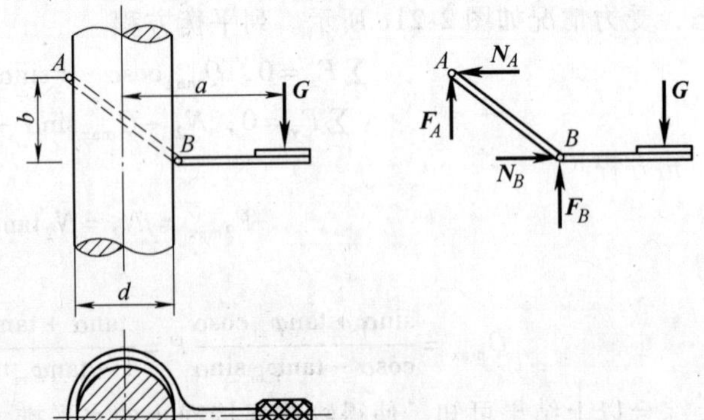

图 2-23　例 2-13 图

解　以套钩为研究对象，其受力图如图 2-23b 所示。套钩在 A、B 两处都有摩擦，分析套钩平衡的临界状态，两处将同时达到最大摩擦力。列平衡方程及 A、B 两处的补充方程

$$\sum F_x=0,\ -N_A+N_B=0$$

$$\sum F_y=0,\ F_A+F_B-G=0$$

$$\sum M_A(\boldsymbol{F})=0,\ N_Bb+F_Bd-G\left(a+\frac{d}{2}\right)=0$$

$$F_A=fN_A,\ F_B=fN_B$$

解得

$$a=\frac{b}{2f}$$

所求之值为套钩不致下滑的临界值，要保证套钩不致下滑，即产生自锁，必须满足

$$F_A + F_B \geqslant G$$

由上述平衡方程和补充方程可得出满足此条件时 a 的取值范围为

$$a \geqslant \frac{b}{2f}$$

本章小结

1. 平面任意力系向一点简化的结果

平面任意力系向平面内任一点简化，可得一主矢量和一主矩。主矢量等于力系中各力的矢量和，其大小、方向与简化中心无关，但作用线通过简化中心；主矩等于力系中各力对简化中心之矩的代数和，其值一般与简化中心有关。其最后结果可能出现三种情况：合力、力偶、平衡（见表2-1）。

表2-1 平面任意力系向一点简化的结果

主矢$\boldsymbol{R}'=\sum\boldsymbol{F}$	主矩 $M_O=\sum M_O(\boldsymbol{F})$	简化结果	说 明
$\boldsymbol{R}'\neq 0$	$M_O=0$	合力	$\boldsymbol{R}'$即为原力系的合力，作用线通过简化中心
	$M_O\neq 0$	合力	合力作用线至简化中心的距离 $d=\lvert M_O\rvert/R'$
$\boldsymbol{R}'=0$	$M_O\neq 0$	力偶	此时主矩与简化中心的位置无关
	$M_O=0$	平衡	

2. 平面力系的平衡方程（见表2-2）

表2-2 平面力系的平衡方程

平面力系	基本形式	其他形式	
平面任意力系	$\sum F_x=0$ $\sum F_y=0$ $\sum M_O(\boldsymbol{F})=0$	$\sum F_x=0$ $\sum M_A(\boldsymbol{F})=0$ $\sum M_B(\boldsymbol{F})=0$ （A、B 连线与投影轴不垂直）	$\sum M_A(\boldsymbol{F})=0$ $\sum M_B(\boldsymbol{F})=0$ $\sum M_C(\boldsymbol{F})=0$ （A、B、C 三点不共线）
平面汇交力系	$\sum F_x=0$ $\sum F_y=0$	$\sum F_x=0$ $\sum M_O(\boldsymbol{F})=0$ （O 不是汇交点）	$\sum M_A(\boldsymbol{F})=0$ $\sum M_B(\boldsymbol{F})=0$ （A、B 均不是汇交点）
平面平行力系	$\sum F_y=0$ $\sum M_O(\boldsymbol{F})=0$ （y 轴与各力不垂直）	$\sum M_A(\boldsymbol{F})=0$ $\sum M_B(\boldsymbol{F})=0$ （A、B 连线与各力不平行）	
平面力偶系	$\sum M_i=0$		

3. 物体系统的平衡问题

1）正确画出系统整体、局部及每个物体的分离体受力图。应特别注意各受力图之间要彼此协调，符合作用与反作用定律，要注意二力杆、二力构件的判断。

2）具体求解前要比较解题方案。一般应从可解的和局部可解的分离体着手，求出部分未知力后，使其他暂不可解的转化为可解的分离体，依次解出待求未知力；若所有分离体都

是暂不可解的，则应按题意选取两个包含相同未知力的分离体列方程联立求解。在列方程时，尽可能避免出现不必要求解的未知力。

4. 考虑摩擦时物体的平衡问题

求解考虑摩擦时的平衡问题时，可将滑动摩擦力作为未知约束力对待。应会判断物体在主动力作用下的运动趋势，从而决定静摩擦力的方向；在列平衡方程时要考虑静摩擦力的变化有一个范围，从而引起解也是一个有范围的值；只有判断物体已处于临界平衡状态的前提下，才能应用补充方程 $F_{max}=fN$，求得的解也是临界值，否则，只能应用平衡条件来决定静摩擦力的大小。

思考题

2-1 设一平面任意力系向某一点简化得到一合力。若另选简化中心，问该力系能否简化为一力偶？为什么？

2-2 试用力系向已知点简化的方法说明如图2-24所示的力 $\boldsymbol{F}$ 和力偶（$\boldsymbol{F}_1$，$\boldsymbol{F}_2$）对于轮的作用有何不同，在轮轴支承 A 和 B 处的约束力有何不同。设 $F_1=F_2=F/2$，轮的半径为 r。

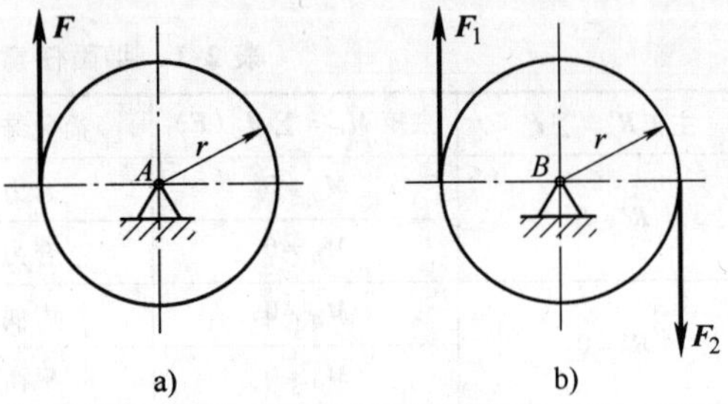

图 2-24 思 2-2 图

2-3 设一平面任意力系 $\boldsymbol{F}_1$，$\boldsymbol{F}_2$，$\boldsymbol{F}_3$，$\boldsymbol{F}_4$，分别作用于矩形钢板 A、B、C、D 四个顶点，如图2-25所示，且各力的大小与各边长成比例，试问该力系简化结果是什么？

2-4 一平面任意力系向 A 点简化的主矢为 $\boldsymbol{R}'_A$，主矩为 M_A，如图 2-26 所示。试求该力系向距 $\boldsymbol{R}'_A$ 为 d 的 B 点简化所得主矢 $\boldsymbol{R}'_B$ 和主矩 M_B 的大小和方向。

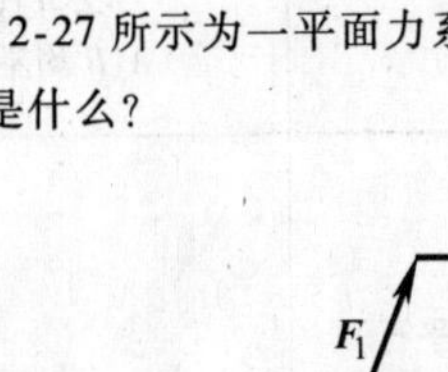

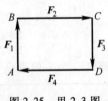

图 2-25 思 2-3 图

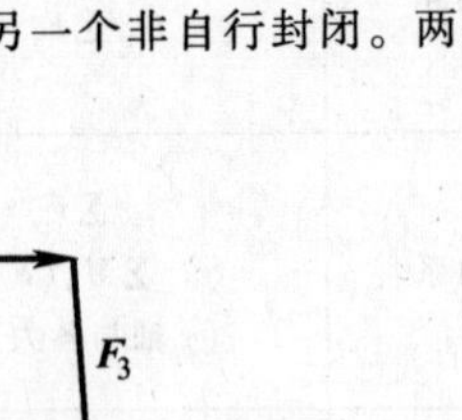

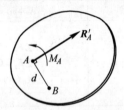

图 2-26 思 2-4 图

2-5 如图 2-27 所示为一平面力系的力多边形，一个自行封闭，另一个非自行封闭。两种情况下它们的合成结果各是什么？

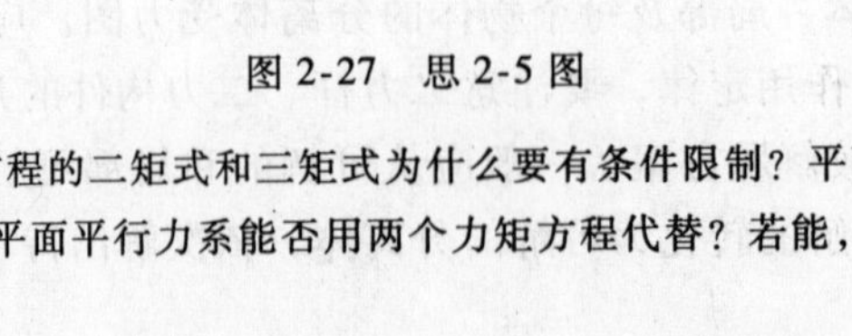

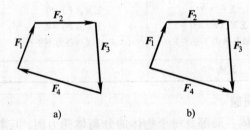

图 2-27 思 2-5 图

2-6 平面任意力系平衡方程的二矩式和三矩式为什么要有条件限制？平面汇交力系的平衡方程能否用一个或两个力矩方程来代替？平面平行力系能否用两个力矩方程代替？若能，应有何限制条件？

2-7 在推导平面平行力系的平衡方程时，若选取 x 轴和 y 轴均不与各力平行或垂直，则其独立的平衡方程数有几个？为什么？

2-8 怎样判断静定和静不定问题？指出图 2-28 中哪些是静定问题，哪些是静不定问题。

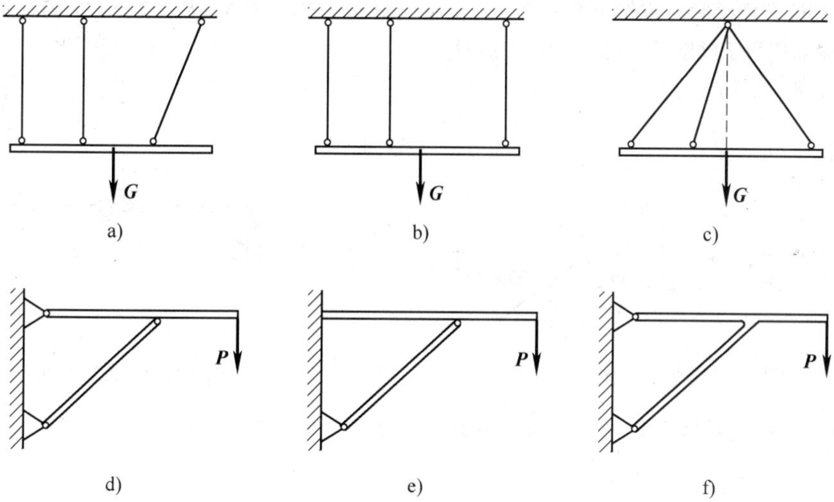

图 2-28 思 2-8 图

2-9 静滑动摩擦力的大小与法向约束力的大小成正比的说法对吗？

2-10 何谓摩擦角？它与摩擦因数有何关系？

2-11 何谓自锁？斜面的自锁条件是什么？

2-12 如图 2-29 所示重为 $\boldsymbol{G}$ 的物块放在倾角为 α 的斜面上，已知物块与斜面间的摩擦因数 f，且 $\tan\alpha < f$，问此物块下滑否？若增加其重量或在其上加一重为 $\boldsymbol{G}'$ 的物块，能否达到使物块下滑的目的？

2-13 物块重为 $\boldsymbol{G}$，与水平面间的摩擦因数为 f，欲使其向右滑动，可用图 2-30 所示两种方法施力，问用哪一种方法省力？若要求最省力，则 α 角应为多大？

2-14 如图 2-31 所示，试比较在静摩擦因数 f 和带压力 $\boldsymbol{Q}$ 均相同的条件下，平带和 V 带最大摩擦力的大小。

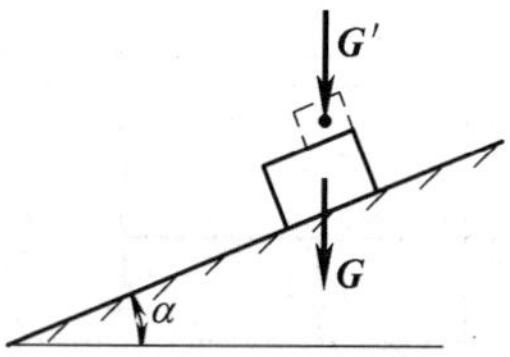

图 2-29 思 2-12 图

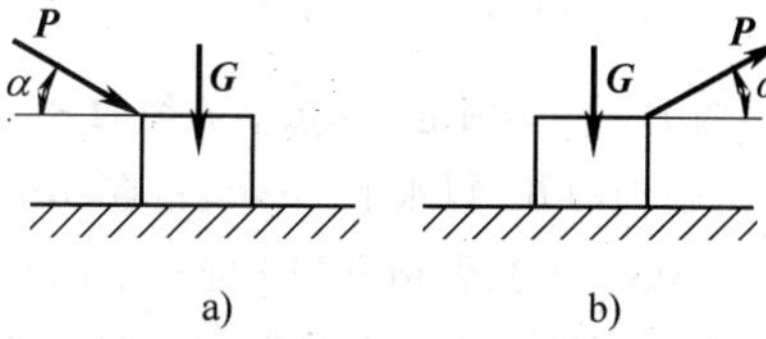

图 2-30 思 2-13 图

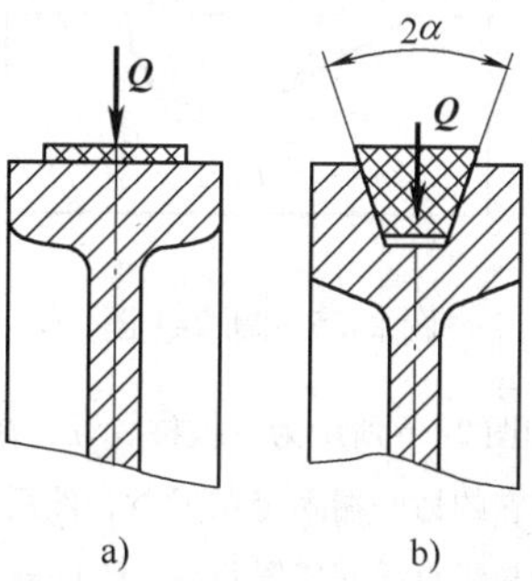

图 2-31 思 2-14 图

习　题

2-1　求图 2-32 所示平面力系的合成结果。

2-2　用丝锥攻螺纹时，若作用在丝锥铰杠上的力分别为 $F_1=15\text{N}$，$F_2=20\text{N}$，方向如图 2-33 所示，$l=240\text{mm}$，试求作用于丝锥 C 上的力 $\boldsymbol{R}'$和力偶 M_C。

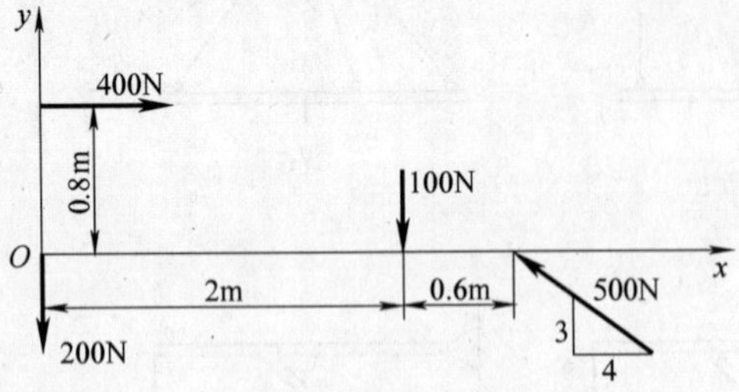

图 2-32　题 2-1 图

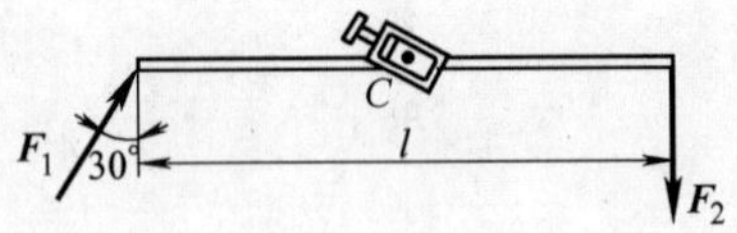

图 2-33　题 2-2 图

2-3　求图 2-34 所示结构中 AB、AC 杆（链）的受力。

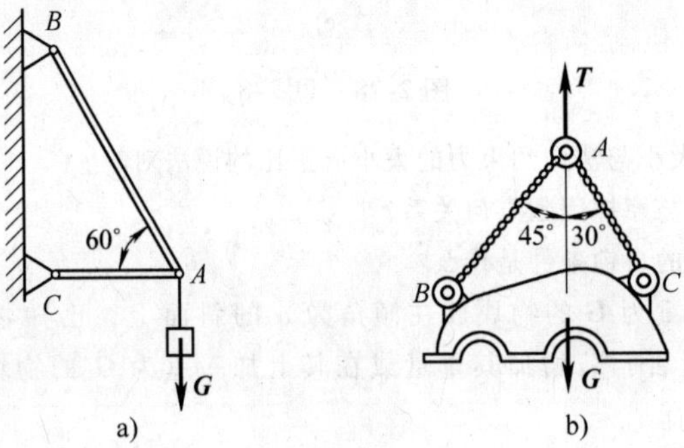

图 2-34　题 2-3 图

2-4　工件放在 V 形架内，如图 2-35 所示，若已知压板夹紧力 $F=400\text{N}$，求工件对 V 形架的压力。

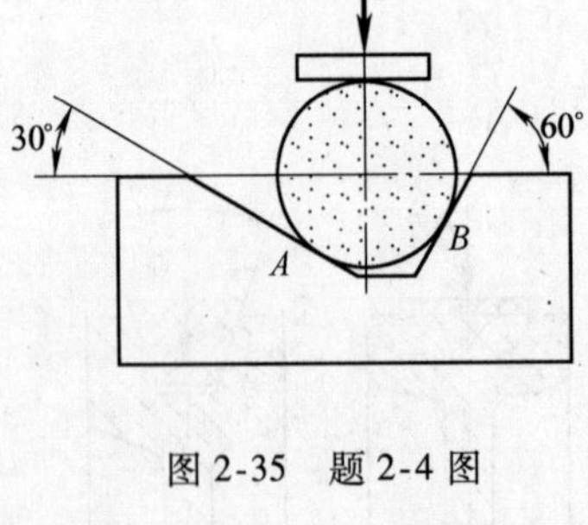

图 2-35　题 2-4 图

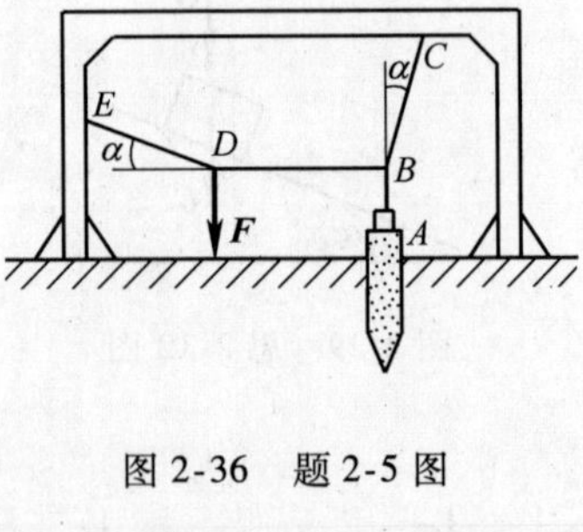

图 2-36　题 2-5 图

2-5　如图 2-36 所示为一拔桩装置。在木桩的 A 端系一绳，将绳的另一端固定在 C 点，在绳的 B 点处另系一绳 BE，将它的另一端固定在 E 点，然后在绳的 D 点用力下拉，并使绳的 BD 段水平，AB 段铅直，DE 段与水平线、CB 段与铅直线间成等角 α，且 $\tan\alpha=0.1$。若向下的拉力 $F=800\text{N}$，试求绳 AB 作用于桩上的拉力。

2-6　一铰链增力机构如图 2-37 所示，各构件自重不计，已知液压缸推力 $F_1=1\text{kN}$，$\alpha=8°$，求工件所受的压紧力 $\boldsymbol{F}_2$ 的大小。

2-7 汽锤在锻打工件时，由于工件偏置使锤头受力偏心而发生偏斜，如图 2-38 所示。已知锻打力 $F=1000\text{kN}$，偏心距 $e=2\text{cm}$，锤头高度 $h=20\text{cm}$，试求锤头施加给两侧导轨的压力。

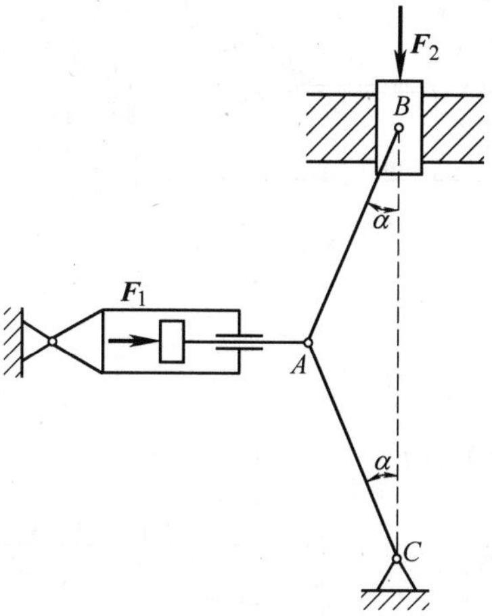

图 2-37 题 2-6 图

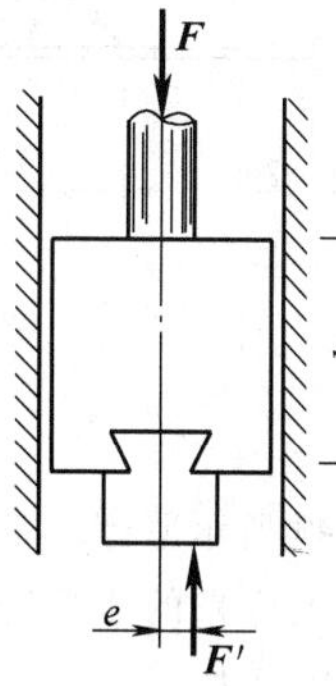

图 2-38 题 2-7 图

2-8 四杆机构 $OABO_1$ 在如图 2-39 所示位置平衡。已知 $OA=40\text{cm}$，$O_1B=60\text{cm}$，作用在摇杆 OA 上的力偶矩 $M_1=1\text{N}\cdot\text{m}$，不计自重，求力偶矩 M_2 的大小及 AB 杆所受的力。

2-9 求图 2-40 所示结构的支座约束力。

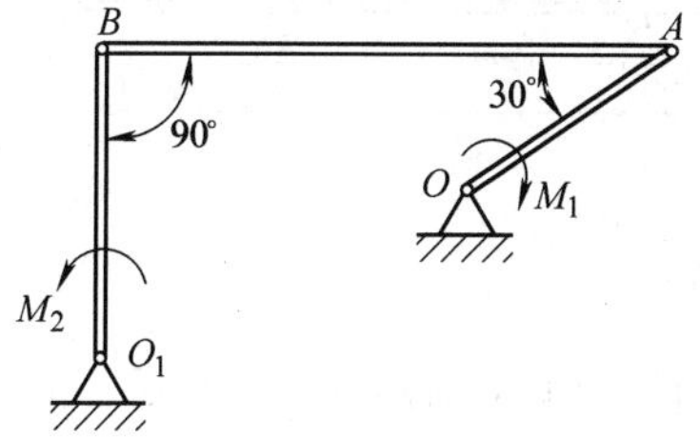

图 2-39 题 2-8 图

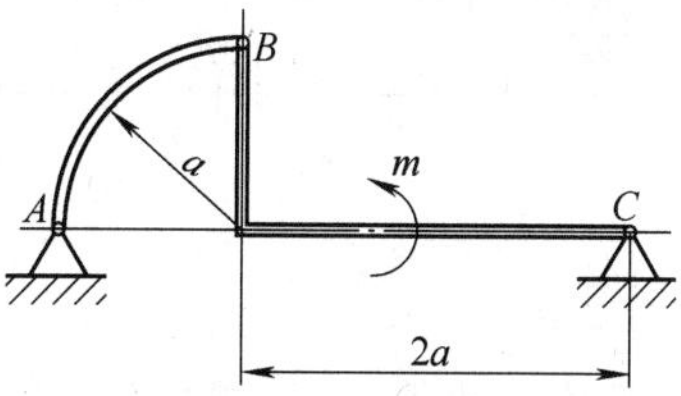

图 2-40 题 2-9 图

2-10 如图 2-41 所示，均质杆 AB 重为 $\boldsymbol{P}$，长为 l，在 B 端用跨过定滑轮的绳索吊起，绳索的末端挂有重为 $\boldsymbol{Q}$ 的重物，设 A、C 两点在同一铅垂线上，且 $AC=AB$。试求杆平衡时 θ 角的值。

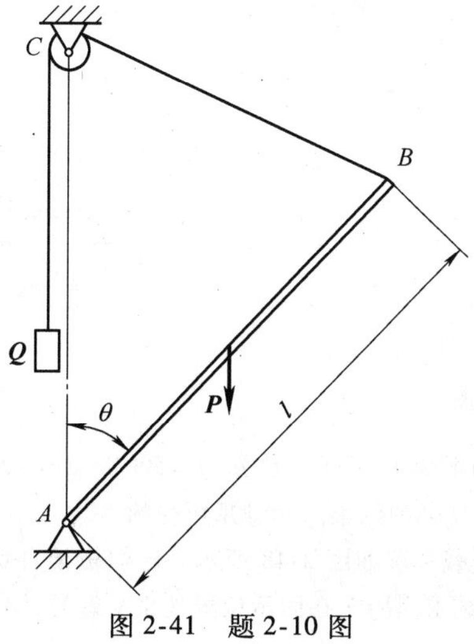

图 2-41 题 2-10 图

2-11 梁 AB 的支座和受力情况如图 2-42 所示。已知 $F=20\text{kN}$，不计梁重，试分别求图 2-42a、b 所示两种情况下的支座约束力。

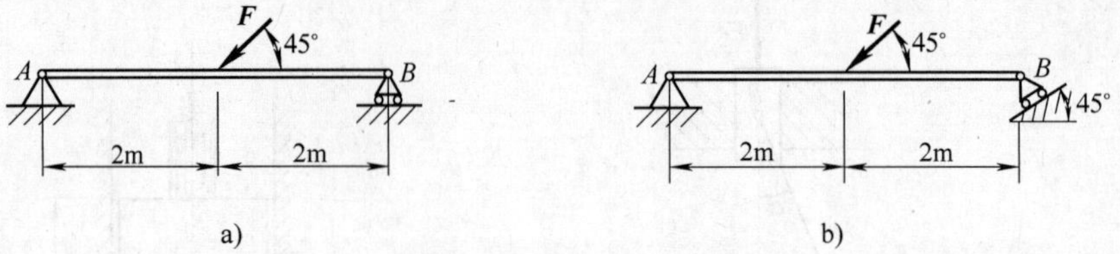

图 2-42 题 2-11 图

2-12 如图 2-43 所示凉台，其自重可近似地视为集度为q(N/m)的均布载荷，由柱上传来的压力为 $\boldsymbol{P}$，设柱的轴线到墙的距离为 l。试求凉台固定端的约束力。

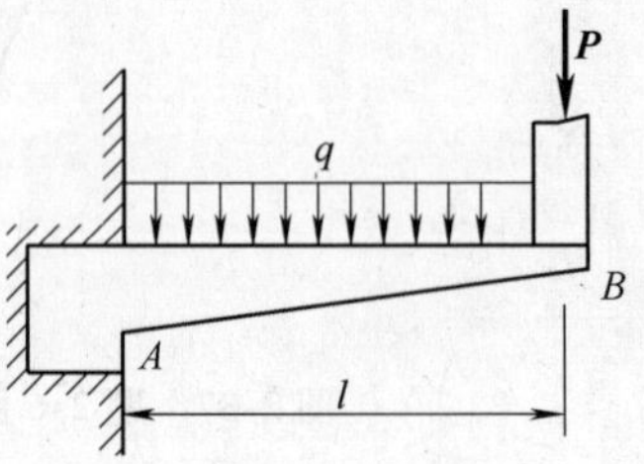

图 2-43 题 2-12 图

2-13 水平梁的支承和载荷如图 2-44 所示。已知 $F=20\text{kN}$，$M=10\text{kN}\cdot\text{m}$，$q=4\text{kN/m}$，$a=1\text{m}$。试求 A、B 二支座的约束力。

2-14 刚架受载荷如图 2-45 所示。已知 $\boldsymbol{F}$、a，不计刚架自重，试求 A、B 二支座的约束力。

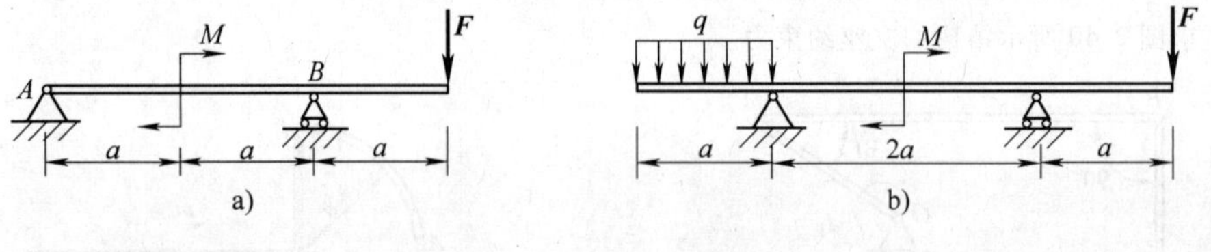

图 2-44 题 2-13 图

2-15 如图 2-46 所示，一辆汽车停在长为 20m 的水平桥上，前后轮间的距离为 2.5m，前后轮对桥的压力分别为 10kN 和 20kN，试问汽车后轮到支座 A 的距离 x 为多大时，方能使 A、B 二支座所受压力相等？

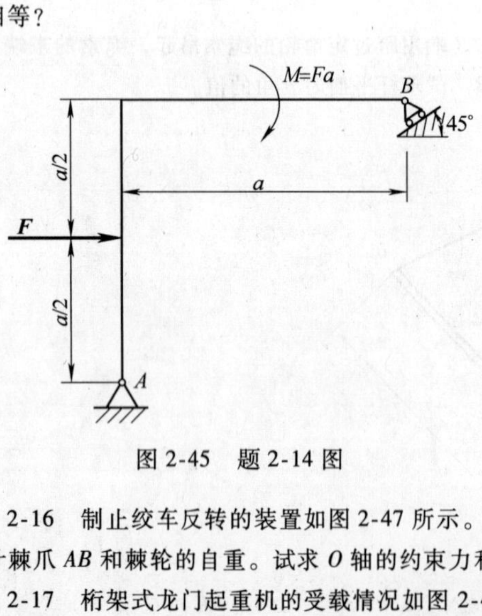

图 2-45 题 2-14 图

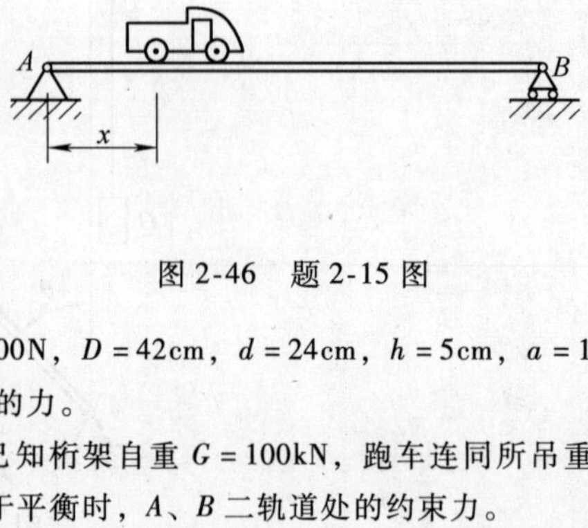

图 2-46 题 2-15 图

2-16 制止绞车反转的装置如图 2-47 所示。已知 $Q=500\text{N}$，$D=42\text{cm}$，$d=24\text{cm}$，$h=5\text{cm}$，$a=12\text{cm}$，不计棘爪 AB 和棘轮的自重。试求 O 轴的约束力和棘爪所受的力。

2-17 桁架式龙门起重机的受载情况如图 2-48 所示。已知桁架自重 $G=100\text{kN}$，跑车连同所吊重物共重 $Q=50\text{kN}$，水平风载 $F=2\text{kN}$，试求当跑车在图示位置处于平衡时，A、B 二轨道处的约束力。

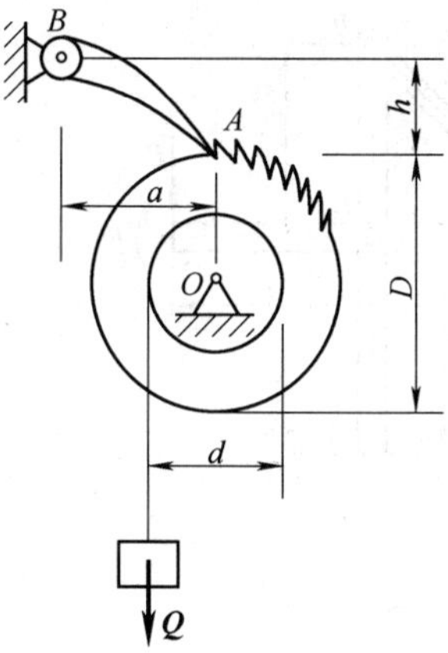

图 2-47　题 2-16 图

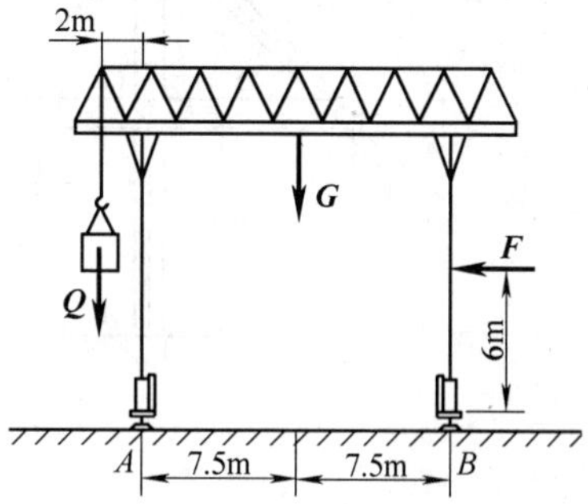

图 2-48　题 2-17 图

2-18　如图 2-49 所示为汽车起重机平面简图。已知车重 $G_Q=26\text{kN}$，臂重 $G=4.5\text{kN}$，起重机旋转及固定部分的重量 $G_W=31\text{kN}$。试求图示位置汽车不致翻倒的最大起重量 G_P。

2-19　重物悬挂如图 2-50 所示。已知 $Q=1.8\text{kN}$，其他重量不计，试求铰链 A 的约束力和 BC 杆所受的力。

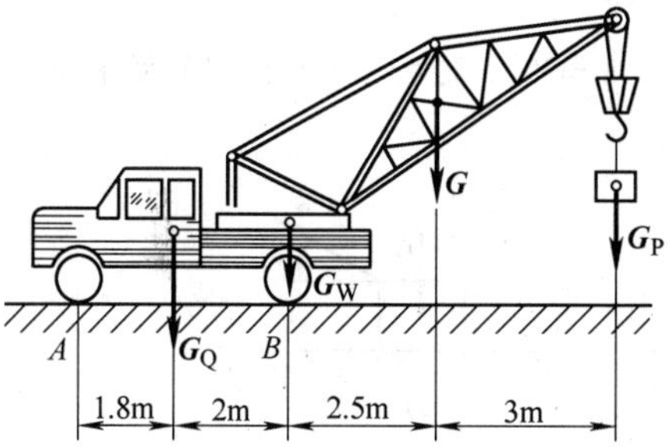

图 2-49　题 2-18 图

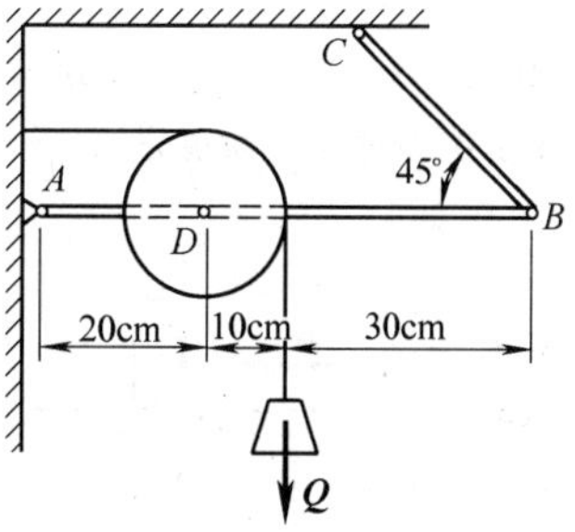

图 2-50　题 2-19 图

2-20　构架尺寸如图 2-51 所示，已知 $P=P'=540\text{N}$，各杆自重不计，试求 A、B 二支座的约束力。

2-21　台秤的简图如图 2-52 所示，BCE 为一整体台面，AOB 为杠杆，CD 为水平杆。试求平衡时砝码的重量 $\boldsymbol{P}$ 与被称物体的重量 $\boldsymbol{G}$ 之间的关系。

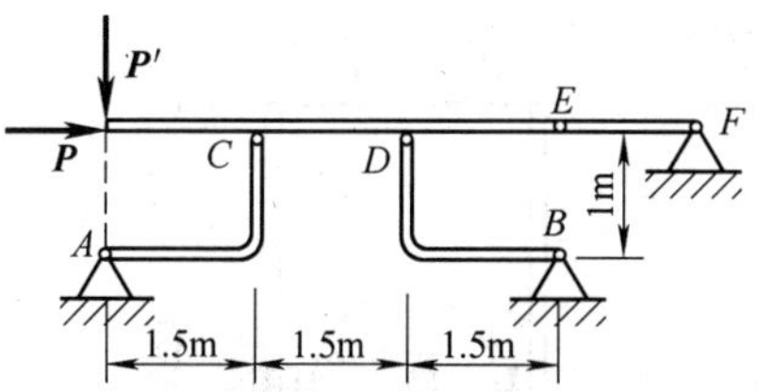

图 2-51　题 2-20 图

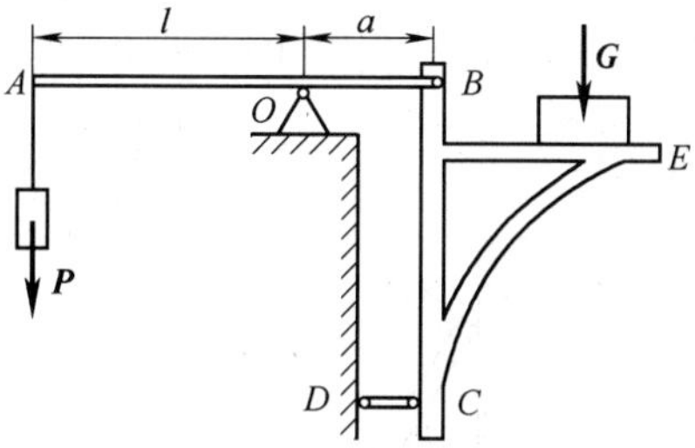

图 2-52　题 2-21 图

2-22　“4”字形支架如图 2-53 所示。已知 $\boldsymbol{P}$、a、m，试求图 2-53a、b 所示两种情况固定端的约束力和 BC 杆所受的力。

2-23　组合梁通过铰链 C 连接，如图 2-54 所示。已知 q、a，$F=\sqrt{2}qa$，$m=2qa^2$，试求 A、B、C、D 处的约束力。

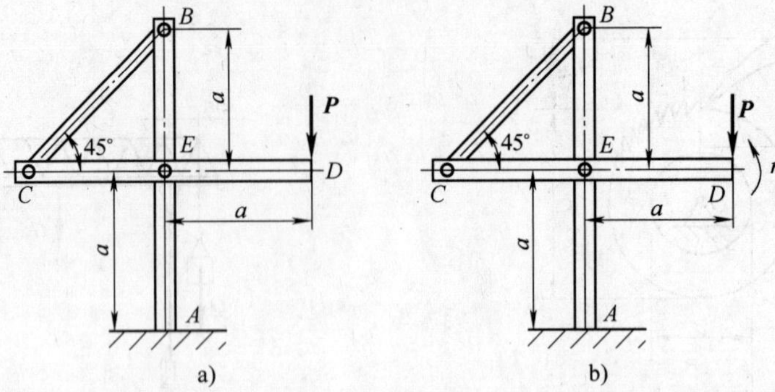

图 2-53　题 2-22 图

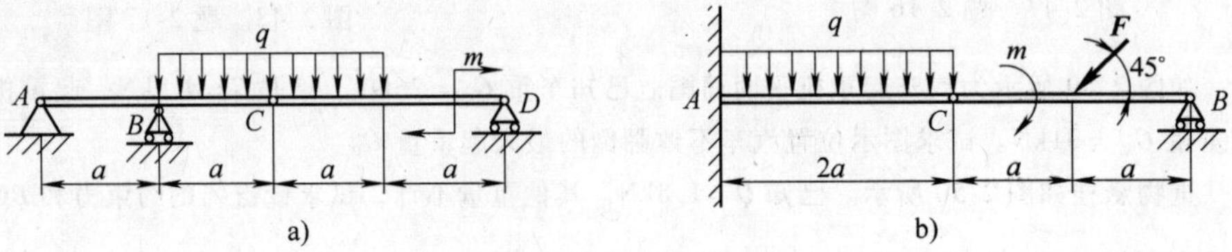

图 2-54　题 2-23 图

2-24　如图 2-55 所示，已知物块 $G=1000\text{N}$，$P=500\text{N}$，$\alpha=30°$，物块与水平面间的静摩擦因数 $f=0.5$。试求图示三种情况下物块分别处于何种状态。

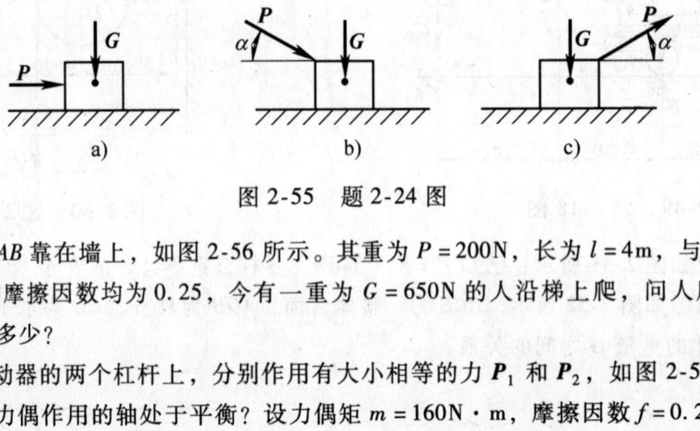

图 2-55　题 2-24 图

2-25　均质梯子 AB 靠在墙上，如图 2-56 所示。其重为 $P=200\text{N}$，长为 $l=4\text{m}$，与水平面间的夹角 $\theta=60°$，已知接触面间的摩擦因数均为 0.25，今有一重为 $G=650\text{N}$ 的人沿梯上爬，问人所能达到的最高点 C 至最低点 A 的距离为多少？

2-26　在闸块制动器的两个杠杆上，分别作用有大小相等的力 $\boldsymbol{P}_1$ 和 $\boldsymbol{P}_2$，如图 2-57 所示，问当它们为多大时，方能使受到力偶作用的轴处于平衡？设力偶矩 $m=160\text{N}\cdot\text{m}$，摩擦因数 $f=0.2$，尺寸如图所示。

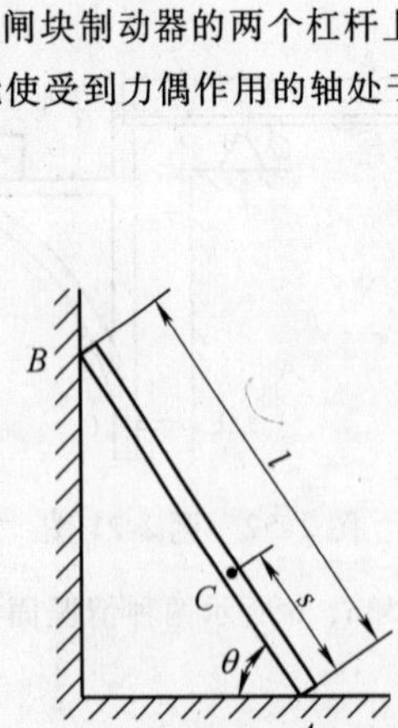

图 2-56　题 2-25 图

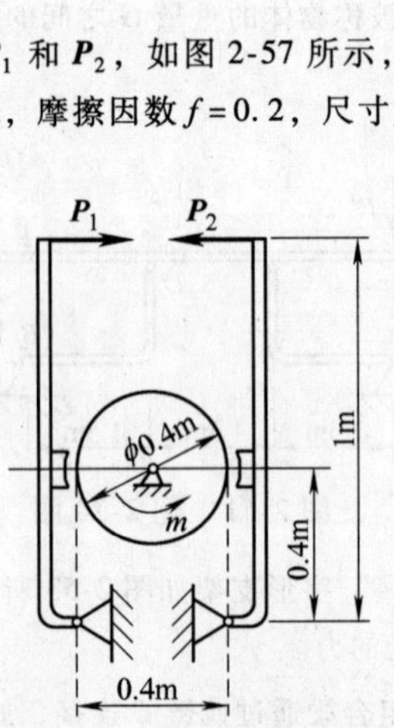

图 2-57　题 2-26 图

2-27　砖夹宽 28cm，爪 AB 和 CD 在 C 点铰接，尺寸如图 2-58 所示。被提起的砖共重 $\boldsymbol{G}$，提举力 $\boldsymbol{P}$ 作用在砖夹的中心线上。已知砖夹与砖之间的摩擦因数 $f=0.5$，问尺寸 b 应为多大，方能保证砖不滑掉？

2-28　矿井升降机的安全装置如图 2-59 所示。已知固定壁与滑块之间的摩擦因数 $f=0.5$，试问尺寸 l 与 L 的比值应为多大时，才能确保安全制动？

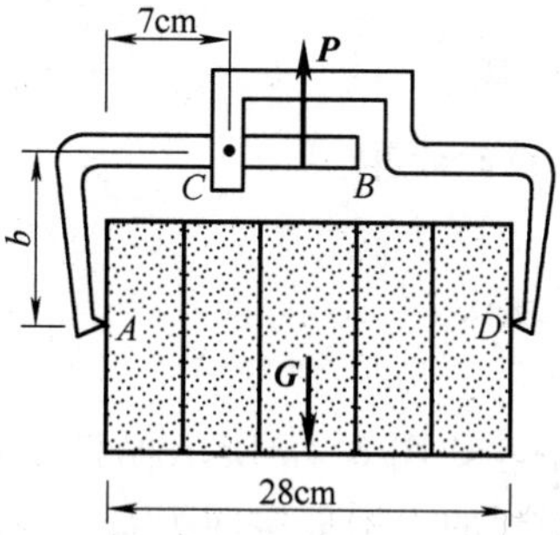

图 2-58　题 2-27 图

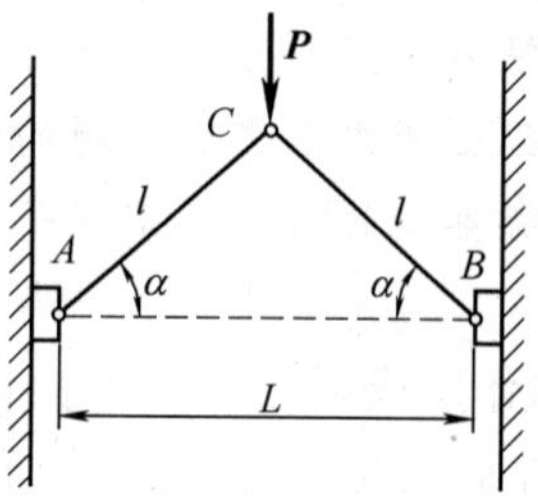

图 2-59　题 2-28 图

第3章　空间力系

【学习目标】

1）掌握力在空间直角坐标轴上的投影以及力对轴之矩的计算。

2）掌握空间力系平衡问题的两种解法。

3）理解重心的概念，掌握平面组合图形形心的计算方法。

各力的作用线不在同一平面内的力系称为空间力系。如图 3-1a 所示桅杆起重机、图 3-1b 所示脚踏拉杆以及图 3-1c 所示手摇钻等，它们所受到的力构成空间力系。空间力系按各力作用线的分布特点，可分为空间汇交力系、空间平行力系及空间任意力系等。

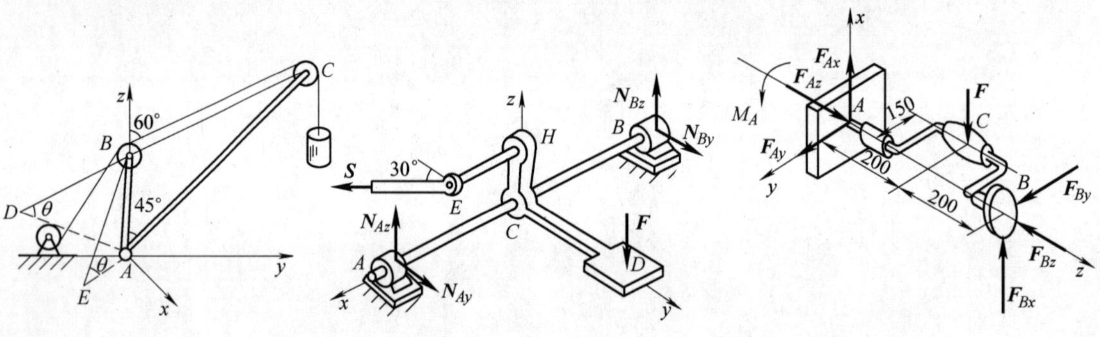

a)　　　　b)　　　　c)

图 3-1　空间力系实例

本章将讨论力在空间直角坐标轴上的投影、力对轴之矩以及空间力系平衡问题，并由空间平行力系导出求物体重心位置的方法。

3.1　力在空间直角坐标轴上的投影

3.1.1　直接投影法

若力 $\boldsymbol{F}$ 与 x、y、z 轴正向的夹角 α、β、γ 为已知，由图 3-2a 可知，力 $\boldsymbol{F}$ 直接在三个坐标轴上的投影为

$$F_x = F\cos\alpha,\ F_y = F\cos\beta,\ F_z = F\cos\gamma \tag{3-1}$$

3.1.2　二次投影法

若已知力 $\boldsymbol{F}$ 与 z 轴正向的夹角 γ、力 $\boldsymbol{F}$ 在 Oxy 平面上的投影力 $\boldsymbol{F}_{xy}$ 与 x 轴正向的夹角 φ（图 3-2b），则力 $\boldsymbol{F}$ 在 x、y、z 三轴的投影为

$$F_x = F\sin\gamma\cos\varphi,\ F_y = F\sin\gamma\sin\varphi,\ F_z = F\cos\gamma \tag{3-2}$$

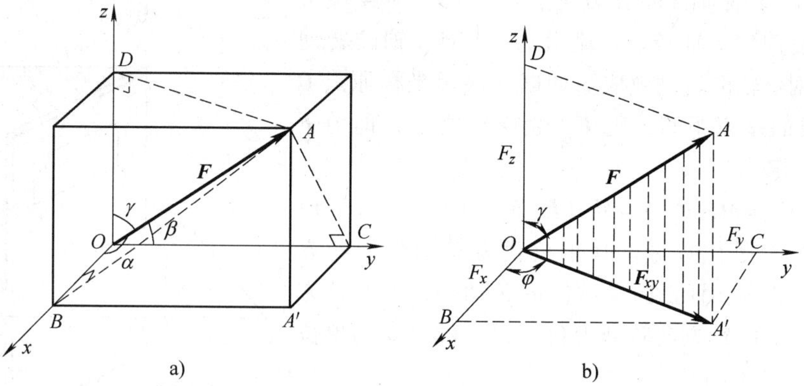

图 3-2　力在空间直角坐标轴上的投影

显然，力 $\boldsymbol{F}$ 的大小、方向为

$$\left.\begin{aligned} F &= \sqrt{F_{xy}^2 + F_z^2} = \sqrt{F_x^2 + F_y^2 + F_z^2} \\ \cos\alpha &= \frac{F_x}{F},\ \cos\beta = \frac{F_y}{F},\ \cos\gamma = \frac{F_z}{F} \end{aligned}\right\} \tag{3-3}$$

例 3-1　长方体上作用有三个力，$F_1 = 500\text{N}$，$F_2 = 1000\text{N}$，$F_3 = 1500\text{N}$，方向及尺寸如图 3-3 所示，求各力在坐标轴上的投影。

解　设 $\boldsymbol{F}_3$ 与 Oxy 平面的夹角为 θ，$\boldsymbol{F}_3$ 在 Oxy 平面内的投影力与 x 轴正向的夹角为 φ，则

$$\sin\theta = \frac{AC}{AB} = \frac{2.5}{5.59},\quad \cos\theta = \frac{BC}{AB} = \frac{5}{5.59},$$

$$\sin\varphi = \frac{CD}{CB} = \frac{4}{5},\quad \cos\varphi = \frac{DB}{CB} = \frac{3}{5}$$

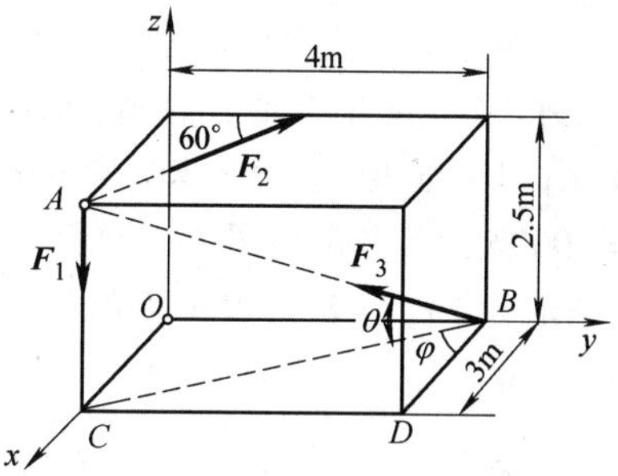

图 3-3　例 3-1 图

因此各力在坐标轴上的投影分别为

$$F_{1x} = 500 \times \cos 90°\text{N} = 0,\quad F_{1y} = 500 \times \cos 90°\text{N} = 0,$$

$$F_{1z} = 500 \times \cos 180°\text{N} = -500\text{N}$$

$$F_{2x} = -1000 \times \sin 60°\text{N} = -866\text{N},\quad F_{2y} = 1000 \times \cos 60°\text{N} = 500\text{N},$$

$$F_{2z} = 1000 \times \cos 90°\text{N} = 0$$

$$F_{3x} = 1500 \times \cos\theta\cos\varphi\text{N} = 805\text{N},\quad F_{3y} = -1500 \times \cos\theta\sin\varphi\text{N} = -1073\text{N},$$

$$F_{3z} = 1500 \times \sin\theta\text{N} = 671\text{N}$$

3.2　力对轴之矩

3.2.1　力对轴之矩的概念

力对刚体有移动及转动两种运动效应，当刚体绕固定轴转动时，称为定轴转动，为了度量力对刚体转动的效应，下面引入力对轴之矩的概念。

图 3-4 中，门的一边有固定轴 z，在 A 点作用一力 $\boldsymbol{F}$，$\boldsymbol{F}$ 与过 A 点且与 z 轴垂直的平面 S 的夹角为 β，不失一般性，将 S 平面设为坐标 Oxy 平面。现将力 $\boldsymbol{F}$ 分解为与 z 轴平行的分力

$F_z = F\sin\beta$ 和与 z 轴垂直的分力 $F_{xy} = F\cos\beta$。由经验可知，$\boldsymbol{F}_z$不能使门绕 z 轴转动，则分力 $\boldsymbol{F}_{xy}$对 z 轴的转动效应即力 $\boldsymbol{F}$ 对 z 轴的转动效应。如以 d 表示坐标原点 O 到 $\boldsymbol{F}_{xy}$作用线的垂直距离，则 $\boldsymbol{F}_{xy}$对 O 点之矩，即力 $\boldsymbol{F}$ 对 z 轴之矩，记作

$$M_z(\boldsymbol{F}) = M_z(\boldsymbol{F}_{xy}) = M_O(\boldsymbol{F}_{xy}) = \pm F_{xy}d \qquad (3\text{-}4)$$

力对轴之矩是代数量，其正负代表转动效应的方向。一般规定当从 z 轴正向看物体的转动等，逆时针方向转动为正，顺时针方向转动为负。力对轴之矩的单位为 N · m。

力对轴之矩等于零的情况是：①力与轴相交时（此时 $d=0$）；②力与轴平行时（此时 $F_{xy}=0$）。

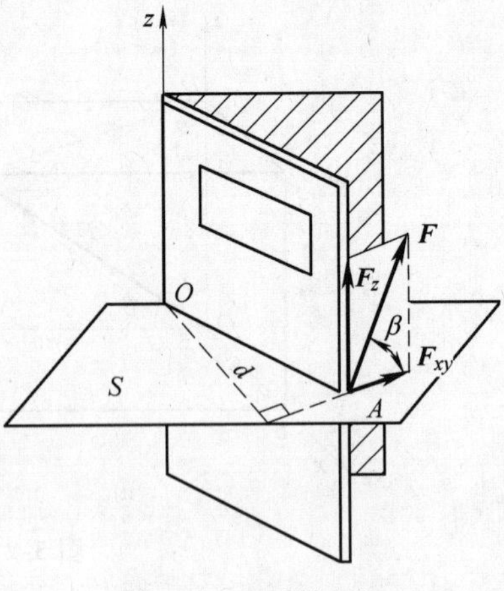

图 3-4　力对轴之矩

3.2.2　合力矩定理

设有一空间力系 $\boldsymbol{F}_1$，$\boldsymbol{F}_2$，…，$\boldsymbol{F}_n$，可以证明：合力对某轴之矩等于各分力对同一轴之矩的代数和，即

$$M_z(\boldsymbol{R}) = \sum M_z(\boldsymbol{F}) \qquad (3\text{-}5)$$

此即空间力系的合力矩定理。

例 3-2　某手摇曲柄，$AB=100\text{mm}$，$BC=150\text{mm}$，$CD=50\text{mm}$，AB 与 BC 垂直，BC 与 CD 垂直，力 $\boldsymbol{F}$ 作用在 D 点，$F=1000\text{N}$，其方位如图 3-5 所示，求 $\boldsymbol{F}$ 对 z 轴的力矩。

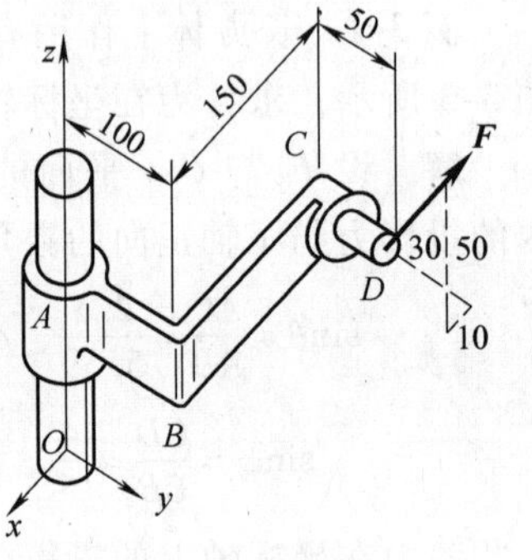

图 3-5　例 3-2 图

解　(1) 设 $\boldsymbol{F}$ 与 Oxy 平面的夹角为 φ，将 $\boldsymbol{F}$ 向 Oxy 平面投影，得

$$F_{xy} = F\cos\varphi = 1000 \times \frac{\sqrt{30^2+10^2}}{\sqrt{30^2+10^2+50^2}}\text{N} = 534.52\text{N}$$

(2) 设$\boldsymbol{F}_{xy}$与 y 轴夹角为 γ，则

$$M_z(\boldsymbol{F}) = M_z(\boldsymbol{F}_{xy}) = M_z(\boldsymbol{F}_x) + M_z(\boldsymbol{F}_y) = -F_{xy}\sin\gamma \times 150\text{mm} - F_{xy}\cos\gamma \times 150\text{mm}$$

$$= \left(-534.52 \times \frac{10}{\sqrt{30^2+10^2}} \times 150 - 534.52 \times \frac{30}{\sqrt{30^2+10^2}} \times 150\right)\text{N} \cdot \text{mm}$$

$$= -101418\text{N} \cdot \text{mm} = -101.418\text{N} \cdot \text{m}$$

负号表示力对轴之矩的转动方向为顺时针方向。

3.3　空间力系的平衡方程

3.3.1　空间任意力系的平衡方程

与平面任意力系类似，空间任意力系也可以向一点简化为一个主矢和一个主矩，根据主矢与主矩同时为零的物体平衡的充分和必要条件，可得到空间任意力系的平衡方程为

$$\left.\begin{aligned}&\sum F_x=0,\ \sum F_y=0,\ \sum F_z=0\\&\sum M_x(\boldsymbol{F})=0,\ \sum M_y(\boldsymbol{F})=0,\ \sum M_z(\boldsymbol{F})=0\end{aligned}\right\}\tag{3-6}$$

式（3-6）中，前三个为投影方程，表明力系沿坐标轴方向投影的代数和为零；后三个方程为力矩平衡方程，表明力系对坐标轴的力矩的代数和为零。六个方程是互相独立的，利用它们可以求解六个未知量。未知量一般为空间约束的约束力。现将几种常见的空间约束及其相应的约束力列表，见表 3-1。

表 3-1　常见空间约束及其约束力

约束类型	简化符号	约束力表示
球形铰链 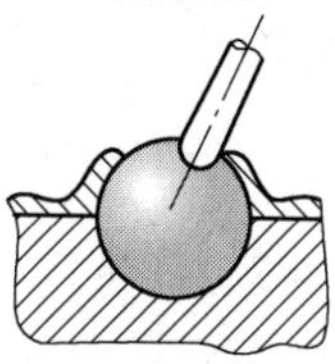	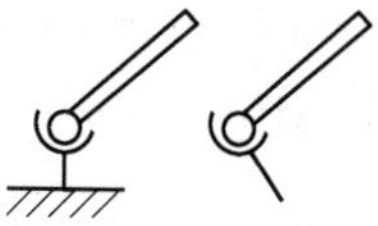	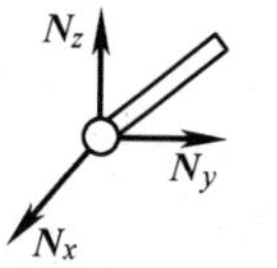
向心轴承 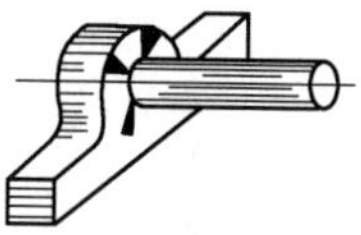	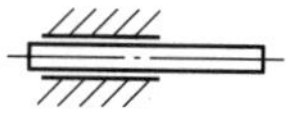	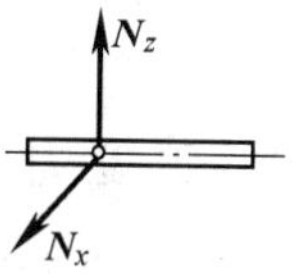
推力轴承 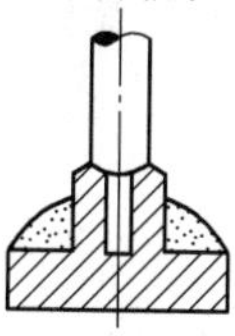	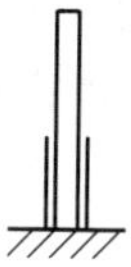	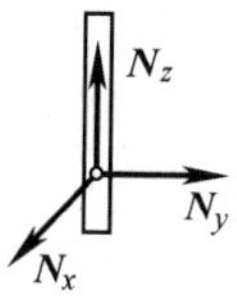
空间固定端 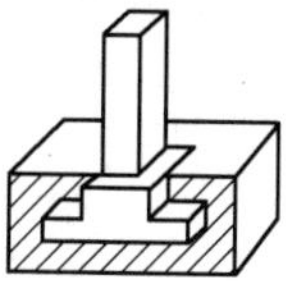		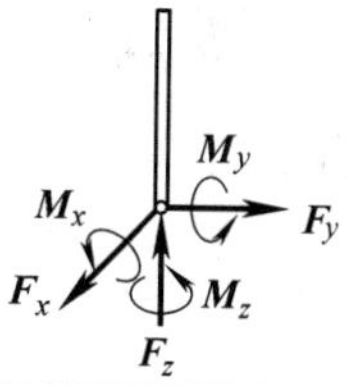

例 3-3　如图 3-6a 所示传动轴，$AC=CD=DB=100\text{mm}$。已知两齿轮半径 $r_C=100\text{mm}$，

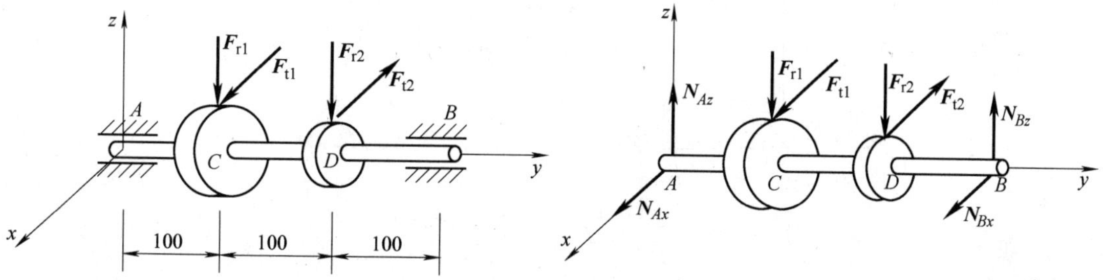

a)　　b)

图 3-6　例 3-3 图

$r_D=50\text{mm}$，作用于齿轮 C 上的圆周力 $F_{t1}=3.58\text{kN}$，径向力 $F_{r1}=1.3\text{kN}$，作用于齿轮 D 上的径向力 $F_{r2}=2.6\text{kN}$。求 D 轮的圆周力 F_{t2} 及两轴承的约束力。

解 取 AB 轴为研究对象，其受力如图 3-6b 所示。列出空间力系的平衡方程，并求解。

$$\sum M_y(\boldsymbol{F})=0,\ F_{t1}r_C-F_{t2}r_D=0$$

$$F_{t2}=\frac{F_{t1}r_C}{r_D}=\frac{3.58\times0.1}{0.05}\text{kN}=7.16\text{kN}$$

$$\sum M_z(\boldsymbol{F})=0,\ -F_{t1}\times AC+F_{t2}\times AD-N_{Bx}\times AB=0$$

$$N_{Bx}=\frac{F_{t2}\times AD-F_{t1}\times AC}{AB}=\frac{7.16\times0.2-3.58\times0.1}{0.3}\text{kN}=3.58\text{kN}$$

$$\sum F_x=0,\ N_{Ax}+F_{t1}-F_{t2}+N_{Bx}=0$$

$$N_{Ax}=-F_{t1}+F_{t2}-N_{Bx}=(-3.58+7.16-3.58)\text{kN}=0$$

$$\sum M_x(\boldsymbol{F})=0,\ -F_{r1}\times AC-F_{r2}\times AD+N_{Bz}\times AB=0$$

$$N_{Bz}=\frac{1}{AB}(F_{r1}\times AC+F_{r2}\times AD)=\frac{1}{0.3}(1.3\times0.1+2.6\times0.2)\text{kN}=2.17\text{kN}$$

$$\sum F_z=0,\ N_{Az}-F_{r1}-F_{r2}+N_{Bz}=0$$

$$N_{Az}=F_{r1}+F_{r2}-N_{Bz}=(1.3+2.6-2.17)\text{kN}=1.73\text{kN}$$

3.3.2 空间汇交力系的平衡方程

设物体受空间力系 $\boldsymbol{F}_1$，$\boldsymbol{F}_2$，…，$\boldsymbol{F}_n$ 作用，各力的作用线相交于一点，该力系称为空间汇交力系。若选力系的汇交点作为坐标原点 O，由于各力均与三个坐标轴相交，则有 $\sum M_x(\boldsymbol{F})\equiv0$，$\sum M_y(\boldsymbol{F})\equiv0$，$\sum M_z(\boldsymbol{F})\equiv0$，故其平衡方程为

$$\sum F_x=0,\sum F_y=0,\sum F_z=0 \tag{3-7}$$

它们是独立的三个方程，可以求解三个未知量。

例 3-4 有一空间支架固定在相互垂直的墙上。支架由垂直于两墙的铰接二力杆 OA、OB 和 OC 组成。已知 $\theta=30°$，$\varphi=60°$，点 O 处有重力 $G=1.2\text{kN}$ 的重物（图 3-7a）。试求各杆所受的力。图中 O、A、B、D 四点在同一水平面内，杆的重力略去不计。

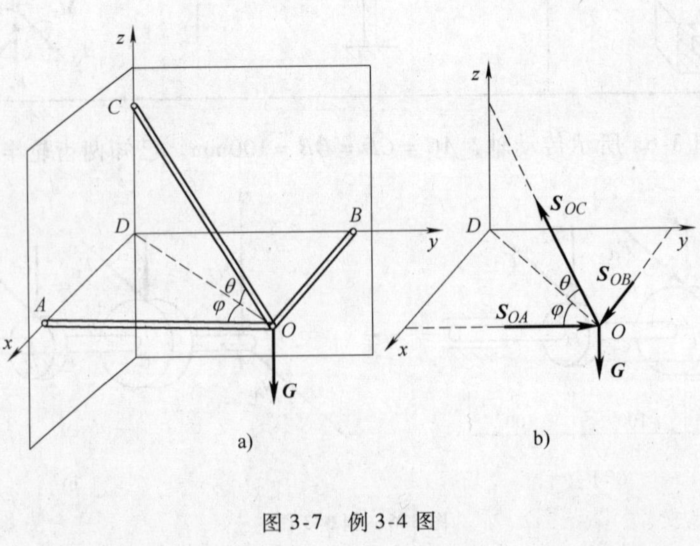

图 3-7 例 3-4 图

解 (1) 选取研究对象，画受力图。取铰链 O 为研究对象，设坐标系为 $Dxyz$，受力图如图 3-7b 所示。

(2) 列平衡方程式，求未知量

$$\sum F_x=0,\ S_{OB}-S_{OC}\cos\theta\sin\varphi=0$$
$$\sum F_y=0,\ S_{OA}-S_{OC}\cos\theta\cos\varphi=0$$
$$\sum F_z=0,\ S_{OC}\sin\theta-G=0$$

解上述方程得

$$S_{OC}=\frac{G}{\sin\theta}=\frac{1.2}{\sin30^\circ}\text{kN}=2.4\text{kN}$$
$$S_{OA}=S_{OC}\cos\theta\cos\varphi=2.4\cos30^\circ\cos60^\circ\text{kN}=1.04\text{kN}$$
$$S_{OB}=S_{OC}\cos\theta\sin\varphi=2.4\cos30^\circ\sin60^\circ\text{kN}=1.8\text{kN}$$

3.3.3 空间平行力系的平衡方程

若空间力系各个力的作用线互相平行，则该空间力系称为空间平行力系。设某一物体受空间平行力系作用而平衡，不失一般性，可令 z 轴与该力系的各力平行，则有 $\sum F_x\equiv0$、$\sum F_y\equiv0$ 和 $\sum M_z(\boldsymbol{F})\equiv0$。因此，空间平行力系的平衡方程为

$$\sum F_z=0,\ \sum M_x(\boldsymbol{F})=0,\ \sum M_y(\boldsymbol{F})=0 \tag{3-8}$$

因为只有三个独立的平衡方程式，故它只能解三个未知量。

例 3-5 如图 3-8 所示三轮小车，自重 $P=8\text{kN}$，作用于 E 点，载荷 $P_1=10\text{kN}$，作用于 C 点，求小车静止时地面对小车的约束力。

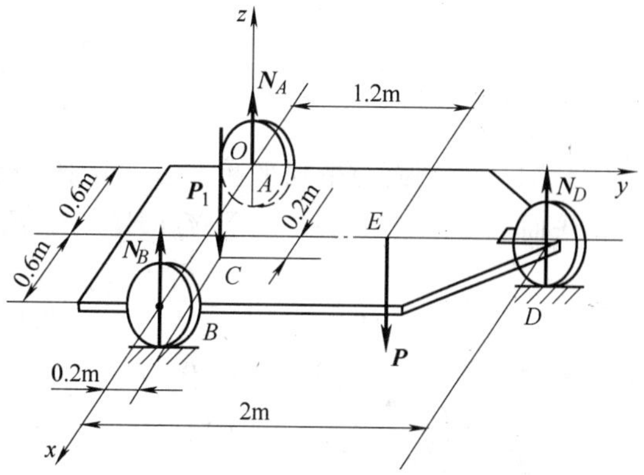

图 3-8 例 3-5 图

解 以小车为研究对象，受力分析如图 3-8 所示，其中 $\boldsymbol{P}$ 和 $\boldsymbol{P}_1$ 是主动力，$\boldsymbol{N}_A$、$\boldsymbol{N}_B$ 和 $\boldsymbol{N}_D$ 是约束力，它们组成空间平行力系。取坐标系 $Oxyz$，列平衡方程

$$\sum F_z=0,\ -P_1-P+N_A+N_B+N_D=0$$
$$\sum M_x(\boldsymbol{F})=0,\ -0.2P_1-1.2P+2N_D=0$$
$$\sum M_y(\boldsymbol{F})=0,\ 0.8P_1+0.6P-1.2N_B-0.6N_D=0$$

解得

$$N_A=4.423\text{kN},\ N_B=7.777\text{kN},\ N_D=5.8\text{kN}$$

3.4 空间力系平衡问题的平面解法

设一物体受空间力系作用而平衡，将该平衡力系向三个坐标平面投影，得到三个平面任意力系，这三个平面任意力系也是平衡的力系，分别列出它们的平衡方程，同样可解出所有的未知量。这种方法称为空间力系的平面解法。这种方法特别适用于受力较多的轴类构件。

例 3-6 用空间力系的平面解法求解图 3-6 所示传动轴 D 轮的圆周力 $\boldsymbol{F}_{t2}$ 及两轴承的约束力。

解 (1) 将传动轴受力图（图 3-6b）在三个坐标平面投影，得出三个平面力系，如图 3-9a、b、c 所示。

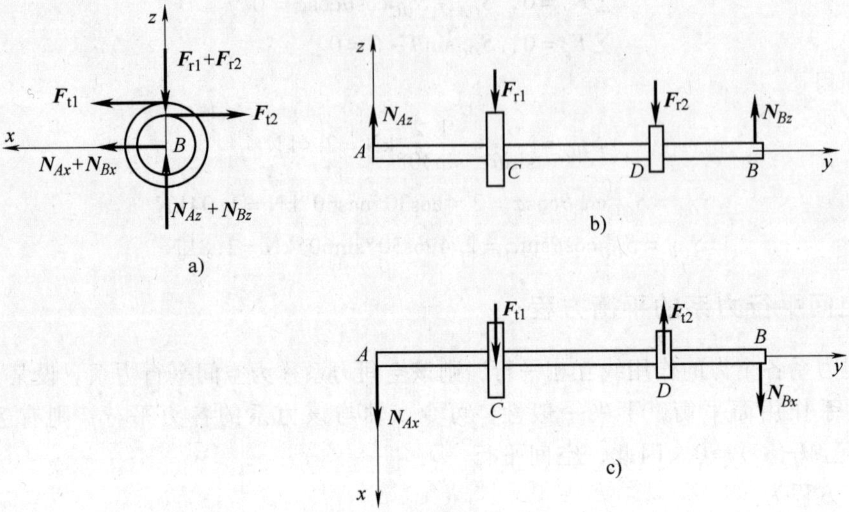

图 3-9 例 3-6 图

(2) 对三个平面力系列平衡方程，分别进行计算

xz 平面
$$\sum M_B(\boldsymbol{F})=0,\ F_{t1}r_C-F_{t2}r_D=0$$
$$F_{t2}=\frac{F_{t1}r_C}{r_D}=\frac{3.58\times 0.1}{0.05}\text{kN}=7.16\text{kN}$$

yz 平面
$$\sum M_A(\boldsymbol{F})=0,\ N_{Bz}\times AB-F_{r2}\times AD-F_{r1}\times AC=0$$
$$N_{Bz}=\frac{F_{r2}\times AD+F_{r1}\times AC}{AB}=\frac{2.6\times 0.2+1.3\times 0.1}{0.3}\text{kN}=2.17\text{kN}$$
$$\sum F_z=0,\ N_{Az}-F_{r1}-F_{r2}+N_{Bz}=0$$
$$N_{Az}=F_{r1}+F_{r2}-N_{Bz}=(1.3+2.6-2.17)\text{kN}=1.73\text{kN}$$

xy 平面
$$\sum M_A(\boldsymbol{F})=0,\ -N_{Bx}\times AB+F_{t2}\times AD-F_{t1}\times AC=0$$
$$N_{Bx}=\frac{F_{t2}\times AD-F_{t1}\times AC}{AB}=\frac{7.16\times 0.2-3.58\times 0.1}{0.3}\text{kN}=3.58\text{kN}$$
$$\sum F_x=0,\ N_{Ax}+F_{t1}-F_{t2}+N_{Bx}=0$$
$$N_{Ax}=-F_{t1}+F_{t2}-N_{Bx}=(-3.58+7.16-3.58)\text{kN}=0$$

3.5 重心

3.5.1 平行力系的中心

在日常生活与工程实际中有大量的空间平行力系的实际问题。例如：手推车装载重物时，需要考虑重物的安放位置；大量的工程设计需要考虑物体的重心点；设计水下闸门时，

必须考虑水压力。这些均是与平行力系有关的问题。在研究上述平行力系对物体的作用时，不仅需要知道平行力系合力的大小，还需要确定合力作用点，该点称为平行力系中心。设空间平行力系由 $\boldsymbol{F}_1$、$\boldsymbol{F}_2$、...、$\boldsymbol{F}_n$ 构成，可以证明：平行力系合力的作用点位置仅与各平行力的代数值和作用点的位置有关，而与平行力系整体的方向无关，且平行力系中心的坐标 x_C、y_C、z_C 为

$$x_C = \frac{\sum F_i x_i}{\sum F_i},\ y_C = \frac{\sum F_i y_i}{\sum F_i},\ z_C = \frac{\sum F_i z_i}{\sum F_i} \tag{3-9}$$

式中，x_i、y_i、z_i 为分力 $\boldsymbol{F}_i$ 作用点的坐标。

3.5.2 物体的重心

物体受到的地球引力是空间分布力系，这些力可近似地看做空间平行力系，此平行力系的中心即物体的重心，该力系的合力 $\boldsymbol{G}$ 即为物体的重力。

设物体由若干部分组成，其第 i 部分重力为 $\Delta \boldsymbol{G}_i$，重心为 C，如图3-10所示。则由式（3-9）可得物体的重心坐标为

$$x_C = \frac{\sum \Delta G_i x_i}{G},\ y_C = \frac{\sum \Delta G_i y_i}{G},\ z_C = \frac{\sum \Delta G_i z_i}{G} \tag{3-10}$$

式中，$G = \sum \Delta G_i$。若物体为均质体，质量密度为 ρ，体积为 V，则 $G = \rho V$，$\Delta G_i = \rho \Delta V_i$，代入式（3-10）并消去 ρ，可得

$$x_C = \frac{\sum \Delta V_i x_i}{V},\ y_C = \frac{\sum \Delta V_i y_i}{V},\ z_C = \frac{\sum \Delta V_i z_i}{V} \tag{3-11}$$

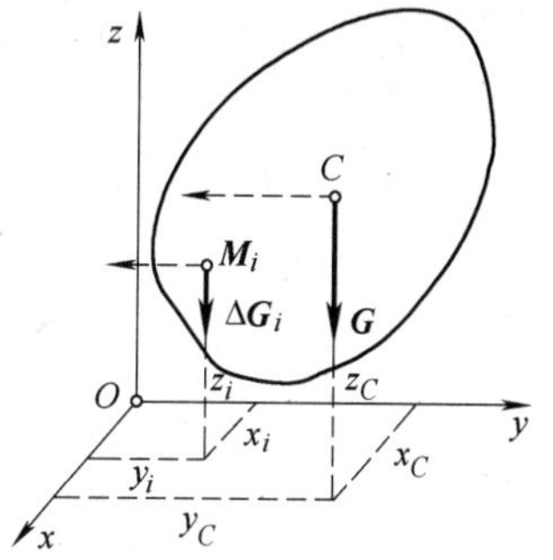

图3-10 物体的重心

可见，均质物体的重心位置完全取决于物体的几何形状，均质物体的重心位置也是形心位置。式（3-11）亦称为形心坐标公式。如果物体沿 z 方向是均质等厚平板，设厚度为 δ，面积为 A，则 $\Delta V_i = \Delta A_i \delta$，$V = A\delta$，其重心（形心）坐标为

$$x_C = \frac{\sum \Delta A_i x_i}{A},\ y_C = \frac{\sum \Delta A_i y_i}{A} \tag{3-12}$$

3.5.3 求重心的方法

1. 对称法

若均质物体具有对称面、对称轴或对称中心，则物体的重心一定在对称面、对称轴或对称中心上。例如，工字钢截面具有对称轴，则其重心在该对称轴上；圆球的球心是对称中心，它也是球的重心。表3-2列出了几种常见简单几何形体的重心（形心）位置。

2. 积分法

求均质简单形体的重心，还可将形体分割成无限多块微小的形体。在此极限情况下，式（3-11）和式（3-12）均可写成如下积分形式

$$x_C = \frac{\int_V x \mathrm{d}V}{V},\ y_C = \frac{\int_V y \mathrm{d}V}{V},\ z_C = \frac{\int_V z \mathrm{d}V}{V} \tag{3-13}$$

$$x_C = \frac{\int_A x \mathrm{d}A}{A},\ y_C = \frac{\int_A y \mathrm{d}A}{A} \tag{3-14}$$

表 3-2 常见简单几何形体的重心（形心）位置表

图 形	重 心 位 置	图 形	重 心 位 置
三角形 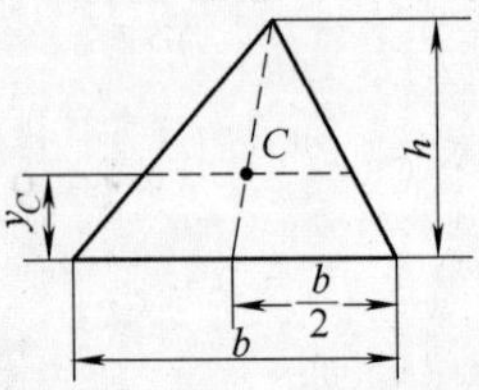	在中线的交点 $y_C=\frac{1}{3}h$	梯形 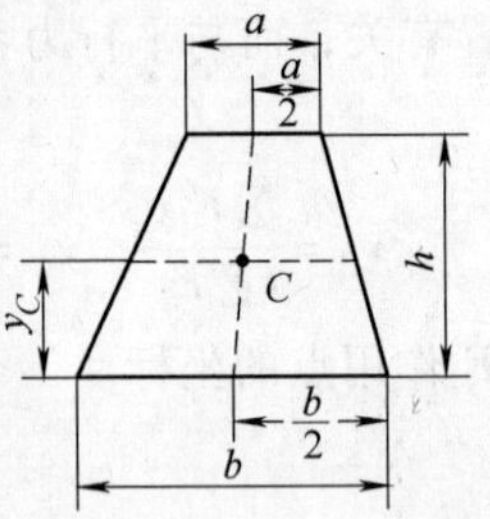	$y_C=\frac{h(2a+b)}{3(a+b)}$
圆弧 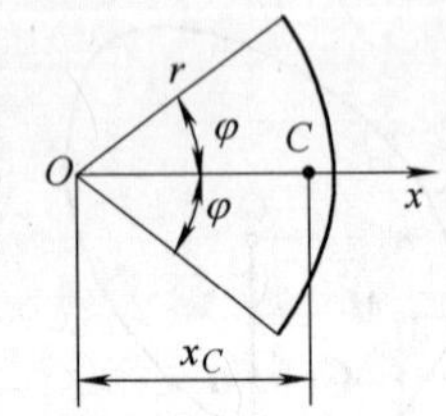	$x_C=\frac{r\sin\varphi}{\varphi}$ 对于半圆弧 $x_C=\frac{2r}{\pi}$	弓形 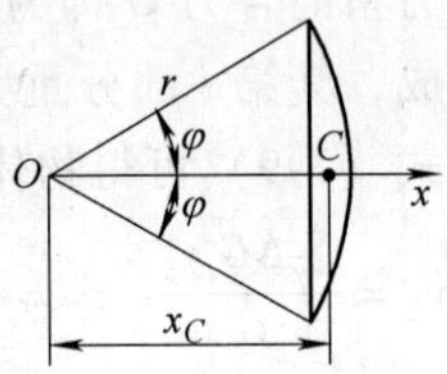	$x_C=\frac{2}{3}\frac{r^3\sin^3\varphi}{A}$ 面积 $A=\frac{r^2(2\varphi-\sin 2\varphi)}{2}$
扇形 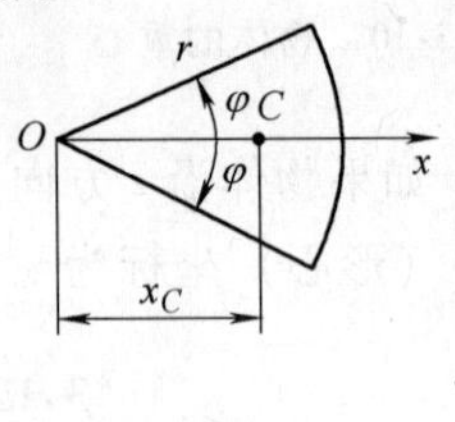	$x_C=\frac{2}{3}\frac{r\sin\varphi}{\varphi}$ 对于半圆 $x_C=\frac{4r}{3\pi}$	部分圆环 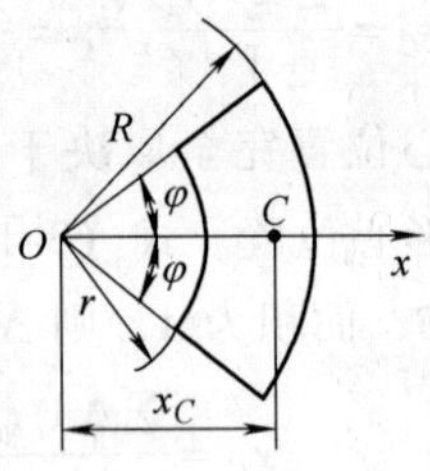	$x_C=\frac{2}{3}\frac{R^3-r^3}{R^2-r^2}\frac{\sin\varphi}{\varphi}$
二次抛物线面 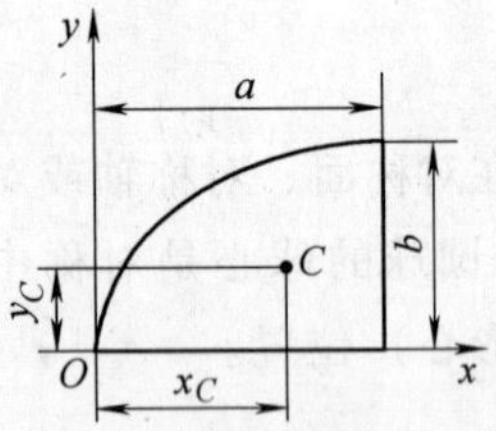	$x_C=\frac{5}{8}a$ $y_C=\frac{2}{5}b$	二次抛物线面 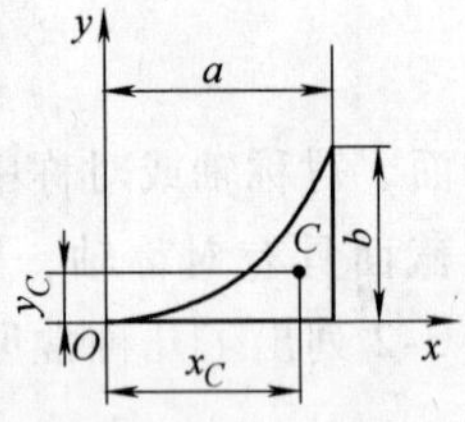	$x_C=\frac{3}{4}a$ $y_C=\frac{3}{10}b$

例 3-7 试求图 3-11 所示高为 H、底面半径为 R 的正圆锥体的重心。

解 以圆锥顶点 O 为坐标原点，y 轴是圆锥体的对称轴，其重心 C 就在 y 轴上。分圆锥体为若干平行于底面的圆台形薄片，设其中距 O 点距离为 y 的薄片的半径为 r_y，则厚为 $\mathrm{d}y$ 的薄片的微元体积为

$$\mathrm{d}V=\pi r_y^2\mathrm{d}y$$

由式（3-13）得圆锥体的形心坐标为

$$y_C = \frac{\int_V y\mathrm{d}V}{V} = \frac{\int_0^H y\pi r_y^2 \mathrm{d}y}{V}$$

由几何关系可知$\frac{r_y}{R} = \frac{y}{H}$，即 $r_y = \frac{R}{H}y$。圆锥体的体积为 $V = \frac{1}{3}\pi R^2 H$，于是得

$$y_C = \frac{\int_0^H y\pi \frac{R^2}{H^2}y^2 \mathrm{d}y}{\frac{1}{3}\pi R^2 H} = \frac{3}{4}H$$

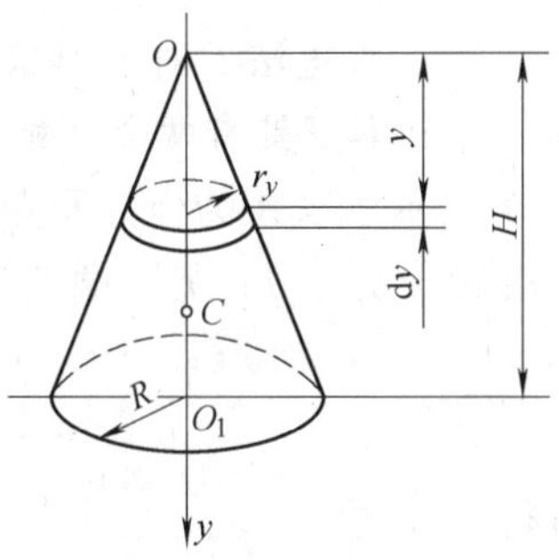

图 3-11 例 3-7 图

3. 组合法

(1) 分割法 若物体由几个简单几何形体组成，每个几何形体的重心位置是已知的，则整体的重心可用式（3-10）或式（3-12）求得。

例 3-8 试求图 3-12 所示角钢截面的形心。

解 整个图形可视为由两个矩形Ⅰ和Ⅱ组成，取直角坐标系 Oxy，如图 3-12 所示，则由图可知，矩形Ⅰ和Ⅱ的面积及相应的形心坐标为

$A_1 = 20 \times 4\mathrm{mm}^2 = 80\mathrm{mm}^2$，$x_1 = 2\mathrm{mm}$，$y_1 = 10\mathrm{mm}$

$A_2 = 16 \times 4\mathrm{mm}^2 = 64\mathrm{mm}^2$，$x_2 = 12\mathrm{mm}$，$y_2 = 2\mathrm{mm}$

利用公式（3-12），即可求得角钢截面的形心坐标为

$$x_C = \frac{A_1x_1 + A_2x_2}{A_1 + A_2} = \frac{80 \times 2 + 64 \times 12}{80 + 64}\mathrm{mm} = 6.44\mathrm{mm}$$

$$y_C = \frac{A_1y_1 + A_2y_2}{A_1 + A_2} = \frac{80 \times 10 + 64 \times 2}{80 + 64}\mathrm{mm} = 6.44\mathrm{mm}$$

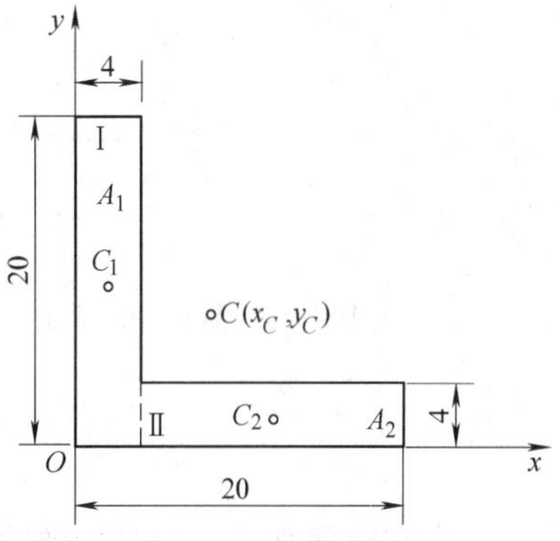

图 3-12 例 3-8 图

(2) 负面积法 若物体或薄板内切去一部分（例如有孔等），仍然可应用分割法求出重心，只是被切去的体积或面积应取负值。

例 3-9 半径为 R 的均质圆形薄板上开了一半径为 r 的圆孔，两圆心的距离为 $OO_1 = a$，如图 3-13 所示。求其形心位置。

解 将图形视为由半径为 R 的大圆和半径为 r 的小圆两部分面积组成。取坐标系如图 3-13 所示。因小圆是切去部分，其面积取为负值，则有

$A_1 = \pi R^2$，$x_1 = 0$，$y_1 = 0$；$A_2 = -\pi r^2$，$x_2 = a$，$y_2 = 0$

于是其形心坐标为

$$x_C = \frac{A_1x_1 + A_2x_2}{A_1 + A_2} = \frac{\pi R^2 \times 0 + (-\pi r^2) \times a}{\pi R^2 + (-\pi r^2)} = -\frac{ar^2}{R^2 - r^2}, \ y_C = 0$$

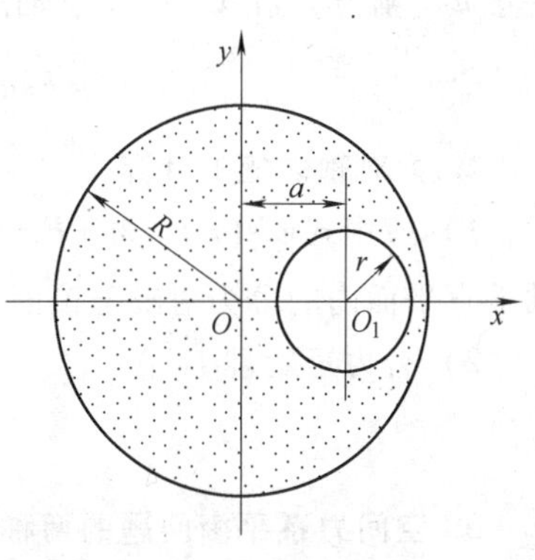

图 3-13 例 3-9 图

4. 实验法

如物体的形状复杂或质量分布不均匀，其重心常由实验来确定。

(1) 悬挂法 对于形状复杂的薄平板，求重心位置时，可将板悬挂于任一点 A（图3-14a），根据二力平衡

条件，板的重力与绳的张力必在同一直线上，故重心一定在铅垂挂绳的延长线 AB 上。重复使用上述方法，将板挂于 D 点，可得 DE 线（图 3-14b），平板重心即为 AB 和 DE 的交点 C。

（2）称重法　对于形状复杂的零件、体积庞大的物体常用此法确定其重心的位置。例如，连杆本身具有两个互相垂直的纵向对称面，其重心必在这两个对称平面的交线上，如图 3-15 所示。以 A 为坐标原点，AB 方向为 x 的正向，连杆的重力为 $\boldsymbol{G}$，将连杆水平放置，其一端置于支点 A，另一端置于台秤上，读取台秤的读数 N_B，由平衡方程

$$\sum M_A(\boldsymbol{F})=0,\ N_B l - G x_C = 0$$

可得

$$x_C=\frac{N_B l}{G}$$

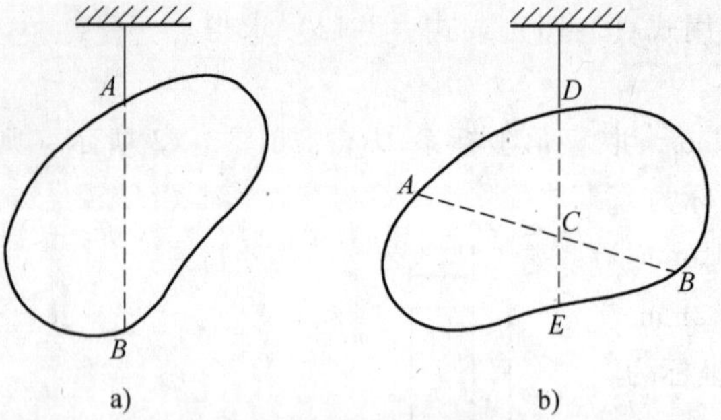

图 3-14　悬挂法求重心

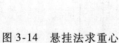

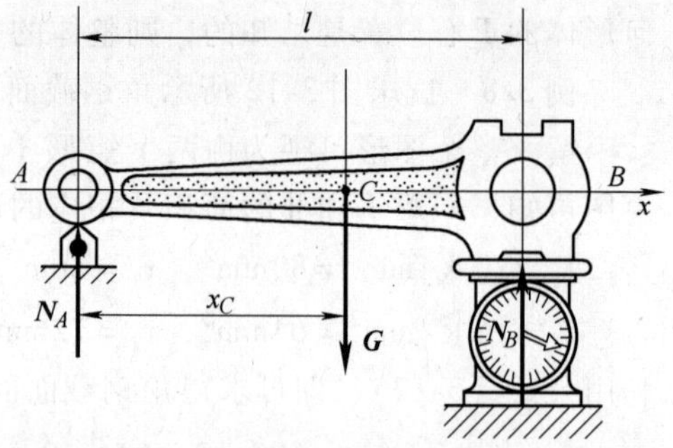

图 3-15　称重法求重心

本章小结

1. 力在空间直角坐标轴上的投影

（1）直接投影法　已知力 $\boldsymbol{F}$ 及其与 x、y、z 轴之间的夹角 α、β 和 γ，则有

$$F_x=F\cos\alpha,\ F_y=F\cos\beta,\ F_z=F\cos\gamma$$

（2）二次投影法　已知力 $\boldsymbol{F}$ 与 z 轴的夹角 γ、力 $\boldsymbol{F}$ 在 Oxy 平面上的投影力 $\boldsymbol{F}_{xy}$ 与 x 轴的夹角 φ，则力 $\boldsymbol{F}$ 在 x、y、z 三轴的投影为

$$F_x=F\sin\gamma\cos\varphi,\ F_y=F\sin\gamma\sin\varphi,\ F_z=F\cos\gamma$$

2. 力对轴之矩的计算

1）应用式 $M_z(\boldsymbol{F})=M_z(\boldsymbol{F}_{xy})=M_O(\boldsymbol{F}_{xy})=\pm F_{xy}d$，将空间问题中力对轴之矩转化为与轴垂直平面内的分力对轴与该面交点之矩来计算。

2）合力矩定理

$$M_z(\boldsymbol{F})=M_z(\boldsymbol{F}_x)+M_z(\boldsymbol{F}_y)$$

3. 空间力系平衡问题的两种解法

1）应用空间力系的平衡方程式，直接求解。

2）空间问题的平面解法。将物体与力一起投影到三个坐标平面，化为三个平面力系去求解。这种方法特别适用于受力较多的轴类构件。

4. 重心

重心是物体各部分重力的合力作用点。它在物体内占有确定的位置，对均质物体来说，重心即形心。物体重心的坐标计算公式为

$$x_C = \frac{\sum \Delta G_i x_i}{G},\quad y_C = \frac{\sum \Delta G_i y_i}{G},\quad z_C = \frac{\sum \Delta G_i z_i}{G}$$

确定重心常用的方法：均质物体在地球表面附近的重心和形心是合一的。规则形状、均质形体的重心与形心在有关工程手册中查取；组合形体的形心可用组合法的计算公式来求解。非均质、形状复杂的物体，或多件组合的物体，一般采用实验法来确定其重心位置。

思 考 题

3-1 若力 $\boldsymbol{F}$ 与 z 轴的夹角为 α，在什么情况下 $F_z = F\sin\alpha$？此时$\boldsymbol{F}_{xy}$为多少？

3-2 在什么情况下力对轴之矩为零？如何判断力对轴之矩的正负号？

3-3 一个空间力系问题可转化为三个平面力系问题，每个平面力系问题都可列出三个平衡方程式，为什么空间力系问题解决不了9个未知量？

3-4 物体的重心是否一定在物体的内部？

3-5 将物体沿着过重心的平面切开，两边是否等重？

习 题

3-1 已知在边长为 a 的正六面体上作用有力$\boldsymbol{F}_1$、$\boldsymbol{F}_2$、$\boldsymbol{F}_3$，如图3-16所示。试计算各力在三坐标轴上的投影。

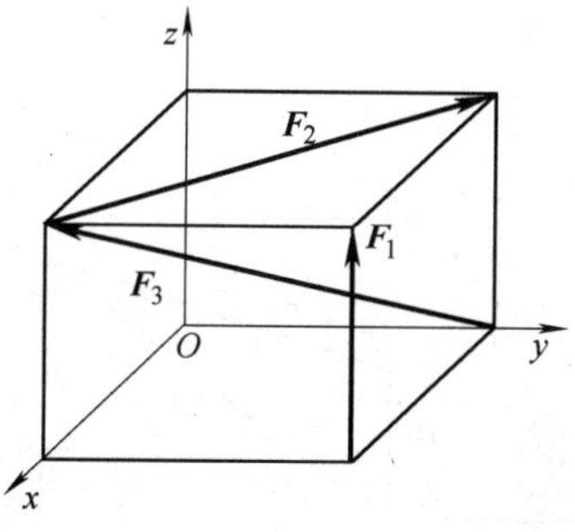

图3-16 题3-1图

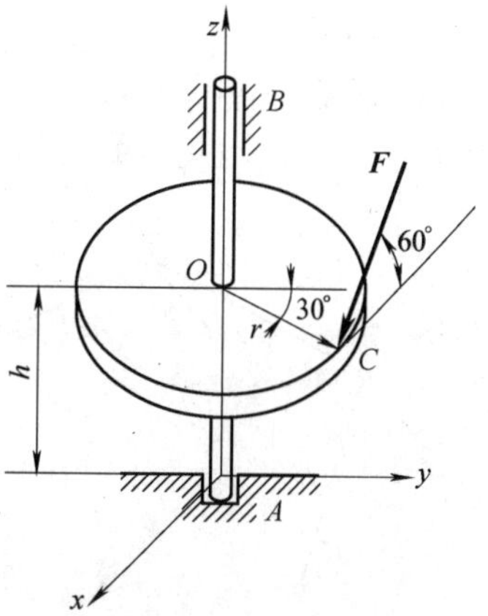

图3-17 题3-2图

3-2 水平圆盘的半径为 r，外缘 C 处作用有已知力 $\boldsymbol{F}$。力 $\boldsymbol{F}$ 位于圆盘 C 处垂直于圆盘的切平面内，且与 C 处圆盘切线夹角为60°，其他尺寸如图3-17所示。求力 $\boldsymbol{F}$ 对 x、y、z 轴之矩。

3-3 力系中各力的作用线位置如图3-18所示。已知 $F_1 = 100\text{N}$，$F_2 = 300\text{N}$，$F_3 = 200\text{N}$，试求各力对三坐标轴的力矩。

3-4　图 3-19 所示架空电缆的电柱 *AB* 由两根绳索 *AC* 和 *AD* 所支持，两电缆水平且互成直角，其拉力都等于 *F*，设一根电缆与 *CBA* 平面所成的角为 φ。求电柱 *AB* 和绳索 *AC* 与 *AD* 所受的力。

3-5　挂物架如图 3-20 所示，三杆的重量不计，用球形铰链连接于 *O* 点，平面 *BOC* 是水平面，且 *OB* = *OC*，角度如图所示。若在 *O* 点挂一重物 $\boldsymbol{G}$，重为 1000N，求三杆所受的力。

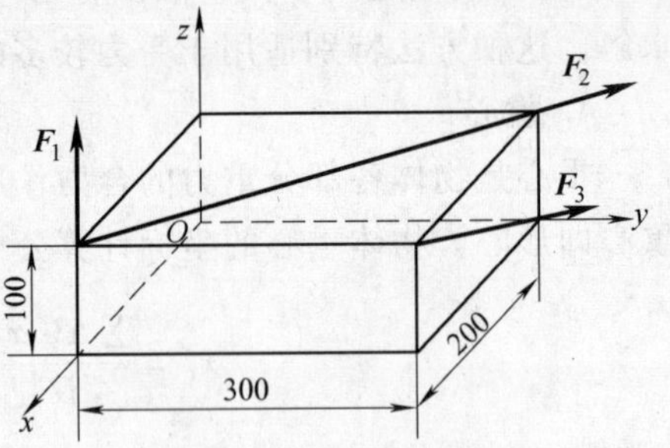

图 3-18　题 3-3 图

3-6　图 3-21 所示为一空间桁架，由六根杆构成。一力 $F=10\text{kN}$ 作用于节点 *A*，此力在 *ABNDC* 铅垂面内，且与铅垂线 *CA* 成 45°角。△*EAK* 和△*FBM* 相等，皆为铅垂等腰直角三角形，并与 *ABNDC* 面正交，其他条件如图所示。求各杆所受的力。

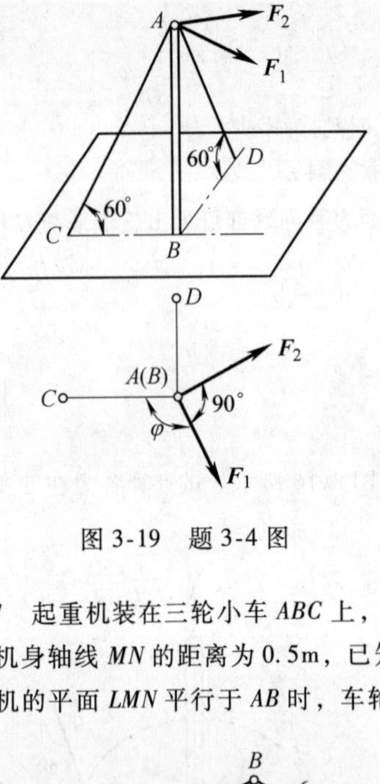

图 3-19　题 3-4 图

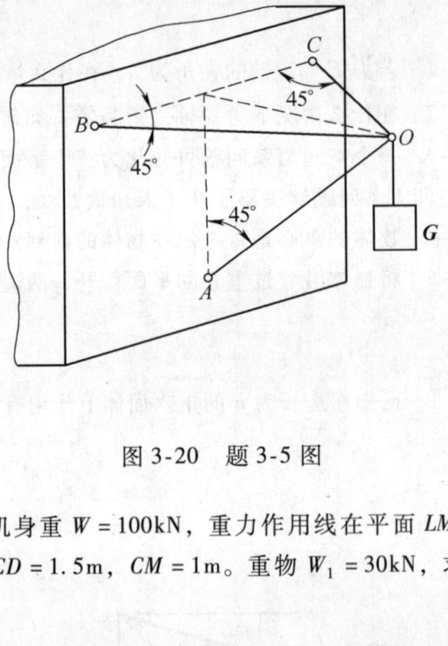

图 3-20　题 3-5 图

3-7　起重机装在三轮小车 *ABC* 上，如图 3-22 所示。机身重 $W=100\text{kN}$，重力作用线在平面 *LMNF* 之内，至机身轴线 *MN* 的距离为 0.5m，已知 *AD* = *DB* = 1m，*CD* = 1.5m，*CM* = 1m。重物 $W_1=30\text{kN}$，求当载重起重机的平面 *LMN* 平行于 *AB* 时，车轮对轨道的压力。

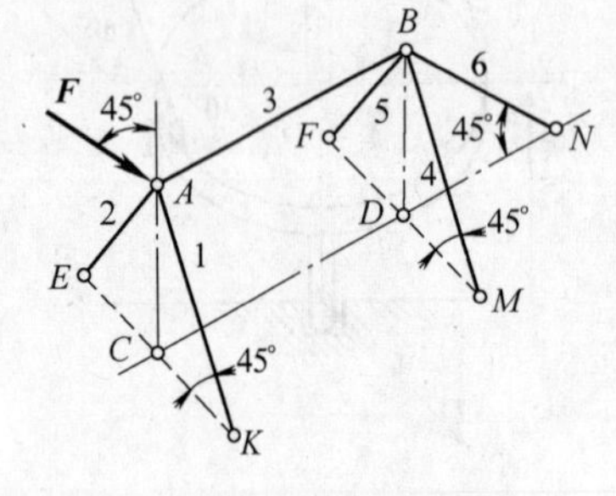

图 3-21　题 3-6 图

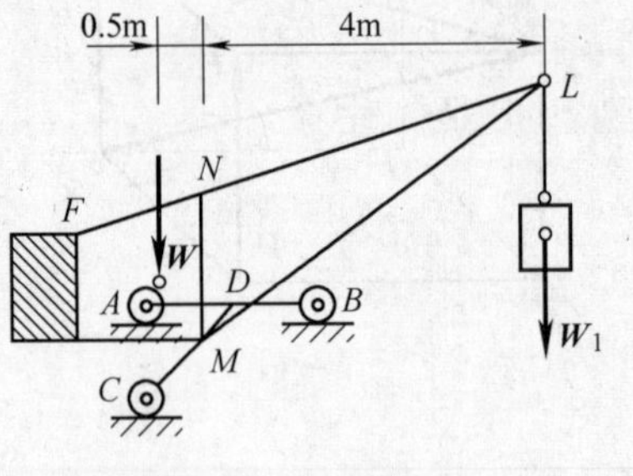

图 3-22　题 3-7 图

3-8　水平轴上装有两个凸轮，凸轮上分别作用已知力 $F_1=800\text{N}$ 和未知力 $\boldsymbol{F}$，如图 3-23 所示。如轴平衡，求力 $\boldsymbol{F}$ 和轴承 *A*、*B* 处的约束力。

3-9　图 3-24 所示均质长方形薄板重 $P=200\text{N}$，用球形铰链 *A* 和蝶形铰链 *B* 固定在墙上，并用绳子 *CE* 维持在水平位置。求绳子的拉力和支座约束力。

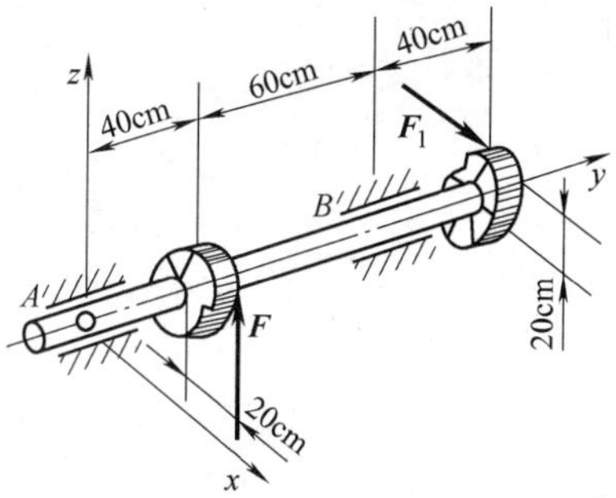

图 3-23 题 3-8 图

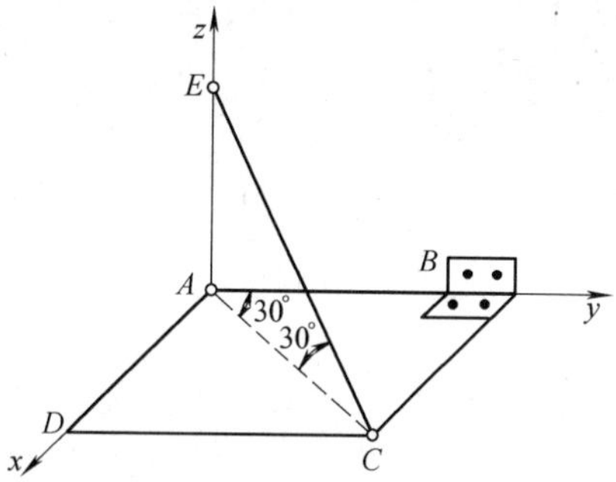

图 3-24 题 3-9 图

3-10 变速箱中间装有两直齿圆柱齿轮，其半径 $r_1=100\text{mm}$，$r_2=72\text{mm}$，啮合点分别在两齿轮的最低与最高位置，如图 3-25 所示。已知齿轮压力角 $\alpha=20°$，在齿轮 1 上的圆周力 $F_1=1.58\text{kN}$，试求当轴平衡时作用于齿轮 2 上的圆周力 $\boldsymbol{F}_2$及 A、B 轴承的约束力。

3-11 求图 3-26 所示图形的形心位置。

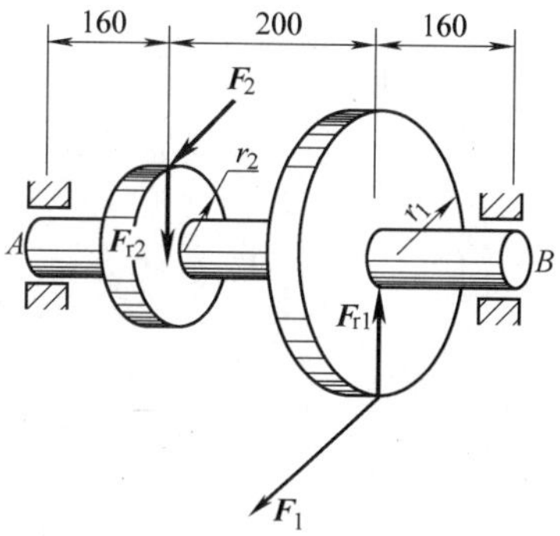

图 3-25 题 3-10 图

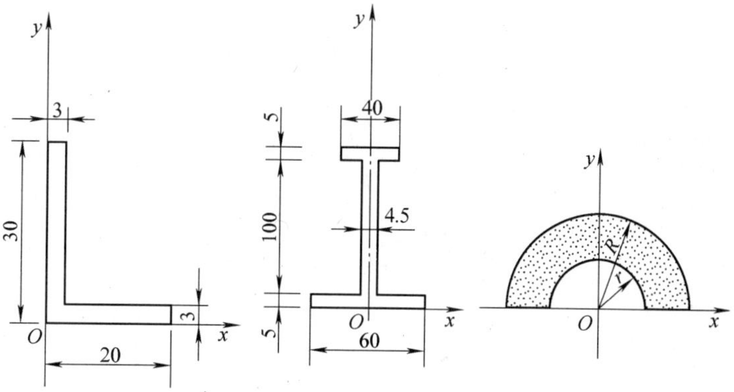

a) 角钢　　b) 工字钢　　c) 二分之一圆环

图 3-26 题 3-11 图

3-12 均质曲杆尺寸如图 3-27 所示，求此曲杆重心坐标。

3-13 图 3-28 所示均质物体由半径为 r 的圆柱体和半径为 r 的半球体相结合组成。如均质物体重心位于半球体大圆的中心点 C，求圆柱体的高 h。

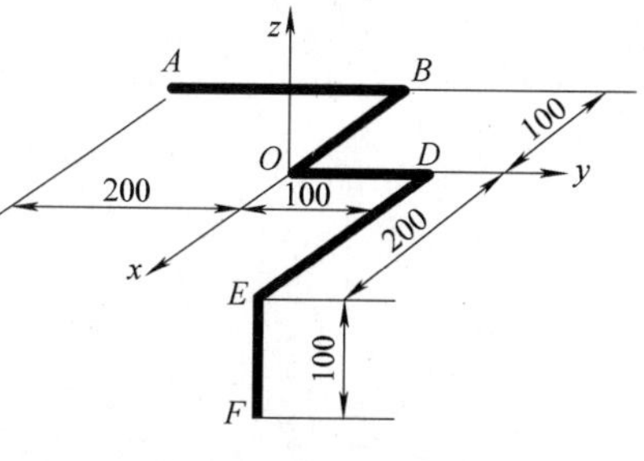

图 3-27 题 3-12 图

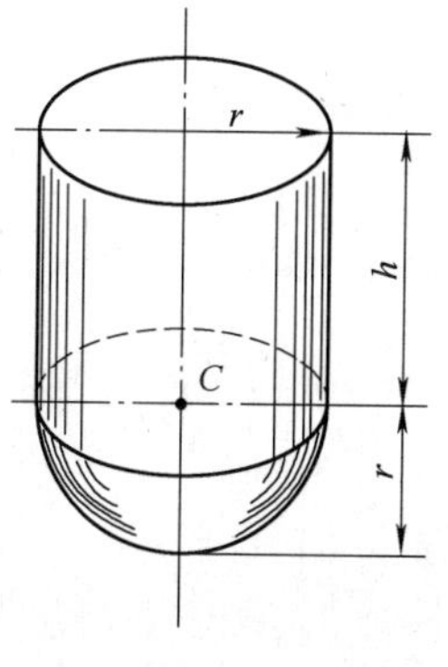

图 3-28 题 3-13 图

第二篇　材料力学

第4章　材料力学的基本概念

【学习目标】

1）理解构件强度、刚度和稳定性的概念，掌握对变形固体所作的几个基本假设。

2）理解内力、应力和应变的概念，掌握计算内力的截面法。

本章主要介绍变形固体的基本假设，杆件变形的基本形式，杆件的内力、应力、应变等概念及求杆件内力的基本方法——截面法。

4.1　材料力学的任务与基本假设

4.1.1　材料力学的任务

机械与工程结构通常是由若干个零部件构成的，如机床的轴、建筑物的梁和柱，我们把构成它们的每一个组成部分统称为构件。当机械或工程结构工作时，有关构件将受到力的作用，例如，车床主轴受切削力和齿轮啮合力的作用，建筑物的梁受地板传递来的力和自身重力的作用等。作用于构件上的这些力都可称为载荷。构件一般由固体制成，在载荷的作用下，构件会产生几何形状和尺寸的改变，称为变形。若这种变形在外力撤除后能够完全消失，则称之为弹性变形；若这种变形在外力撤除后不能够完全消失，保留下来的那一部分变形则称为塑性变形（或永久变形）。

为了保证机械或工程结构能够正常地工作，则应要求每一个构件都具有足够的承受载荷的能力，简称承载能力。构件的承载能力通常由以下三个方面来衡量：

（1）强度　构件抵抗破坏（断裂或产生显著塑性变形）的能力称为强度。构件具有足够的强度是保证其正常工作最基本的要求。例如，齿轮在工作时轮齿不应折断，储气（油）罐不能发生破裂。构件在工作时发生意外断裂或产生显著塑性变形都是不容许的，否则就可能会产生严重的后果。

（2）刚度　构件抵抗变形的能力称为刚度。为了保证构件在载荷作用下所产生的变形不超过许可的限度，必须要求构件具有足够的刚度。例如，车床主轴的变形过大将影响加工精度（图4-1a），齿轮轴的变形过大，将影响齿与齿之间的正常啮合（图4-1b）等。

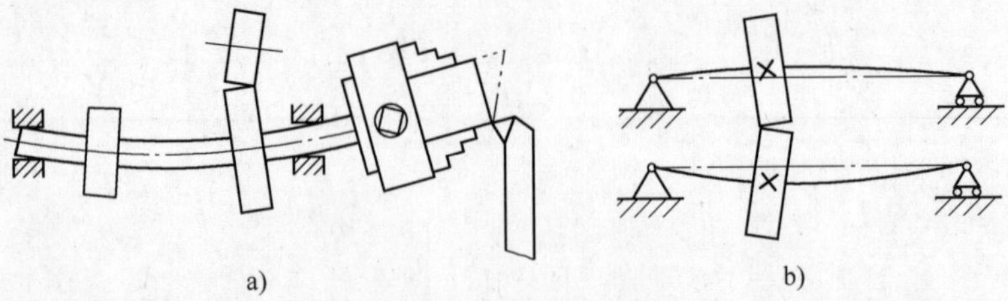

图4-1　刚度问题

（3）稳定性　构件保持其原有平衡形态的能力称为稳定性。对于中心受压的细长杆，例如内燃机中的挺杆（图 4-2a）、千斤顶中的顶杆（图 4-2b），当压力较小时，受压杆件能保持其直线平衡状态，但随着压力的增加，压杆会由原来直线形状的平衡突然变弯曲丧失工作能力，这种现象称为失稳。对于这类细长压杆，必须要求它们在工作中始终保持原有的直线平衡状态，即具有足够的稳定性。

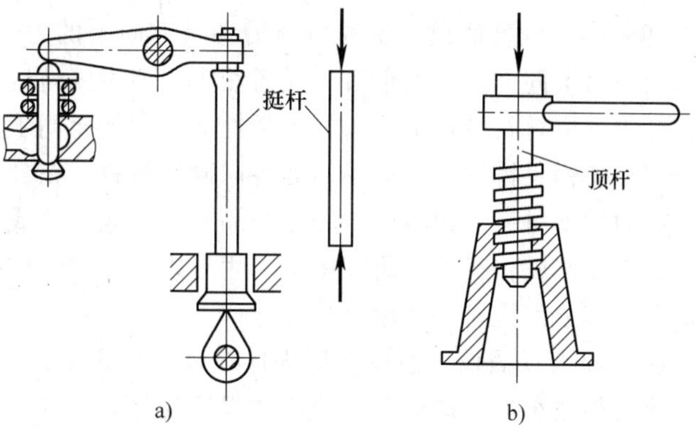

图 4-2　稳定性问题

构件的设计，必须符合安全、实用和经济的原则。若构件的截面尺寸过小或材料质地不好，以致不能满足上述要求，便不能保证机械或工程结构的安全工作。反之，不恰当地加大横截面尺寸或选用优质材料，虽满足了上述要求，却增加了成本。材料力学的任务就是：在保证构件满足强度、刚度和稳定性要求的前提下，以最经济的代价，为构件选择合适的材料，确定合理的截面形状和尺寸，并提供必要的理论基础和计算方法。

一般说来，强度要求是基本的，只是在某些情况下才提出刚度要求。至于稳定性问题，只是在特定受力情况下的某些构件中才会出现。

构件的强度、刚度和稳定性与材料的力学性能有关，而材料的力学性能主要由实验来测定；材料力学的理论分析结果也应由实验来检验；另有一些尚无理论分析结果的问题，也应借助于实验来解决。所以，实验研究和理论分析是完成材料力学的任务所必需的手段。

4.1.2　变形固体的基本假设

在外力作用下，一切固体都将发生变形，故称为变形固体，而构件一般均由固体材料制成，所以构件一般都是变形固体。

在静力学中，为了研究力系的简化及平衡规律，可将物体抽象化为刚体；而在材料力学中，为了研究构件的强度、刚度和稳定性问题，则必须考虑构件的变形，故只能把构件看做变形固体。由于变形固体的性质是多方面的，在外力作用下所产生的物理现象也是各种各样的，为了研究的方便，对变形固体作如下基本假设：

（1）连续性假设　认为构成物体的材料毫无空隙地充满了物体所占据的几何空间。实际上，组成固体的粒子之间存在着空隙并不连续，但这种空隙与构件的尺寸相比极其微小，对于工程中研究的力学问题来说可以不计。于是就认为固体在其整个体积内是连续的。根据这一假设，构件内因受力和变形而产生的内力和位移都将是连续的，这样，当把力学量表示为固体某位置坐标的函数时，这个函数就是连续的，就可以利用数学中连续函数的性质，从而有利于建立相应的数学模型。

（2）均匀性假设　认为物体内各点处的力学性能都是一样的，不随点的位置而变化。对金属材料而言，组成金属的各晶粒的力学性能并不完全相同，但因构件或它的任意一部分中都包含大量的晶粒，并且晶粒是无规则排列的，固体每一部分的力学性能都是大量晶粒性能的统计平均值，所以，可以认为各部分的力学性能是相同的。这样，如从固体中任意取出一部分，不论从何处取出，也不论大小，都应与构件具有完全相同的力学性能。

（3）各向同性假设 认为材料沿各个方向上的力学性能都是相同的。就单一的金属晶粒来说，沿不同方向的性能并不完全相同。但因金属构件包含大量的晶粒，且又无规则排列，在宏观上材料沿各个方向的力学性能表现就相同了。具有这种属性的材料称为各向同性材料，如铸钢、铸铜、玻璃等即为各向同性材料。在各个方向上具有不同力学性能的材料则称为各向异性材料，如木材、纤维制品和一些人工合成材料等。本书仅研究各向同性材料的构件。按此假设，我们在研究中就不用考虑材料力学性能的方向性，而可沿任意方位从构件中截取一部分作为研究对象。

（4）小变形假设 假设变形固体在外力作用下产生的形状及尺寸的改变与构件原有尺寸相比是很微小的。这样，在分析构件所受外力，列平衡方程时，可以不考虑外力作用点处的微小位移，而按变形前的位置和尺寸进行计算。

实践表明，在以上基本假设基础上所建立的理论及有关计算结果，能够很好地符合实际情况。即使对某些均匀性较差的材料（如铸铁、混凝土等），在工程上也可得到比较满意的结果。

4.2 内力、应力和应变的概念

4.2.1 内力的概念

构件在未受外力作用时，其内部各质点之间即存在着相互作用力，正是由于这种相互作用力的存在，才使构件能够保持一定的形状。当构件受到外力作用而变形时，其内部各部分材料之间因相对位置发生改变，从而引起相邻部分材料间因力图恢复原有形状而产生的相互作用力，称为内力。注意：材料力学中的内力，是指外力作用下材料抵抗变形而引起的内力的变化量，也就是“附加内力”，它与构件所受外力密切相关。当外力增加，使内力超过某一限度时，构件就会破坏，因而内力是研究构件强度问题的基础。

假想用截面把构件分成两部分，以显示并确定内力的方法称为截面法。如图 4-3a 所示，任取其中一部分为研究对象（例如 A 部分），并将另一部分（例如 B 部分）对 A 部分的作用以截面上的内力代替。由于假设构件是均匀连续的变形固体，故内力在截面上是连续分布的。应用静力学中的力系简化方法，可将这一连续分布的内力系向截面形心简化。

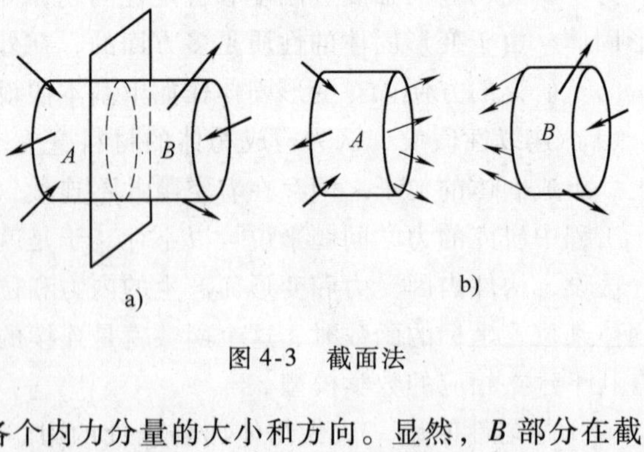

图 4-3 截面法

由于整个构件处于平衡状态，其任一部分也必然处于平衡状态，根据静力平衡条件，即可由已知的外力求得截面上各个内力分量的大小和方向。显然，B 部分在截面上的内力与 A 部分在截面上的内力是作用力与反作用力，它们是等值反向的，如图 4-3b 所示。

综上所述，用截面法显示并确定内力的过程可以归纳为以下三个步骤：

（1）截取　在需求内力的截面处，假想用一平面将构件截分为两部分，任取其中一部分为研究对象而弃去另一部分。

（2）替代　在选取的研究对象上，除保留作用于该部分上的外力外，还要用作用于截面上的内力，代替弃去部分对研究对象的作用力。

（3）平衡　由静力平衡条件，求出该截面上的内力。

必须注意的是，在计算构件内力时，用假想的平面把构件截开之前，不能随意应用力或力偶的可移性原理，也不能随意应用静力等效原理。这是由于外力移动之后，内力及变形也会随之发生变化；在截开时，截面不能刚好截在外力作用点处。

4.2.2　应力的概念

确定了杆件截面上的内力，并不能确定杆件是否会破坏。例如，两根材料相同、粗细不同的直杆，在相同的拉力作用下，随着拉力的增加，细杆首先被拉断，这说明杆件的强度不仅与内力有关，而且与截面的尺寸有关。为了研究构件的强度问题，必须研究内力在截面上的分布规律。为此引入应力的概念。内力在截面上某点处的分布集度，称为该点的应力。

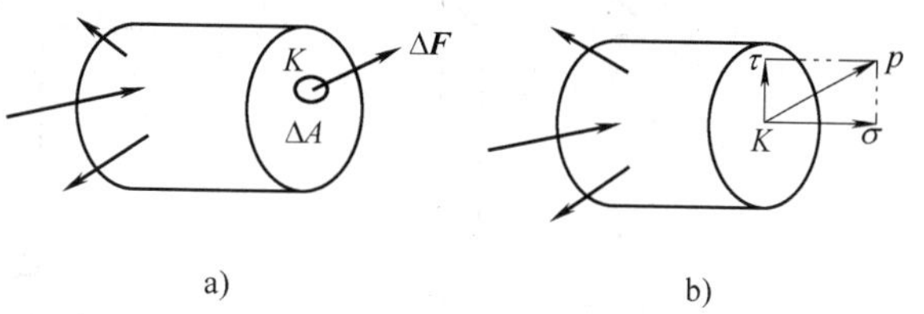

图 4-4　点的应力

如图 4-4a 所示，在受力构件截面上任一点 K 的周围取一微小面积 ΔA，并设作用于该面积上的内力为 $\Delta \boldsymbol{F}$，则 ΔA 上分布内力的平均集度为

$$p_{\mathrm{m}}=\frac{\Delta F}{\Delta A} \tag{4-1}$$

p_{m}称为 ΔA 上的平均应力。由于截面上的内力一般情况下并非均匀分布，因而平均应力 p_{m}将随所取 ΔA 的大小而不同。为了更准确地描述点 K 的内力分布情况，应使 ΔA 趋于零，由此所得平均应力 p_{m}的极限值，称为点 K 处的总应力（或称全应力），并用 p 表示，即

$$p=\lim_{\Delta A\to 0}\frac{\Delta F}{\Delta A}=\frac{\mathrm{d}F}{\mathrm{d}A} \tag{4-2}$$

显然，总应力 p 的方向即 $\Delta \boldsymbol{F}$ 的极限方向。为了分析方便，通常将总应力 p 分解为垂直于截面的法向分量 σ 和与截面相切的切向分量 τ，如图 4-4b 所示。法向分量 σ 称为正应力，切向分量 τ 称为切应力。显然，总应力 p 与正应力 σ 和切应力 τ 三者之间的关系为

$$p^2=\sigma^2+\tau^2 \tag{4-3}$$

在国际单位制中，应力的单位是帕斯卡，以 Pa（帕）表示，$1\mathrm{Pa}=1\mathrm{N/m^2}$。由于帕斯卡这一单位太小，工程上常用 kPa（千帕）、MPa（兆帕）、GPa（吉帕）这些大一点的单位。$1\mathrm{kPa}=10^3\mathrm{Pa}$，$1\mathrm{MPa}=10^6\mathrm{Pa}$，$1\mathrm{GPa}=10^9\mathrm{Pa}=10^3\mathrm{MPa}$。

在材料力学的计算中，一定要注意单位制的统一问题。由于 $1\mathrm{MPa}=10^6\mathrm{Pa}=1\mathrm{N/mm^2}$，所以在计算过程中，除了可以按“力用牛顿（N）、长度用米（m）、应力用帕斯卡（Pa）”即国际单位制外，有时为了减轻计算的工作量，也可以按“力用牛顿（N）、长度用毫米

(mm)、应力用兆帕(MPa)”这一实用单位制，其他的物理量单位按此标准换算即可。

4.2.3 应变的概念

在外力作用下，构件内各点的应力一般是不同的，同样，构件内各点的变形程度也不相同。为了度量构件内某点的变形程度，人们定义了线应变与切应变两个物理量。

通常用正微六面体（下称单元体）来代表构件上某一点。从受力构件内任一点 K 处取出一个单元体如图 4-5a 所示，设其沿 x 轴的棱边 KB 原长为 Δx，变形后长度为 $\Delta x+\Delta u$（图 4-5b），Δu 为棱边 KB 的伸长量，而 Δu 与 Δx 的比值，则称为棱边 KB 的平均线应变，用 ε_{mx} 表示，即

$$\varepsilon_{mx}=\frac{\Delta u}{\Delta x} \tag{4-4}$$

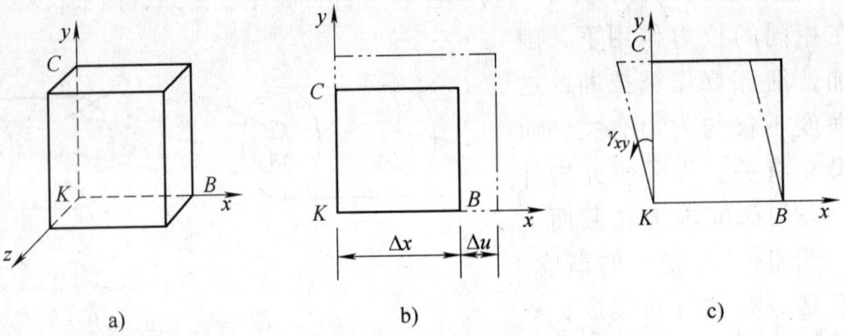

图 4-5 点的应变

当 $\Delta x\to 0$ 时，其极限值

$$\varepsilon_x=\lim_{\Delta x\to 0}\frac{\Delta u}{\Delta x}=\frac{\mathrm{d}u}{\mathrm{d}x} \tag{4-5}$$

称为点 K 处沿 x 轴方向的线应变或正应变。同理，也可以定义点 K 处沿 y、z 轴方向的线应变 ε_y、ε_z。线应变是一个无量纲的量。

单元体两条互相垂直的棱边所夹直角的改变量，称为切应变或角应变，用 γ 表示。切应变也是一个无量纲的量，通常用弧度来度量。如图 4-5c 所示，直角 BKC 变形以后的改变量 γ_{xy} 表示点 K 在 xy 平面内的切应变。

4.3 杆件变形的基本形式

实际构件有各种不同的形状，材料力学主要研究长度远大于截面尺寸的构件（称为杆件或简称为杆）。杆件的主要几何因素是横截面和轴线。杆件的横截面是指垂直于杆件长度方向的截面；杆件的轴线是杆件各横截面形心的连线。轴线为曲线的杆称为曲杆；轴线为直线的杆称为直杆。最常见的是横截面大小和形状不变的直杆，称为等直杆。

杆件内一点的变形可由线应变和角应变来描述。杆件所有各点变形的积累就形成它的整体变形。根据受力情况，杆件的整体变形有以下四种基本形式：

1. 拉伸与压缩

杆件受到沿轴线方向的拉力或压力作用时，将沿轴线产生伸长或缩短变形，如图 4-6a、b

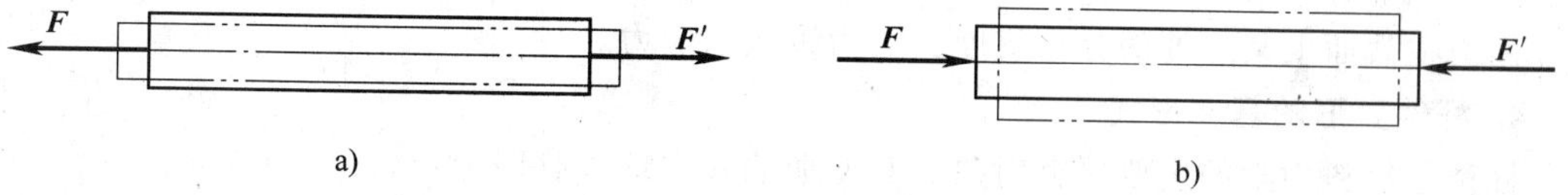

图 4-6　拉伸与压缩

所示。

2. 剪切

杆件受到一对大小相等、方向相反且作用线相距很近的横向力作用时，杆件将在两力间的截面发生相对错动，如图 4-7 所示。

3. 扭转

杆件受到一对大小相等、转向相反、作用面与轴线垂直的力偶作用时，杆件在两力偶作用面间的各横截面将绕轴线产生相对转动，如图 4-8 所示。

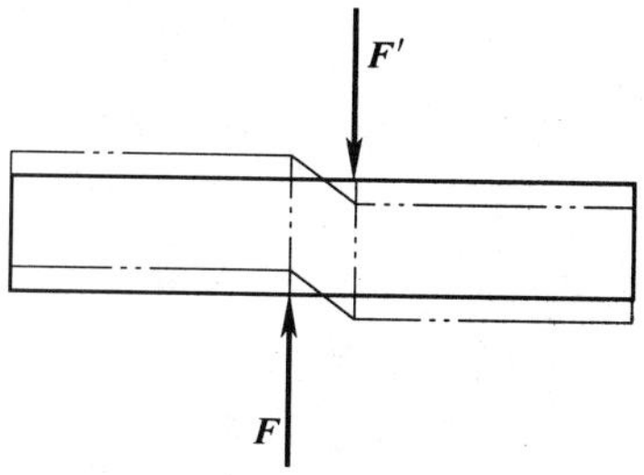

图 4-7　剪切

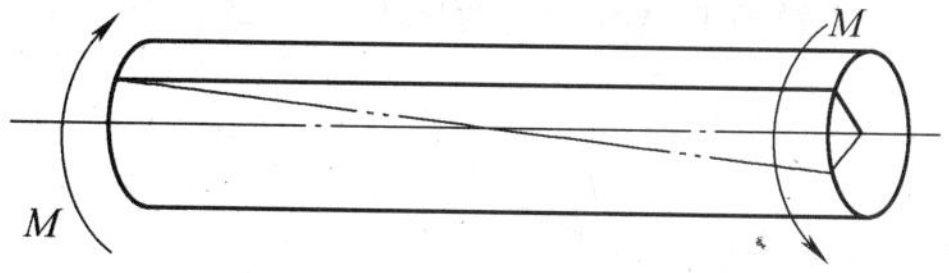

图 4-8　扭转

4. 弯曲

杆件受到垂直于轴线的横向力或作用在杆件纵向对称面内的一对转向相反的力偶作用时，杆件的轴线将由直线变成曲线，如图 4-9 所示。

工程实际中，杆件的变形都比较复杂，但均可看成是由上述两种或两种以上基本变形组合而成的，称为组合变形。在以后的各章中，将先研究构件的几种基本变形，然后再讨论构件的组合变形问题。

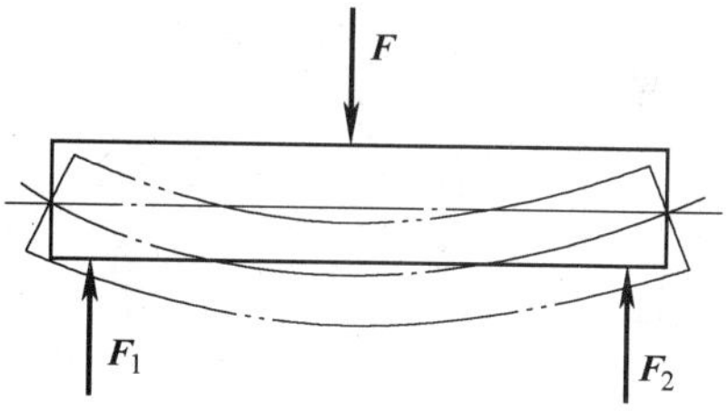

图 4-9　弯曲

本章小结

1. 变形固体的基本假设

（1）连续性假设

（2）均匀性假设

（3）各向同性假设

（4）小变形假设

2. 内力

材料力学中的内力，是指外力作用下材料抵抗变形而引起的内力的变化量，也就是“附加内力”。求截面内力的方法为截面法，其基本步骤可归纳为三个字，即“截、代、平”。

3. 应力

内力在截面上某点处的分布集度，称为该点的应力。

4. 杆件变形的基本形式

杆件是材料力学的主要研究对象，其变形的基本形式有四种：

(1) 拉伸与压缩

(2) 剪切

(3) 扭转

(4) 弯曲

思 考 题

4-1 何谓变形？

4-2 何谓构件的强度、刚度和稳定性？

4-3 构件设计的基本要求和基本原则是什么？

4-4 何谓内力、截面法及应力？用截面法求内力有哪几个步骤？

4-5 何谓线应变？何谓角应变？它们的量纲是什么？

4-6 杆件变形的基本形式有哪几种？试各举一例说明。

第 5 章　拉伸与压缩

【学习目标】

1）了解拉（压）构件的受力与变形特点。

2）掌握拉（压）杆横截面内力的计算方法以及轴力图的绘制。

3）掌握拉（压）杆的应力以及变形的计算。

4）掌握低碳钢和铸铁两种典型材料在拉伸和压缩时的力学性能。

5）掌握拉（压）杆的强度计算。

轴向拉伸与压缩是构件的基本变形形式之一，要对其进行分析，首先需要用截面法计算内力。为了判断材料是否会发生破坏，还必须了解内力在截面上的分布状况，即应力。为了保证构件的安全工作，需要满足强度条件，根据强度条件可以进行强度校核，也可以选择截面尺寸或者确定许可载荷。由于不同的材料具有不同的力学性能，所以本章还介绍了部分典型材料在拉伸和压缩时的力学性能。

5.1　轴向拉伸与压缩的概念

在工程实际中，许多构件受到轴向拉伸和压缩的作用。如图 5-1a 所示的三角支架中，横杆 AB 受到轴向拉力的作用，杆件沿轴线产生拉伸变形；斜杆 BC 受到轴向压力的作用，杆件沿轴线产生压缩变形。另外，内燃机上的连杆以及连接钢板的螺栓（图 5-1b）、起吊重物的钢索、千斤顶的顶杆等，都是拉伸和压缩的实例。

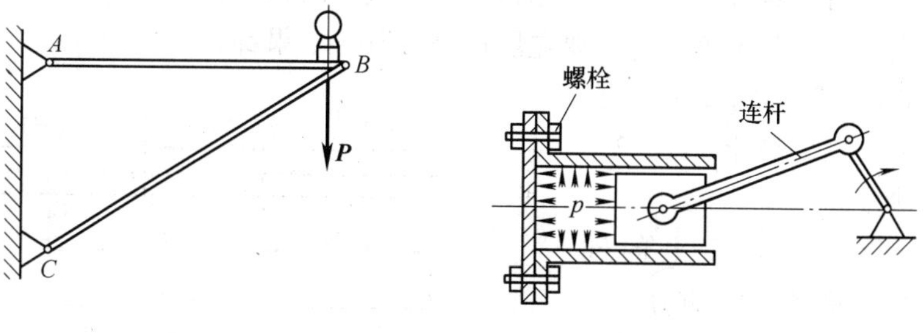

图 5-1　轴向拉伸与压缩实例

这类杆件共同的受力特点是：外力或外力合力的作用线与杆轴线重合；共同的变形特点是：杆件沿着杆轴线方向伸长或缩短。这种变形形式就称为轴向拉伸或压缩，这类构件称为拉（压）杆。本章只研究直杆的拉伸与压缩。尽管杆件的外形各有差异，加载方式也不同，但一般对受轴向拉伸与压缩杆件的形状和受力情况进行简化，可得到前面图 4-6 所示受力与变形的示意图，图中的实线为受力前的形状，双点画线则表示变形后的形状。

5.2 拉（压）杆横截面上的内力

5.2.1 轴力

为了对拉（压）杆进行强度计算，必须首先研究杆件横截面上的内力，然后分析横截面上的应力。下面讨论杆件横截面上内力的计算。

取一直杆，在它两端施加一对大小相等、方向相反、作用线与直杆轴线相重合的外力，使其产生轴向拉伸变形，如图 5-2a 所示。为了显示拉杆横截面上的内力，由截面法，将杆件沿任一横截面 m-m 假想地分为两段，并取其左段来研究。杆件横截面上的内力是一个分布力系，其合力为 $\boldsymbol{N}$，如图 5-2b 所示。由于外力 $\boldsymbol{F}$ 的作用线与杆轴线相重合，由力系平衡条件可知，$\boldsymbol{N}$ 的作用线也必与杆轴线相重合，即垂直于杆的横截面，并通过截面形心，这种内力称为轴力。轴力常用符号 $\boldsymbol{N}$ 表示。由于整个杆件处于平衡状态，故左段也应平衡，由其平衡方程 $\sum F_x=0$，即 $N-F=0$，得 $N=F$。

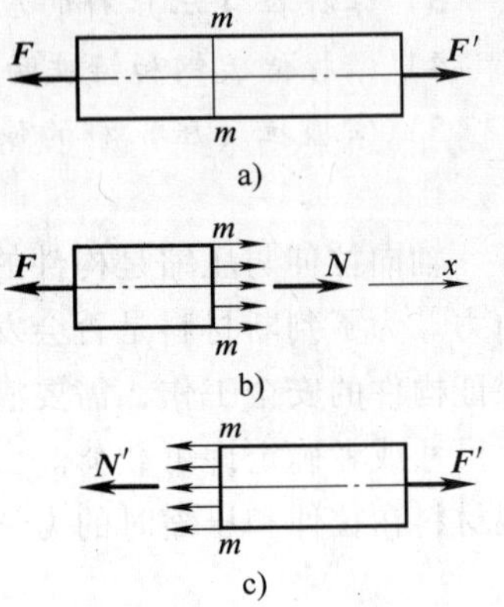

图 5-2　拉（压）杆横截面内力

若取右段为研究对象，则由作用与反作用定律可知，右段在 m-m 截面上的轴力与左段 m-m 截面上的轴力数值相等但指向相反，如图 5-2c 所示。由右段的平衡方程也可得到 $N'=F'=F$。为了使左右两段同一横截面上的轴力具有相同的正负号，对轴力的符号作如下规定：使杆件产生纵向伸长的轴力为正，称为拉力；使杆件产生纵向缩短的轴力为负，称为压力。不难理解，拉力的方向与截面的外法线方向一致，压力的方向是指向截面的。计算轴力时可先按正向假设，求出来的结果如果是正值，说明实际指向与所设方向相同，即为拉力；如果求出来的结果是负值，说明实际指向与所设方向相反，即为压力。采用这一符号规定，上述所求轴力大小及正负号无论取左段还是右段，结果都是一样的。

例 5-1　如图 5-3a 所示，一等直杆受四个轴向力作用，试求 1-1、2-2 和 3-3 截面的轴力。

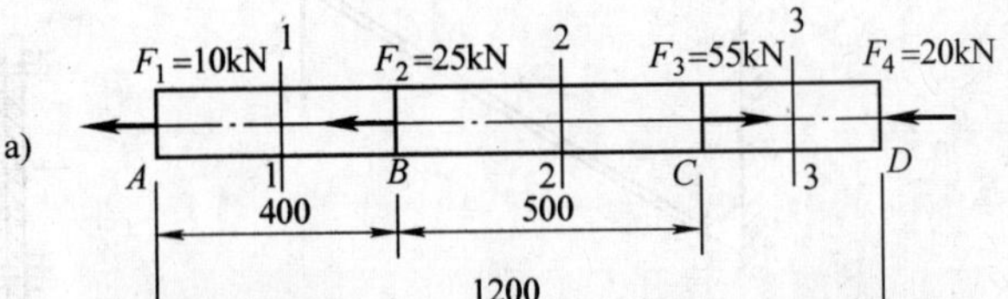

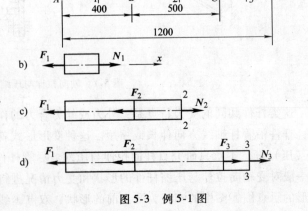

图 5-3　例 5-1 图

解　（1）求 1-1 截面上的轴力　为了显示 1-1 截面上的轴力，并使轴力成为作用于研究对象上的外力，假想沿 1-1 截面将等直杆分为两部分，取其任一部分为研究对象。现取左段为研究对象，其受力图如图 5-3b所示。列平衡方程

$$\sum F_x=0,\ N_1-F_1=0$$

解得

$$N_1=F_1=10\text{kN}$$

（2）求2-2截面的轴力　取2-2截面左段为研究对象，并画其受力图，如图5-3c所示。由平衡方程

$$\sum F_x = 0,\ N_2 - F_1 - F_2 = 0$$

解得

$$N_2 = F_1 + F_2 = 35\text{kN}$$

（3）求3-3截面的轴力　取3-3截面左段为研究对象，并画其受力图，如图5-3d所示。由平衡方程

$$\sum F_x = 0,\ N_3 - F_1 - F_2 + F_3 = 0$$

解得

$$N_3 = F_1 + F_2 - F_3 = -20\text{kN}$$

结果为负值，说明N_3为压力。由上述轴力计算过程可推得：任一截面上的轴力的数值等于该截面一侧所有轴向外力的代数和，当外力的方向与该截面正的轴力方向相反时取正，反之取负。即

$$N = \sum F \tag{5-1}$$

这就是计算轴力的直接法。特别地，如果杆件是水平放置的，则左侧向左、右侧向右的外力取正号；反之取负号。

5.2.2　轴力图

多次利用截面法或直接法，可以求出所有横截面上的轴力。为了形象地表示轴力沿杆件轴线的变化情况，常取平行于杆轴线的坐标表示杆横截面的位置，垂直于杆轴线的坐标表示相应截面上轴力的大小，正的轴力（拉力）画在横轴上方，负的轴力（压力）画在横轴下方。这样绘出的轴力沿杆轴线变化的图线，称为轴力图。轴力图能够简洁明了地表示杆件各横截面的轴力大小及方向，它是进行应力、变形、强度、刚度等计算的依据。

例5-2　等直杆受力图如图5-4a所示，试作其轴力图。

解　首先用直接法求解出杆件各横截面上的轴力。在杆件的AB段中用一假想截面将杆件截开，并取左段为研究对象。由于左段上只有一个20kN的外力，并且这个向右的外力是沿轴线指向假想截面的，故在计算时这个向右的外力取负号，所以可得

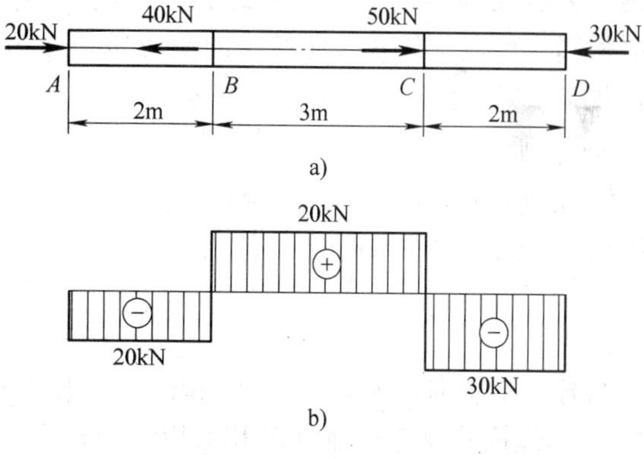

图5-4　例5-2图

$$N_{AB} = -20\text{kN}$$

同理可得

$$N_{BC} = (-20 + 40)\text{kN} = 20\text{kN},\ N_{CD} = -30\text{kN}$$

根据AB、BC、CD段内轴力的大小和符号，画出轴力图，如图5-4b所示。由图可知，$|N|_{max}$发生在CD段内任意横截面上，其值为30kN。

注意，画轴力图时一般应与受力图对正并放在受力图的正下方，用平行于杆轴线的坐标表示横截面的位置，用垂直于杆轴线的坐标表示横截面上的轴力，按适当比例将正的轴力绘于横轴上侧，负的轴力绘于横轴下侧，并标出正负号。轴力图上可以适当地画一些纵标线，纵标线必须垂直于坐标轴。在轴力图旁边一般应标明内力图的图标 N，但在不致产生误解的情况下，轴力图标 N 及纵坐标轴可以不必画出，横坐标轴仅用一段横线代替即可。

5.3 拉（压）杆的应力

5.3.1 拉（压）杆横截面上的应力

在拉（压）杆横截面上，与轴力 $\boldsymbol{N}$ 相对应的是正应力，一般用 σ 表示。要确定该应力的大小，必须了解它在横截面上的分布规律。一般可通过观察其变形规律，来确定正应力 σ 的分布规律。

取一等直杆，在其侧面上做两条垂直于轴线的横线 ab 和 cd，如图 5-5a 所示，在两端施加等值、反向的轴向拉力 $\boldsymbol{F}$、$\boldsymbol{F'}$。观察发现，在杆件变形过程中，ab 和 cd 仍保持为直线，且仍然垂直于轴线，只是分别平移到了 $a'b'$ 和 $c'd'$（图 5-5a 中双点画线）。根据这一现象，对杆件变形作如下假设：变形前原为平面的横截面，变形后仍保持为平面且仍垂直于轴线，只是沿杆件轴线发生了平移，这就是平面假设。

如果设想杆件是由无数纵向“纤维”所组成的，则由平面假设可知，任意两横截面间的纵向纤维的伸长量相等。因材料是均匀的，所有纵向纤维的力学性能相同，由它们的变形相同和力学性能相同，可以推想各纵向纤维的受力是一样的。由此推断：横截面上只有正应力 σ 且均匀分布，如图 5-5b 所示。

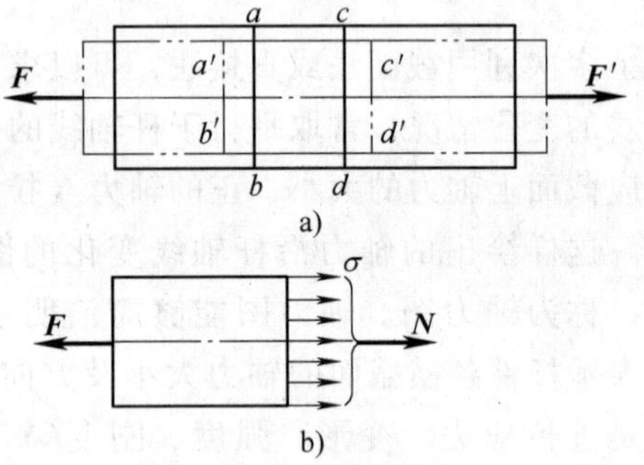

图 5-5 拉（压）杆横截面上应力分布规律

设杆的横截面面积为 A，轴力为 $\boldsymbol{N}$，则横截面上的正应力 σ 可用如下公式计算

$$\sigma = \frac{N}{A} \tag{5-2}$$

当杆发生轴向压缩时，式（5-2）同样适用。正应力 σ 的符号规定与轴力 $\boldsymbol{N}$ 相对应，即拉应力为正，压应力为负。

例 5-3 一变截面圆钢杆 $ABCD$，如图 5-6a 所示，已知 $F_1 = 20\text{kN}$，$F_2 = 35\text{kN}$，$F_3 = 35\text{kN}$，$d_1 = 12\text{mm}$，$d_2 = 16\text{mm}$，$d_3 = 24\text{mm}$。试求：

（1）各截面上的轴力，并作轴力图。

（2）杆的最大正应力。

解 （1）求内力并画轴力图 由计算轴力的直接法式（5-1）可得

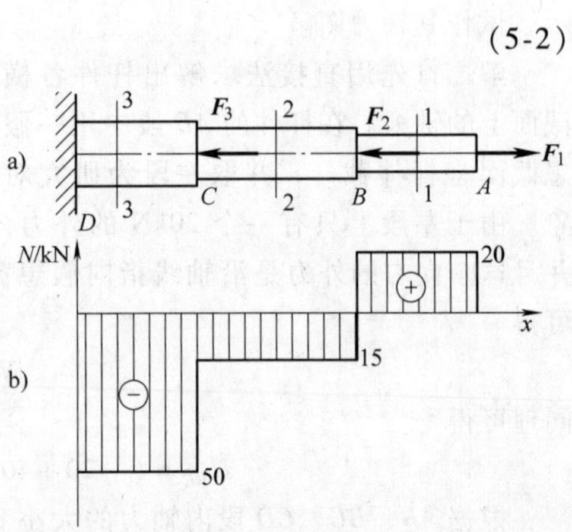

图 5-6 例 5-3 图

$$N_1 = F_1 = 20\text{kN}$$

$$N_2 = F_1 - F_2 = (20 - 35)\text{kN} = -15\text{kN}$$

$$N_3 = F_1 - F_2 - F_3 = (20 - 35 - 35)\text{kN} = -50\text{kN}$$

根据 AB、BC 和 CD 段内轴力的大小和符号，画出轴力图，如图 5-6b 所示。

（2）求最大正应力　由于该杆为变截面杆，AB、BC 及 CD 三段内不仅内力不同，横截面面积也不同，这就需要分别求出各段横截面上的正应力。利用公式（5-2）分别求得 AB、BC 和 CD 段内的正应力为

$$\sigma_1 = \frac{N_1}{A_1} = \frac{20 \times 10^3}{\frac{\pi \times 12^2}{4}}\text{N/mm}^2 = 176.84\text{N/mm}^2 = 176.84\text{MPa}$$

$$\sigma_2 = \frac{N_2}{A_2} = \frac{-15 \times 10^3}{\frac{\pi \times 16^2}{4}}\text{N/mm}^2 = -74.60\text{N/mm}^2 = -74.60\text{MPa}$$

$$\sigma_3 = \frac{N_3}{A_3} = \frac{-50 \times 10^3}{\frac{\pi \times 24^2}{4}}\text{N/mm}^2 = -110.52\text{N/mm}^2 = -110.52\text{MPa}$$

由以上计算结果可知，该钢杆最大正应力发生在 AB 段内，大小为 176.84MPa。

5.3.2 拉（压）杆斜截面上的应力

为了全面分析拉（压）杆的强度问题，仅仅研究横截面上的正应力是不够的，还需研究其斜截面上的应力情况。

设直杆受到轴向拉力 $\boldsymbol{F}$、$\boldsymbol{F}'$的作用，其横截面面积为 A，m-m 为其任一斜截面，该斜截面与横截面的夹角为 α，斜截面的面积为 A_α，如图 5-7a 所示。

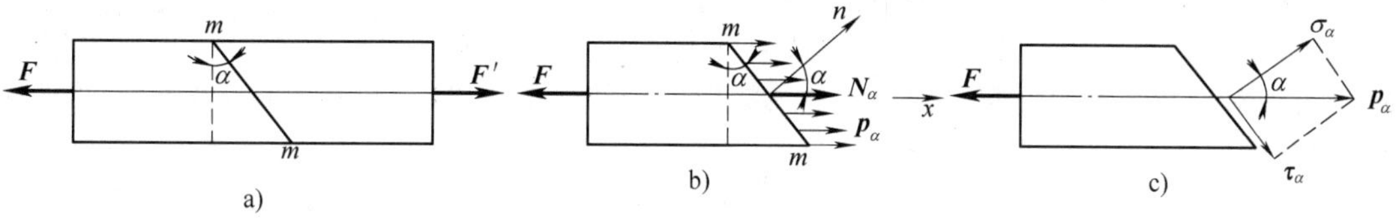

图 5-7　拉（压）杆斜截面上的应力

利用截面法，假想将杆件沿着截面 m-m 切开，以左段为研究对象，设 m-m 截面上的内力为$\boldsymbol{N}_\alpha$，由平衡条件可求得 $N_\alpha = F$。仿照证明横截面上正应力均匀分布的方法，可知斜截面上的应力也是均匀分布的，如图 5-7b 所示。若以 p_α表示斜截面 m-m 上的应力，于是有

$$p_\alpha = \frac{N_\alpha}{A_\alpha} = \frac{F\cos\alpha}{A} = \sigma\cos\alpha$$

式中，σ 为横截面上的正应力。将斜截面上的全应力 p_α分解成正应力 σ_α和切应力 τ_α，如图 5-7c 所示，则有

$$\left.\begin{aligned} \sigma_\alpha &= p_\alpha\cos\alpha = \sigma\cos^2\alpha \\ \tau_\alpha &= p_\alpha\sin\alpha = \frac{\sigma}{2}\sin2\alpha \end{aligned}\right\} \tag{5-3}$$

α、σ_α和τ_α的符号规定如下：α以x轴为起点，逆时针转到斜截面的外法线时为正，反之为负；σ_α以拉应力为正，压应力为负；τ_α的方向与截面外法线按顺时针转90°后所示方向一致时为正，反之为负。

从式（5-3）可以看出，σ_α和τ_α均随角度α改变而改变。当$\alpha=0$时，σ_α达到最大值，其值为σ，斜截面m-m成为垂直于杆轴线的横截面，即最大正应力发生在横截面上；当$\alpha=45°$时，τ_α达到最大值，其值为$\sigma/2$，最大切应力发生在与轴线成45°角的斜截面上；当$\alpha=90°$时，$\sigma_\alpha=\tau_\alpha=0$，即与横截面垂直的纵截面上不存在应力；当$\alpha'=\alpha+90°$时，$\tau_{\alpha'}=-\tau_\alpha$（图5-8），这表明：在两个互相垂直的截面上，切应力必然成对出现，其数值相等，方向为共同指向或背离此两垂直面的交线。此关系称为切应力互等定理。

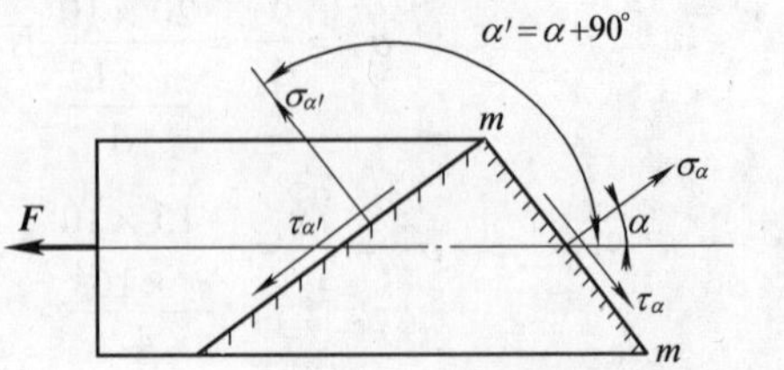

图5-8 切应力互等定理

以上分析结果对于压杆也同样适用。尽管在轴向拉（压）杆中最大切应力只有最大正应力大小的二分之一，但是如果材料抗剪强度比抗拉（压）强度弱很多，材料就有可能由于切应力而发生破坏。例如铸铁在受轴向压力作用下，将沿着45°斜截面方向发生剪切破坏。

5.4 拉（压）杆的变形

杆件在轴向拉伸或压缩时，其轴线方向的尺寸和横向尺寸将发生改变。杆件沿轴线方向的变形称为纵向变形，杆件沿垂直于轴线方向的变形称为横向变形。

设一等直杆的原长为l，横截面面积为A，如图5-9所示。在轴向拉力$\boldsymbol{F}$、$\boldsymbol{F}'$的作用下，杆件的长度由l变为l_1，其纵向伸长量为

$$\Delta l = l_1 - l \tag{5-4}$$

Δl称为绝对伸长，它只反映总变形量，无法说明杆的变形程度。将Δl除以l得杆件纵向线应变为

$$\varepsilon = \frac{\Delta l}{l} \tag{5-5}$$

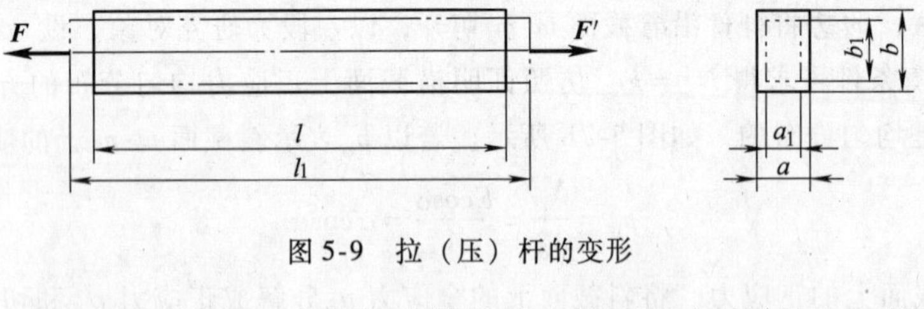

图5-9 拉（压）杆的变形

实验表明，当横截面上的正应力不超过材料的比例极限时（详见5.5节），不仅变形是弹性的，而且伸长量Δl与轴向力F和杆长l成正比，与横截面面积A成反比，即

$$\Delta l \propto \frac{Fl}{A}$$

引入比例常数E，并注意到$N=F$，可得

$$\Delta l = \frac{Nl}{EA} \tag{5-6}$$

这一关系通常称为胡克定律。它是英国科学家罗伯特·胡克在 1678 年首先发现的。比例常数 E 称为材料的弹性模量，表示材料在拉伸或压缩时抵抗弹性变形的能力，在国际单位制中的单位是帕（Pa），工程中常用吉帕（GPa）。

由式（5-6）还可以看出，若杆长及外力不变，EA 值越大，则变形 Δl 越小，因此，EA 反映杆件抵抗拉伸（或压缩）变形的能力，称为杆件的抗拉（压）刚度。

将式（5-2）和式（5-5）代入式（5-6），可得到胡克定律的另一种表达形式

$$\sigma = E\varepsilon \tag{5-7}$$

若在图 5-9 中，设变形前杆件的横向尺寸为 b，变形后相应尺寸变为 b_1，则横向变形为

$$\Delta b = b_1 - b$$

与 Δb 相对应的横向线应变为

$$\varepsilon' = \frac{\Delta b}{b}$$

实验结果表明，当正应力不超过材料的比例极限时，横向线应变 ε' 与纵向线应变 ε 成正比，但符号相反，即

$$\varepsilon' = -\mu\varepsilon \tag{5-8}$$

式中，μ 为杆的横向线应变与纵向线应变代数值之比，称为泊松比或横向变形系数，其值随材料而异，由实验测定，对于绝大多数各向同性材料，μ 介于 0 ~ 0.5 之间。

弹性模量 E 和泊松比 μ 都是材料固有的弹性常数。表 5-1 中摘录了几种常用材料的 E 值和 μ 值。

表 5-1　常用材料的 E 值和 μ 值

材料名称	E/GPa	μ	材料名称	E/GPa	μ
低碳钢	196 ~ 216	0.25 ~ 0.33	铝及硬铝	70.6	0.33
合金钢	186 ~ 216	0.24 ~ 0.33	玻璃	56	0.25
灰铸铁	78.4 ~ 147	0.23 ~ 0.27	混凝土	14.3 ~ 34.3	0.16 ~ 0.18
铜及其合金	72.5 ~ 127	0.31 ~ 0.42			

例 5-4　如图 5-10a 所示，变截面钢杆受轴向载荷 $F_1 = 30\text{kN}$，$F_2 = 10\text{kN}$，杆长 $l_1 = l_2 = l_3 = 100\text{mm}$，杆各横截面面积分别为 $A_1 = 500\text{mm}^2$，$A_2 = 200\text{mm}^2$，弹性模量 $E = 200\text{GPa}$。试求杆的总伸长量。

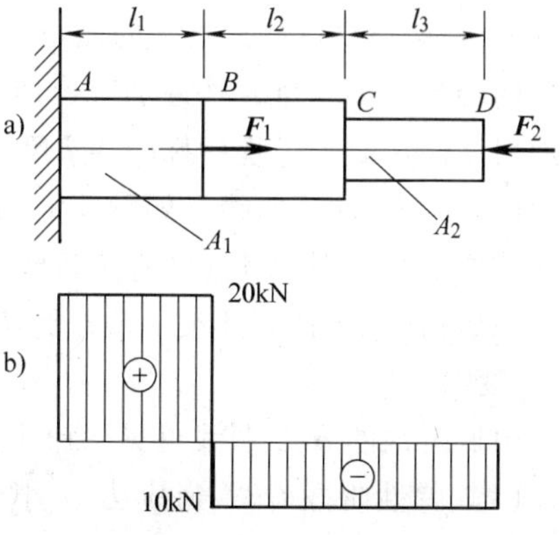

图 5-10　例 5-4 图

解　（1）计算各杆段的轴力

$$N_{CD} = N_{BC} = -F_2 = -10\text{kN}$$

$$N_{AB} = F_1 - F_2 = (30 - 10)\text{kN} = 20\text{kN}$$

杆的轴力图如图 5-10b 所示。

（2）计算各杆段变形　由于 AB、BC、CD 各段的轴力与横截面面积不完全相同，因此应分段计算，即

$$\Delta l_{AB}=\frac{N_{AB}l_1}{EA_1}=\frac{20\times10^3\times100}{200\times10^3\times500}\text{mm}=0.02\text{mm}$$

$$\Delta l_{BC}=\frac{N_{BC}l_2}{EA_1}=\frac{-10\times10^3\times100}{200\times10^3\times500}\text{mm}=-0.01\text{mm}$$

$$\Delta l_{CD}=\frac{N_{CD}l_3}{EA_2}=\frac{-10\times10^3\times100}{200\times10^3\times200}\text{mm}=-0.025\text{mm}$$

（3）求总变形

$$\Delta l_{AD}=\Delta l_{AB}+\Delta l_{BC}+\Delta l_{CD}=(0.02-0.01-0.025)\text{mm}=-0.015\text{mm}$$

即整个杆缩短了 0.015mm。

5.5 材料在拉伸与压缩时的力学性能

材料的力学性能是指材料在外力作用下表现出的强度和变形方面的特性。它是通过各种试验测定得出的，是解决强度、刚度和稳定性问题所不可缺少的依据。试验指出，材料的力学性能不仅决定于材料本身的成分、组织以及冶炼、加工、热处理等工艺，而且决定于加载方式、应力状态和温度。本节仅讨论材料在常温、静载（缓慢加载）条件下的力学性能。

5.5.1 材料在拉伸时的力学性能

常温静载拉伸试验是测定材料力学性能的基本试验之一，在国家标准 GB/T 228—2002《金属材料室温拉伸试验方法》中对其方法和要求有详细规定。对于金属材料，通常采用圆柱形试件，其形状如图 5-11 所示，长度 l 为标距。标距一般有两种，即 $l=5d$ 和 $l=10d$，前者称为短试件，后者称为长试件，式中的 d 为试件的直径。

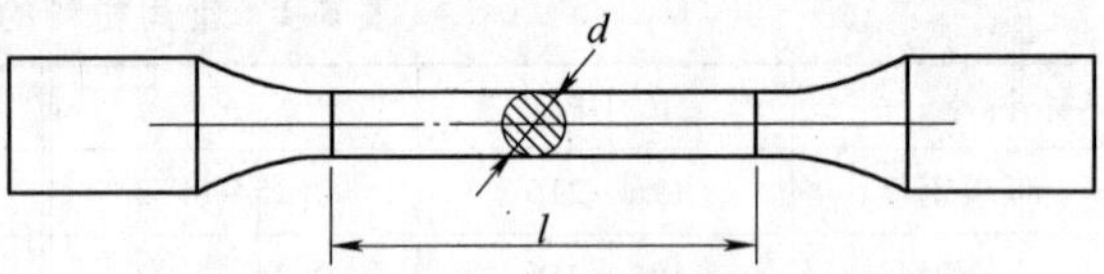

图 5-11 圆柱形金属材料试件

低碳钢和铸铁是两种不同类型的材料，都是工程实际中广泛使用的材料，它们的力学性能比较典型，因此，以这两种材料为代表来讨论金属材料的力学性能。

1. 低碳钢拉伸时的力学性能

低碳钢（Q235）是指碳的质量分数在 0.3% 以下的碳素钢，过去俗称 A3 钢。将低碳钢试件两端装入试验机，缓慢加载，使其受到拉力产生变形，利用试验机的自动绘图装置，可以画出试件在试验过程中标距为 l 段的伸长 Δl 和拉力 F 之间的关系曲线，即 F-Δl 曲线，称之为试件的力-伸长曲线，如图 5-12 所示。力-伸长曲线与试样的尺寸有关，将拉力 F 除以试件的原横截面面积 A，得到横截面上的正应力 σ，将其作为纵坐标；将伸长量 Δl 除以标距的原始长度 l，得到应变 ε，作为横坐标，从而获得 σ-ε 曲线，如图 5-13 所示，称为应力-应变曲线。

由低碳钢的 σ-ε 曲线可见，整个拉伸过程可分为以下四个阶段：

（1）弹性阶段 Oa　当应力 σ 小于 a 点所对应的应力时，如果卸去外力，变形全部消失，这种变形称为弹性变形。因此，这一阶段称为弹性阶段。相应于 a 点的应力用 σ_e 表示，

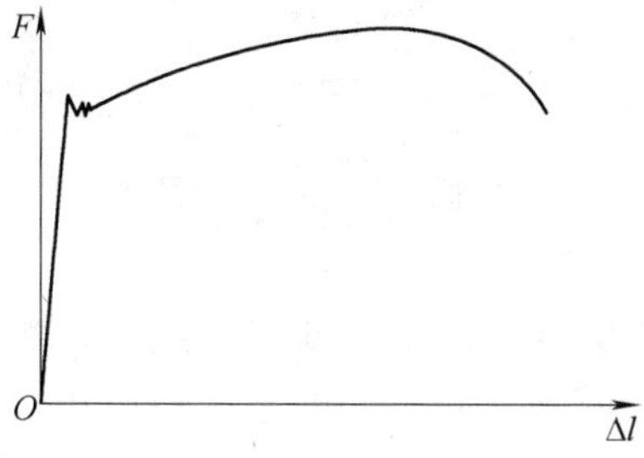

图 5-12　低碳钢试件的力-伸长曲线

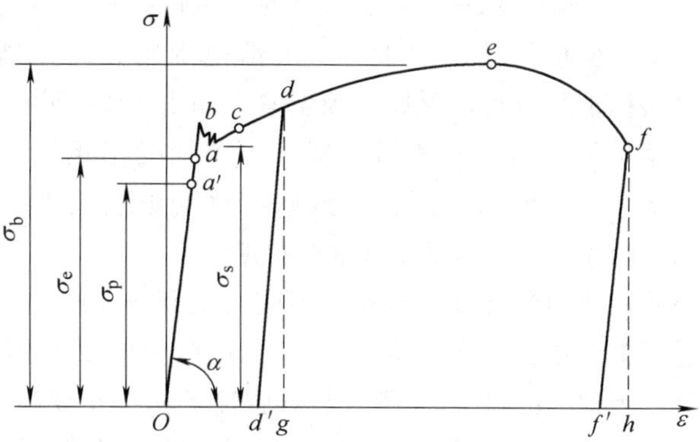

图 5-13　低碳钢拉伸时的应力-应变曲线

它是材料只产生弹性变形的最大应力，故称为弹性极限。在弹性阶段内，开始为一斜直线 Oa'，这表示当应力小于 a'点相应的应力时，应力与应变成正比，符合胡克定律，即 $\sigma = E\varepsilon$。图中倾角 α 的正切即 Oa'直线的斜率，数值上等于材料的弹性模量 E。与 a'点相对应的应力用 σ_p表示，它是应力与应变成正比的最大应力，故称之为比例极限。在应力-应变曲线上，超过 a'点后 $a'a$ 段的图线微弯，a 与 a'极为接近，因此工程中对弹性极限和比例极限并不严格区分。低碳钢的比例极限 $\sigma_p \approx 200$MPa，弹性模量 $E \approx 200$GPa。

当应力超过弹性极限后，若卸去外力，材料的变形只能部分消失，另一部分将残留下来，残留下来的那部分变形称为残余变形或塑性变形。

（2）屈服阶段 bc　当应力超过弹性极限后，在应力-应变曲线上出现接近水平的小锯齿形波段，说明此时应力虽有小的波动，但基本保持不变，而应变却迅速增加，即材料暂时失去了抵抗变形的能力。这种应力变化不大而变形显著增加的现象称为材料的屈服或流动，bc 段称为屈服阶段。在屈服阶段内的最高应力和最低应力分别称为上屈服点和下屈服点。上屈服点的数值与试样形状、加载速度等因素有关，一般是不稳定的；下屈服点则有比较稳定的数值，能够反映材料的性能，故规定下屈服点为材料的屈服点，用 σ_s表示。低碳钢的屈服点 $\sigma_s \approx 235$MPa。

若试件表面经过磨光，则当应力达到屈服点时，可在试件表面看到与轴线成约 45°的一系列条纹，如图 5-14 所示。这是由于材料内部晶格间相对滑移而形成的，称为滑移线。因为拉伸时在与杆轴成 45°倾角的斜截面上，切应力为最大值，可见屈服现象的出现与最大切应力有关。

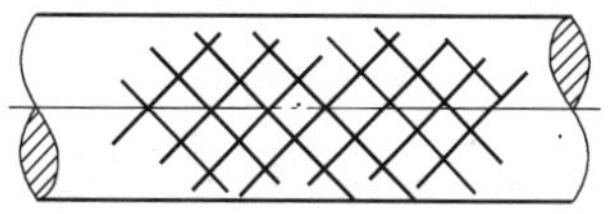

图 5-14　低碳钢试件屈服时表面滑移线

低碳钢在屈服阶段总的塑性应变是比例极限所对应弹性应变的 10 ~ 15 倍。考虑到低碳钢材料在屈服时将产生显著的塑性变形，致使构件不能正常工作，因此就把屈服点 σ_s作为衡量材料强度的重要指标。

（3）强化阶段 ce　经过屈服阶段后，材料又恢复了抵抗变形的能力，要使它继续变形必须增加拉力，这种现象称为材料的强化，ce 段称为强化阶段。在此阶段中，变形的增加远比弹性阶段要快。强化阶段的最高点 e 所对应的应力值称为材料的抗拉强度，用 σ_b表示。它是材料所能承受的最大应力值，是衡量材料强度的另一重要指标。低碳钢的抗拉强度 $\sigma_b \approx 380$MPa。

(4) 缩颈阶段 ef 在 e 点以前，试件标距段内变形通常是均匀的。当应力达到抗拉强度后，试件变形开始集中于某一局部范围内，此处横截面面积迅速减小，形成缩颈现象，如图 5-15 所示。由于缩颈处横截面面积迅速减小，塑性变形迅速增加，试件承载能力下降，使试件继续变形所需的拉力也逐渐减小，直到 f 点试件被拉断。

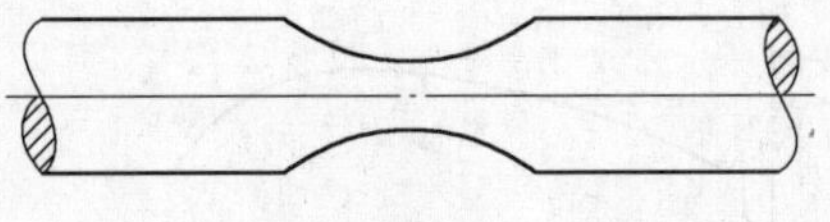

图 5-15 低碳钢试件的缩颈现象

从上述的试验现象可知，当应力达到 σ_s 时，材料会产生显著的塑性变形，进而影响结构的正常工作；当应力达到 σ_b 时，材料会由于缩颈而导致断裂。屈服和断裂，均属于破坏现象。因此，σ_s 和 σ_b 是衡量材料强度的两个重要指标。

试验表明，如果将试件拉伸到强化阶段的某一点 d（图 5-13），然后缓慢卸载，则应力与应变关系曲线将沿着近似平行于 Oa' 的直线回到 d' 点，而不是回到 O 点。Od' 就是残留下的塑性变形，$d'g$ 表示消失的弹性变形。如果卸载后立即再加载，则应力-应变曲线将基本上沿着 $d'd$ 上升到 d 点，以后的曲线与原来的应力-应变曲线相同。由此可见，将试件拉到强化阶段，然后卸载，再重新加载时，材料的比例极限有所提高，而塑性变形减小，这种现象称为冷作硬化。工程中常用冷作硬化来提高某些构件在弹性阶段的承载能力。如起重用的钢索和建筑用的钢筋，常通过冷拔工艺来提高强度。又如对某些零件进行喷丸处理，使其表面发生塑性变形，形成冷硬层，以提高零件表层的强度。但另一方面，零件初加工后，由于冷作硬化使材料变脆变硬，给下一步加工造成困难，且容易产生裂纹，往往就需要在工序之间安排退火，以消除冷作硬化的影响。

材料产生塑性变形的能力称为材料的塑性性能。塑性性能是工程中评定材料加工性能优劣的重要因素。衡量材料塑性的指标有断后伸长率 δ 和断面收缩率 ψ，断后伸长率 δ 定义为

$$\delta = \frac{l_1 - l}{l} \times 100\% \qquad (5\text{-}9)$$

式中，l_1 为试件断裂后标距的长度；l 为标距的原长度。

断面收缩率 ψ 定义为

$$\psi = \frac{A - A_1}{A} \times 100\% \qquad (5\text{-}10)$$

式中，A_1 为试件断裂后缩颈处的最小截面面积；A 为试件原横截面面积。

工程中通常将断后伸长率 $\delta \geqslant 5\%$ 的材料称为塑性材料，如低碳钢、铝合金、青铜等；将 $\delta < 5\%$ 的材料称为脆性材料，如铸铁、砖石、陶瓷、混凝土等。低碳钢的断后伸长率 $\delta = 25\% \sim 30\%$，断面收缩率 $\psi \approx 60\%$，是典型的塑性材料；而灰铸铁的断后伸长率 $\delta = 0.4\% \sim 0.5\%$，为典型的脆性材料。

2. 其他塑性材料拉伸时的力学性能

其他塑性金属材料的拉伸试验和低碳钢拉伸试验方法相同，但材料所表现出来的力学性能有很大差异。如图 5-16 所示为锰钢、硬铝、退火球墨铸铁和 45 钢的应力-应变曲线。这些材料都是塑性材料，但前三种材料没有明显的屈服阶段。对于没有明显屈服阶段的塑性材料，通常规定以产生 0.2% 塑性应变时所对应的应力值作为材料的名义屈服点，称为材料的屈服强度，以 $\sigma_{0.2}$ 表示，如图 5-17 所示。

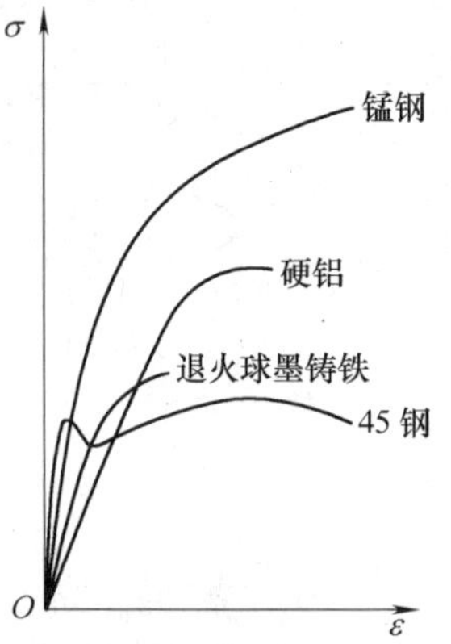

图5-16 其他塑性材料的应力-应变曲线

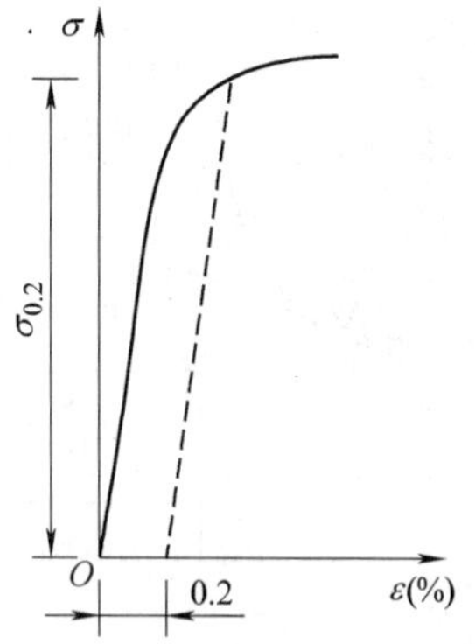

图5-17 名义屈服点

3. 铸铁拉伸时的力学性能

铸铁拉伸时的应力-应变曲线如图5-18所示。整个拉伸过程中应力-应变关系为一微弯的曲线，既无屈服阶段，也无缩颈阶段；断裂时应力和变形都很小，断口垂直于试件轴线，是典型的脆性材料。在工程实际使用的应力范围内，可以近似地认为变形服从胡克定律，通常用一条割线来代替曲线，如图5-18中的虚线所示，并用它确定弹性模量 E，这样确定的弹性模量称为割线弹性模量。由于铸铁没有屈服现象，因此抗拉强度 σ_b 是衡量强度的唯一指标。

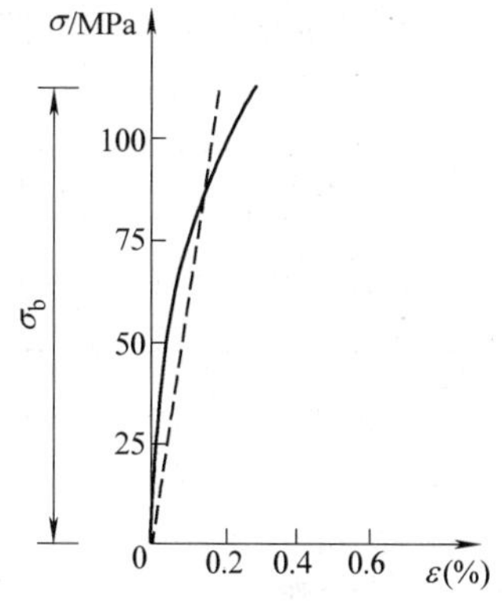

图5-18 铸铁拉伸时的应力-应变曲线

5.5.2 材料在压缩时的力学性能

金属材料的压缩试件，一般做成短圆柱体，以免试验时试件被压弯，其高度为直径的1~3倍。非金属材料（如水泥、混凝土等）的试样常采用立方体形状。压缩试验和拉伸试验一样在常温和静载条件下进行。

1. 低碳钢压缩时的力学性能

低碳钢压缩时的应力-应变曲线如图5-19所示。为了便于比较，图中还画出了拉伸时的应力-应变曲线，用虚线表示。可以看出，在屈服以前两条曲线基本重合，这表明低碳钢压缩时的弹性模量 E、屈服点 σ_s 等都与拉伸时基本相同。不同的是，随着外力的增大，进入强化阶段后，试件被越压越扁却并不断裂。由于无法测出抗压强度，所以对低碳钢一般不做压缩试验，主要力学性能可由拉伸试验确定。类似情况在一般的塑性金属材料中也存在，但有的塑性材料，如铬钼硅合金钢，在拉伸和压缩时的屈服点并不相同，因此对这些材料还要做压缩试验，以测定其压缩屈服点。

2. 铸铁压缩时的力学性能

脆性材料拉伸和压缩时的力学性能有较大区别，铸铁压缩时的应力-应变曲线如图5-20所示，图中虚线为拉伸时的应力-应变曲线。可以看出，铸铁压缩时的应力-应变曲线，也没有直线部分，因此压缩时也只是近似地符合胡克定律。铸铁的抗压强度 σ_{bc} 比抗拉强度 σ_b 高出3~5倍。铸铁压缩时沿与轴线成约45°的斜面断裂，说明是切应力达到极限值而破坏。

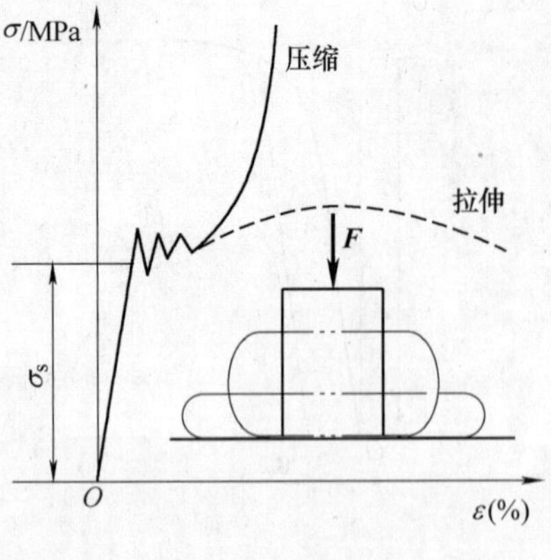

图 5-19　低碳钢压缩时的应力-应变曲线

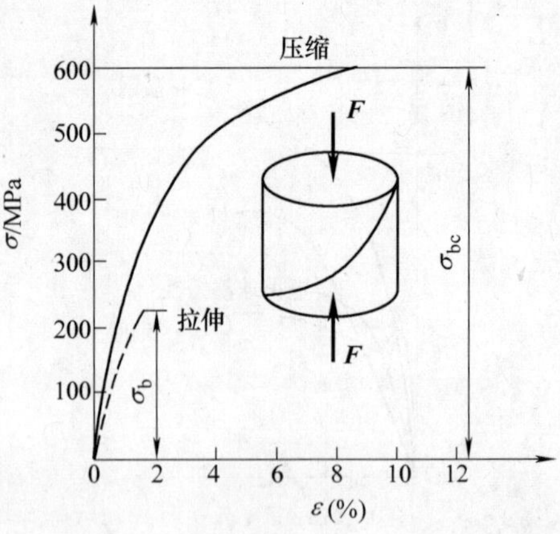

图 5-20　铸铁压缩时的应力-应变曲线

拉伸破坏时是沿横截面断裂，说明是拉应力达到极限值而破坏。对于其他脆性材料，如混凝土和石料，也具有上述特点，抗压强度也显著高于抗拉强度。因此，对于脆性材料，适宜作承压构件。

几种常用材料的力学性能见表 5-2。

表 5-2　几种常用材料的力学性能

材料名称	型　号	σ_s/MPa	σ_b/MPa
普通碳素钢	Q235A	235	375 ~ 460
	Q275	275	490 ~ 610
优质碳素钢	35	314	529
	45	353	598
合金钢	40Cr	785	980
球墨铸铁	QT600-3	370	600
灰铸铁	HT150	—	拉 98 ~ 275；压 500 ~ 700

5.6　拉（压）杆的强度计算

5.6.1　许用应力

由材料的拉伸或压缩试验可知：脆性材料的应力达到抗拉（压）强度 σ_b(σ_{bc}) 时就会发生断裂；塑性材料的应力达到屈服点 σ_s 时，会发生显著的塑性变形。构件工作时发生断裂显然是不容许的，发生屈服或出现显著塑性变形一般也是不容许的。因此，从强度方面考虑，断裂是构件破坏（也称失效）的一种形式，同样，屈服或出现显著塑性变形，也是构件失效的一种形式。材料破坏时的应力称为极限应力或危险应力，用 σ_u 表示。塑性材料通常以屈服点 σ_s 或屈服强度 $\sigma_{0.2}$ 作为极限应力，脆性材料以抗拉（压）强度 σ_b(σ_{bc}) 作为极限应力。根据分析计算所得构件的应力称为工作应力。为了保证构件有足够的强度，要求构件的工作应力必须小于材料的极限应力。由于分析计算时采取了一些简化措施，实际材料的性能与标准试样可能存在差异等因素，可能使构件的实际工作条件偏于不安全。因此，为了保证构件安全可靠地工作，仅仅使其工作应力不超过材料的极限应力是远远不够的，还必须使构件留有适当的强度储备，特别是对于因破坏将带来严重后果的构件，更应给予较大的强度储备。由此可见，构件工作应力的最大容许值，必须低于材料的极限应力。把极限应力 σ_u 除以大于 1 的因数 n 后，作为构件工作时允许达到的最大应力值，这个应力值称为许用应力，用 $[\sigma]$ 表示，即

$$[\sigma]=\frac{\sigma_u}{n} \tag{5-11}$$

式中，n 为安全因数。

安全因数是由多种因素决定的。各种材料在不同工作条件下的安全因数或许用应力，可从有关规范或设计手册中查到。确定时一般要考虑材质的均匀性、构件的重要性、工作条件及载荷估计的准确性等。正确地选取安全因数，是解决构件的安全与经济这一对矛盾的关键。若安全因数过大，则不仅浪费材料，而且使构件变得笨重；反之，若安全因数过小，则不能保证构件安全工作，甚至会造成事故。根据经验，一般在常温、静载条件下，对塑性材料取 $n=1.5\sim2.2$，对脆性材料一般取 $n=3.0\sim5.0$，甚至更大。

5.6.2　抗拉（压）强度计算

根据以上分析，为了保证拉（压）杆在工作时不至于因强度不够而破坏，要求杆件的最大工作应力不超过材料拉伸（压缩）时的许用应力，即

$$\sigma_{max}=\frac{N}{A}\leqslant[\sigma] \tag{5-12}$$

式中，$[\sigma]$ 为材料的许用应力；σ_{max} 为杆件内的最大正应力；N 和 A 分别为危险截面上的轴力和横截面面积。式（5-12）称为杆的抗拉（压）强度条件，是拉（压）杆强度计算的依据。产生 σ_{max} 的截面称为危险截面。等截面直杆的危险截面位于轴力绝对值最大处；变截面杆的危险截面，必须综合轴力和截面面积两方面来确定。

根据强度条件，可以解决以下几类强度问题：

（1）强度校核　若已知拉（压）杆的截面尺寸、载荷大小以及材料的许用应力，则可计算杆件的最大工作应力，验算不等式是否成立，即工作时构件是否安全。如果最大工作应力 σ_{max} 略微大于许用应力，即一般不超过许用应力的 5%，在工程上仍然被认为是允许的。

（2）设计截面　若已知拉（压）杆承受的载荷和材料的许用应力，则强度条件变成

$$A\geqslant\frac{N}{[\sigma]} \tag{5-13}$$

以确定构件所需要的横截面面积的最小值。

（3）确定承载能力　若已知拉（压）杆的截面尺寸和材料的许用应力，则强度条件变成

$$|N|_{max}\leqslant A[\sigma] \tag{5-14}$$

以确定构件所能承受的最大轴力，再确定构件能承担的许可载荷。

例 5-5　如图 5-21a 所示，用绳索起吊钢筋混凝土管，管子的重量 $W=10\text{kN}$，绳索的直径 $d=20\text{mm}$，许用应力 $[\sigma]=10\text{MPa}$，问：

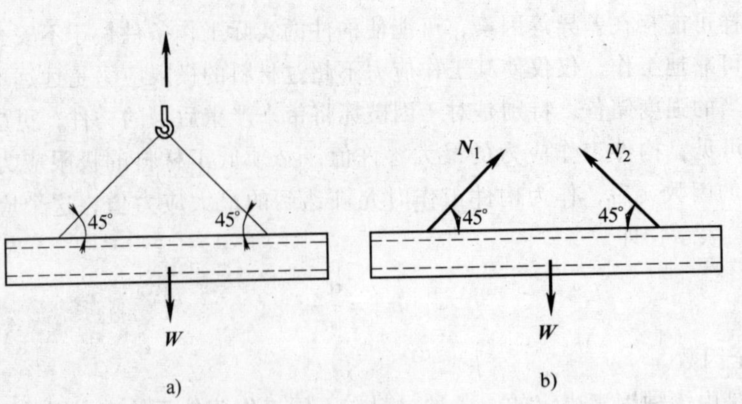

图 5-21 例 5-5 图

（1）绳索的强度是否足够？

（2）若要安全起吊钢筋混凝土管，绳索的直径应为多大？

解 （1）计算绳索的轴力 以混凝土管为研究对象，画出其受力图，如图 5-21b 所示，根据对称性易知左右两段绳索轴力相等，即 $N_1=N_2$。根据静力平衡方程有

$$\sum F_y=0,\ 2N_1\sin45°-W=0$$

求得

$$N_1=\frac{\sqrt{2}}{2}W=7.07\text{kN}$$

（2）校核绳索强度

$$\sigma=\frac{N_1}{A}=\frac{4N_1}{\pi d^2}=\frac{4\times7.07\times10^3}{3.14\times20^2}\text{MPa}=22.5\text{MPa}>[\sigma]=10\text{MPa}$$

所以绳索的强度不够，需要重新设计绳索的直径。

设绳索的直径为 D，由强度条件

$$\sigma=\frac{N_1}{A}=\frac{4N_1}{\pi D^2}\leqslant[\sigma]$$

可得

$$D\geqslant\sqrt{\frac{4N_1}{\pi[\sigma]}}=\sqrt{\frac{4\times7.07\times10^3}{3.14\times10}}\text{mm}=30\text{mm}$$

所以绳索的直径应取 $D=30\text{mm}$。

例 5-6 如图 5-22a 所示为简易起重设备的示意图，杆 AB 和 BC 均为圆截面钢杆，直径均为 $d=36\text{mm}$，钢的许用应力 $[\sigma]=170\text{MPa}$，试确定起重设备的最大许可起重量 $[W]$。

解 （1）计算 AB、BC 杆的轴力 如图 5-22b 所示，设 AB 杆的轴力为 $\boldsymbol{N}_1$，BC 杆的轴力为 $\boldsymbol{N}_2$，根据

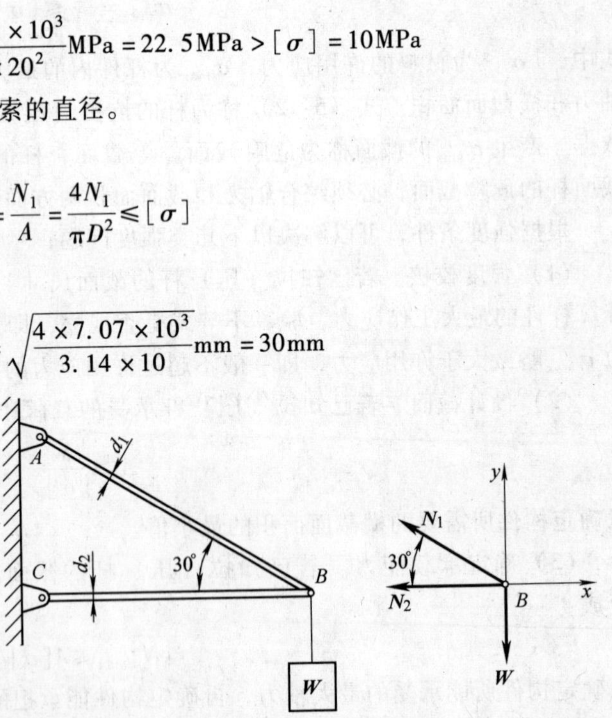

图 5-22 例 5-6 图

结点 B 的平衡有

$$\sum F_y=0,\ N_1\sin30°-W=0$$
$$\sum F_x=0,\ -N_1\cos30°-N_2=0$$

求得

$$N_1=2W,\ N_2=-\sqrt{3}W$$

由计算可知，AB 杆受拉伸，BC 杆受压缩。在强度计算时，轴力应取其绝对值。

（2）求许可载荷　对 AB 杆，由强度条件

$$\sigma_{AB}=\frac{N_1}{A_1}=\frac{2W}{\frac{\pi d^2}{4}}\leqslant[\sigma]$$

可得

$$W\leqslant\frac{\pi d^2[\sigma]}{8}=\frac{3.14\times36^2\times170}{8}\text{N}=86475.6\text{N}\approx86.5\text{kN}$$

对 BC 杆，由强度条件

$$\sigma_{BC}=\frac{N_2}{A_2}=\frac{\sqrt{3}W}{\frac{\pi d^2}{4}}\leqslant[\sigma]$$

可得

$$W\leqslant\frac{\pi d^2[\sigma]}{4\sqrt{3}}=\frac{3.14\times36^2\times170}{4\times1.732}\text{N}=99856.4\text{N}\approx99.8\text{kN}$$

为了使简易起重设备安全可靠地工作，应在计算出的 W 中取最小值，因此其最大许可载荷为［W］=86.5kN。

5.7 应力集中的概念

等截面直杆受轴向拉伸（压缩）时，远离杆端的截面，应力是均匀分布的。如果截面的尺寸、形状有急剧变化，譬如杆上有开孔（图5-23），通过光测弹性力学的试验分析可以证明，孔附近的应力值急剧增大，且不均匀；远离孔处的应力值迅速下降并趋于均匀。这种由于杆件外形的突然变化而引起局部应力急剧增大的现象称为**应力集中**。这种现象也可通过一个简单试验来说明，取具有小圆孔的橡皮板，画上均匀的小方格（图5-24a）。当拉伸时，可明显看到孔附近的小方格变形大，且不均匀；远离孔处的小方格变形小，且趋于均匀（图5-24b）。这说明圆孔附近有应力集中的现象。实际的构件由于结构的需要，往往带有槽、孔、螺纹、台肩等。那么在这些槽、孔、螺纹、台肩等截面尺寸变化的截面上，都将出现应力集中的现象。

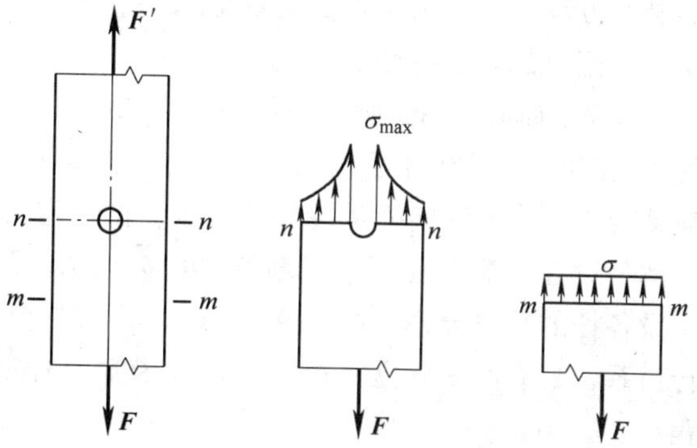

图5-23　应力集中

在静载荷作用下，应力集中对构件强度的影响随材料性能不同而异。塑性材料具有屈服阶段，当图 5-25a 所示应力集中处的 σ_{max} 达到材料的屈服点时，应力值不再增加，只引起构件局部塑性变形，一般不会影响整个构件的承载能力。当外力继续增大时，增加的外力就由截面上尚未达到屈服点的材料承担，它们的应力继续增大到屈服点（图 5-25b）。当整个截面各点应力均达到屈服点时，构件才丧失工作能力。因此，塑性材料制成的构件在静载荷作用下的强度计算可以不考虑应力集中的影响。

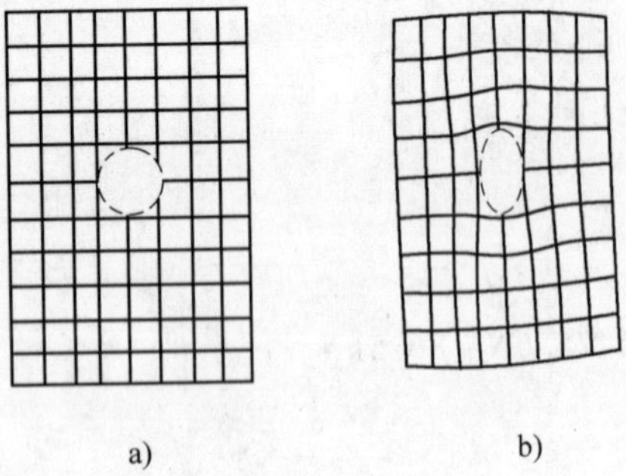

图 5-24 应力集中试验

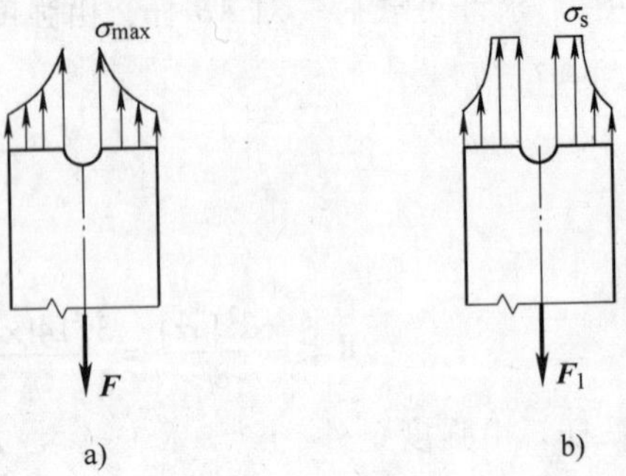

图 5-25 塑性材料不考虑应力集中的影响

脆性材料由于没有屈服阶段，应力集中处的 σ_{max} 达到材料的抗拉（压）强度时，将引起局部断裂，大大降低构件的承载能力，从而导致整个构件的断裂，故在强度计算时，必须考虑应力集中的影响。但对常用的铸铁构件来讲，由于它内部组织很不均匀，到处有应力集中，因而构件外形突变引起的应力集中，相比之下已成为微不足道的因素，因此在静载荷下的强度计算也不考虑其影响。

5.8 简单拉（压）杆的静不定问题

以上讨论了静定结构拉（压）杆的内力、变形和强度计算问题，此时杆件的内力均可由静力平衡方程解出。工程上，除静定结构外，还有许多静不定结构。在静力分析时曾指出，仅仅依靠静力平衡条件无法求出静不定问题的全部未知量，这是因为略去构件受力后变形的缘故。欲求解此类问题，必须考虑其变形，找出各构件变形之间的几何关系（即变形协调条件），列出相应的变形协调方程，并利用内力与变形的物理关系即胡克定律，建立相应的补充方程，与静力平衡方程联立求解，即可求出全部未知力。下面以一些简单的例子来说明该类问题的求解方法。

例 5-7 如图 5-26a 所示的结构，1、2、3 杆的弹性模量为 E，横截面面积均为 A，杆长均为 l。横梁 AB 的刚度远远大于 1、2、3 杆的刚度，故可将横梁看成刚体，在横梁上作用的载荷为 $\boldsymbol{P}$。若不计横梁及各杆的自重，试确定 1、2、3 杆的轴力。

解 设在载荷 $\boldsymbol{P}$ 作用下，横梁 AB 移动到 $A_1C_1B_1$ 位置（图 5-26b）。取横梁 AB 为研究对象，设各杆的轴力分别为 $\boldsymbol{N}_1$、$\boldsymbol{N}_2$、$\boldsymbol{N}_3$，且均为拉力，如图 5-26c 所示。由于该力系为平面平行力系，只有两个独立平衡方程，而未知力有三个，故为一次静不定问题。列出静力平衡方程

$$\sum F_y = 0,\ N_1 + N_2 + N_3 - P = 0$$

$$\sum M_A(\boldsymbol{F})=0,\ N_2a+2N_3a=0$$

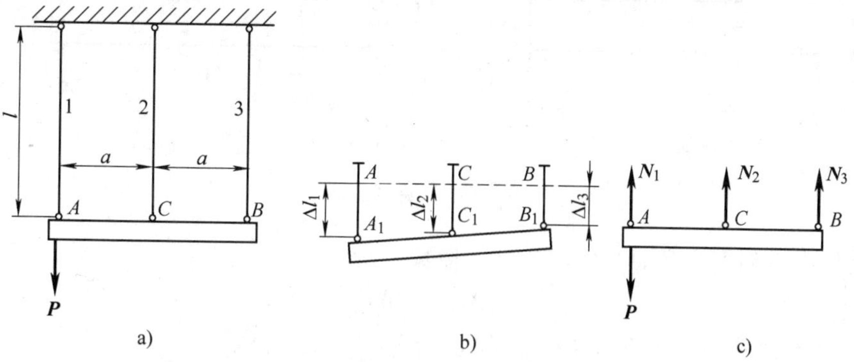

图 5-26　例 5-7 图

要求出三个轴力，还要列出一个补充方程。在力 $\boldsymbol{P}$ 作用下，三根杆的伸长不是任意的，它们之间必须保持一定的几何关系——变形协调条件。由于横梁 AB 可视为刚体，故该结构的变形协调条件为：A_1、C_1、B_1 三点仍在一直线上。设 Δl_1、Δl_2、Δl_3 分别为 1、2、3 杆的变形，根据变形的几何关系可以列出变形协调条件为

$$\frac{\Delta l_1+\Delta l_3}{2}=\Delta l_2$$

当应力不超过比例极限时，由胡克定律可知

$$\Delta l_1=\frac{N_1 l}{EA},\ \Delta l_2=\frac{N_2 l}{EA},\ \Delta l_3=\frac{N_3 l}{EA}$$

将物理关系代入变形协调条件，即可建立内力之间应保持的相互关系，这个关系就是所需的补充方程。经整理后可得

$$N_1+N_3=2N_2$$

联立求解静力平衡方程和补充方程可得

$$N_1=\frac{5}{6}P,\ N_2=\frac{1}{3}P,\ N_3=-\frac{1}{6}P$$

由计算结果可以看出：1、2 杆的轴力为正，说明实际方向与假设一致，变形为伸长；3 杆的轴力为负值，说明 3 杆轴力的实际方向与假设相反，变形为缩短。

在工程实际中，构件或结构物会遇到温度变化的情况，例如工作条件中温度的改变或季节的变化，这时杆件就会伸长或缩短。静定结构由于可以自由变形，当温度变化时不会使杆内产生应力。但在静不定结构中，由于约束增加，变形受到部分或全部限制，温度变化时就会使杆内产生应力，这种应力称为温度应力。

例 5-8　如图 5-27a 所示的等直杆 AB，两端与刚性支承面连接。当温度升高 ΔT 时，固定端限制了杆件的伸长或缩短，A、B 两端就产生了约束力。设杆件的长度为 l，横截面面积为 A，材料的弹性模量为 E，线膨胀系数为 α，试求约束力。

解　取 AB 杆为研究对象，其受力图如图 5-27b 所示。列出静力平衡方程

$$\sum F_x=0,\ R_A-R_B=0$$

由于未知约束力有两个，而独立的平衡方程只有一个，因此是一次静不定问题。要求解该问题必须建立一个补充方程。假想拆去右端约束，这时杆件就可以自由地变形，当温度升高

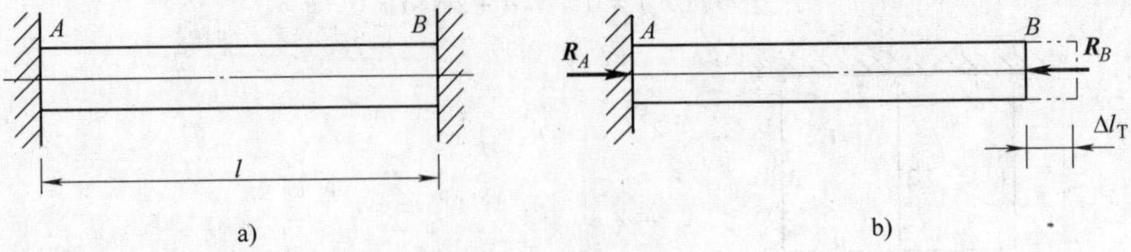

图 5-27　例 5-8 图

ΔT 时，杆件由于温度升高而产生的变形（伸长）为

$$\Delta l_T = \alpha l \Delta T$$

右端在约束力$\boldsymbol{R}_B$作用下产生的变形（缩短）为

$$\Delta l_R = -\frac{R_B l}{EA}$$

事实上，由于杆件两端与刚性支承面连接，其长度不允许发生变化，因此必然有

$$\Delta l_T + \Delta l_R = 0$$

这就是该问题的变形协调条件。故补充方程为

$$\alpha l \Delta T - \frac{R_B l}{EA} = 0$$

解得

$$R_A = R_B = EA\alpha\Delta T$$

此时 AB 杆中的温度应力为

$$\sigma = \frac{N_{AB}}{A} = -\frac{EA\alpha\Delta T}{A} = -E\alpha\Delta T$$

当温度变化较大时，杆内温度应力的数值将是十分可观的。例如，一两端固定的钢杆，$\alpha = 12.5 \times 10^{-6}/℃$，当温度变化 40℃时，杆内的温度应力为

$$\sigma = -E\alpha\Delta T = -200 \times 10^9 \times 12.5 \times 10^{-6} \times 40\text{Pa} = -100 \times 10^6\text{Pa} = -100\text{MPa}$$

在实际工程中，为了避免产生过大的温度应力，往往采取某些措施以有效地降低温度应力。例如，在管道中加伸缩节，在钢轨各段之间留伸缩缝，这样可以削弱对膨胀的约束，从而降低温度应力。

本章小结

本章建立了拉（压）杆的应力、变形与轴力、截面尺寸、材料性能间的关系；讨论了强度计算问题；介绍了材料在拉、压时的主要力学性能。本章研究的问题、运用的方法、涉及的概念等将贯穿于整个材料力学之中。

1. 拉（压）杆的受力特点及变形特点

受力特点——在杆上作用轴向外力；变形特点——杆沿轴线均匀伸长或缩短。

2. 拉（压）杆的内力

拉（压）杆横截面上的内力为轴力，其计算方法有两种：截面法是假想把杆件截开，取任一截开部分为研究对象，作受力图，然后用平衡方程求解；直接法计算时轴力 N 的大小等于假想截面一侧沿轴线作用的外力代数和。

3. 拉（压）杆的应力

拉（压）杆横截面上只有正应力，且均匀分布，其计算公式为

$$\sigma = \frac{N}{A}$$

拉（压）杆斜截面上既有正应力，又有切应力，其计算公式为

$$\sigma_{\alpha} = \sigma \cos^2\alpha，\tau_{\alpha} = \frac{\sigma}{2}\sin 2\alpha$$

4. 拉（压）杆的变形

胡克定律有两种表达形式

$$\Delta l = \frac{Nl}{EA} \quad 或 \quad \sigma = E\varepsilon$$

前者是计算拉（压）杆变形的重要公式，其中 EA 称为杆的抗拉（压）刚度。

5. 材料的力学性能

由试验可得材料的力学性能指标为：

（1）弹性指标　弹性模量 E，比例极限 σ_{p}。

（2）强度指标　屈服点 σ_{s} 或屈服强度 $\sigma_{0.2}$，抗拉（压）强度 $\sigma_{b}(\sigma_{bc})$。

（3）塑性指标　断后伸长率 δ，断面收缩率 ψ。

6. 拉（压）杆的强度条件

$$\sigma_{max} = \frac{N}{A} \leqslant [\sigma]$$

运用这一条件可以进行三个方面的计算：①强度校核；②截面设计；③确定许可载荷。

思 考 题

5-1　拉（压）杆横截面上产生何种内力？轴力的正负号是怎样规定的？如何计算轴力？如何画轴力图？

5-2　在推导拉（压）杆横截面正应力公式的过程中，所使用的平面假设是怎样叙述的？

5-3　胡克定律是如何建立的？有几种表示形式？它们的应用条件是什么？

5-4　将一低碳钢试件拉伸到应变 $\varepsilon = 0.002$ 时，能否用胡克定律 $\sigma = E\varepsilon$ 来计算应力？为什么？（低碳钢的比例极限 $\sigma_{p} = 200\text{MPa}$，弹性模量 $E = 200\text{GPa}$）

5-5　设两受拉杆件的横截面面积 A、长度 l 及载荷 $\boldsymbol{P}$ 均相同，而材料不同，试问两杆的应力是否相等？变形是否相等？

5-6　弹性模量 E、泊松比 μ 和杆的抗拉（压）刚度 EA 的物理意义是什么？单位有何不同？

5-7　何谓塑性材料？何谓脆性材料？试比较塑性材料与脆性材料的力学性能。

5-8　试用斜截面上应力分析的方法，说明脆性材料拉伸时沿横截面断裂、压缩时沿与轴线成 45°角方向断裂的原因。

5-9　何谓静不定问题？与静定问题相比，静不定问题有何特点？

习　题

5-1　试求图 5-28 所示各杆指定截面上的轴力。

5-2　试求图 5-29 所示各杆指定横截面上的轴力，并画出轴力图。

5-3　如图 5-29 所示，已知图 a 中横截面面积为 $A = 200\text{mm}^2$，图 b 中横截面面积分别为 $A_1 = 200\text{mm}^2$，

$A_2=300\text{mm}^2$，$A_3=400\text{mm}^2$，试计算图中所示杆件各横截面上的应力。

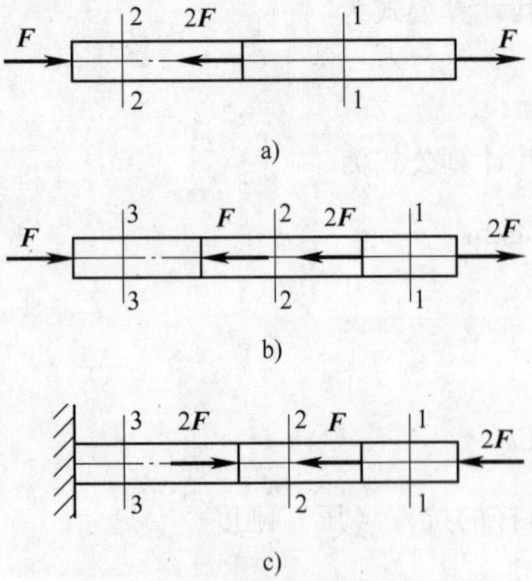

图 5-28　题 5-1 图

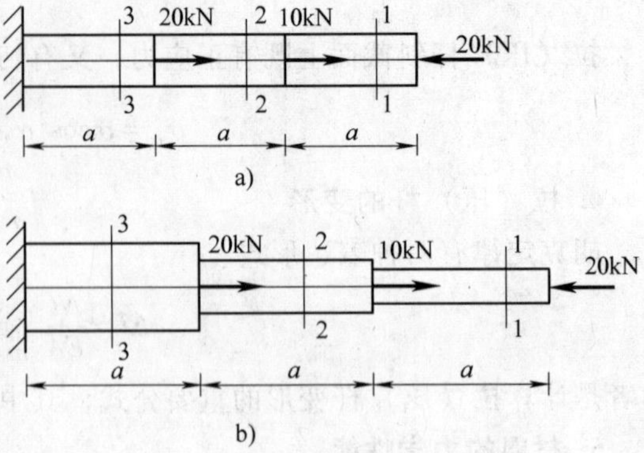

图 5-29　题 5-2 图

5-4　一根边长为 50mm 的正方形截面杆与另一根边长为 100mm 的正方形截面杆，受同样大小的轴向拉力，试求它们横截面上的应力比。

5-5　如图 5-30 所示简易起吊架，AB 杆为 10cm × 10cm 的木杆，BC 为 $d=2\text{cm}$ 的圆钢，$F=26\text{kN}$。试求斜杆及水平杆横截面上的应力。

5-6　如图 5-31 所示阶梯轴受轴向力 $F_1=25\text{kN}$，$F_2=40\text{kN}$，$F_3=35\text{kN}$ 的作用，截面面积 $A_1=A_3=300\text{mm}^2$，$A_2=250\text{mm}^2$。试求图中所示各段杆横截面上的正应力。

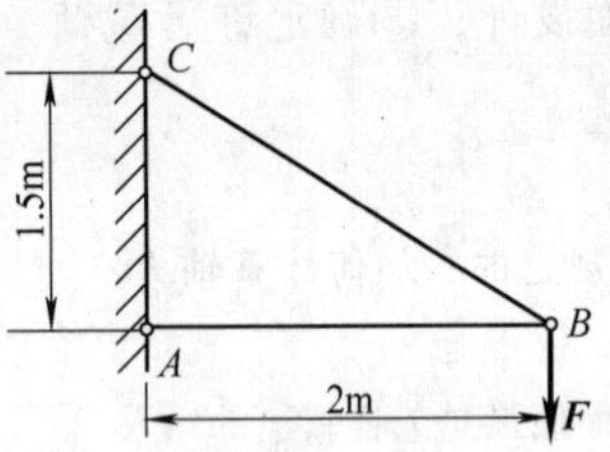

图 5-30　题 5-5 图

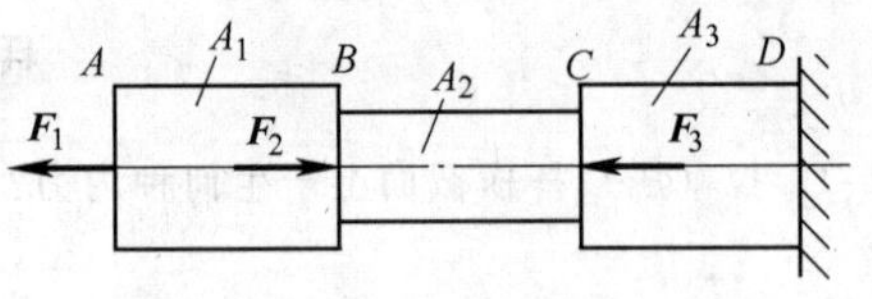

图 5-31　题 5-6 图

5-7　已知图 5-32 所示杆的横截面面积 $A=500\text{mm}^2$，$E=200\text{GPa}$，求杆的变形量。

5-8　如图 5-33 所示拉杆承受轴向拉力 $F=F'=15\text{kN}$，杆件横截面面积 $A=150\text{mm}^2$，α 为斜截面与横截面的夹角，试求当 $\alpha=30°$ 和 45°时各斜截面上的正应力和切应力。

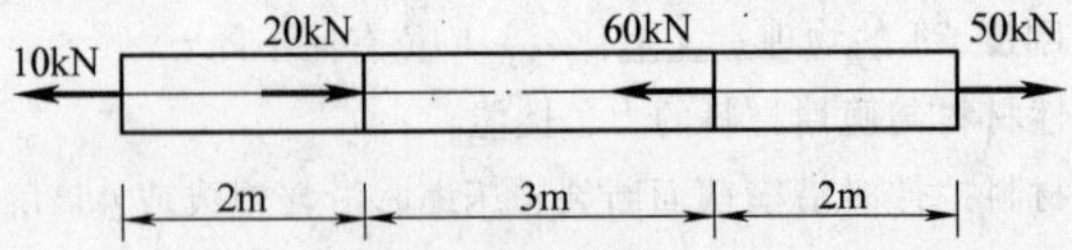

图 5-32　题 5-7 图

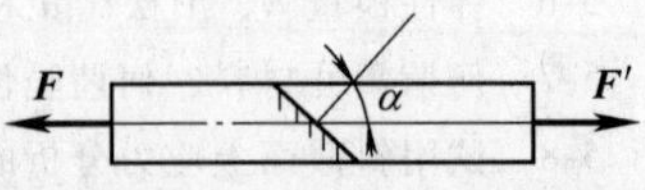

图 5-33　题 5-8 图

5-9　如图 5-34 所示连接钢板的 M16 螺栓的螺距 $P=2\text{mm}$，材料的 $E=200\text{GPa}$，许用应力 $[\sigma]=60\text{MPa}$。假设板不变形，两板共厚 700mm。在拧紧螺母时，如果螺母与板接触后再旋转 1/8 圈，问螺栓伸长了多少？产生的应力为多大？螺栓强度是否足够？

5-10　如图 5-35 所示托架结构中，杆截面均为圆形，载荷 $F=30\text{kN}$。已知铸铁的许用拉应力 $[\sigma_t]=30\text{MPa}$，许用压应力 $[\sigma_c]=120\text{MPa}$，Q235A 钢 $[\sigma]=160\text{MPa}$，试合理选取托架 AB 和 BC 两杆的材料并计

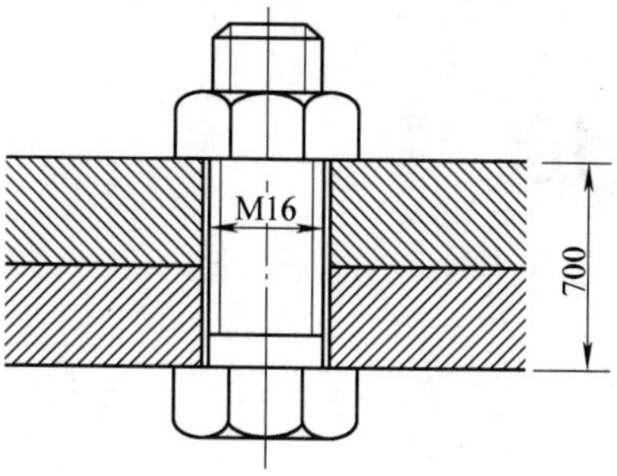

图 5-34　题 5-9 图

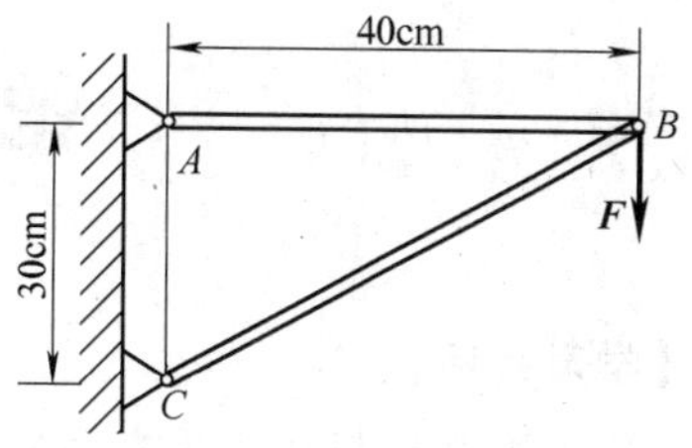

图 5-35　题 5-10 图

算杆件所需的截面尺寸。

5-11　如图 5-36 所示桁架，已知两杆的直径分别为 $d_1=30\text{mm}$，$d_2=20\text{mm}$，材料的许用应力 $[\sigma]=160\text{MPa}$。试求桁架的许可载荷 $[P]$。

5-12　如图 5-37 所示桁架，已知：木杆横截面面积 $A_1=104\times10^2\text{mm}^2$，$[\sigma]_1=7\text{MPa}$；钢杆横截面面积 $A_2=600\text{mm}^2$，$[\sigma]_2=160\text{MPa}$。试确定许可载荷 $[G]$。

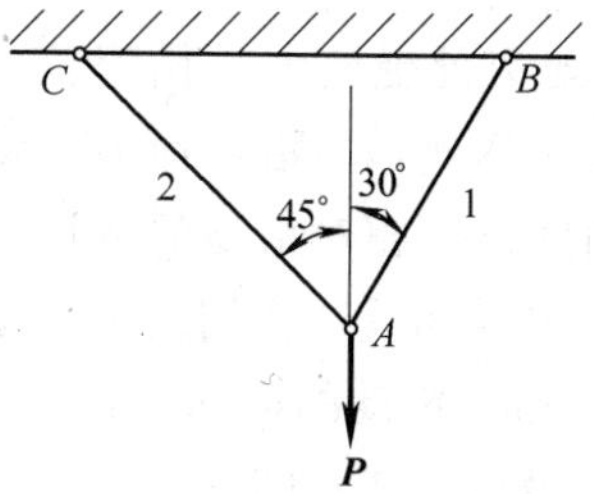

图 5-36　题 5-11 图

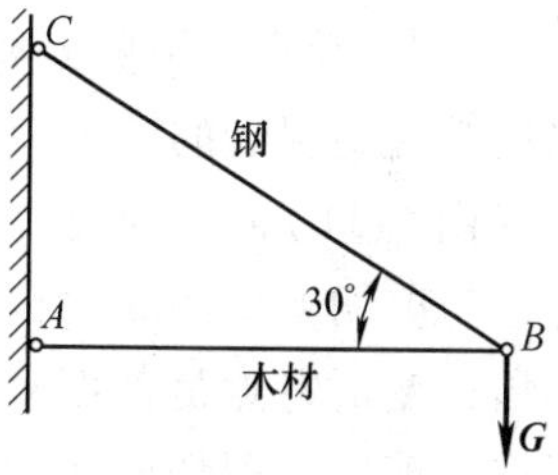

图 5-37　题 5-12 图

5-13　如图 5-38 所示两端固定杆件，横截面面积为 A，弹性模量为 E。试求当施加轴向力 $\boldsymbol{F}$ 后 AC、BC 段的内力。

5-14　如图 5-39 所示钢杆，两端固定。已知 $A_1=100\text{mm}^2$，$A_2=200\text{mm}^2$，$E=210\text{GPa}$，$\alpha=12.5\times10^{-6}/℃$。试求当温度升高 30℃ 时杆内的最大应力。

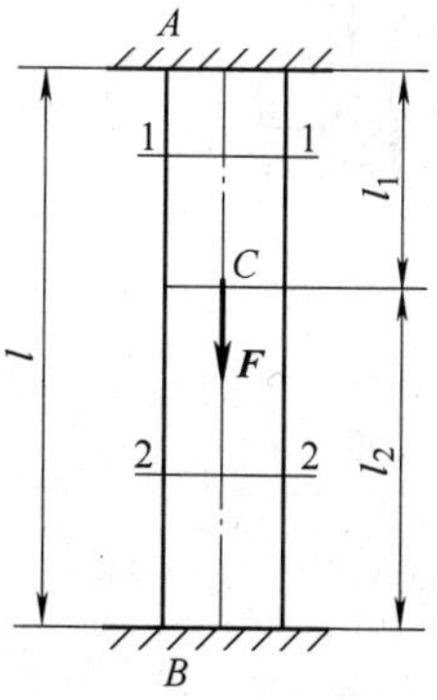

图 5-38　题 5-13 图

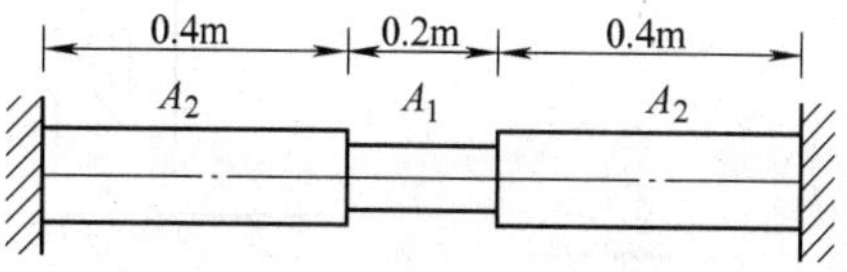

图 5-39　题 5-14 图

第6章 剪　　切

【学习目标】

1）了解剪切构件的受力与变形特点。

2）掌握联接件剪切与挤压的实用计算。

3）了解剪切胡克定律。

本章主要介绍剪切的概念、剪切与挤压的实用计算以及剪切胡克定律等内容。

6.1 剪切的概念

如图 6-1a 所示，用剪床剪钢板，钢板被剪裁时，在上下刀刃处受到大小相等、方向相反、作用线距离很近的两个力 **F**、**F′**的作用，在 n-n 截面的左右两侧钢板沿截面 n-n 发生相对错动（图 6-1b），直到最后被剪断。杆件变形时，这种截面间发生相对错动的变形，称为剪切变形。剪切变形的受力特点可以简化成受一对大小相等、方向相反、作用线相距很近的力的作用；变形特点是截面沿外力的方向发生相对错动。产生相对错动的截面（n-n）称为剪切面或受剪面。剪切面平行于外力作用线，且在两个反向外力作用线之间。

在工程中，常用铆钉、螺栓、键或销钉等将构件相互联接起来，这些起联接作用的部件统称为联接件。如图 6-2a、图 6-3a 所示的键和铆钉联接，其受力如图 6-2b 和图 6-3b 所示。

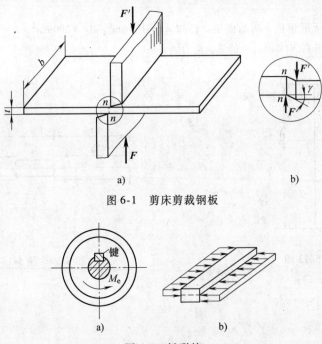

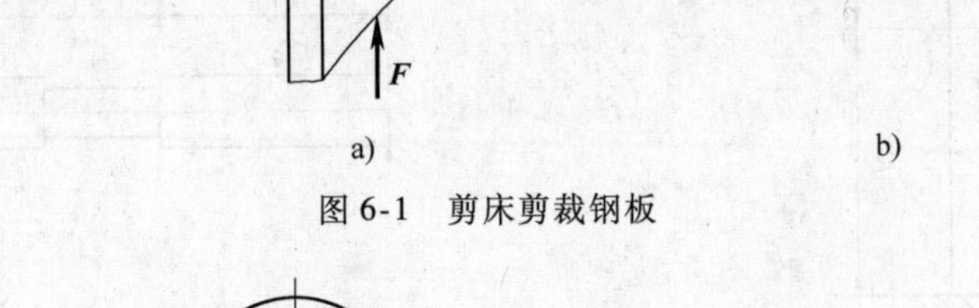

a)　　b)

图 6-1　剪床剪裁钢板

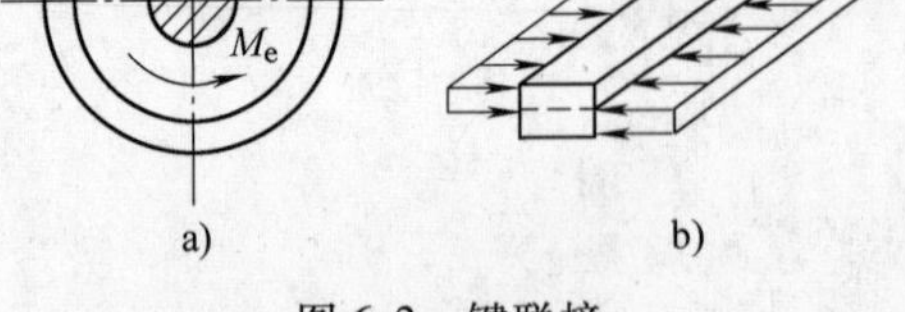

a)　　b)

图 6-2　键联接

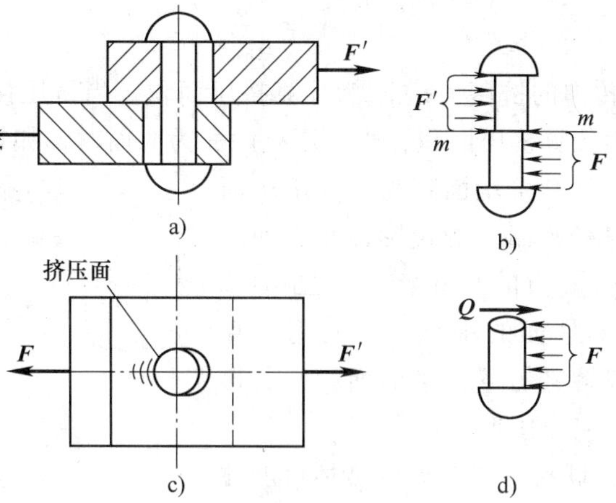

图 6-3 铆钉联接

显然，在外力作用下，图中的键和铆钉也发生剪切变形。

6.2 剪切与挤压的实用计算

由铆钉和键的受力图可以看出，联接件（或构件联接处）的变形往往是比较复杂的，很难做出精确的理论分析。在工程设计中，为简化计算通常采用工程实用计算方法，即按照联接的破坏可能性，采用能反映受力基本特征并简化计算的假设来计算其应力，然后根据直接试验的结果，确定其相应的许用应力，以进行强度计算。下面以铆钉联接为例，分别介绍剪切和挤压的实用计算。

如图 6-3b 所示为铆钉的受力分析图。运用截面法分析剪切面上的内力，假想沿剪切面 m-m 将铆钉分为上下两段，任取一段为研究对象（图 6-3d）。由平衡条件可知，剪切面上的内力作用线应与外力平行。沿剪切面作用的内力称为剪力，常用符号 $\boldsymbol{Q}$ 表示。由于剪力沿剪切面作用，故剪切面上有切应力 τ。由于剪切面上切应力的分布是比较复杂的，在工程实用计算中，为了简化计算，通常假定切应力在剪切面上均匀分布，并且切应力的方向和剪力 $\boldsymbol{Q}$ 一致。用剪力 Q 除以剪切面的面积 A 所得到的切应力平均值作为计算切应力（也称名义切应力）τ，即

$$\tau = \frac{Q}{A} \tag{6-1}$$

需要注意的是，在计算中要正确确定有几个剪切面，以及每个剪切面上的切应力。

在图 6-3a 所示的铆钉联接中，除铆钉发生剪切变形外，在铆钉与钢板孔相互接触的侧面上还存在着相互压紧的现象，这种现象称为挤压，如图 6-3c 所示。挤压发生在构件相互接触的局部面积上（这也是与压缩的最大区别），它在构件接触面附近的局部区域内产生较大的接触应力，称为挤压应力。挤压应力是垂直于接触面的正应力，用 σ_{bs} 表示。当挤压应力过大时，将可能把铆钉或钢板的铆钉孔压成局部塑性变形，从而导致联接失效。

挤压接触面上的应力分布同样也是很复杂的，在工程计算中也是采用假定计算，即假定挤压应力在有效挤压面上均匀分布。于是，可得名义挤压应力为

$$\sigma_{bs}=\frac{F_{bs}}{A_{bs}} \tag{6-2}$$

式中，F_{bs}为挤压面上传递的挤压力；A_{bs}为计算挤压面积。当挤压接触面为平面时，如平键联接，其接触面积即为计算挤压面积；当挤压接触面为曲面时，如螺栓、铆钉等，与孔的接触面近似为半圆柱面，计算挤压面积为实际承压面积在垂直于挤压力的直径平面上的投影面积，如图6-4a所示。此时，挤压应力的分布情况如图6-4b所示，最大应力在半圆柱面的中点。在实用计算中，挤压力除以圆孔或铆钉的直径平面面积，所得应力大致上与实际最大应力接近。

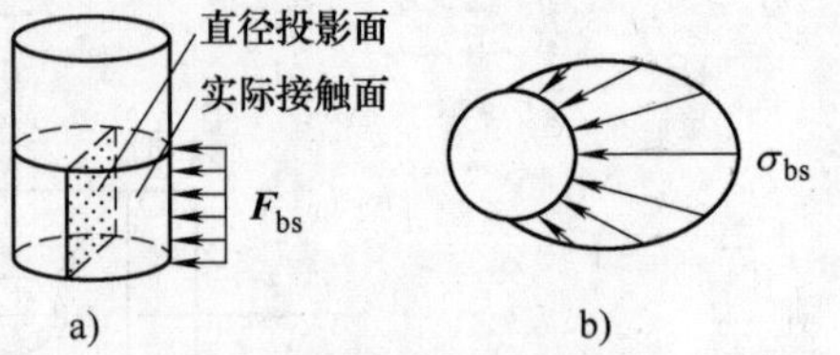

图6-4 挤压面为半圆柱面

如图6-3a所示铆钉联接，联接处的破坏可能性有：①铆钉沿 m-m 截面被剪断；②铆钉与钢板在相互接触面上因挤压而使联接松动；③钢板在受铆钉孔削弱的截面处被拉断。其他的联接也都具有类似的破坏可能性。对于钢板的抗拉（压）强度计算，可参阅第5章中轴向拉伸与压缩杆件的强度计算来处理。因此，为保证铆钉联接的安全可靠，必须使切应力和挤压应力不超过材料的相应许用应力，即

$$\tau=\frac{Q}{A}\leqslant[\tau] \tag{6-3}$$

$$\sigma_{bs}=\frac{F_{bs}}{A_{bs}}\leqslant[\sigma_{bs}] \tag{6-4}$$

式中，$[\tau]$ 为材料的许用切应力；$[\sigma_{bs}]$ 为材料的许用挤压应力，可从有关设计手册中查得。式（6-3）和式（6-4）分别称为抗剪强度条件和抗挤压强度条件。

与轴向拉伸或压缩一样，应用抗剪强度条件和抗挤压强度条件也可以解决工程上三类强度问题的计算，即强度校核、设计截面尺寸以及确定许可载荷。

应当注意，挤压应力是在联接件和被联接件之间相互作用的。因此，当两者材料不同时，应校核其中许用挤压应力较低的材料的挤压强度。

前面介绍的实用计算方法，从理论上看虽不够完善，但对一般的联接件来说，用这种简化方法计算还是比较方便和切合实际的，故在工程计算中被广泛应用。

例6-1 如图6-5a所示的齿轮用平键与轴联接（齿轮未画出）。已知轴的直径 $d=70\text{mm}$，键的尺寸 $b\times h\times l=20\text{mm}\times12\text{mm}\times100\text{mm}$，传递的扭矩 $M_e=2\text{kN}\cdot\text{m}$，键的许用应力 $[\tau]=60\text{MPa}$，$[\sigma_{bs}]=100\text{MPa}$，试校核键的强度。

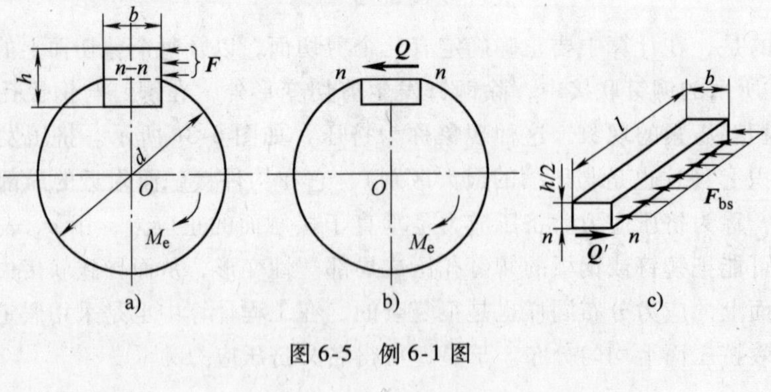

图6-5 例6-1图

解　(1) 校核键的抗剪强度　将键沿剪切面 n-n 假想切开成两部分，并把截面以下部分和轴作为一个整体来考虑（图 6-5b）。n-n 截面上的剪力为 $\boldsymbol{Q}$，由平衡条件

$$\sum M_O(\boldsymbol{F})=0,\ Q\frac{d}{2}-M_e=0$$

可得

$$Q=\frac{2M_e}{d}$$

所以

$$\tau=\frac{Q}{A}=\frac{2M_e}{bld}=\frac{2\times2\times10^6}{20\times100\times70}\text{MPa}=28.6\text{MPa}<[\tau]$$

此平键满足抗剪强度条件。

(2) 校核键的抗挤压强度　设键受到的挤压力为 $\boldsymbol{F}_{bs}$，显然 $F_{bs}=Q$，计算挤压面面积 $A_{bs}=\frac{1}{2}hl$，如图 6-5c 所示。由抗挤压强度条件可得

$$\sigma_{bs}=\frac{F_{bs}}{A_{bs}}=\frac{2\times2\times10^6}{6\times100\times70}\text{MPa}=95.24\text{MPa}<[\sigma_{bs}]$$

所以，此平键满足抗挤压强度条件。

例 6-2　如图 6-6a 所示的起重吊钩，用销钉联接。已知吊钩的钢板厚度 $t=24\text{mm}$，吊起的最大重量为 $F=100\text{kN}$，销钉材料的许用切应力 $[\tau]=60\text{MPa}$，许用挤压应力 $[\sigma_{bs}]=180\text{MPa}$，试计算销钉直径。

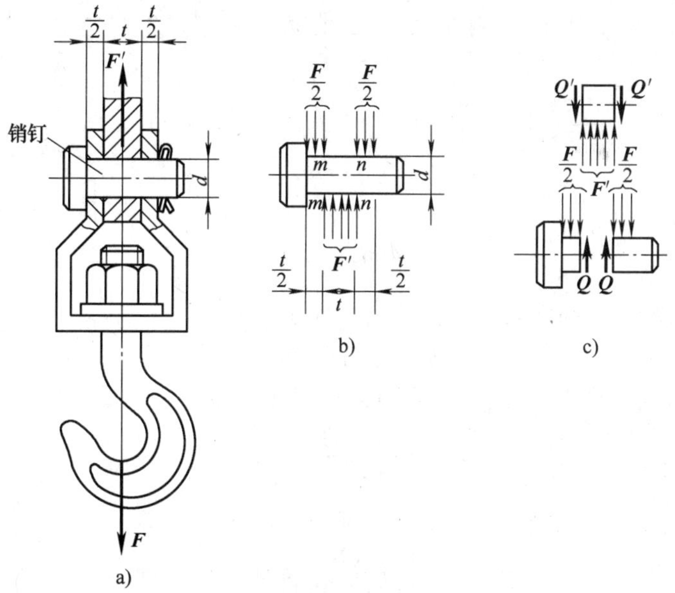

图 6-6　例 6-2 图

解　(1) 计算剪力的大小　取销钉为研究对象，画出受力图（图 6-6b）。用截面法求剪切面上的剪力（图 6-6c），根据平衡条件 $\sum F_y=0$，得剪切面上剪力 $\boldsymbol{Q}$ 的大小为

$$Q=\frac{F}{2}=50\text{kN}$$

（2）按抗剪强度条件设计销钉直径　由

$$\tau=\frac{Q}{A}=\frac{4Q}{\pi d^2}\leqslant[\tau]$$

得

$$d\geqslant\sqrt{\frac{4Q}{\pi[\tau]}}=\sqrt{\frac{4\times50\times10^3}{\pi\times60}}\mathrm{mm}=32.6\mathrm{mm}$$

（3）按抗挤压强度条件设计销钉直径　由于销钉在各挤压面上的挤压应力均相同，故可按挤压力 $F_{bs}=F$，计算挤压面积按 $A_{bs}=dt$ 进行计算。由抗挤压强度条件

$$\sigma_{bs}=\frac{F_{bs}}{A_{bs}}=\frac{F}{dt}\leqslant[\sigma_{bs}]$$

得

$$d\geqslant\frac{F}{t[\sigma_{bs}]}=\frac{100\times10^3}{24\times180}\mathrm{mm}=23.15\mathrm{mm}$$

为了保证销钉安全工作，必须同时满足抗剪和抗挤压强度条件，应取 $d=33\mathrm{mm}$。

例 6-3　冲压机的冲模如图 6-7 所示，已知其最大冲力 $F=400\mathrm{kN}$，冲头材料的许用应力 $[\sigma]=440\mathrm{MPa}$，被冲剪钢板的抗剪强度 $\tau_b=360\mathrm{MPa}$。试求在最大冲力作用下所能冲剪的圆孔最小直径 d 和板的最大厚度 t。

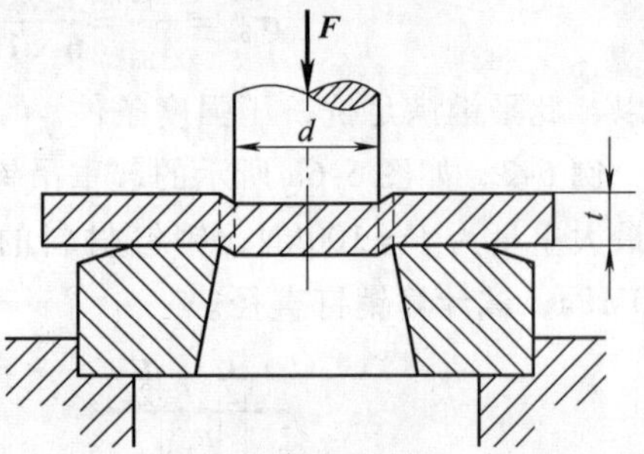

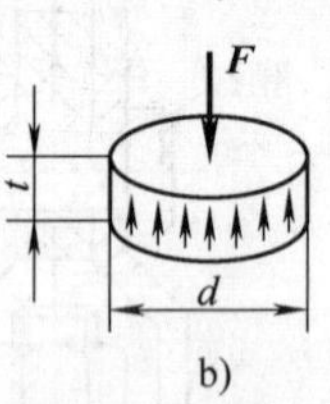

图 6-7　例 6-3 图

解　（1）确定圆孔的最小直径　冲剪的孔径等于冲头的直径，冲头工作时需满足抗压强度条件，即

$$\sigma=\frac{F}{A}=\frac{F}{\pi d^2/4}\leqslant[\sigma]$$

解得

$$d\geqslant\sqrt{\frac{4F}{\pi[\sigma]}}=\sqrt{\frac{4\times400\times10^3}{\pi\times440}}\mathrm{mm}=34\mathrm{mm}$$

（2）确定冲头能冲剪的钢板的最大厚度　冲头冲剪钢板时，剪力为 $Q=F$，剪切面为圆柱面，其面积 $A=\pi dt$。只有当切应力 $\tau\geqslant\tau_b$时，方可冲出圆孔，即

$$\tau=\frac{Q}{A}=\frac{F}{\pi dt}\geqslant\tau_b$$

解得

$$t\leqslant\frac{F}{\pi d\tau_b}=\frac{400\times10^3}{\pi\times34\times360}\mathrm{mm}=10.4\mathrm{mm}$$

故取钢板的最大厚度为 10mm。

6.3　剪切胡克定律

为了分析剪切变形，在图 6-8a 所示受剪杆件中某点 A 处取一单元体，将它放大如图

6-8b所示。剪切变形时，截面发生相对错动，致使直角六面体变为平行六面体，*abef* 由长方形变成了平行四边形 *abe′f′*，线段 *ee′* 或 *ff ′* 为单元体右侧面 *efgh* 相对左侧面 *abcd* 的错动量，称为绝对剪切变形，单位长度上的错动量称为相对剪切变形，并用 γ 表示，即

$$\frac{\overline{ee'}}{\mathrm{d}x}=\tan\gamma\approx\gamma$$

因此，相对剪切变形 γ 就是长方形 *abef* 直角的改变量，也就是 *A* 点的切应变（角应变）。

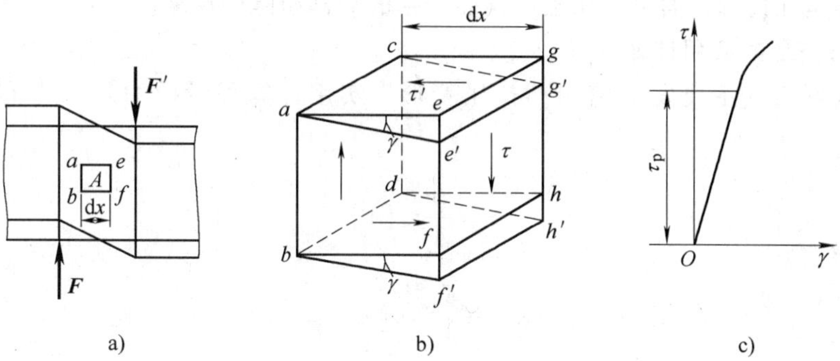

图 6-8 剪切胡克定律

实验表明，当切应力不超过材料的剪切比例极限 τ_p 时，切应力 τ 与切应变 γ 成正比，如图 6-8c 所示，即

$$\tau = G\gamma \tag{6-5}$$

式中，常数 G 为切变模量，表示材料抵抗剪切变形能力的大小，其量纲与弹性模量 E 相同，常用单位为 GPa。各种材料的 G 值可由试验测定，也可从有关手册中查得。式（6-5）称为剪切胡克定律。

可以证明，对于各向同性材料，弹性模量 E、泊松比 μ 和切变模量 G 三者之间存在以下关系

$$G=\frac{E}{2(1+\mu)} \tag{6-6}$$

式（6-6）表明，各向同性材料的三个弹性常数只有两个是独立的。表 6-1 给出了一些常用材料的 E、μ、G 值。

表 6-1 常用材料的 E、μ、G 值

材料名称	E/GPa	μ	G/GPa
碳钢	196～206	0.24～0.28	78.5～79.4
合金钢	194～206	0.25～0.30	78.5～79.4
灰铸铁	113～157	0.23～0.27	44.1
青铜	113	0.32～0.34	41.2
硬铝合金	69.6	—	26.5
混凝土	15.2～35.8	0.16～0.18	—
橡胶	0.00785	0.461	—
木材(顺纹)	9.8～11.8	0.0539	—
木材(横纹)	0.49～0.98	—	—

本章小结

1. 剪切变形的受力特点和变形特点

剪切变形的受力特点是：可以简化成受一对大小相等、方向相反、作用线相距很近的力的作用；剪切变形的变形特点是：截面沿外力方向产生相对错动。发生相对错动的面称为剪切面，沿剪切面作用的内力是剪力 $\boldsymbol{Q}$。

2. 挤压变形

挤压变形是在接触表面由于相互压紧而产生的局部压陷的现象。

3. 剪切与挤压的实用计算

机构中的联接件主要发生剪切和挤压变形。实用计算假设应力均匀分布，其强度条件为

$$\tau=\frac{Q}{A}\leqslant[\tau]$$

$$\sigma_{bs}=\frac{F_{bs}}{A_{bs}}\leqslant[\sigma_{bs}]$$

对构件进行剪切、挤压强度计算的关键是正确判断剪切面和挤压面，并计算出相应的面积。剪切面平行于外力，且位于方向相反的两个外力之间。挤压面就是两构件传递力的接触面。当接触面为平面时，计算挤压面积就是接触面面积；当接触面为半圆柱面时，计算挤压面积为半圆柱面的正投影面积。

4. 剪切胡克定律

当切应力不超过材料的剪切比例极限 τ_p时，切应力 τ 与切应变 γ 成正比，即

$$\tau=G\gamma$$

思考题

6-1 如何计算剪切构件的切应力？计算中采用了哪些假设？

6-2 挤压面积与计算挤压面积是否相同？

6-3 挤压和压缩有什么区别？试指出图 6-9 中哪个物体应考虑抗压强度？哪个物体应考虑挤压强度？

6-4 在图 6-10 所示的钢制拉杆与木板之间放置的金属垫圈起何作用？

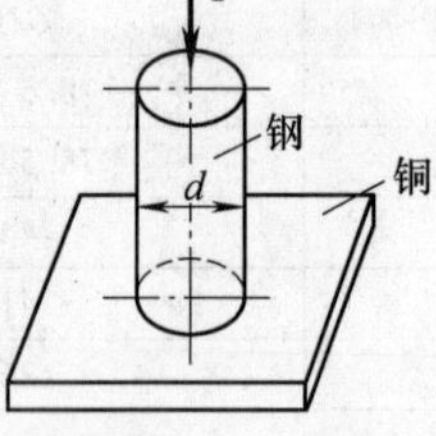

图 6-9 思 6-3 图

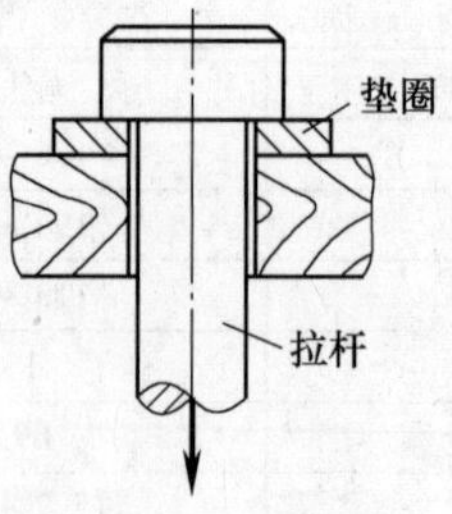

图 6-10 思 6-4 图

6-5 指出图 6-11 所示构件的剪切面与挤压面。

6-6 对同一材料，三个弹性常数 E、μ、G 是否是独立的？

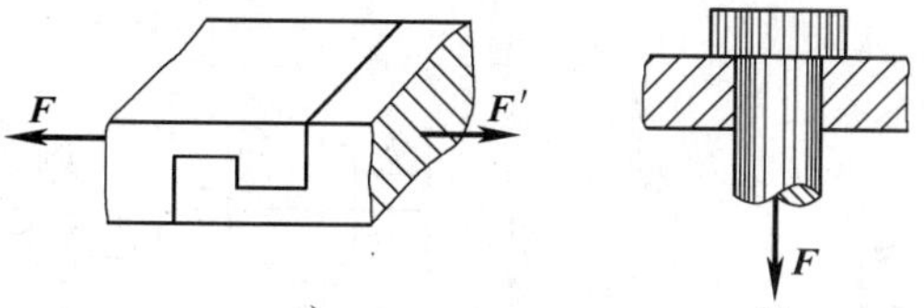

图 6-11　思 6-5 图

习　题

6-1　如图 6-12 所示为某拉杆头部，试校核该杆的抗剪强度和抗挤压强度。已知 $D=32\text{mm}$，$d=20\text{mm}$，$h=12\text{mm}$，杆件材料的许用切应力 $[\tau]=100\text{MPa}$，许用挤压应力 $[\sigma_{bs}]=240\text{MPa}$。

6-2　已知钢板厚度 $\delta=10\text{mm}$，其抗剪强度为 $\tau_b=300\text{MPa}$。若用冲压机将钢板冲出直径 $d=25\text{mm}$ 的孔，如图 6-13 所示，问需要多大的冲剪力 F？

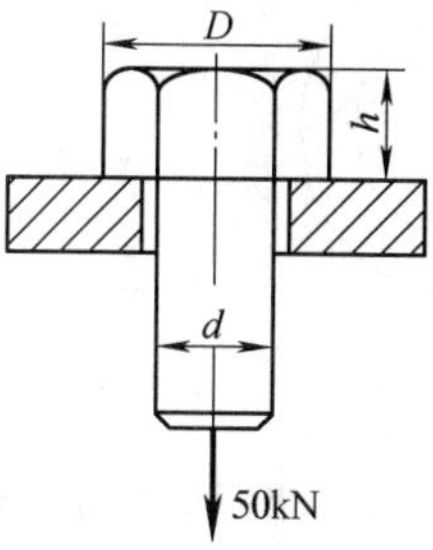

图 6-12　题 6-1 图

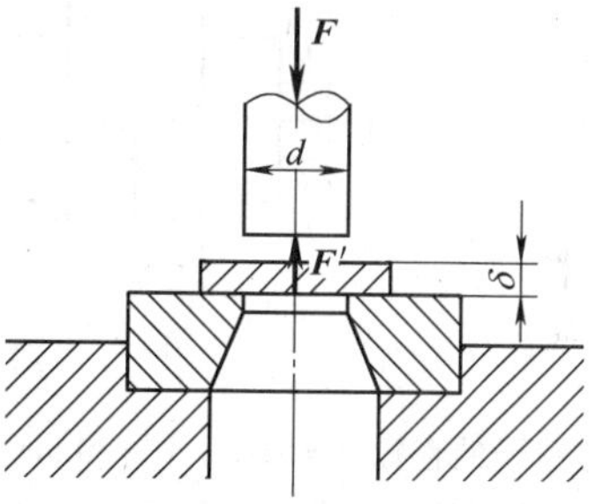

图 6-13　题 6-2 图

6-3　如图 6-14 所示两块厚度为 10mm 的钢板，若用直径为 17mm 的铆钉搭接在一起，钢板拉力 $F=60\text{kN}$，已知 $[\tau]=140\text{MPa}$，$[\sigma_{bs}]=280\text{MPa}$。试校核该联接件的强度，并确定该接头的许可载荷 $[F]$。

6-4　拖车挂钩由插销与板件联接，如图 6-15 所示。厚度 $t=8\text{mm}$，牵引力 $F=15\text{kN}$，插销材料的许用切应力 $[\tau]=60\text{MPa}$，许用挤压应力 $[\sigma_{bs}]=200\text{MPa}$，试设计插销直径。

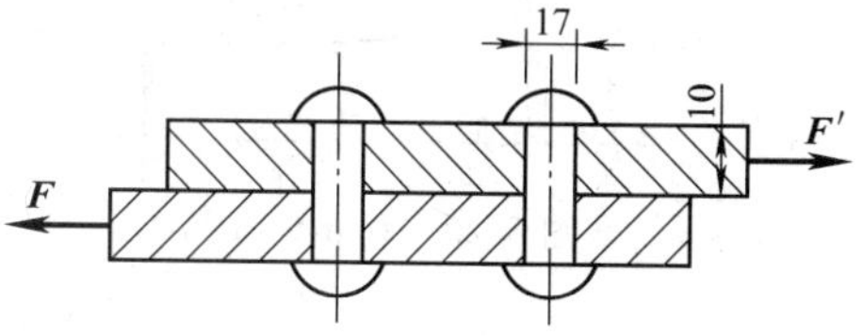

图 6-14　题 6-3 图

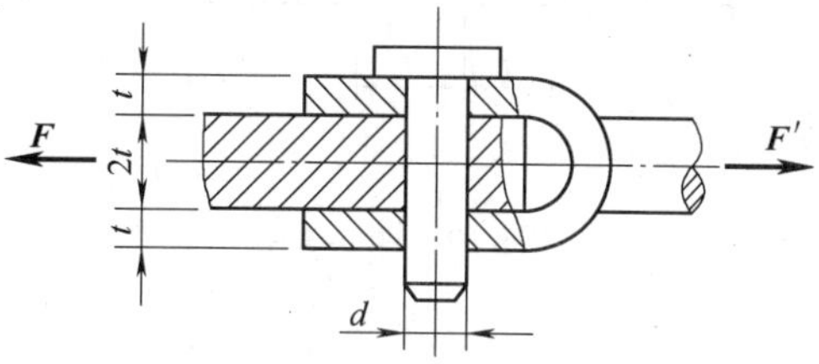

图 6-15　题 6-4 图

6-5　如图 6-16 所示，已知 $F=100\text{kN}$，销钉直径 $d=30\text{mm}$，材料的许用切应力 $[\tau]=50\text{MPa}$。试校核销钉的抗剪强度。若强度不够，应改用多大直径的销钉？

6-6　如图 6-17 所示，轴的直径 $d=80\text{mm}$，键的尺寸 $b=24\text{mm}$，$h=14\text{mm}$，键材料的许用切应力 $[\tau]=40\text{MPa}$，许用挤压应力 $[\sigma_{bs}]=90\text{MPa}$，轴传递的力矩 $M_e=3.2\text{kN}\cdot\text{m}$，试设计键的长度。

6-7　如图 6-18 所示，凸缘联轴器传递的力矩 $M_e=200\text{N}\cdot\text{m}$，凸缘之间用四只螺栓相连，螺栓小径 $d=10\text{mm}$，螺栓均布于直径 $D=80\text{mm}$ 的圆周上。螺栓材料的许用切应力 $[\tau]=60\text{MPa}$，试校核螺栓的抗剪强度。

6-8　图 6-19 所示为矩形截面木拉杆的榫接头，试设计接头处的尺寸 a 和 l。已知轴向拉力 $F=50\text{kN}$，截面宽度 $b=250\text{mm}$，木材的顺纹许用切应力 $[\tau]=1\text{MPa}$，顺纹许用挤压应力 $[\sigma_{bs}]=10\text{MPa}$。

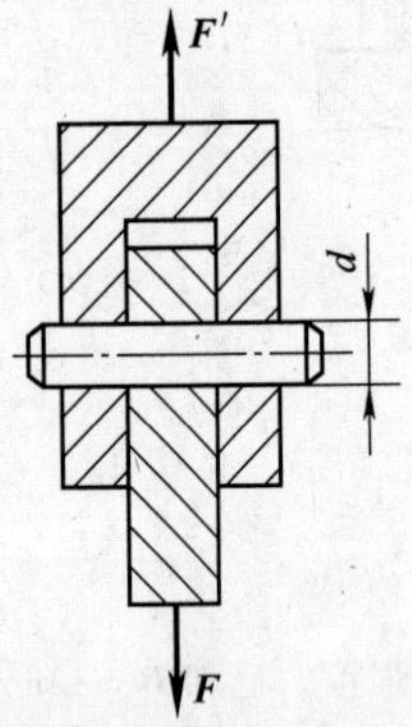

图 6-16 题 6-5 图

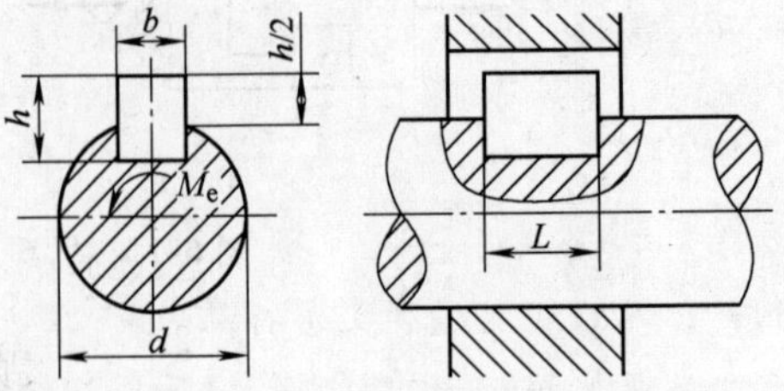

图 6-17 题 6-6 图

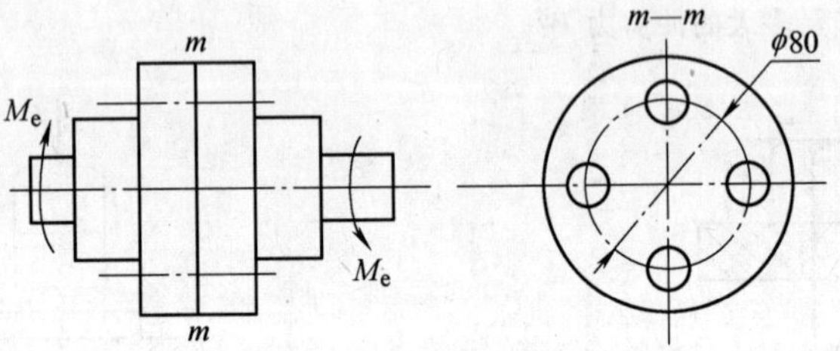

图 6-18 题 6-7 图

6-9 夹剪销子的直径 $d = 5\text{mm}$，$a = 30\text{mm}$，$b = 150\text{mm}$，如图 6-20 所示。当所加外力 $F = 0.2\text{kN}$，且剪与销子直径相同的铜丝时，求铜丝和销子的切应力。

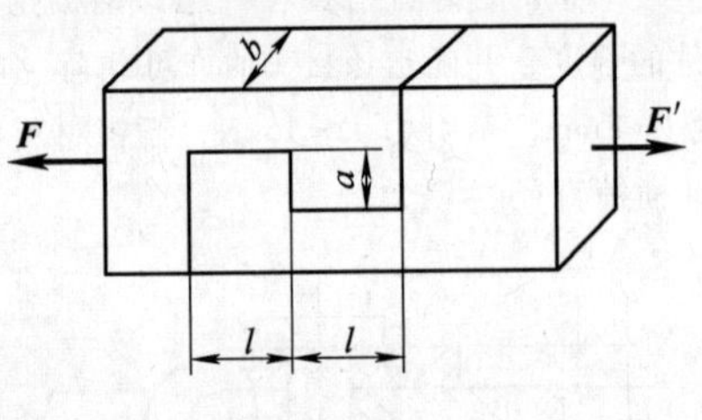

图 6-19 题 6-8 图

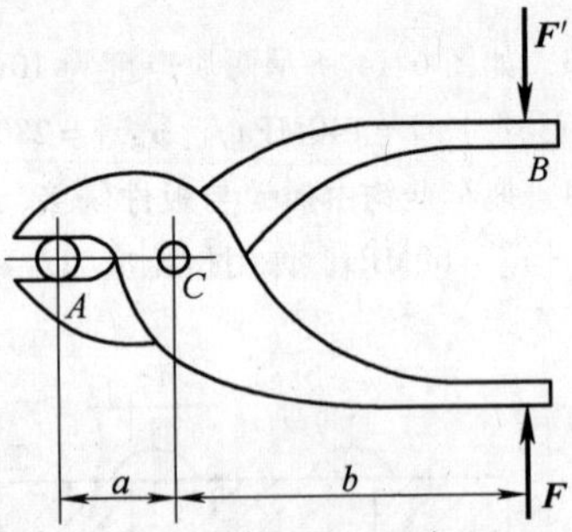

图 6-20 题 6-9 图

第7章　扭　　转

【学习目标】

1）了解扭转构件的受力和变形特点。

2）掌握外力偶矩和扭矩的计算方法，正确绘制扭矩图。

3）掌握圆轴扭转时应力、变形以及抗扭强度与抗扭刚度的计算。

本章通过圆轴扭转时的受力分析和变形分析，重点研究圆轴扭转时横截面上的内力、应力和变形的计算方法以及强度与刚度的计算。

7.1　扭转的概念

钳工攻螺纹内孔时（图7-1），在手柄的上端加两个等值、反向的力组成力偶，在丝锥杆的下端有工件的反力偶；汽车转向时通过转向盘给操纵杆一端作用一个力偶，在另一端有转向器的反力偶作用（图7-2）。这类构件的受力特点是：在两端受到等值、反向的外力偶作用，其作用面与杆轴线垂直。它们的变形特点是：各截面之间绕轴线产生相对转动（图7-3），这种变形称为扭转变形，以扭转变形为主的杆件称为轴。工程上轴的横截面多采用圆形截面或圆环形截面。

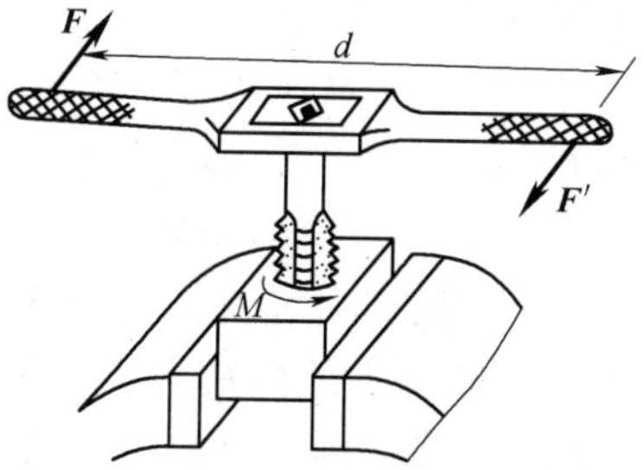

图7-1　攻螺纹

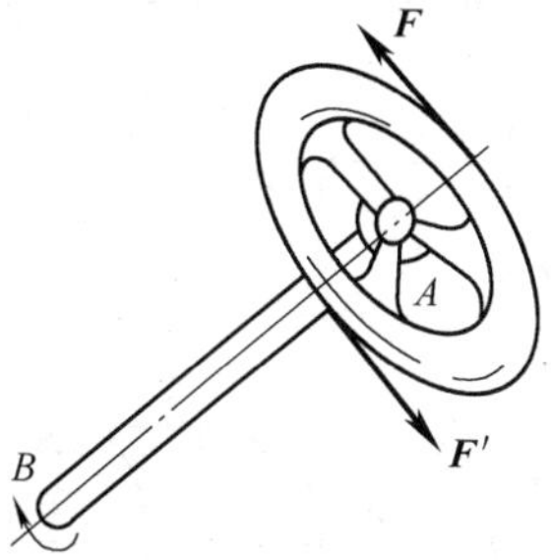

图7-2　汽车转向盘

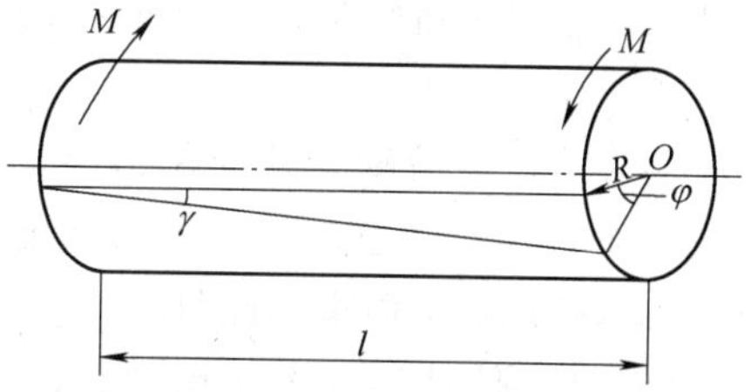

图7-3　扭转变形

7.2　外力偶矩的计算及扭矩与扭矩图

7.2.1　外力偶矩的计算

工程中作用于轴上的外力偶矩通常并不直接给出，而给出轴的转速和轴传递的功率。根

据单位时间内外力偶矩做功与功率相等，可得到外力偶矩、功率与转速的换算关系为

$$M = 9549\frac{P}{n} \tag{7-1}$$

式中，M 为外力偶矩，单位为 N · m；P 为轴传递的功率，单位为 kW；n 为轴的转速，单位为 r/min。

在确定外力偶矩的方向时，应注意输入功率对应的外力偶矩为主动力矩，其方向与轴的转向相同；输出功率对应的力偶矩为阻力矩，其方向与轴的转向相反。

7.2.2 扭矩与扭矩图

已知扭转轴上作用的外力偶矩 M（图 7-4a），可用截面法求该轴任意横截面 m-m 的内力。在 m-m 截面处将轴假想地分为两段，取其中的任意一段为研究对象，如取左段为研究对象（图 7-4b）。为保持左段平衡，在 m-m 截面上必有一个内力偶矩 T，T 与左段上的外力偶构成平衡力系，将 T 称为扭矩，为扭转内力。由平衡方程

$$\sum M_x = 0,\ T - M = 0$$

可得到

$$T = M$$

如取右段为研究对象（图 7-4c），求得的扭矩与左段求得的扭矩大小相等，转向相反，由左段和右段分别求出的内力满足作用力与反作用力的关系。

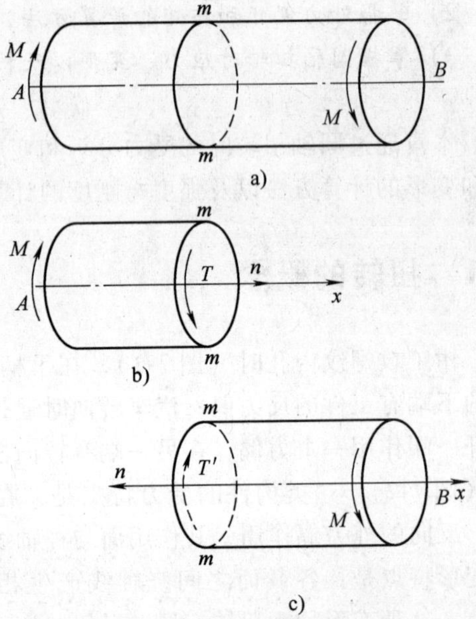

图 7-4 扭转内力分析

为说明扭矩的方向，将扭矩看做代数量，规定：采用右手螺旋法则（图 7-5），拇指指向外法线方向，扭矩的转向与四指的握向一致时为正；反之为负。

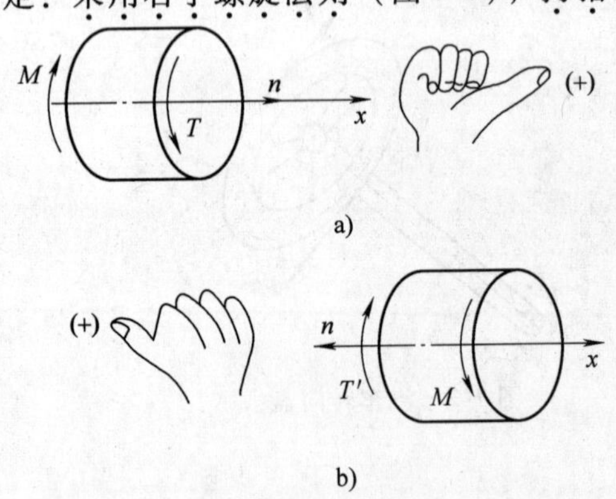

图 7-5 扭转内力的正负

为表示扭矩沿轴线的变化情况，可绘制扭矩图。作图时，横坐标表示横截面的位置，纵坐标表示扭矩。下面举例说明。

例 7-1 传动轴如图 7-6a 所示。主动轮 A 输入功率为 $P_A = 36\text{kW}$，从动轮 B、C、D 输出功率分别为 $P_B = P_C = 11\text{kW}$，$P_D = 14\text{kW}$，轴的转速为 $n = 300\text{r/min}$。求此轴的最大扭矩。

解 （1）计算轴上的外力偶矩

$$M_A = 9549\frac{P_A}{n} = 9549 \times \frac{36}{300}\text{N} \cdot \text{m} = 1146\text{N} \cdot \text{m}$$

$$M_B = M_C = 9549\frac{P_B}{n} = 9549 \times \frac{11}{300}\text{N} \cdot \text{m} = 350\text{N} \cdot \text{m}$$

$$M_D = 9549\frac{P_D}{n} = 9549 \times \frac{14}{300}\text{N} \cdot \text{m} = 446\text{N} \cdot \text{m}$$

（2）用截面法求各段内力　在 BC 段内，将轴沿截面 1-1 分成两段，并任取左段研究，将扭矩 T_1 设为正（图 7-6b），由平衡方程

$$\sum M_x = 0,\ T_1 + M_B = 0$$

得

$$T_1 = -M_B = -350\text{N} \cdot \text{m}$$

T_1 为 BC 段内各截面上的扭矩值，结果中负号表示 T_1 的实际方向与图中所设的方向相反，按右手螺旋法则，T_1 为负扭矩。

同理，在 CA 段内将轴沿 2-2 截面切开，任取左段研究（图 7-6c），其上扭矩 T_2 仍设为正，由平衡方程

$$\sum M_x = 0,\ T_2 + M_C + M_B = 0$$

得

$$T_2 = -M_C - M_B = -700\text{N} \cdot \text{m}$$

在 AD 段内将轴沿 3-3 截面切开，任取右段为研究对象，截开面上扭矩 T_3 仍设为正（图 7-6d），由平衡方程

$$\sum M_x = 0,\ M_D - T_3 = 0$$

得

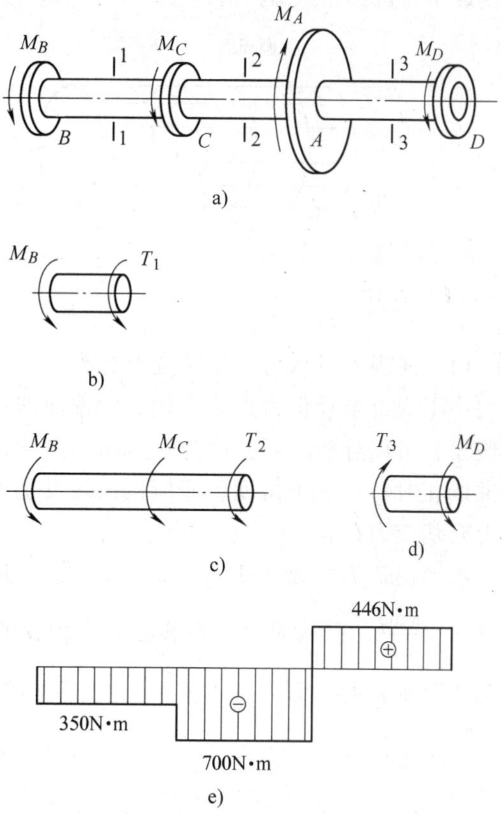

图 7-6　例 7-1 图

$$T_3 = M_D = 446\text{N} \cdot \text{m}$$

结果为正，表明 T_3 的方向与假设的方向相同，即 T_3 为正扭矩。

（3）作扭矩图　由扭矩图图 7-6e 可知，轴最大扭矩发生在 AC 段内，其值为 $|T|_{max} = 700\text{N} \cdot \text{m}$。

通过上例扭矩计算结果可以得出：任一截面上的扭矩等于截面一侧（左或右）所有扭转外力偶矩的代数和，当外力偶转向与所求截面扭矩正向相反时，外力偶矩取正；反之取负，即

$$T = \sum M \tag{7-2}$$

7.3　圆轴扭转时的应力与变形

7.3.1　圆轴扭转时横截面上的应力

为了研究圆轴横截面上应力分布的情况，可进行扭转试验。在圆轴表面画若干垂直于轴线的圆周线和平行于轴线的纵向线（图 7-7a），两端施加一对方向相反、力偶矩大小相等的外力偶，使圆轴扭转。当扭转变形较小时，可观察到：各圆周线的形状、大小及两圆周线的间距均不改变，仅绕轴线作相对转动；各纵向线仍为直线，且倾斜同一角度 γ，使原来的矩

形变成平行四边形（图 7-7b）。

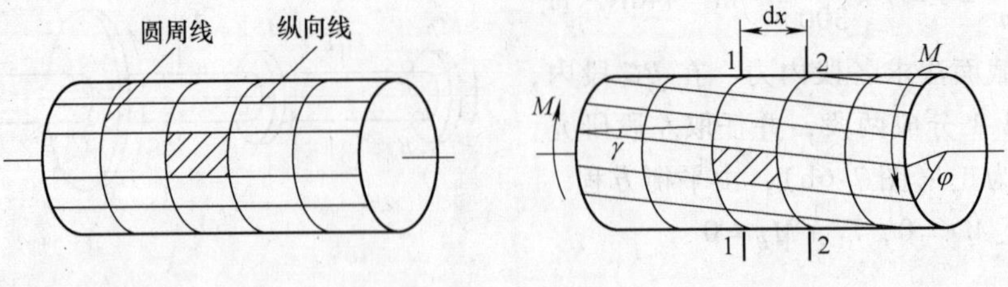

图 7-7　扭转试验

由上述现象可认为：扭转变形过程中，轴变形前的横截面自始至终保持为平面，其形状和大小不变，半径仍为直线，相邻两截面的距离不变。这就是圆轴扭转的平面假设。根据平面假设，可以分析判断：因为横截面间距均保持不变，故横截面上没有正应力；由于各截面绕轴线相对转过一个角度，即横截面间发生了绕轴线的相对错动，出现了剪切变形，故横截面上有切应力存在。

参照图 7-7b，取 1-1 和 2-2 两个截面之间的微段为研究对象，如图 7-8 所示。表面的切应变 $\gamma = \frac{R\mathrm{d}\varphi}{\mathrm{d}x}$，而截面上，到圆心距离为 ρ 的圆上各点的切应变为 $\gamma_\rho = \frac{\rho\mathrm{d}\varphi}{\mathrm{d}x}$，$\gamma_\rho$ 与 γ 均发生在与半径垂直的平面内。将 γ_ρ 代入剪切胡克定律，得

$$\tau_\rho = G\gamma_\rho = G\frac{\mathrm{d}\varphi}{\mathrm{d}x}\rho$$

对于此研究对象，G 与 $\frac{\mathrm{d}\varphi}{\mathrm{d}x}$ 均为常量，设常数 $K = G\frac{\mathrm{d}\varphi}{\mathrm{d}x}$，则

$$\tau_\rho = K\rho \tag{7-3}$$

由式（7-3）可知，圆轴扭转时，横截面上各点的切应力 τ_ρ 与该点至圆心的距离 ρ 成正比，呈线性分布。因 γ_ρ 与 γ 均发生在与半径垂直的平面内，而切应力的方向与切应变的变形相对应，所以 τ_ρ 垂直于半径，对于圆环形截面上切应力沿半径的分布也是如此（图 7-9）。

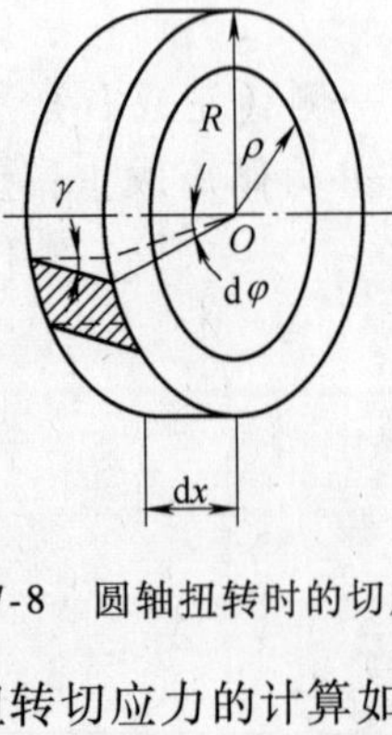

图 7-8　圆轴扭转时的切应变

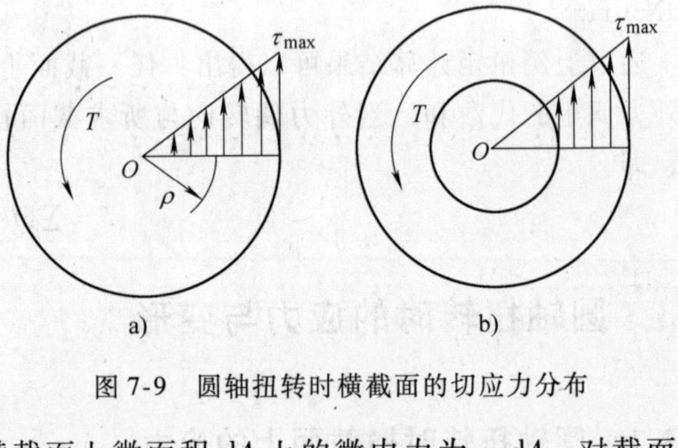

图 7-9　圆轴扭转时横截面的切应力分布

扭转切应力的计算如图 7-10 所示，横截面上微面积 dA 上的微内力为 $\tau_\rho \mathrm{d}A$，对截面中心 O 的力矩为 $\tau_\rho \mathrm{d}A\rho$，横截面上所有微内力对 O 点力矩之和应等于该截面上的扭矩 T，即有

$$T = \int_A \tau_\rho \rho \mathrm{d}A = K\int_A \rho^2 \mathrm{d}A$$

令 $I_\mathrm{p} = \int_A \rho^2 \mathrm{d}A$，$I_\mathrm{p}$ 称为截面对圆心的极惯性矩，其常用单位为 mm^4，由此可得

$$\tau_\rho = \frac{T\rho}{I_p} \tag{7-4}$$

当$\rho = R$时，切应力最大，发生在横截面边缘各点。令$W_p = I_p/R$，则

$$\tau_{max} = \frac{T}{W_p} \tag{7-5}$$

式中，W_p称为抗扭截面系数，其值与截面形状及尺寸有关，常用单位为mm^3。

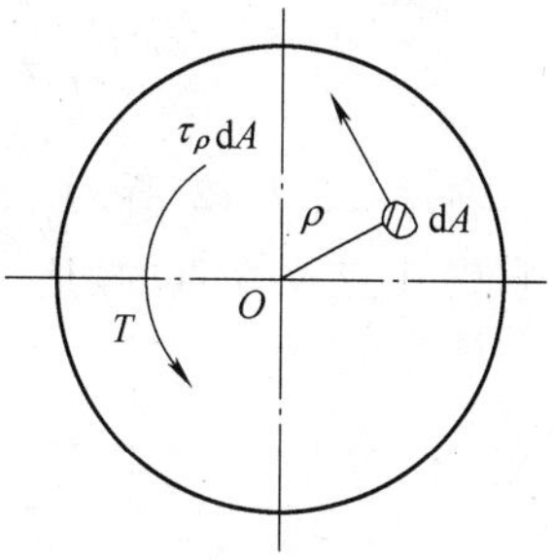

图7-10 圆轴扭转时横截面的切应力计算

以上推导中，用到了剪切胡克定律，其结论只有当圆轴的最大切应力τ_{max}不超过材料的剪切比例极限τ_p时方可应用。

7.3.2 极惯性矩和抗扭截面系数的计算

根据极惯性矩I_p的定义，参照图7-11a，圆截面对圆心O的极惯性矩I_p及抗扭截面系数W_p为

$$I_p = \int_A \rho^2 dA = \frac{\pi d^4}{32} \tag{7-6}$$

$$W_p = \frac{I_p}{d/2} = \frac{\pi d^3}{16} \tag{7-7}$$

对于空心的圆轴（图7-11b），其极惯性矩I_p及抗扭截面系数W_p为

$$I_p = \frac{\pi D^4}{32} - \frac{\pi d^4}{32} = \frac{\pi}{32}(D^4 - d^4) = \frac{\pi D^4}{32}(1 - \alpha^4) \tag{7-8}$$

$$W_p = \frac{I_p}{D/2} = \frac{\pi D^3}{16}(1 - \alpha^4) \tag{7-9}$$

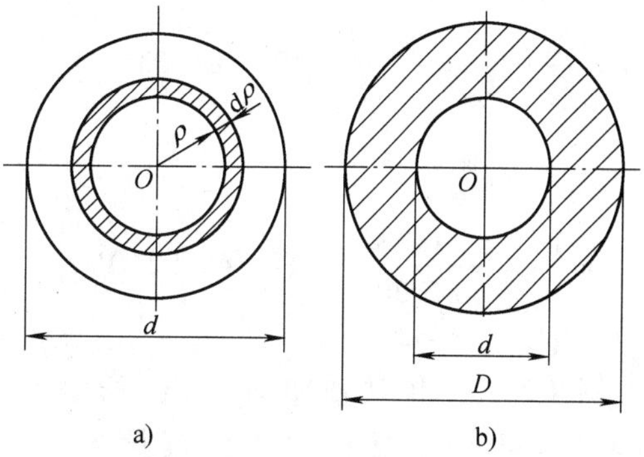

图7-11 极惯性矩的计算

式中，$\alpha = d/D$，为内、外径之比。

7.3.3 圆轴扭转时的变形

参照图7-3，扭转变形用两个横截面之间绕轴线的相对扭转角φ表示。对于扭矩T均匀分布的等截面圆轴，由于扭转角φ很小，可得

$$\varphi = \frac{\gamma l}{R} \tag{7-10}$$

式中，γ为表面纵向线变形前后之间的夹角，也是圆轴表面的切应变。将剪切胡克定律$\gamma = \tau/G$及圆轴表面切应力计算式$\tau = TR/I_p$代入式（7-10），得

$$\varphi = \frac{Tl}{GI_p} \tag{7-11}$$

式中，GI_p反映了圆轴抵抗扭转变形的能力，称为圆轴的抗扭刚度。扭转角的正负号与扭矩相同，单位为弧度。

当轴上的扭矩T或极惯性矩I_p分段变化时，按式（7-11）分段计算扭转角，然后求其代数和，得到轴两个端面之间的相对扭转角

$$\varphi = \sum_{i=1}^{n} \frac{T_i l_i}{GI_{pi}} \tag{7-12}$$

例 7-2 如图 7-12 所示，已知圆轴的直径 $d = 50\text{mm}$，外力偶矩 $M = 2\text{kN} \cdot \text{m}$，$r_B = 15\text{mm}$。求轴 A 点及 B 点的切应力。

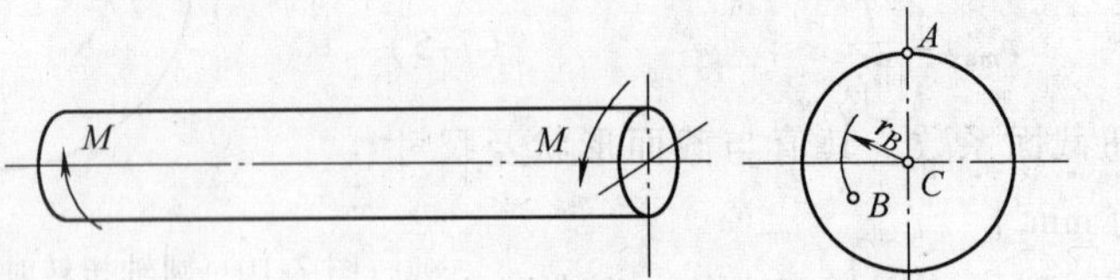

图 7-12 例 7-2 图

解 （1）计算扭矩

$$T = M = 2\text{kN} \cdot \text{m}$$

（2）计算应力

A 点的切应力

$$\tau_A = \frac{TR}{I_p} = \frac{T}{W_p} = \frac{2 \times 10^6}{\frac{\pi \times 50^3}{16}}\text{MPa} = 81.53\text{MPa}$$

B 点的切应力

$$\tau_B = \frac{T\rho}{I_p} = \frac{2 \times 10^6 \times 15}{\frac{\pi \times 50^4}{32}}\text{MPa} = 48.92\text{MPa}$$

例 7-3 一传动轴如图 7-13a 所示，直径 $D = 40\text{mm}$，材料的切变模量 $G = 80\text{GPa}$，载荷如图所示。试计算该轴的总扭转角 φ_{AC}。

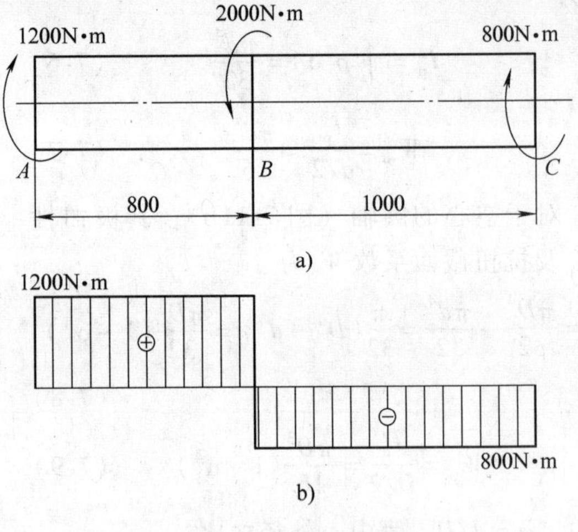

图 7-13 例 7-3 图

解 （1）计算扭矩 AB 及 BC 段的扭矩分别为

$$T_{AB} = 1200\text{N} \cdot \text{m},\ T_{BC} = -800\text{N} \cdot \text{m}$$

其扭矩图如图 7-13b 所示。

（2）计算圆轴的极惯性矩

$$I_p = \frac{\pi d^4}{32} = \frac{\pi \times 40^4}{32}\text{mm}^4 = 0.25 \times 10^6\text{mm}^4 = 0.25 \times 10^{-6}\text{m}^4$$

（3）计算轴的总扭转角 AB 及 BC 段轴的相对扭转角分别为

$$\varphi_{AB} = \frac{T_{AB} l_{AB}}{GI_p} = \frac{1200 \times 0.8}{80 \times 10^9 \times 0.25 \times 10^{-6}}\text{rad} = 0.048\text{rad}$$

$$\varphi_{BC} = \frac{T_{BC} l_{BC}}{GI_p} = \frac{-800 \times 1}{80 \times 10^9 \times 0.25 \times 10^{-6}}\text{rad} = -0.04\text{rad}$$

AC 段轴总的相对扭转角为

$$\varphi_{AC} = \varphi_{AB} + \varphi_{BC} = (0.048 - 0.04)\text{rad} = 0.008\text{rad}$$

7.4 圆轴扭转时的强度与刚度计算

7.4.1 圆轴的抗扭强度计算

圆轴抗扭强度计算的依据是限制轴的最大扭转切应力 τ_{max} 不超过材料的许用切应力 $[\tau]$，便可得到**抗扭强度条件**为

$$\tau_{max}=\frac{T_{max}}{W_p}\leqslant[\tau] \tag{7-13}$$

式中，最大扭矩 T_{max} 可由扭矩图确定，许用切应力 $[\tau]$ 由机械手册或设计规范给出。至于阶梯轴，由于抗扭截面系数 W_p 各段不同，τ_{max} 不一定发生在 T_{max} 所在的截面上，因此需综合考虑 T 和 W_p 两个因素，取其最大比值作强度计算。

例 7-4 由无缝钢管制成的汽车传动轴 AB（图 7-14），外径 $D=90\text{mm}$，壁厚 $t=2.5\text{mm}$，材料为 45 钢，许用切应力 $[\tau]=60\text{MPa}$，工作时传递的最大力矩为 $M=1.5\text{kN}\cdot\text{m}$。试校核 AB 轴的强度。如将 AB 轴改为实心轴，试在相同强度下确定轴的直径，并比较实心轴和空心轴的重量。

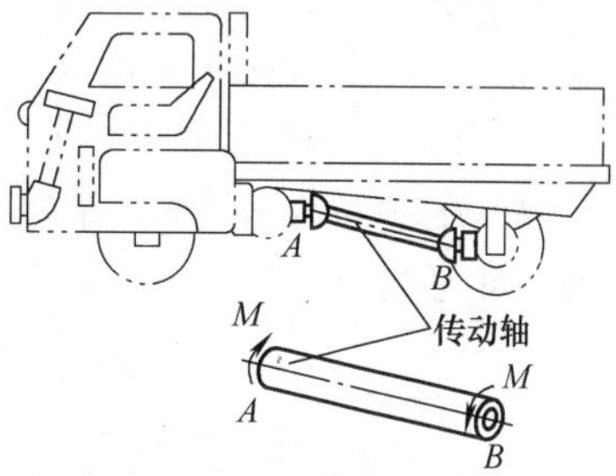

图 7-14 例 7-4 图

解 （1）校核 AB 轴的强度 由已知条件可得

$$T=M=1.5\text{kN}\cdot\text{m}$$

$$W_p=\frac{\pi D^3}{16}(1-\alpha^4)=\frac{\pi\times 90^3}{16}(1-0.944^4)\text{mm}^3\approx 2.95\times10^4\text{mm}^3$$

$$\tau_{max}=\frac{T}{W_p}=\frac{1.5\times10^6}{2.95\times10^4}\text{MPa}=50.8\text{MPa}<[\tau]$$

故 AB 轴满足强度要求。

（2）确定实心轴的直径 若实心轴与空心轴的抗扭强度相同，则两轴的抗扭截面系数 W_p 相等。设实心轴的直径为 D_1，则有

$$\frac{\pi D_1^3}{16}=\frac{\pi D^3}{16}(1-\alpha^4)=2.95\times10^4\text{mm}^3$$

$$D_1=\sqrt[3]{\frac{16\times 2.95\times10^4}{\pi}}\text{mm}=53.2\text{mm}$$

（3）比较空心轴和实心轴的重量 因为两轴的材料和长度相同，它们的重量比就等于面积比。设 A_1 为实心轴的截面面积，A_2 为空心轴的截面面积，即 $A_1=\pi D_1^2/4$，$A_2=\pi(D^2-d^2)/4$，则有

$$\frac{A_2}{A_1}=\frac{D^2-d^2}{D_1^2}=\frac{90^2-85^2}{53.2^2}=0.31$$

计算结果说明，在强度相同的情况下，该轴采用空心轴时的重量仅为采用实心轴重量的 31%，减轻重量、节省材料的效果明显。这是因为切应力沿半径呈线性分布，圆心附近处应

力较小，材料的性能未能充分利用。改为空心轴后，材料的性能被充分利用，总重量必然会降低。但是，采用空心轴也有不利的一面，如经济成本较高，体积较大等。

7.4.2 圆轴的抗扭刚度计算

有些轴类零件不仅要满足强度要求，还要满足刚度要求。如车床操作进刀的丝杠，抗扭刚度过小会影响进给量的控制，使车削精度降低，所以要对某些轴的刚度进行设计。工程上通常是限制轴单位长度的扭转角 θ 不得超过单位长度许用扭转角 $[\theta]$，即

$$\theta \leqslant [\theta]$$

由式（7-11）可得单位长度的扭转角为

$$\theta = \frac{\varphi}{l} = \frac{T}{GI_p}$$

于是圆轴的抗扭刚度条件为

$$\theta_{max} = \frac{T_{max}}{GI_p} \leqslant [\theta] \tag{7-14}$$

式中，$[\theta]$ 的单位为 rad/m。工程中，有时单位长度许用扭转角 $[\theta]$ 的单位用°/m，于是，刚度条件可写成

$$\theta_{max} = \frac{T_{max}}{GI_p} \times \frac{180}{\pi} \leqslant [\theta] \tag{7-15}$$

$[\theta]$ 值可查阅有关工程手册，结合设备的具体情况决定。一般规定：精密机器的轴 $[\theta] = 0.25 \sim 0.5$°/m；一般传动轴 $[\theta] = 0.5 \sim 1.0$°/m；精度较低的轴 $[\theta] = 1.0 \sim 2.5$°/m。

例 7-5 一空心轴外径 $D = 100$mm，内径 $d = 50$mm，$[\theta] = 0.75$°/m，$G = 80$GPa。试求该轴所能承受的最大扭矩 T。

解 由刚度条件

$$\theta_{max} = \frac{T_{max}}{GI_p} \times \frac{180}{\pi} \leqslant [\theta]$$

得

$$T_{max} \leqslant \frac{\pi GI_p [\theta]}{180}$$

又

$$I_p = \frac{\pi}{32}(D^4 - d^4) = \frac{\pi}{32} \times (0.1^4 - 0.05^4)\,\text{m}^4 = 9.2 \times 10^{-6}\,\text{m}^4$$

所以

$$T_{max} \leqslant \frac{\pi \times 80 \times 10^9 \times 9.2 \times 10^{-6} \times 0.75}{180}\,\text{N} \cdot \text{m} = 9630\,\text{N} \cdot \text{m}$$

例 7-6 传动轴如图 7-15a 所示。已知该轴转速 $n = 300$r/min，主动轮输入功率 $P_C = 30$kW，从动轮输出功率 $P_A = 5$kW，$P_B = 10$kW，$P_D = 15$kW，材料的切变模量 $G = 80$GPa，许用切应力 $[\tau] = 40$MPa，单位长度许用扭转角 $[\theta] = 0.75$°/m。试按强度条件和刚度条件设计此轴直径。

解 （1）计算外力偶矩

$$M_A = 9549 \times \frac{5}{300} \text{N} \cdot \text{m} = 159.15 \text{N} \cdot \text{m}$$

$$M_B = 9549 \times \frac{10}{300} \text{N} \cdot \text{m} = 318.3 \text{N} \cdot \text{m}$$

$$M_C = 9549 \times \frac{30}{300} \text{N} \cdot \text{m} = 954.9 \text{N} \cdot \text{m}$$

$$M_D = 9549 \times \frac{15}{300} \text{N} \cdot \text{m} = 477.45 \text{N} \cdot \text{m}$$

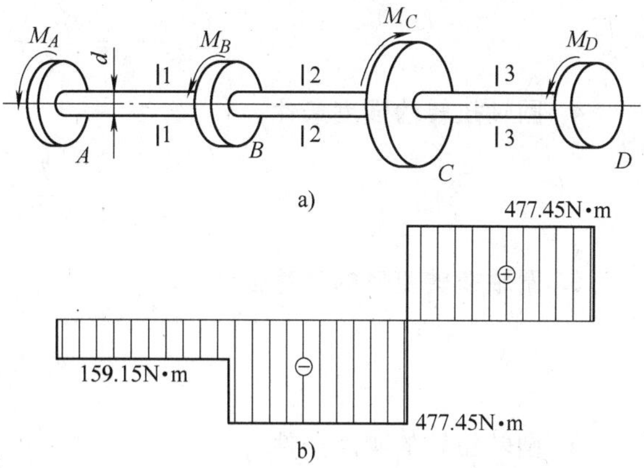

图 7-15 例 7-6 图

（2）计算各段扭矩，画扭矩图

AB 段 $T_1 = -M_A = -159.15\text{N} \cdot \text{m}$

BC 段 $T_2 = -M_A - M_B = -477.45\text{N} \cdot \text{m}$

CD 段 $T_3 = M_D = 477.45\text{N} \cdot \text{m}$

扭矩图如图 7-15b 所示，由图可知最大扭矩发生在 BC 段和 CD 段，即

$$T_{\max} = 477.45 \text{N} \cdot \text{m}$$

（3）按强度条件设计轴的直径　由抗扭强度条件

$$\tau_{\max} = \frac{T_{\max}}{W_p} = \frac{16 T_{\max}}{\pi d^3} \leqslant [\tau]$$

得

$$d \geqslant \sqrt[3]{\frac{16 T_{\max}}{\pi [\tau]}} = \sqrt[3]{\frac{16 \times 477.45 \times 10^3}{\pi \times 40}} \text{mm} = 39.3 \text{mm}$$

（4）按刚度条件设计轴的直径　由抗扭刚度条件

$$\theta_{\max} = \frac{T_{\max}}{G I_p} \times \frac{180}{\pi} \leqslant [\theta]$$

将 $I_p = \frac{\pi d^4}{32}$ 代入，解得

$$d \geqslant \sqrt[4]{\frac{32 T_{\max} \times 180}{\pi^2 G [\theta]}} = \sqrt[4]{\frac{32 \times 477.45 \times 10^3 \times 180}{\pi^2 \times 80 \times 10^3 \times 0.75 \times 10^{-3}}} \text{mm} = 46.42 \text{mm}$$

为了同时满足强度条件和刚度条件，轴直径的取值范围 $d \geqslant 46.42\text{mm}$。

本章小结

1. 圆轴扭转的受力与变形特点

受力特点是：外力偶作用面垂直于杆件轴线；变形特点是：杆件各横截面均绕轴线作相对转动。有时，外力偶矩需通过圆轴传递的功率及转速求得。

2. 圆轴扭转时的内力

圆轴扭转时的内力为扭矩 T，任一横截面上的扭矩等于截面一侧（左或右）所有扭转外力偶矩的代数和。

3. 圆轴扭转时横截面上的应力

圆轴扭转时横截面上任一点的切应力与该点到圆心的距离成正比，在圆心处为零。最大切应力发生在截面外周边各点处，其计算公式为

$$\tau_{\rho}=\frac{T\rho}{I_{\mathrm{p}}},\ \tau_{\max}=\frac{T}{W_{\mathrm{p}}}$$

4. 圆轴扭转的强度条件

$$\tau_{\max}=\frac{T_{\max}}{W_{\mathrm{p}}}\leqslant[\tau]$$

5. 圆轴扭转变形的计算公式

$$\varphi=\frac{Tl}{GI_P}$$

6. 圆轴扭转的刚度条件

$$\theta_{\max}=\frac{T_{\max}}{GI_{\mathrm{p}}}\times\frac{180}{\pi}\leqslant[\theta]$$

思 考 题

7-1 试指出图 7-16 所示各杆中哪些会产生扭转变形。

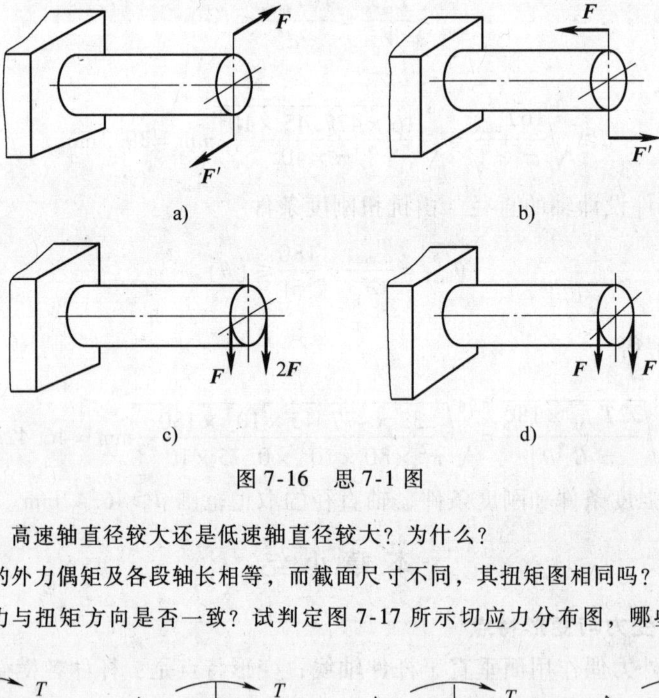

图 7-16 思 7-1 图

7-2 减速箱中，高速轴直径较大还是低速轴直径较大？为什么？

7-3 若两轴上的外力偶矩及各段轴长相等，而截面尺寸不同，其扭矩图相同吗？

7-4 扭转切应力与扭矩方向是否一致？试判定图 7-17 所示切应力分布图，哪些是正确的哪些是错误的。

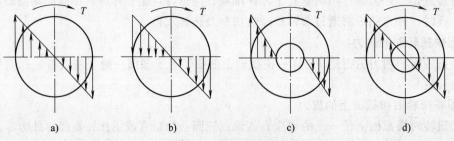

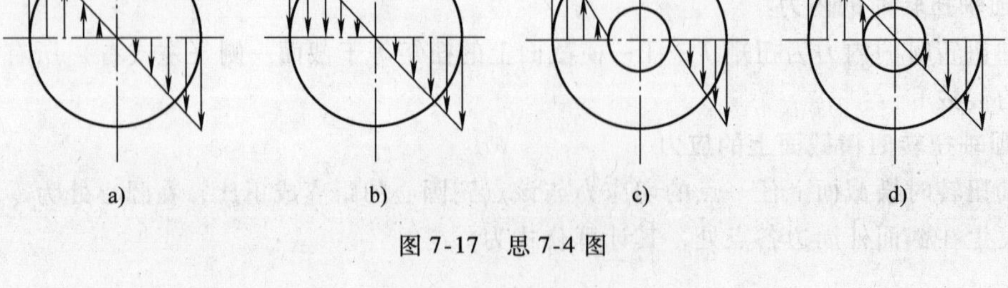

图 7-17 思 7-4 图

7-5　如图 7-18 所示变速箱，哪一种结构对提高主轴扭转刚度有利（主轴功率保持不变）？

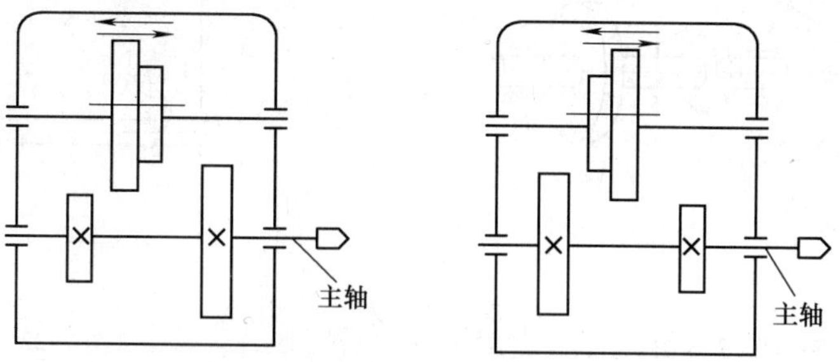

a)　　　　b)

图 7-18　思 7-5 图

7-6　用 Q235 钢制成的扭转轴，发现原设计轴的扭转角超过许用值，改用优质钢来降低扭转角，此方法是否有效？

7-7　由铝和钢制成的两根圆截面轴，尺寸相同，所受外力偶矩相同。若 $G_{钢}=3G_{铝}$，试分析两轴上的最大切应力和扭转角是否相同。

习　　题

7-1　试求图 7-19 所示各轴横截面 1-1、2-2 和 3-3 上的扭矩。

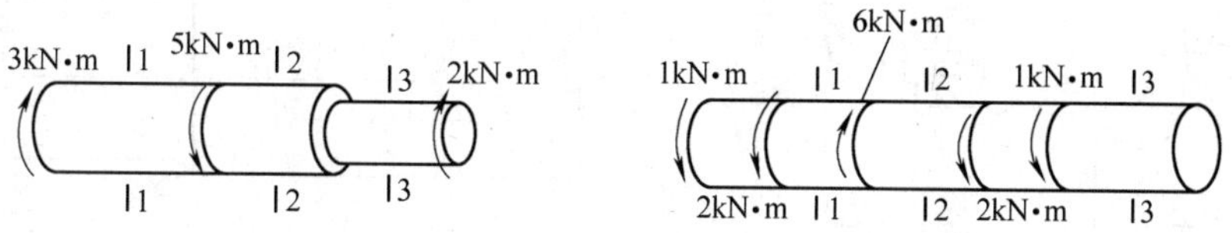

a)　　　　b)

图 7-19　题 7-1 图

7-2　试绘出图 7-20 所示各轴的扭矩图。

a)　　　　b)

图 7-20　题 7-2 图

7-3　圆轴的直径 $d=50\text{mm}$，转速 $n=120\text{r/min}$。若该轴横截面上的最大切应力 $\tau_{max}=60\text{MPa}$，试问圆轴传递的功率为多大？

7-4　在保证相同的外力偶矩作用产生相等的最大切应力的前提下，用内、外径之比 $d/D=3/4$ 的空心圆轴代替实心圆轴，问能节省多少材料？

7-5　发电机功率为 50kW，其主轴直径为 75mm，转速为 300r/min，其许用切应力 $[\tau]=20\text{MPa}$。如果只考虑扭矩作用，试校核轴的强度。

7-6　机床变速箱第Ⅱ轴如图 7-21 所示，轴所传递的功率为 $P=5.5\text{kW}$，转速 $n=200\text{r/min}$，材料为 45 钢，许用切应力 $[\tau]=40\text{MPa}$。试按强度条件初步设计轴的直径。

7-7　如图 7-22 所示带轮传动主轴。已知轴转速为 $n=580\text{r/min}$，轴直径 $d=80\text{mm}$，材料的许用应力

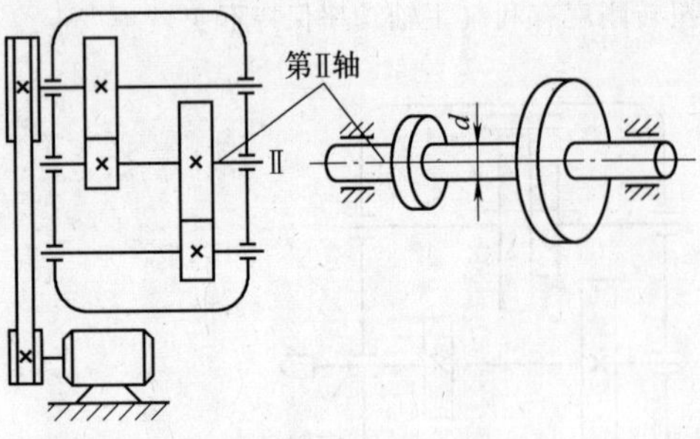

图 7-21　题 7-6 图

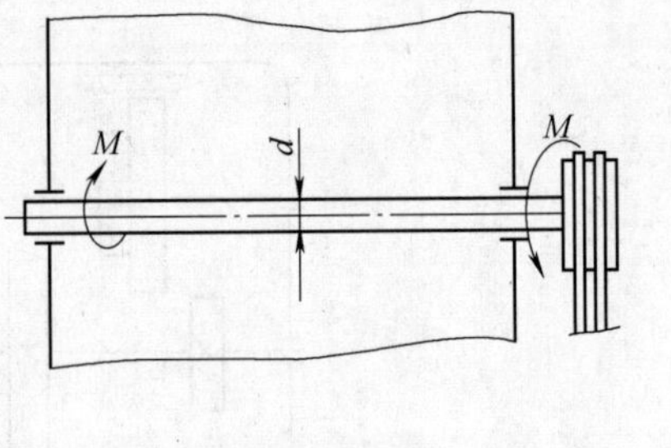

图 7-22　题 7-7 图

$[\tau]=40\text{MPa}$。不计传动中的功率消耗，电动机的功率应多大？若轴工作的最大切应力 $\tau_{max}=12\text{MPa}$，电动机的功率又该多大？

7-8　图 7-23 所示绞车同时由两人操作，若每人加在手柄上的力为 $F=F'=200\text{N}$，已知轴的许用切应力 $[\tau]=40\text{MPa}$，试按强度条件设计 AB 轴的直径，并确定最大起重量 W。

7-9　船用推进轴如图 7-24 所示，一端是实心的，其直径 $d_1=28\text{cm}$；另一端是空心轴，其内径 $d=14.8\text{cm}$，外径 $D=29.6\text{cm}$。若 $[\tau]=50\text{MPa}$，试求此轴允许传递的最大外力偶矩。

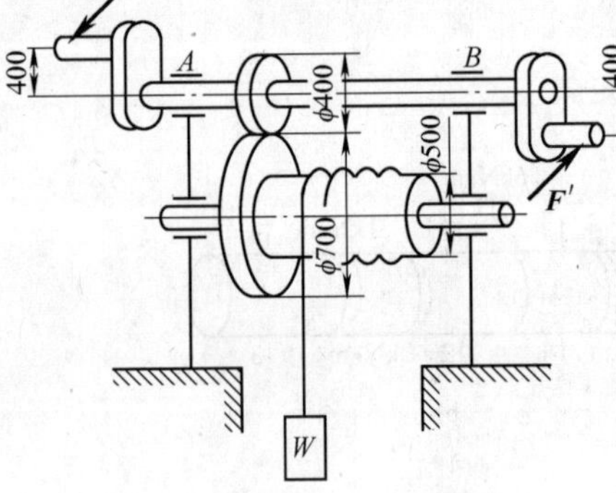

图 7-23　题 7-8 图

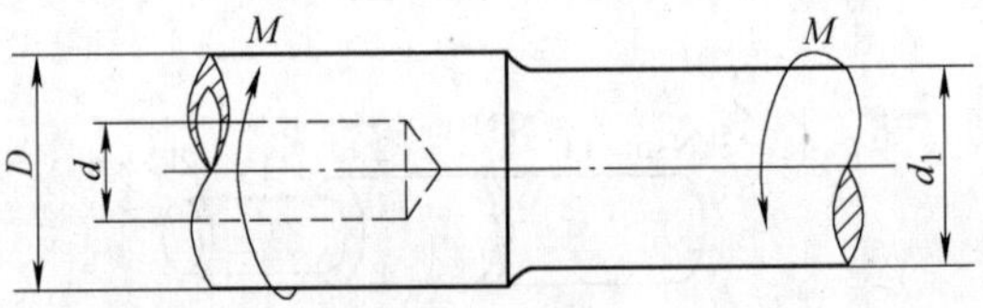

图 7-24　题 7-9 图

7-10　如图 7-25 所示空心圆轴，已知 $M_e=6\text{kN}\cdot\text{m}$，$M_A=4\text{kN}\cdot\text{m}$，许用切应力 $[\tau]=90\text{MPa}$，切变模量 $G=80\text{GPa}$，$d=0.6D$。

（1）试用强度条件设计轴的直径。

（2）若 A、B 两轮间的相对扭转角为 $\varphi_{AB}=0.6°$，求 A、B 两轮间的距离 l。

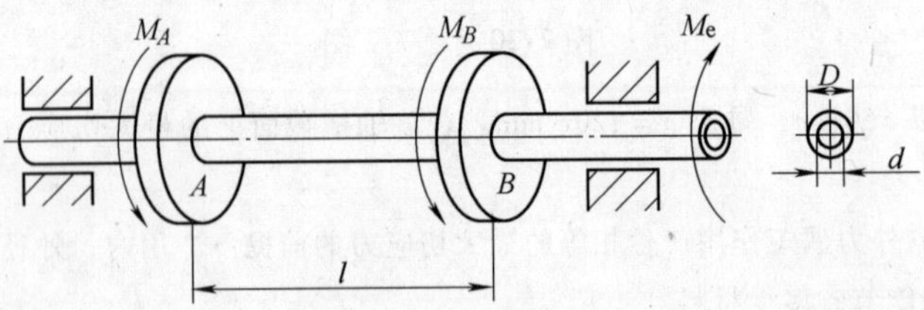

图 7-25　题 7-10 图

7-11　图 7-26 所示传动轴的转速为 $n=500\text{r/min}$，主动轮 1 输入功率 $P_1=368\text{kW}$，从动轮 2 和 3 分别输出功率 $P_2=147\text{kW}$，$P_3=221\text{kW}$。已知 $[\tau]=70\text{MPa}$，$[\theta]=1°/\text{m}$，$G=80\text{GPa}$。

（1）试确定 AB 段的直径 d_1 和 BC 段的直径 d_2。

（2）若 AB 和 BC 两段选用同一直径，试确定直径 d。

（3）讨论：主动轮和从动轮应如何安排才比较合理？为什么？

7-12 阶梯形圆轴直径分别为 $d_1=40\text{mm}$，$d_2=70\text{mm}$，轴上装有三个带轮，如图 7-27 所示。已知由轮 3 输入的功率为 $P_3=30\text{kW}$，轮 1 输出的功率为 $P_1=13\text{kW}$，轴作匀速转动，转速 $n=200\text{r/min}$，材料的许用切应力 $[\tau]=60\text{MPa}$，$G=80\text{GPa}$，单位长度许用扭转角 $[\theta]=2°/\text{m}$。试校核轴的强度和刚度。

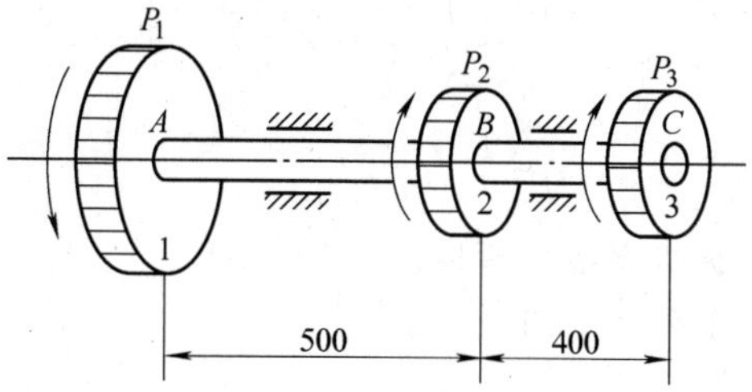

图 7-26 题 7-11 图

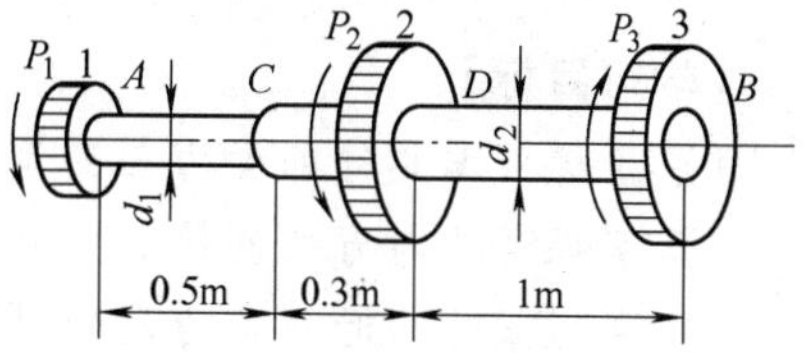

图 7-27 题 7-12 图

第8章 弯　　曲

【学习目标】

1）了解弯曲构件的受力与变形特点。

2）掌握剪力与弯矩的计算方法，正确绘制梁的剪力图与弯矩图。

3）掌握梁弯曲时正应力的计算以及正应力强度条件的应用。

4）掌握梁弯曲时变形的计算以及刚度计算。

本章介绍梁的简化及平面弯曲的受力特点与变形特点，重点研究梁弯曲时内力与内力图的绘制、弯曲正应力与梁的强度计算、弯曲变形与梁的刚度计算。

8.1 弯曲的概念

8.1.1 平面弯曲及实例

在工程实际中，经常遇到像桥式起重机的大梁（图 8-1a）、火车轮轴（图 8-2a）、车床刀架上的割刀（图 8-3a）这样的杆件。这些杆件的受力特点为：在杆的轴线平面内受到力偶或垂直于杆轴线的外力作用。它们的变形特点为：杆的轴线由原来的直线变为曲线，这种变形形式称为弯曲变形。以弯曲变形为主的杆件习惯上称为梁。

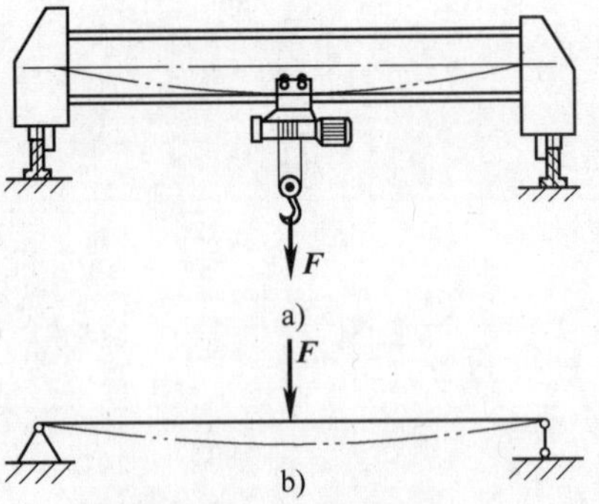

图 8-1　桥式起重机的大梁

工程中绝大部分梁的横截面都具有对称轴，外力作用于梁的轴线与对称轴所组成的平面内，此平面称为梁的纵向对称面（见图 8-4）。这种条件下，弯曲变形以后，轴线仍为纵向对称面内的一条曲线，这样的弯曲称为平面弯曲。平面弯曲是弯曲变形中最常见的情况。

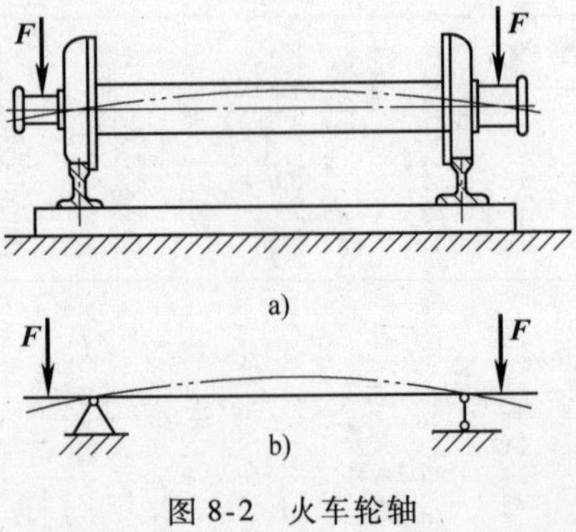

图 8-2　火车轮轴

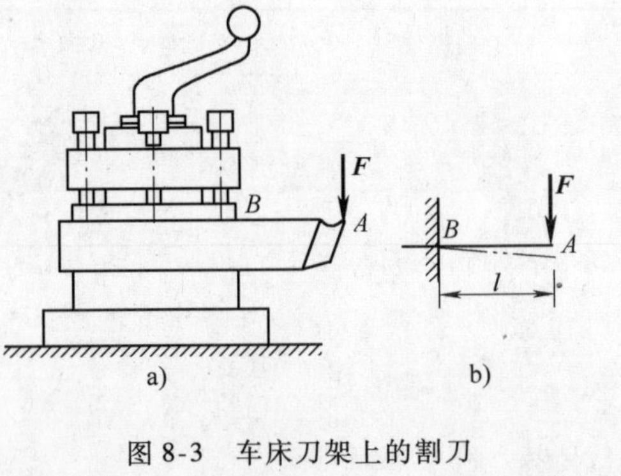

图 8-3　车床刀架上的割刀

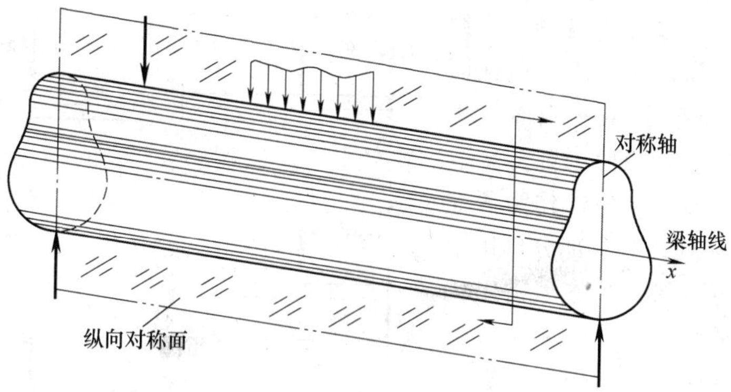

图 8-4 平面弯曲

8.1.2 梁的计算简图

工程上梁的截面形状、载荷及支承情况一般都比较复杂，为了便于分析和计算，必须对梁进行简化，包括梁本身的简化、支座的简化以及载荷的简化。

不管直梁的截面形状多么复杂，都可简化为一直杆或用梁的轴线来表示（图 8-1～图 8-3）。

图 8-1a 所示桥式起重机大梁，考虑两端都不会有铅垂方向的位移，但在小变形下可有一定转动，同时一端沿梁轴线方向的位移受到约束，因此，将一端简化为固定铰支座，另一端简化为活动铰支座，这种支承形式的梁称为简支梁（图 8-1b）。图 8-2a 所示的火车轮轴，在与车轮相接的两处，分别简化为固定铰支座及活动铰支座，但由于轮轴伸出于支座之外，故称为外伸梁（图 8-2b）。图 8-3a 所示车床刀架上的割刀，其左端被完全固定，线位移及角位移均受到约束，因而简化为固定端；另一端面不受任何约束，在力的作用下可以自由移动及转动，为自由端，这种梁称为悬臂梁（图 8-3b）。简支梁、外伸梁和悬臂梁是工程中最常见的三种基本形式的梁。

如图 8-4 所示，作用于梁上的载荷通常可以简化为以下三种形式：当力的作用范围与梁相比很小时，可视为集中作用于一点，称为集中力；两集中力大小相等，方向相反，作用线不相重合时，为集中力偶；连续分布于梁的较大范围内的载荷，可简化为线分布载荷，线分布载荷用载荷集度 q 表示，载荷集度 q 定义为

$$q = \lim_{\Delta x \to 0} \frac{\Delta F}{\Delta x}$$

式中，Δx 为梁沿轴线方向取的微段长度；ΔF 为微段上分布力的合力大小。q 的单位为 N/m，q 为常量时，分布载荷称为均布载荷。

梁的计算简图确定后，支座约束力可由静力平衡方程确定，称为静定梁。至于支座约束力不能完全由静力平衡方程确定的梁，称为静不定梁，本书中将不予与讨论。

8.2 梁弯曲时横截面上的内力

8.2.1 剪力与弯矩

求内力的基本方法是截面法。现在以图 8-5a 所示简支梁为例，说明梁内力的计算。

设图 8-5a 所示简支梁两端的支座约束力分别为 N_A 及 N_B，欲求任一横截面 m-m 上的内力，为此沿 m-m 截面假想地把梁截开，分为左、右两个部分，取其中任意一部分（如左部分）作为研究对象。在截面 m-m 处，有右部分作用于其上的内力，它与右部分的作用是等效的。因为梁处于平衡状态，研究对象也是平衡的，在研究对象的截面上须有一个平行于横截面且沿铅垂方向的力 $\boldsymbol{Q}$，以及一个在纵向对称平面内转动的力偶 M（图 8-5b）。由平衡方程式

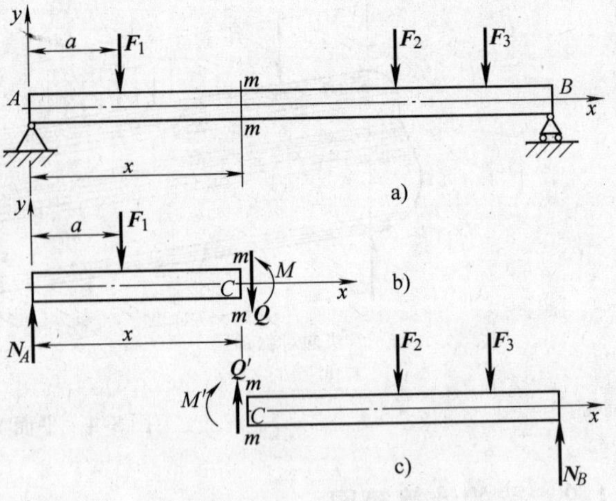

图 8-5　梁的内力计算

$$\sum F_y = 0,\ N_A - F_1 - Q = 0$$

$$\sum M_C(\boldsymbol{F}) = 0,\ M + F_1(x-a) - N_A x = 0$$

得

$$Q = N_A - F_1$$

$$M = N_A x - F_1(x-a)$$

把作用于 m-m 截面上的内力 $\boldsymbol{Q}$ 及内力偶 M 分别称为剪力与弯矩。

同样，若取右部分为研究对象（图 8-5c），则截面 m-m 也同时存在一个剪力 $\boldsymbol{Q}'$ 和一个弯矩 M'。根据作用与反作用定律，剪力的大小相等，指向相反；弯矩的大小相等，转向相反。为正确求出内力的大小并判断内力的方向，对剪力与弯矩的符号作出以下规定：当剪力 $\boldsymbol{Q}$ 使截面处的微段梁产生的剪切变形为相邻截面左上右下地相互错动时为正，反之为负（或剪力 $\boldsymbol{Q}$ 以截面外法线按顺时针转 90°后与其方向一致时为正，反之为负）（图 8-6a）；当弯矩 M 使截面处的微段梁产生的弯曲变形为凹面向上时为正，反之为负（图 8-6b）。

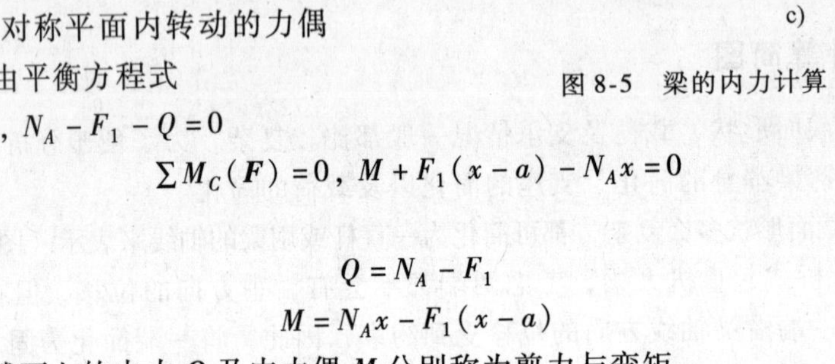

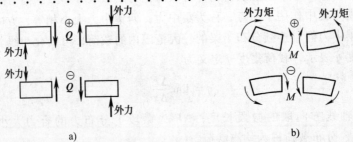

图 8-6　剪力与弯矩的符号规定

按照上述符号规定进行内力计算时，不论保留截面左、右哪一部分为研究对象，所求得的剪力与弯矩，不仅大小相等，而且符号亦均相同。

例 8-1　简支梁受力如图 8-7a 所示。已知 $F = 12\text{kN}$，$M = 4\text{kN}\cdot\text{m}$，$q = 4\text{kN/m}$，试求图中各指定截面的剪力和弯矩。

解　（1）求支座约束力　取整体为研究对象，由平衡方程求得

$$N_A = 10\text{kN},\ N_B = 10\text{kN}$$

（2）求指定截面的剪力和弯矩　取 1-1 截面左段为研究对象（图 8-7b），列平衡方程

$$\sum F_y = 0,\ N_A - F - Q_1 = 0$$

$$\sum M_{C_1}(\boldsymbol{F}) = 0,\ M_1 - N_A \times 1\text{m} = 0$$

解得

$$Q_1 = N_A - F = -2\text{kN}$$

$$M_1 = N_A \times 1\text{m} = 10\text{kN} \cdot \text{m}$$

取 2-2 截面右段为研究对象（图 8-7c），列平衡方程

$$\sum F_y = 0, Q_2 - q \times 1\text{m} + N_B = 0$$

$$\sum M_{C_2}(\boldsymbol{F}) = 0,\ N_B \times 1\text{m} - q \times 1\text{m} \times 0.5\text{m} - M_2 = 0$$

解得

$$Q_2 = q \times 1\text{m} - N_B = -6\text{kN}$$

$$M_2 = N_B \times 1\text{m} - q \times 1\text{m} \times 0.5\text{m} = 8\text{kN} \cdot \text{m}$$

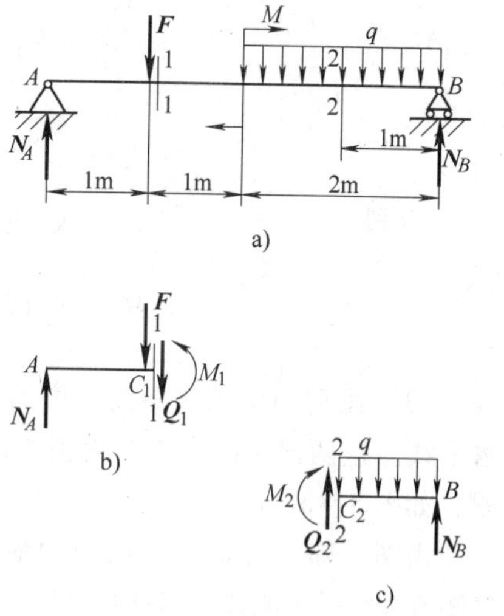

图 8-7　例 8-1 图

通过上例剪力和弯矩的计算结果可以得出：任一横截面上的剪力等于截面一侧所有横向外力的代数和，当外力方向与所求截面剪力正向相反时，外力取正，反之取负；任一横截面上的弯矩等于截面一侧所有外力对该截面形心之矩的代数和，当外力矩转向与所求截面弯矩正向相反时，外力矩取正，反之取负，即

$$Q = \sum F \tag{8-1}$$

$$M = \sum M_C(\boldsymbol{F}) \tag{8-2}$$

这种直接根据外力来计算弯曲内力的方法比截面法更加简便，以后将经常使用。

8.2.2　剪力图与弯矩图

梁横截面上的剪力与弯矩，通常是随截面位置而变化的。设坐标 x 表示横截面的位置，则梁各横截面上的剪力与弯矩可以表示为坐标 x 的函数，即

$$Q = Q(x),\ M = M(x)$$

如上形式的函数表达式，分别称为剪力方程与弯矩方程。

在列剪力方程和弯矩方程时，应根据梁上载荷的分布情况分段进行，集中力（包括支座约束力）、集中力偶的作用点和分布载荷的起、止点均为分段点。

将梁的剪力方程式与弯矩方程式用图形表示出来，分别称为剪力图与弯矩图。由剪力图和弯矩图很容易确定梁的最大剪力和最大弯矩，找出梁危险截面的位置。所以，正确绘制剪力图和弯矩图是梁的强度计算和刚度计算的基础。

例 8-2　图 8-8a 为一受集中力作用的简支梁，设 $\boldsymbol{F}$、l、a、b 均已知。试作梁的剪力图和弯矩图。

解　(1) 求支座约束力　以梁为研究对象，由平衡方程 $\sum M_A(\boldsymbol{F}) = 0$，$\sum M_B(\boldsymbol{F}) = 0$，可求得

$$N_A = \frac{Fb}{l},\ N_B = \frac{Fa}{l}$$

(2) 列剪力方程和弯矩方程　此梁在 C 处有力 $\boldsymbol{F}$ 作用，故 AC 和 CB 两段梁的剪力方程和弯矩须分别列出。

AC 段 $$Q_1 = N_A = \frac{Fb}{l} \quad (0 < x_1 < a)$$

$$M_1 = N_A x_1 = \frac{Fb}{l} x_1 \quad (0 \leqslant x_1 \leqslant a)$$

CB 段 $$Q_2 = -N_B = -\frac{Fa}{l} \quad (a < x_2 < l)$$

$$M_2 = N_B (l - x_2) = \frac{Fa}{l}(l - x_2) \quad (a \leqslant x_2 \leqslant l)$$

（3）画剪力图和弯矩图　由剪力方程和弯矩方程知，AC 和 CB 两段梁的剪力图均为一水平线，这两段梁的弯矩图为斜直线，确定其两端点的坐标后，可作出全梁的剪力图和弯矩图，如图 8-8b、c 所示。

由图可知，若 $a > b$，则剪力最大值发生在 CB 段梁的各横截面上，$|Q|_{\max} = Fa/l$；最大弯矩在集中力作用处横截面 C 上，$M_{\max} = Fab/l$。

例 8-3　图 8-9a 为一受集中力偶作用的简支梁，设 m、l、a、b 均已知。试作梁的剪力图和弯矩图。

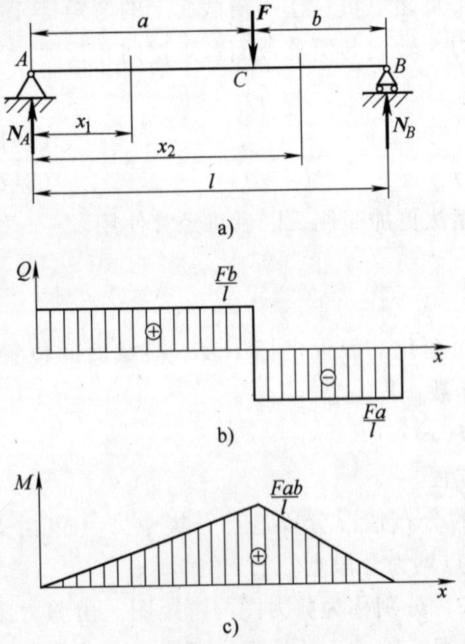

图 8-8　例 8-2 图

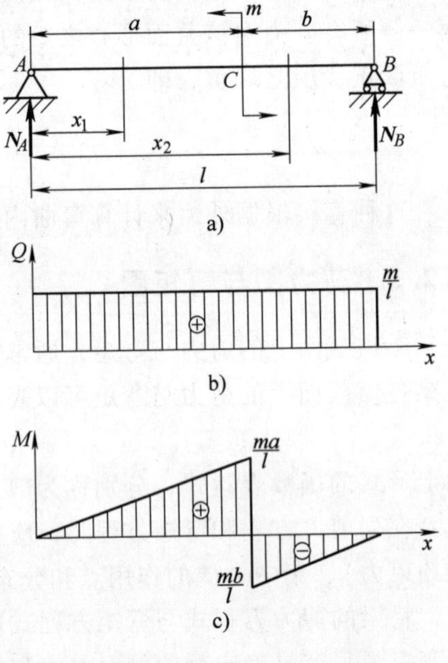

图 8-9　例 8-3 图

解　（1）求支座约束力　以梁为研究对象，由平衡方程 $\sum M_A(\boldsymbol{F}) = 0$，$\sum M_B(\boldsymbol{F}) = 0$，可求得

$$N_A = \frac{m}{l},\ N_B = -\frac{m}{l}$$

（2）列剪力方程和弯矩方程　此梁在 C 处有力偶 m 作用，故 AC 和 CB 两段梁的剪力方程和弯矩方程需分别列出。

AC 段 $$Q_1 = N_A = \frac{m}{l} \quad (0 < x_1 \leqslant a)$$

$$M_1 = N_A x_1 = \frac{m}{l} x_1 \quad (0 \leqslant x_1 < a)$$

CB 段

$$Q_2 = -N_B = \frac{m}{l} \quad (a \leqslant x_2 < l)$$

$$M_2 = N_B(l - x_2) = -\frac{m}{l}(l - x_2) \quad (a < x_2 \leqslant l)$$

（3）画剪力图和弯矩图　由剪力方程和弯矩方程可知，*AC* 和 *CB* 两段梁的剪力图均为一水平线，这两段梁的弯矩图为斜直线，分别确定其两端点的坐标后，可作出全梁的剪力图和弯矩图，如图 8-9b、c 所示。

由图可知，各横截面剪力值相同，$Q = m/l$；若 $a > b$，则最大弯矩发生在集中力偶作用处左侧横截面 C_- 上，$M_{max} = ma/l$。

例 8-4　图 8-10a 为一受均布载荷作用的简支梁，设 q、l 均已知。试作梁的剪力图和弯矩图。

解　（1）求支座约束力　以梁为研究对象，由结构和载荷对称性及平衡方程 $\sum F_y = 0$，可求得

$$N_A = N_B = \frac{ql}{2}$$

（2）列剪力方程和弯矩方程　取任意截面 x，则有

$$Q = N_A - qx = \frac{ql}{2} - qx \quad (0 < x < l)$$

$$M = N_A x - qx \cdot \frac{1}{2}x = \frac{ql}{2}x - \frac{1}{2}qx^2 \quad (0 \leqslant x \leqslant l)$$

（3）画剪力图和弯矩图　由剪力方程知，梁的剪力图为一斜直线，定两点

$$x = 0,\ Q_{A+} = \frac{ql}{2};\ x = l,\ Q_{B-} = -\frac{ql}{2}$$

作剪力图如图 8-10b 所示。

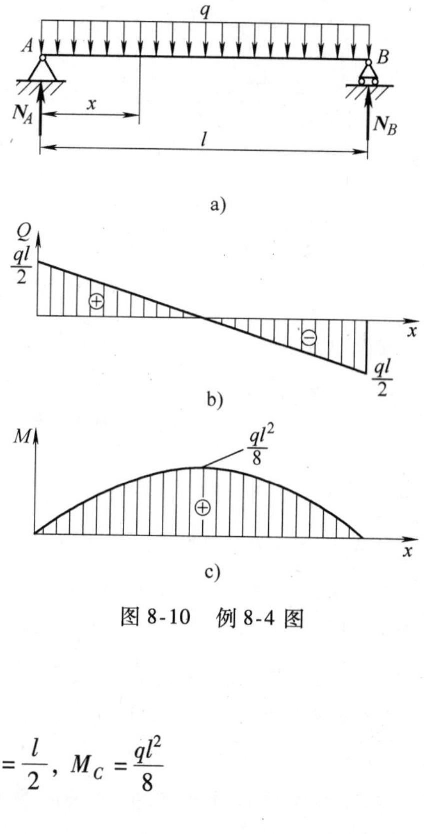

图 8-10　例 8-4 图

由弯矩方程知，梁的弯矩图为一抛物线，定三点

$$x = 0,\ M_A = 0;\ x = l,\ M_B = 0;\ x = \frac{l}{2},\ M_C = \frac{ql^2}{8}$$

作弯矩图如图 8-10c 所示。

由图可知，剪力最大值在两支座内侧的横截面上，$Q_{max} = ql/2$；弯矩的最大值在梁的中点，$M_{max} = ql^2/8$。

8.2.3　剪力、弯矩与载荷集度间的关系

研究表明，剪力、弯矩和分布载荷集度之间存在一定的关系。掌握这种关系，对绘制、校核剪力图和弯矩图极为有用。

设在图 8-11a 所示梁上，有分布载荷、集中力与集中力偶作用，在分布载荷作用段内，载荷集度为 $q = q(x)$，载荷集度规定以指向上方为正。在分布载荷作用处，取 x 及 $x + dx$ 两

个横截面之间的微段为研究对象，作用于微段左、右两个端面上的剪力与弯矩分别用 $Q(x)$、$M(x)$ 及 $Q(x)+\mathrm{d}Q(x)$、$M(x)+\mathrm{d}M(x)$ 表示（见图 8-11b）。由于梁处于平衡状态，故微段梁在内力及外力作用下处于平衡状态，由平衡方程式可导出如下微分关系：

$$\frac{\mathrm{d}Q(x)}{\mathrm{d}x}=q(x) \tag{8-3}$$

$$\frac{\mathrm{d}M(x)}{\mathrm{d}x}=Q(x) \tag{8-4}$$

$$\frac{\mathrm{d}^2M(x)}{\mathrm{d}x^2}=q(x) \tag{8-5}$$

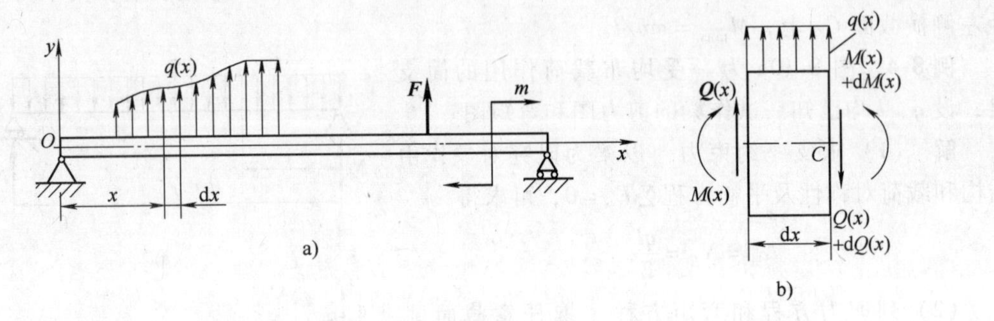

图 8-11　剪力、弯矩与分布载荷集度间的关系

根据上述微分关系以及例 8-2～例 8-4，可得出以下结论：

1）若 q 为零，剪力图将为水平线，而弯矩图则为斜直线。

2）若 q 为常数，则剪力图将为斜直线，而弯矩图则为二次曲线。当 q 指向上方时，q 值为正，$\frac{\mathrm{d}^2M(x)}{\mathrm{d}x^2}=q(x)>0$，弯矩图曲线凹向上；反之，$q$ 指向下方时，弯矩图曲线凹向下。在剪力 $Q=0$ 的截面上，弯矩 M 应有极值。

3）在作用有集中力 $\boldsymbol{F}$ 的左右两截面剪力不同，弯矩是相同的，左、右两个截面上剪力的差值与集中力大小相等。

4）在集中力偶 m 作用处，左、右两截面的剪力是相同的，而弯矩是不相同的，左、右两截面上弯矩的差值与集中力偶矩大小相等。

利用上述结论，可以很方便地绘制、校核剪力图和弯矩图，现举例说明。

例 8-5　如图 8-12a 所示外伸梁，已知 q、l，$F=\frac{ql}{3}$，$m=\frac{ql^2}{6}$，试绘制剪力图及弯矩图。

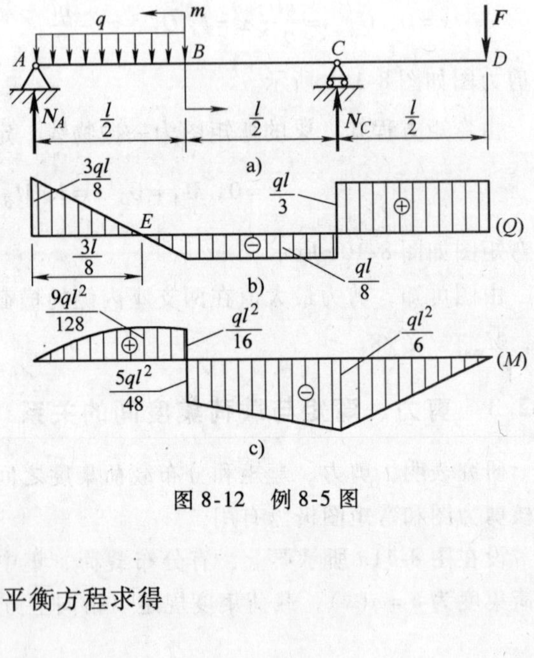

图 8-12　例 8-5 图

解　(1) 求支座约束力　设作用于 A、C 的支座约束力 N_A 及 N_C，方向向上，由平衡方程求得

$$N_A = \frac{3}{8}ql,\ N_C = \frac{11}{24}ql$$

（2）分段求端值　按梁所受外力情况将其分为 AB、BC 及 CD 三段。用直接法求各段左、右两端横截面上的剪力与弯矩值，见表 8-1。

表 8-1　各段左、右两端截面的剪力与弯矩值

梁段	AB 段		BC 段		CD 段	
截面	A_+	B_-	B_+	C_-	C_+	D_-
Q 值	$\frac{3}{8}ql$	$-\frac{1}{8}ql$	$-\frac{1}{8}ql$	$-\frac{1}{8}ql$	$\frac{1}{3}ql$	$\frac{1}{3}ql$
M 值	0	$\frac{1}{16}ql^2$	$-\frac{5}{48}ql^2$	$-\frac{ql^2}{6}$	$-\frac{1}{6}ql^2$	0

（3）绘图线　逐段标出 Q、M 的端值，并按 q、Q 及 M 图图形上的关系绘制剪力图及弯矩图的图线，如图 8-12b、c 所示。其中 AB 段剪力图有剪力等于零处 E，与之对应的弯矩图上有极值弯矩 M_E。截面 E 距 A 端距离为 $3l/8$，计算该截面的弯矩得 $M_E = 9ql^2/128$。

8.3　梁弯曲时横截面上的正应力

首先，讨论弯曲中最简单的纯弯曲问题，推导纯弯曲时的弯曲正应力公式，再推广到一般横力弯曲。

8.3.1　纯弯曲的概念

如图 8-13 所示简支梁，梁上作用两个对称的集中力 $\boldsymbol{F}$，由梁的剪力图和弯矩图可知，在 AB、CD 两段梁中，各横截面上的内力既有剪力又有弯矩，这种弯曲称为横力弯曲（剪切弯曲）。而在 BC 段梁中，各横截面上的内力只有弯矩而无剪力，这种弯曲称为纯弯曲。工程中绝大部分梁都是横力弯曲。

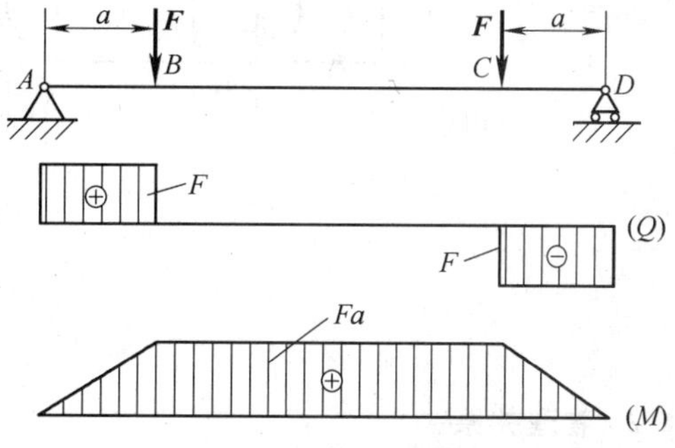

图 8-13　纯弯曲与横力弯曲

8.3.2　纯弯曲时梁横截面上的正应力

纯弯曲时梁的横截面上只有正应力。为研究梁横截面上的正应力分布规律，可取一矩形截面梁作纯弯曲试验。弯曲前，在梁上刻上两组正交直线，一组与轴线平行，另一组与轴线垂直，如图 8-14a 所示。弯曲后可以观察到，与轴线垂直的横向线仍然保持为直线且与弯曲后的轴线保持正交，如图 8-14b 所示。由此可以推断，弯曲后横截面依然保持为平面。此推断称为弯曲时的平面假设。另外，还可观察到，与轴线平行的纵向直线弯曲为圆弧，且靠近上边缘的线段缩短了，而靠近下边缘的线段伸长了。由此可以推断，梁横截面的上部存在着压应力，而下部存在着拉应力。从上到下，正应力由负到正，显然不可能是均匀分布的。正应力的分布规律必须通过变形几何关系、物理关系和静力等效关系来揭示。

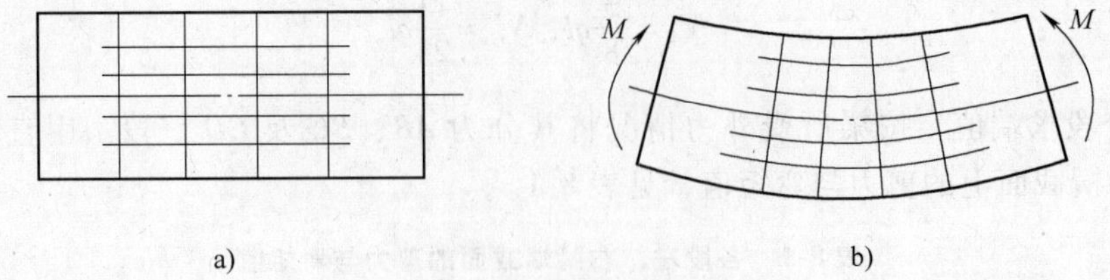

图 8-14 纯弯曲试验

1. 变形几何关系

既然横截面保持为垂直于轴线的平面，且轴线弯曲为圆弧，则相距 dx 的两个横截面之间将形成一个夹角 dθ，如图 8-15 所示，下半部层线 a-a 伸长并弯曲为圆弧$\widehat{aa}$，而上半部层线 b-b 缩短并弯曲为圆弧$\widehat{bb}$。从上到下各层线由缩短变为伸长，则其间必有一层既不伸长也不缩短，这一层称为中性层，由 O_1-O_2 层线表示。中性层与横截面的交线称为中性轴，表示为 z 轴。设中性层的曲率半径为 ρ，a-a 层距中性层的距离为 y，则 a-a 层线的纵向线应变为

$$\varepsilon=\frac{\widehat{aa}-\overline{aa}}{\overline{aa}}=\frac{(\rho+y)\,\mathrm{d}\theta-\rho\mathrm{d}\theta}{\rho\mathrm{d}\theta}=\frac{y}{\rho} \tag{8-6}$$

式中，表示弯曲程度的曲率半径 ρ 与截面上的弯矩、截面的几何性质及材料的力学性能有关，而与 y 无关。所以可以得到如下结论：横截面上各点的纵向线应变是该点距中性层（轴）的距离 y 的线性函数。距中性层（轴）越远，线应变的绝对值越大，越靠近中性层（轴）就越小，中性层（轴）上的纵向线应变为零。

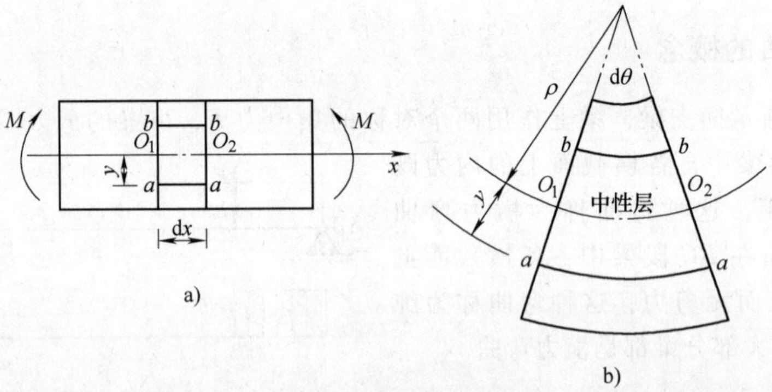

图 8-15 变形几何关系

2. 物理关系

梁在纯弯曲时，可以不考虑层与层之间的挤压，横截面上各点视为单向受拉或单向受压。根据胡克定律 $\sigma=E\varepsilon$，代入式（8-6）得横截面上各点的正应力为

$$\sigma=\frac{E}{\rho}y \tag{8-7}$$

可见，横截面上各点的正应力也是该点距中性层（轴）距离 y 的线性函数，沿宽度方向均匀分布，距中性层（轴）最远点处的正应力绝对值最大，中性层（轴）上的正应力为零，如图 8-16 所示。

3. 静力等效关系

以上推导中还有两点没有确定，其一是中性层的具体层面位置，其二是中性层的曲率半

径与弯矩、截面的几何性质及材料性能的关系。这些问题可由静力等效关系解决。

在横截面上距中性轴的距离为 y 的点处取一个微面积 dA，微面积上的法向内力为 σdA，如图8-16所示。

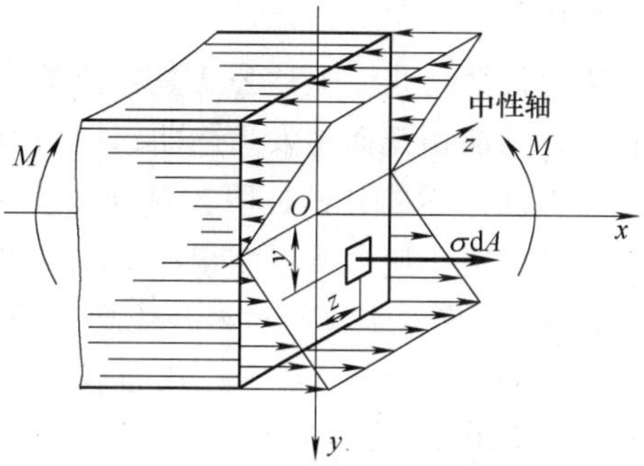

图8-16 正应力分布图

首先，由于整个横截面上只有弯矩而没有轴力，所以横截面上法向内力的总和为零，即

$$N = \int_A \sigma dA = 0$$

将式（8-7）代入，得

$$\frac{E}{\rho}\int_A y dA = 0$$

显然 $\int_A y dA = 0$，故横截面形心 C 的纵坐标

$$y_C = \frac{\int_A y dA}{A} = 0$$

这表明中性轴（中性层）必过横截面形心。

其次，所有点的法向内力对中性轴 z 之矩的代数和应等于横截面上的弯矩 M，即

$$M = \int_A y\sigma dA = \frac{E}{\rho}\int_A y^2 dA$$

令 $I_z = \int_A y^2 dA$，I_z称为横截面对 z 轴的惯性矩，它是与截面形状和尺寸有关的几何量，其单位为 m^4或 mm^4。由此得

$$\frac{1}{\rho} = \frac{M}{EI_z} \tag{8-8}$$

式中，EI_z称为抗弯刚度。显然，若保持弯矩不变，则 EI_z越大，曲率半径越大，即弯曲程度越小。将式（8-8）代入式（8-7），便得到横截面上任一点的正应力公式为

$$\sigma = \frac{My}{I_z} \tag{8-9}$$

横截面上正应力的最大值为

$$\sigma_{max} = \frac{My_{max}}{I_z} = \frac{M}{W_z} \tag{8-10}$$

式中，$W_z = \frac{I_z}{y_{max}}$，称为抗弯截面系数，它是与截面形状和尺寸有关的几何量，其单位为 m^3或 mm^3。

由式（8-9）可以看出，当弯矩 M 为正时，中性层以下 y 坐标为正值，得应力为正，即下部受拉；中性层以上 y 坐标为负值，得应力为负，即上部受压。当弯矩 M 为负时，中性层以下应力为负，即下部受压；中性层以上应力为正，即上部受拉。

实际计算中不一定要进行代数计算，只需计算应力的数值，是拉应力还是压应力可以通过弯矩的转向及变形的情况来判断。以弯曲的轴线为参考，凸边的应力为拉应力，凹边的应

力为压应力。

需要说明的是，上述公式是在纯弯曲变形状态下推导得出的，对于横力弯曲，由于剪力的存在，梁的横截面将发生翘曲，横向力又使纵向纤维之间产生挤压，梁的变形较为复杂。但根据弹性力学的分析证明，对于细长梁，即当梁的跨度 l 与横截面高度 h 之比大于 5 时，剪力的存在对正应力的影响很小，故可以忽略不计，上述公式仍适用于横力弯曲。

例 8-6 图 8-17a 所示为一受均布载荷的悬臂梁。已知梁的跨长 $l=1\text{m}$，均布载荷集度 $q=6\text{kN/m}$；梁由 10 号槽钢制成，截面有关尺寸如图所示，自型钢表查得横截面的惯性矩 $I_z=25.6\text{cm}^4$。试求此梁的最大拉应力和最大压应力。

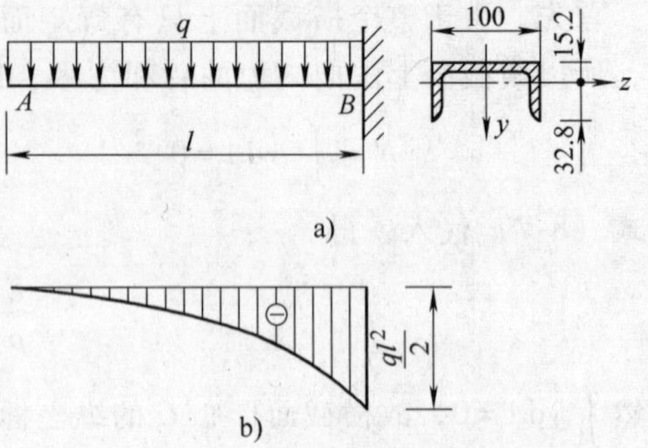

图 8-17 例 8-6 图

解 (1) 作弯矩图 作出梁的弯矩图，如图 8-17b 所示。由图知梁在固定端横截面上的弯矩最大，其值为

$$|M|_{\max}=\frac{ql^2}{2}=\frac{6\times10^3\times1^2}{2}\text{N}\cdot\text{m}=3000\text{N}\cdot\text{m}$$

(2) 求最大正应力 因危险截面上的弯矩为负，故截面上缘受最大拉应力，其值为

$$\sigma_{\text{t,max}}=\frac{M_{\max}}{I_z}y_1=\frac{3000}{25.6\times10^{-8}}\times15.2\times10^{-3}\text{Pa}=178\times10^6\text{Pa}=178\text{MPa}$$

截面的下缘受最大压应力，共值为

$$\sigma_{\text{c,max}}=\frac{M_{\max}}{I_z}y_2=\frac{3000}{25.6\times10^{-8}}\times32.8\times10^{-3}\text{Pa}=385\times10^6\text{Pa}=385\text{MPa}$$

8.3.3 截面惯性矩的计算

1. 常见简单截面的惯性矩

对于矩形、圆形及圆环形等常见简单截面的惯性矩，不难通过积分计算得出，其结果列于表 8-2 中。

表 8-2 常见简单截面的惯性矩与抗弯截面系数

截　面	惯 性 矩	抗弯截面系数
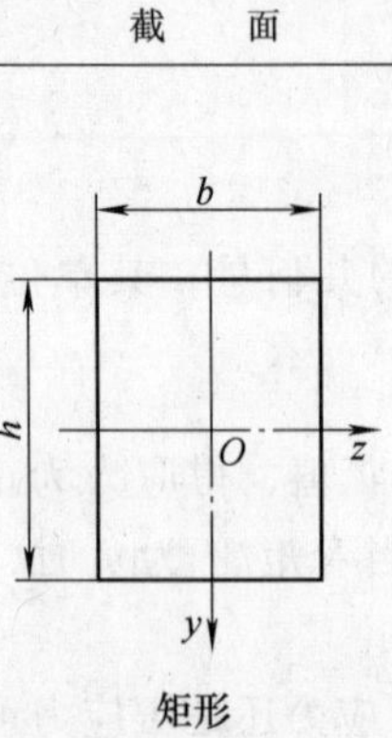 矩形	$I_z=\frac{bh^3}{12}$ $I_y=\frac{hb^3}{12}$	$W_z=\frac{bh^2}{6}$ $W_y=\frac{hb^2}{6}$

（续）

截　面	惯 性 矩	抗弯截面系数
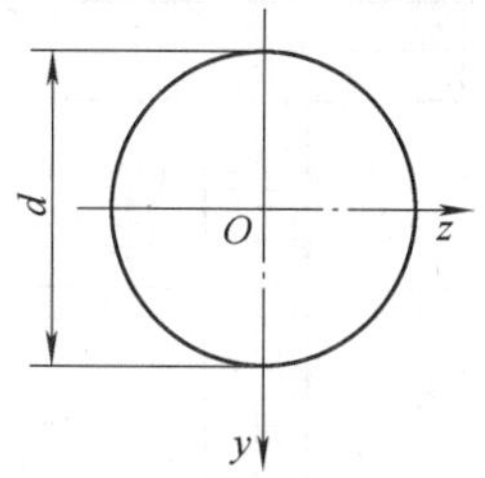 圆形	$I_z = I_y = \dfrac{\pi d^4}{64}$	$W_z = W_y = \dfrac{\pi d^3}{32}$
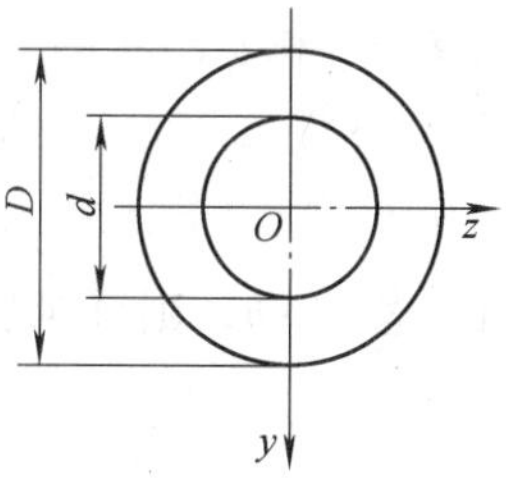 圆环形	$I_z = I_y = \dfrac{\pi D^4(1-\alpha^4)}{64}$ $\left(\alpha = \dfrac{d}{D}\right)$	$W_z = W_y = \dfrac{\pi D^3(1-\alpha^4)}{32}$ $\left(\alpha = \dfrac{d}{D}\right)$

2. 组合截面的惯性矩

工程中许多梁的横截面是由若干个简单截面组合而成的，称为组合截面。对这种组合图形惯性矩的计算，通常使用平行移轴公式来进行。

在图 8-18 中，截面图形的形心为 C，面积为 A，y_C和 z_C是通过形心的坐标轴，y 轴平行于 y_C，距离为 a，z 轴平行于 z_C，距离为 b。可以证明截面图形对 y 轴和 z 轴的惯性矩为

$$\left.\begin{aligned} I_y &= I_{y_C} + a^2 A \\ I_z &= I_{z_C} + b^2 A \end{aligned}\right\} \tag{8-11}$$

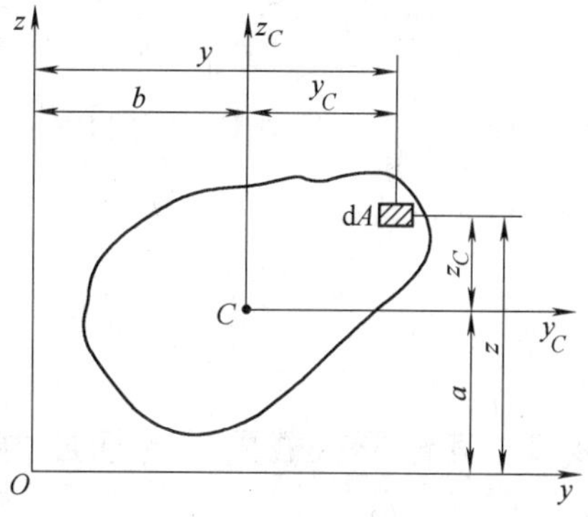

图 8-18　平行移轴公式示意图

式（8-11）即平行移轴公式，即截面对任一轴的惯性矩，等于截面对平行于该轴的形心轴的惯性矩，加上截面面积与两轴距离平方的乘积。此式表明，在截面对各平行轴的惯性矩中，以通过截面形心轴的惯性矩为最小。

例 8-7　T 形截面尺寸如图 8-19 所示，求其对形心轴 z_C的惯性矩。

解　（1）确定截面的形心位置　将 T 形截面分成 A_1、A_2两个矩形，并建立图示坐标系。由形心坐标公式得

$$y_C = \frac{A_1 y_1 + A_2 y_2}{A_1 + A_2} = \frac{20 \times (5+1) + 20 \times 0}{20 + 20}\text{cm} = 3\text{cm}$$

（2）计算两矩形截面对 z_C轴的惯性矩　根据平行移轴公式，有

$$I_{z_{C1}} = \frac{10 \times 2^3}{12}\text{cm}^4 + 20 \times (2+1)^2\text{cm}^4 = 186.7\text{cm}^4$$

$$I_{z_{C2}} = \frac{2 \times 10^3}{12}\text{cm}^4 + 20 \times 3^2\text{cm}^4 = 346.7\text{cm}^4$$

$$I_{z_C} = I_{z_{C1}} + I_{z_{C2}} = (186.7 + 346.7)\text{cm}^4 = 533.4\text{cm}^4$$

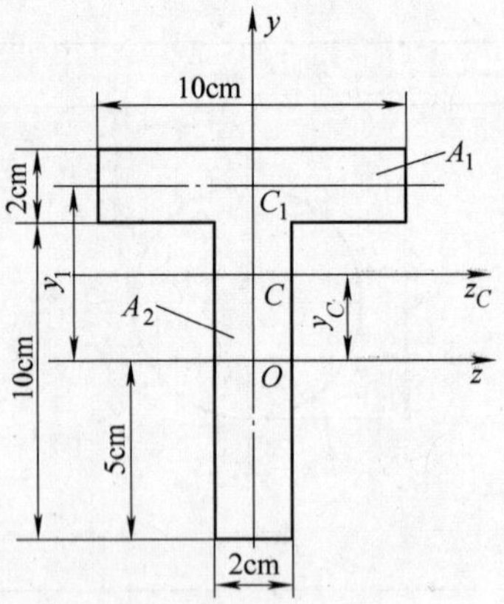

图 8-19 例 8-7 图

8.4 弯曲切应力简介

梁在横力弯曲时，横截面上除了由弯矩引起的正应力以外，还存在着由剪力引起的切应力。一般情况下切应力对强度的影响不大。但对短梁或载荷靠近支座的梁以及腹板较高的组合截面梁则应考虑切应力的影响。

8.4.1 矩形截面梁弯曲切应力

设宽为 b、高为 h 的矩形截面（图 8-20a）上的剪力 $\boldsymbol{Q}$ 沿对称轴 y。若 $h > b$，则可对切应力的分布作如下假设：

1）横截面上各点的切应力方向和剪力 $\boldsymbol{Q}$ 的方向一致。

2）横截面上距中性轴 z 的距离为 y 的线段上，切应力均匀分布。

根据以上假设，可以证明矩形截面梁横截面上切应力 τ 沿截面高度按抛物线规律变化（图 8-20b），距中性轴 y 处各点的切应力为

$$\tau = \frac{3Q}{2bh}\left(1 - \frac{4y^2}{h^2}\right) \tag{8-12}$$

在横截面上、下边缘处切应力为零；在中性轴上切应力最大，其值为

$$\tau_{\max} = \frac{3Q}{2bh} = \frac{3Q}{2A} \tag{8-13}$$

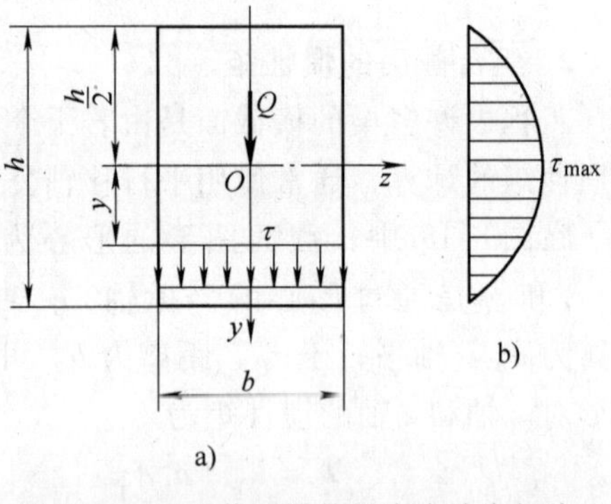

图 8-20 矩形截面梁的切应力分布规律

8.4.2 其他形状截面梁的切应力

其他几种形状截面梁的最大切应力也发生在中性轴上（图 8-21），其值为

工字形截面梁 $$\tau_{\max} = \frac{Q}{A_{腹}} \tag{8-14}$$

圆形截面梁 $$\tau_{\max} = \frac{4Q}{3A} \tag{8-15}$$

圆环形截面梁 $$\tau_{\max} = \frac{2Q}{A} \tag{8-16}$$

式（8-14）中，$A_{腹} = bh$；式（8-15）和式（8-16）中，A 为横截面面积。

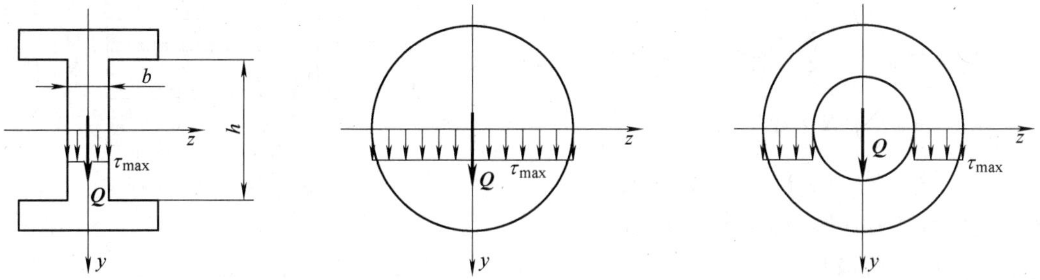

图 8-21 其他几种形状截面梁的最大切应力

8.5 梁弯曲时的强度计算

8.5.1 梁的强度条件

1. 正应力强度条件

等直梁弯曲时的最大正应力发生在最大弯矩所在横截面的上、下边缘各点处，在这些点处，切应力为零。仿照轴向拉（压）杆的强度条件，梁的正应力强度条件为

$$\sigma_{max}=\frac{M_{max}}{W_z}\leqslant[\sigma] \tag{8-17}$$

式中，$[\sigma]$ 为材料的许用正应力，其值可从有关设计规范中查得。

对于拉伸与压缩力学性能不同的材料，则要求梁的最大拉应力 $\sigma_{t,max}$不超过材料的拉伸许用应力 $[\sigma_t]$，最大压应力 $\sigma_{c,max}$不超过材料的压缩许用应力 $[\sigma_c]$，即

$$\sigma_{t,max}\leqslant[\sigma_t],\ \sigma_{c,max}\leqslant[\sigma_c] \tag{8-18}$$

2. 切应力强度条件

梁内的最大切应力 τ_{max}发生在最大剪力所在横截面的中性轴上各点处，在这些点处，正应力为零。因此，梁的切应力强度条件为

$$\tau_{max}\leqslant[\tau] \tag{8-19}$$

式中，$[\tau]$ 为材料的许用切应力。

8.5.2 梁的强度计算

为了保证梁能正常工作，梁必须同时满足正应力和切应力强度条件。由于正应力一般是梁内的主要应力，故通常只需按正应力强度条件进行强度计算。但对跨度较短或支座附近有较大载荷作用的梁、自制组合截面且腹板较薄的梁以及木梁等，还需进行切应力强度计算。

例 8-8 一起重机（图 8-22a）用 32c 型号工字钢制成，可将其简化为一简支梁（图 8-22b），梁长 $l=10\text{m}$，自重力不计。若最大起重载荷为 $F=35\text{kN}$（包括葫芦和钢丝绳），许用应力为 $[\sigma]=130\text{MPa}$，试校核梁的强度。

解 （1）求最大弯矩 当小车移动到梁中点时，在该处产生最大弯矩，为危险截面。

最大弯矩为

$$M_{\max}=\frac{Fl}{4}=\frac{35\times10}{4}\text{kN}\cdot\text{m}$$

$$=87.5\text{kN}\cdot\text{m}$$

（2）校核梁的强度　查型钢表得 32c 型号工字钢的抗弯截面系数 $W_z=760\text{cm}^3$，所以有

$$\sigma_{\max}=\frac{M_{\max}}{W_z}=\frac{87.5\times10^6}{760\times10^3}\text{MPa}$$

$$=115.1\text{MPa}<[\sigma]$$

故梁的强度是安全的。

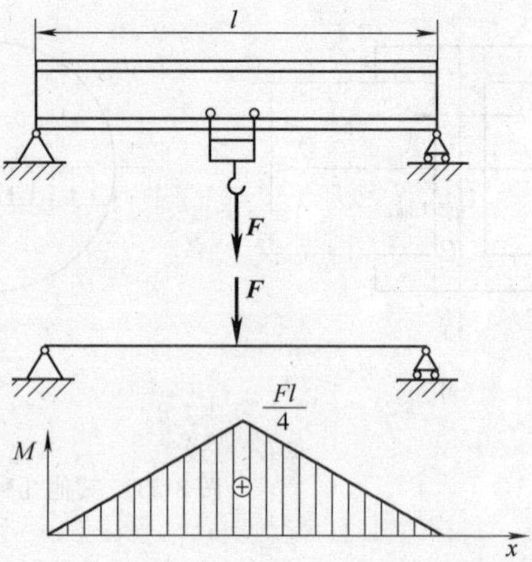

图 8-22　例 8-8 图

例 8-9　由铸铁制成的外伸梁（图 8-23a）的横截面为 T 形，截面对形心轴 z_C 的惯性矩 $I_{z_C}=1.36\times10^6\text{mm}^4$，$y_1=30\text{mm}$。已知铸铁的拉伸许用应力 $[\sigma_t]=30\text{MPa}$，压缩许用应力 $[\sigma_c]=60\text{MPa}$，试校核梁的强度。

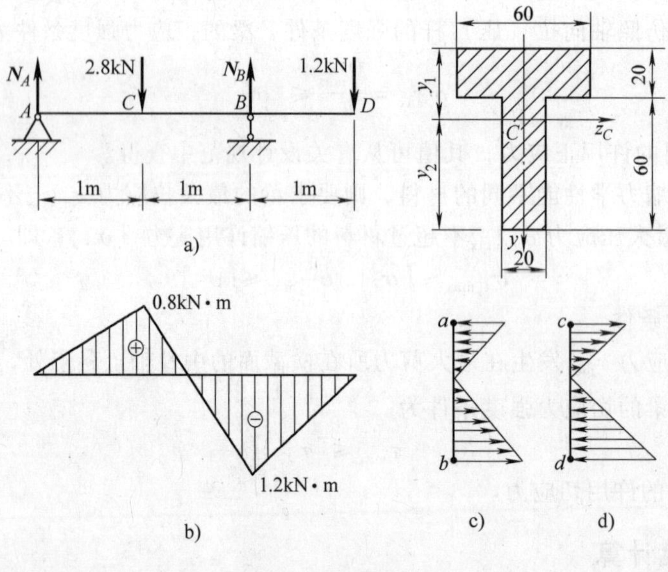

图 8-23　例 8-9 图

解　（1）绘制弯矩图　由梁的平衡方程求得梁支座约束力为

$$N_A=0.8\text{kN},\ N_B=3.2\text{kN}$$

绘出弯矩图（图 8-23b），从弯矩图上可以看出，最大正弯矩发生在截面 C 上，$M_C=0.8\text{kN}\cdot\text{m}$；最大负弯矩发生在截面 B 上，$M_B=-1.2\text{kN}\cdot\text{m}$。

（2）校核强度　由截面 C 和 B 上的弯曲正应力分布情况（图 8-23c、d），截面 C 上 b 点和截面 B 上 c、d 点处的弯曲正应力分别为

$$\sigma_b = \frac{M_C y_2}{I_{z_C}} = \frac{0.8 \times 10^6 \times 50}{1.36 \times 10^6}\text{MPa} = 29.4\text{MPa}$$

$$\sigma_c = \frac{M_B y_1}{I_{z_C}} = \frac{1.2 \times 10^6 \times 30}{1.36 \times 10^6}\text{MPa} = 26.5\text{MPa}$$

$$\sigma_d = \frac{M_B y_2}{I_{z_C}} = \frac{1.2 \times 10^6 \times 50}{1.36 \times 10^6}\text{MPa} = 44.1\text{MPa}$$

至于截面 C 上 a 点处的弯曲正应力（压应力），必小于 d 点处的正应力值，故不再计算。因此

$$\sigma_{t,\max} = \sigma_b = 29.4\text{MPa} < [\sigma_t] = 30\text{MPa}$$

$$\sigma_{c,\max} = \sigma_d = 44.1\text{MPa} < [\sigma_c] = 60\text{MPa}$$

所以梁满足强度要求。

例 8-10　如图 8-24a 所示梁由工字钢制成，已知 $F = 50\text{kN}$，$l = 1.2\text{m}$，$a = 0.15\text{m}$，材料的许用正应力 $[\sigma] = 160\text{MPa}$，许用切应力 $[\tau] = 100\text{MPa}$，试选择工字钢的型号。

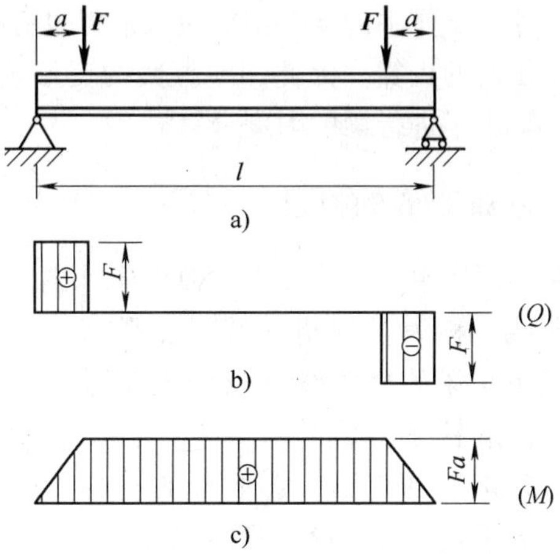

图 8-24　例 8-10 图

解　此梁的载荷比较靠近支座，在支座附近，弯矩较小，剪力相对较大，且工字钢腹板比较狭窄，因此，除需要考虑正应力外，还要考虑切应力。

（1）作剪力图与弯矩图　由梁的剪力图（图 8-24b）和弯矩图（图 8-24c）得

$$Q_{\max} = F = 50\text{kN},\ M_{\max} = Fa = 50 \times 0.15\text{kN} \cdot \text{m} = 7.5\text{kN} \cdot \text{m}$$

（2）选择工字钢型号　由正应力强度条件得

$$W_z \geqslant \frac{M_{\max}}{[\sigma]} = \frac{7.5 \times 10^6}{160}\text{mm}^3 = 46.9 \times 10^3\text{mm}^3 = 46.9\text{cm}^3$$

根据 W_z 的计算结果，查型钢规格表选 10 号工字钢，即可满足正应力强度条件，其对应 $W_z = 49\text{cm}^3$。

（3）切应力强度校核　10 号工字钢腹板面积为

$$A = (h - 2t)b = (100 - 2 \times 7.6) \times 4.5\text{mm}^2 = 381.6\text{mm}^2$$

而

$$\tau_{\max} = \frac{Q_{\max}}{A} = \frac{50 \times 10^3}{381.6}\text{MPa} = 131\text{MPa} > [\tau]$$

故不满足切应力强度条件，需重新选择截面。选 12.6 号工字钢，有

$$A = (h - 2t)b = (126 - 2 \times 8.4) \times 5\text{mm}^2 = 546\text{mm}^2$$

$$\tau_{\max} = \frac{Q_{\max}}{A} = \frac{50 \times 10^3}{546}\text{MPa} = 91.6\text{MPa} < [\tau]$$

满足切应力强度条件，最后选择 12.6 号工字钢。

8.6 梁的弯曲变形与刚度计算

梁满足强度条件，表明梁在工作中安全，不会破坏。但过大的变形也会影响机器的正常工作。如起重机横梁在起吊重物后弯曲变形过大，会使起重机移动困难；齿轮轴变形过大，会使齿轮不能正常啮合，产生振动并损害齿轮及设备；机械加工中刀杆或工件的变形，将导致较大的制造误差。所以，构件正常的工作条件，不仅要满足强度条件，还要满足刚度条件，即构件在工作中的变形不能过大。但也有些构件工作时要有较大或合适的变形，如车辆上起减振作用的板簧。因此，掌握梁的变形规律及其计算是非常重要的。研究梁变形的目的，主要是为了进行梁的刚度计算。

8.6.1 弯曲变形的概念

梁在外力作用下，将发生弯曲变形（图8-25）。其轴线将由原来的直线变成一条连续而光滑的曲线，称为梁的挠曲线。在平面弯曲情况下，梁的挠曲线是位于纵向对称面内的一条平面曲线。

为了确定梁的变形，选取梁的左端点 A 为坐标原点，以变形前梁的轴线为 x 轴，x 轴向右为正，y 轴向上为正。梁的挠曲线可表示为

$$y=f(x) \tag{8-20}$$

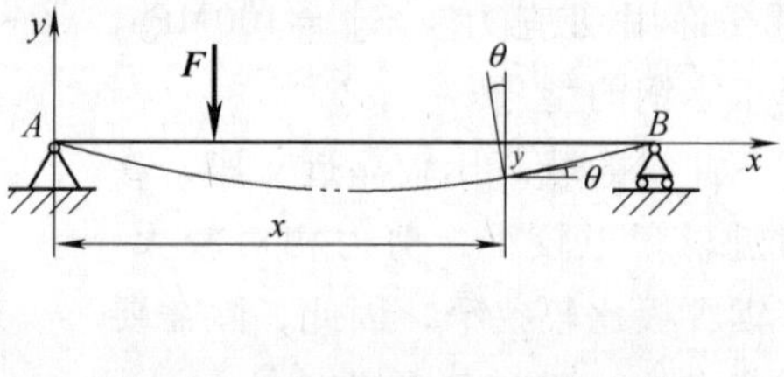

图8-25 平面弯曲时梁的挠曲线

式（8-20）称为挠曲线方程。

当梁发生弯曲变形时，梁内各横截面将同时产生移动和转动。其横截面形心在垂直于梁轴线（x 轴）方向上的线位移，称为梁在该截面处的挠度，用 y 表示（图8-25），并规定挠度向上为正，向下为负。横截面绕其中性轴转过的角度称为该截面的转角，用 θ 表示。规定 θ 以逆时针转向为正，顺时针转向为负。根据平面假设，梁变形后的横截面仍保持为平面并与挠曲线正交，因而横截面的转角 θ 也等于挠曲线在该截面处的切线与 x 轴的夹角（图8-25）。挠度和转角是表示梁变形的两个基本量。在小变形条件下，横截面形心在 x 方向的线位移与 y 相比为高阶小量，通常略去不计。

在小变形情况下，由于转角 θ 很小，故可得挠度与转角的关系为

$$\theta \approx \tan\theta = y' = f'(x) \tag{8-21}$$

式（8-21）称为转角方程，即挠曲线上任一点的切线斜率，等于该点处横截面的转角。

综上所述，只要确定了梁的挠曲线方程，即可求得任一横截面的挠度和转角。

8.6.2 用积分法求梁的变形

1. 挠曲线近似微分方程

梁在纯弯曲时，梁的轴线弯成了一条平面曲线，其曲线的曲率公式为

$$\frac{1}{\rho}=\frac{M(x)}{EI_z}$$

由于剪力对梁弯曲变形的影响忽略不计，故可由纯弯曲时的曲率公式建立梁的挠曲线近似微分方程。由数学分析可知，平面曲线的曲率为

$$\frac{1}{\rho}=\pm\frac{y''}{(1+y'^2)^{3/2}}$$

在小变形条件下，y'很小，y'^2是高阶小量，可略去不计，故有

$$\frac{1}{\rho}\approx\pm y''$$

参照图 8-26 所示的挠曲线形状与横截面弯矩的对应关系，可得

$$y''=\frac{M(x)}{EI_z} \tag{8-22}$$

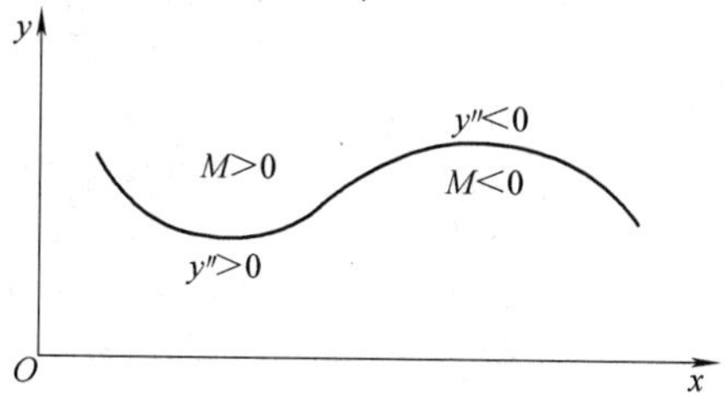

图 8-26　挠曲线形状与弯矩的对应关系

式（8-22）称为梁的挠曲线近似微分方程。

2. 用积分法求梁的变形

对于等截面直梁，式（8-22）可写为

$$EI_zy''=M(x)$$

对上式分离变量进行积分，即可得到等截面直梁的转角方程为

$$EI_z\theta = EI_zy'=\int M(x)\,dx + C \tag{8-23}$$

挠曲线方程为

$$EI_zy=\iint M(x)\,dx\,dx + Cx + D \tag{8-24}$$

式中，C 和 D 为积分常数，其值可通过梁在约束处的已知位移条件即边界条件来确定。

例 8-11　一等截面悬臂梁 AB，EI_z为常量，在自由端 B 处作用一集中力 $\boldsymbol{F}$，如图 8-27 所示。试求梁的转角方程和挠度方程，并确定最大转角$|\theta|_{max}$和最大挠度$|y|_{max}$。

解　（1）列弯矩方程

$$M(x)=-F(l-x)$$

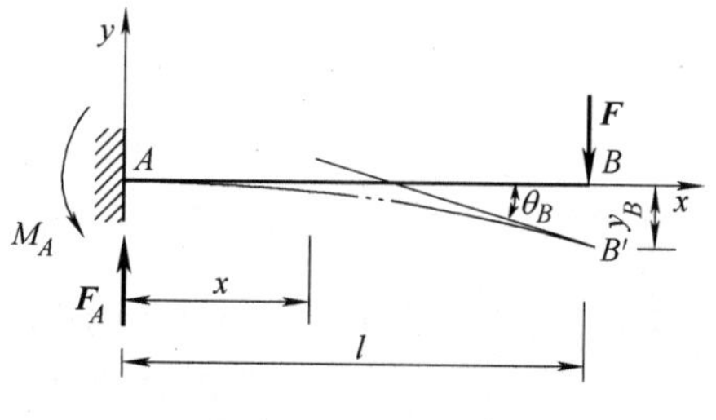

图 8-27　例 8-11 图

（2）建立挠曲线近似微分方程并积分

$$EI_zy''=M(x)=-Fl+Fx$$

$$EI_z\theta=EI_zy'=-Flx+\frac{F}{2}x^2+C$$

$$EI_zy=-\frac{Fl}{2}x^2+\frac{F}{6}x^3+Cx+D$$

（3）确定积分常数　悬臂梁的边界条件是在固定端 A 处挠度和转角均为零，即

$$x=0,\ \theta_A=0;\ x=0,\ y_A=0$$

分别代入上式得 $C=0$，$D=0$。故梁的转角方程和挠度方程分别为

$$\theta=\frac{1}{EI_z}\left(-Flx+\frac{F}{2}x^2\right)=-\frac{Fx}{2EI_z}(2l-x)$$

$$y=\frac{1}{EI_z}\left(-\frac{Fl}{2}x^2+\frac{F}{6}x^3\right)=-\frac{Fx^2}{6EI_z}(3l-x)$$

（4）求最大转角和最大挠度　由图 8-27 可以看出，自由端 B 处转角和挠度绝对值最大。以 $x=l$ 代入梁的转角方程和挠度方程，可得

$$\theta_B=-\frac{Fl^2}{2EI_z},\ |\theta|_{\max}=\frac{Fl^2}{2EI_z};\ y_B=-\frac{Fl^3}{3EI_z},\quad |y|_{\max}=\frac{Fl^3}{3EI_z}$$

所得的 θ_B 为负值，说明横截面 B 作顺时针方向转动；y_B 为负值，说明截面 B 的挠度向下。

表 8-3 给出了用积分法求得的梁在简单载荷作用下的挠曲线方程、端截面转角和最大挠度。

8.6.3　用叠加法求梁的变形

由表 8-3 可以看出，在小变形及材料服从胡克定律的条件下，梁的挠度和转角均为载荷的线性函数。由此可见，梁在多个载荷作用下，每一载荷对梁的影响是独立的。因此当梁上同时作用多个载荷时，梁的总变形就等于各个载荷单独作用下所产生变形的代数和，这种方法称为叠加法。工程中常用叠加法求解复杂载荷作用下梁指定截面的挠度和转角。

例 8-12　车床主轴（图 8-28a）的计算简图可简化成外伸梁。$\boldsymbol{F}_1$ 为切削力，$\boldsymbol{F}_2$ 为齿轮传动力。若近似地把此梁作为等截面梁，EI_z 为常量，试求截面 B 的转角和端点 C 的挠度。

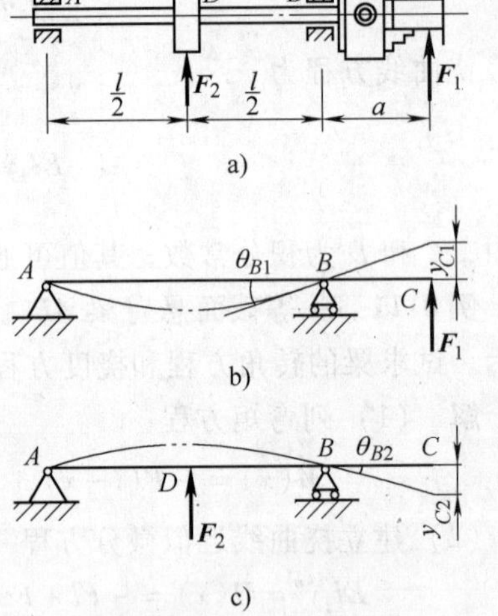

图 8-28　例 8-12 图

解　将外伸梁的变形看成是图 8-28b、c 两种简单情况的叠加。查表得 $\boldsymbol{F}_1$ 产生的变形为

$$\theta_{B1}=\frac{F_1al}{3EI_z},\ y_{C1}=\frac{F_1a^2}{3EI_z}(l+a)$$

$\boldsymbol{F}_2$ 产生的变形为

$$\theta_{B2}=-\frac{F_2l^2}{16EI_z},\ y_{C2}=a\theta_{B2}=-\frac{F_2l^2a}{16EI_z}$$

将 $\boldsymbol{F}_1$ 和 $\boldsymbol{F}_2$ 单独作用时所得结果对应叠加（求代数和），便得到 $\boldsymbol{F}_1$ 和 $\boldsymbol{F}_2$ 共同作用时产生的变形，即

$$\theta_B=\theta_{B1}+\theta_{B2}=\frac{F_1al}{3EI_z}-\frac{F_2l^2}{16EI_z}$$

$$y_C=y_{C1}+y_{C2}=\frac{F_1a^2}{3EI_z}(l+a)-\frac{F_2l^2a}{16EI_z}$$

表 8-3 梁在简单载荷作用下的挠曲线方程、端截面转角和最大挠度

序号	梁的形式及其载荷	挠曲线方程	端截面转角	最大挠度
1	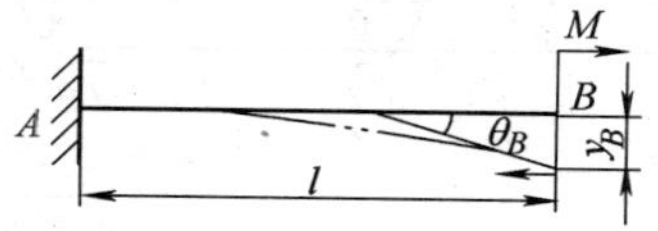	$y=-\frac{Mx^2}{2EI}$	$\theta_B=-\frac{Ml}{EI}$	$y_B=-\frac{Ml^2}{2EI}$
2	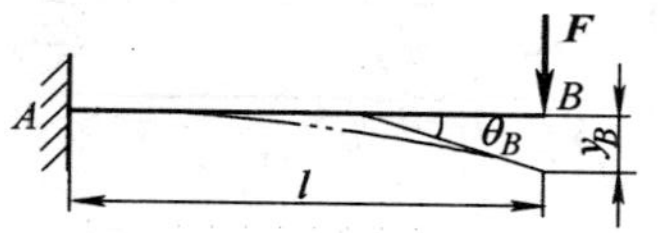	$y=-\frac{Fx^2}{6EI}(3l-x)$	$\theta_B=-\frac{Fl^2}{2EI}$	$y_B=-\frac{Fl^3}{3EI}$
3	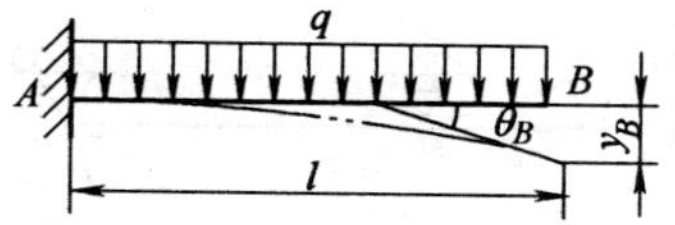	$y=-\frac{qx^2}{24EI}(x^2-4lx+6l^2)$	$\theta_B=-\frac{ql^3}{6EI}$	$y_B=-\frac{ql^4}{8EI}$
4	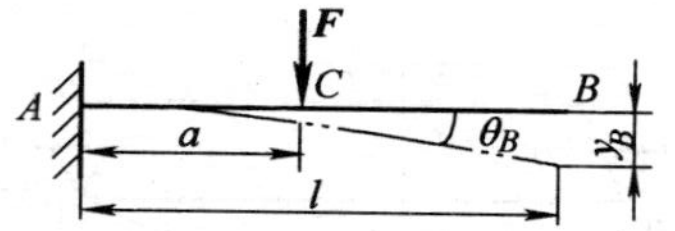	$y=-\frac{Fx^2}{6EI}(3a-x)\ (0\leqslant x\leqslant a)$ $y=-\frac{Fa^2}{6EI}(3x-a)\ (a\leqslant x\leqslant l)$	$\theta_B=-\frac{Fa^2}{2EI}$	$y_B=-\frac{Fa^2}{6EI}(3l-a)$
5	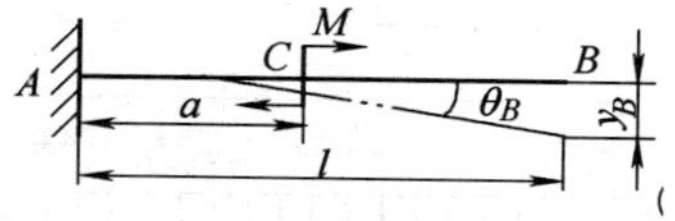	$y=-\frac{Mx^2}{2EI}\ (0\leqslant x\leqslant a)$ $y=-\frac{Ma}{EI}\left(x-\frac{a}{2}\right)\ (a\leqslant x\leqslant l)$	$\theta_B=-\frac{Ma}{EI}$	$y_B=-\frac{Ma}{EI}\left(l-\frac{a}{2}\right)$
6	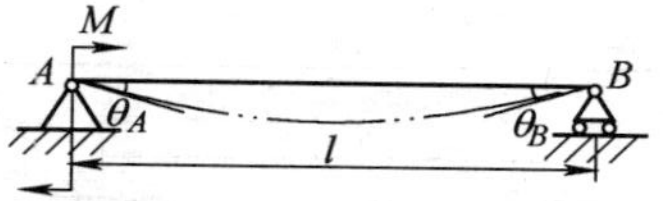	$y=-\frac{Mx}{6EIl}(l-x)(2l-x)$	$\theta_A=-\frac{Ml}{3EI}$ $\theta_B=\frac{Ml}{6EI}$	$x=\left(1-\frac{1}{\sqrt{3}}\right)l,\ y_{max}=-\frac{Ml^2}{9\sqrt{3}EI}$ $x=\frac{l}{2},\ y_{\frac{l}{2}}=-\frac{Ml^2}{16EI}$
7	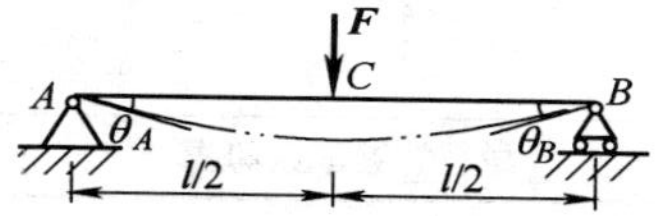	$y=-\frac{Fx}{48EI}(3l^2-4x^2)\ \left(0\leqslant x\leqslant\frac{l}{2}\right)$	$\theta_A=-\frac{Fl^2}{16EI}$ $\theta_B=\frac{Fl^2}{16EI}$	$x=\frac{l}{2},\ y_{max}=-\frac{Fl^3}{48EI}$

（续）

序号	梁的形式及其载荷	挠曲线方程	端截面转角	最大挠度
8	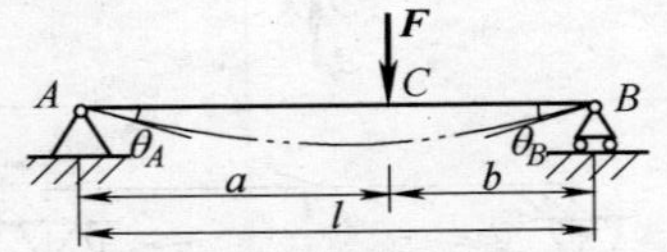	$y=-\frac{Fbx}{6EIl}(l^2-x^2-b^2)\ (0\leqslant x\leqslant a)$ $y=-\frac{Fb}{6EIl}\left[\frac{l}{b}(x-a)^3+(l^2-b^2)x-x^3\right]\ (a\leqslant x\leqslant l)$	$\theta_A=-\frac{Fab(l+b)}{6EIl}$ $\theta_B=\frac{Fab(l+a)}{6EIl}$	$a>b,x=\sqrt{\frac{l^2-b^2}{3}},y_{\max}=-\frac{Fb(l^2-b^2)^{\frac{3}{2}}}{9\sqrt{3}EIl}$ $x=\frac{l}{2},y_{\frac{l}{2}}=-\frac{Fb(3l^2-4b^2)}{48EI}$
9	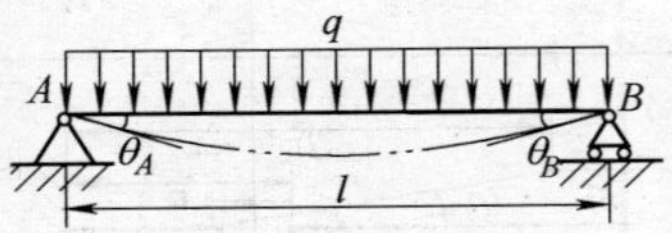	$y=-\frac{qx}{24EI}(l^3-2lx^2+x^3)$	$\theta_A=-\frac{ql^3}{24EI}$ $\theta_B=\frac{ql^3}{24EI}$	$y_{\max}=-\frac{5ql^4}{384EI}$
10	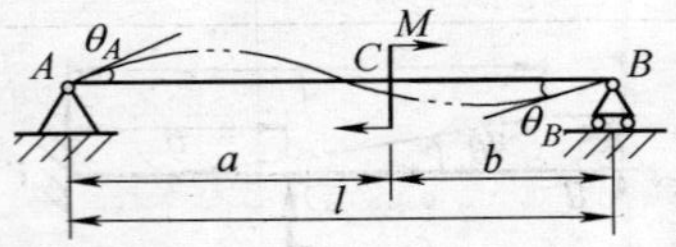	$y=\frac{Mx}{6EIl}(l^2-3b^2-x^2)\ (0\leqslant x\leqslant a)$ $y=-\frac{M(l-x)}{6EIl}[l^2-3a^2-(l-x)^2]\ (a\leqslant x\leqslant l)$	$\theta_A=\frac{M}{6EIl}(l^2-3b^2)$ $\theta_B=\frac{M}{6EIl}(l^2-3a^2)$	$x=\sqrt{\frac{l^2-3b^2}{3}},y_{1\max}=\frac{M(l^2-3b^2)^{\frac{3}{2}}}{9\sqrt{3}EIl}$ $x=\sqrt{\frac{l^2-3a^2}{3}},y_{2\max}=\frac{M(l^2-3a^2)^{\frac{3}{2}}}{9\sqrt{3}EIl}$
11	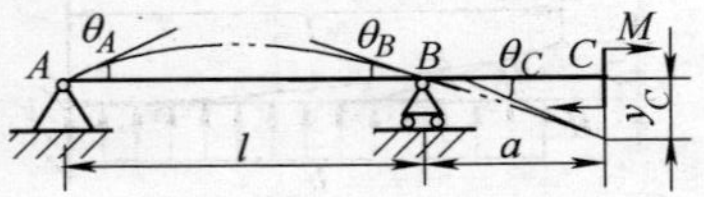	$y=\frac{Mx}{6EIl}(l^2-x^2)\ (0\leqslant x\leqslant l)$ $y=-\frac{M}{6EI}(3x^2-4lx+l^2)\ (l\leqslant x\leqslant l+a)$	$\theta_A=\frac{Ml}{6EI}$ $\theta_B=-\frac{Ml}{3EI}$ $\theta_C=-\frac{M}{3EI}(l+3a)$	$x=\frac{l}{\sqrt{3}},y_{1\max}=\frac{Ml^2}{9\sqrt{3}EI}$ $x=l+a,y_{2\max}=-\frac{Ma}{6EI}(2l+3a)$
12	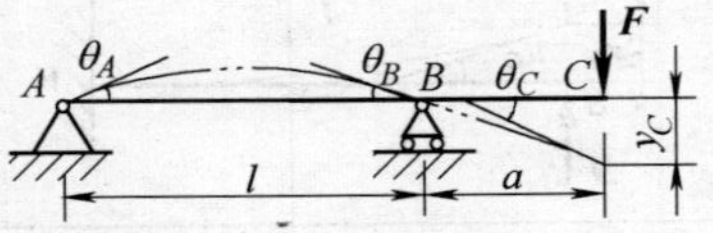	$y=\frac{Fax}{6EIl}(l^2-x^2)\ (0\leqslant x\leqslant l)$ $y=-\frac{F(x-l)}{6EI}[a(3x-l)-(x-l)^2]\ (l\leqslant x\leqslant l+a)$	$\theta_A=\frac{Fal}{6EI}$ $\theta_B=-\frac{Fal}{3EI}$ $\theta_C=-\frac{Fa}{6EI}(2l+3a)$	$x=\frac{l}{\sqrt{3}},y_{1\max}=\frac{Fal^2}{9\sqrt{3}EI}$ $x=l+a,y_{2\max}=-\frac{Fa^2}{3EI}(l+a)$
13	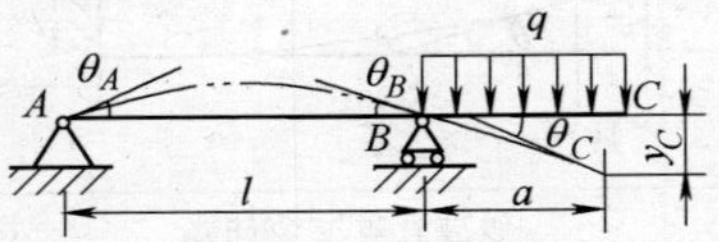	$y=\frac{qa^2}{12EI}\left(lx-\frac{x^3}{l}\right)\ (0\leqslant x\leqslant l)$ $y=-\frac{qa^2}{12EI}\left[\frac{x^3}{l}-\frac{(2l+a)(x-l)^3}{al}-\frac{(x-l)^4}{2a^2}-lx\right]\ (l\leqslant x\leqslant l+a)$	$\theta_A=\frac{qa^2l}{12EI}$ $\theta_B=-\frac{qa^2l}{6EI}$ $\theta_C=-\frac{qa^2}{6EI}(l+a)$	$x=\frac{l}{\sqrt{3}},y_{1\max}=\frac{qa^2l^2}{18\sqrt{3}EI}$ $x=l+a,y_{2\max}=-\frac{qa^3}{24EI}(3a+4l)$

8.6.4 梁的刚度计算

梁的刚度条件为

$$|y|_{max} \leqslant [y],\ |\theta|_{max} \leqslant [\theta] \tag{8-25}$$

式中，$[y]$为许用挠度，$[\theta]$为许用转角，可根据工作要求或有关手册确定。

例 8-13 起重量为 50kN 的单梁起重机，由 45b 号工字钢制成，其跨度 $l=10$m（图 8-29a）。已知梁的许用挠度 $[y]=\dfrac{l}{500}$，材料的弹性模量 $E=210$GPa。试校核梁的刚度。

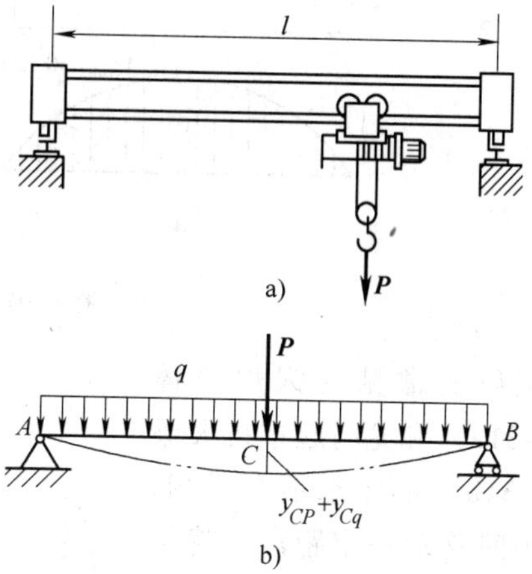

图 8-29 例 8-13 图

解 起重机梁的计算简图如图 8-29b 所示，梁的自重为均布载荷 q；滑车的压力简化为一集中力 $\boldsymbol{P}$，当其行至梁的中点时，所产生的挠度最大。

（1）计算变形 由型钢表查得梁的自重及横截面的惯性矩分别为

$$q=874\text{N/m},\ I_z=33800\text{cm}^4$$

在 $\boldsymbol{P}$ 单独作用下 C 点的挠度为

$$y_{CP}=-\frac{Pl^3}{48EI_z}=-\frac{50\times10^3\times10^3}{48\times210\times10^9\times33800\times10^{-8}}\text{m}=-1.47\times10^{-2}\text{m}$$

在 q 单独作用下 C 点的挠度为

$$y_{Cq}=-\frac{5ql^4}{384EI_z}=-\frac{5\times874\times10^4}{384\times210\times10^9\times33800\times10^{-8}}\text{m}=-1.6\times10^{-3}\text{m}$$

由叠加法得

$$y_C=y_{CP}+y_{Cq}=(-1.47\times10^{-2}-1.6\times10^{-3})\text{m}=-1.63\times10^{-2}\text{m}$$

（2）校核刚度 吊车梁的许用挠度为

$$[y]=\frac{l}{500}=0.02\text{m}$$

而

$$|y|_{max}=|y_C|=0.0163\text{m}<[y]$$

所以梁的刚度符合要求。

8.7 提高梁的强度和刚度的措施

从前面几节可知，对于梁的强度问题，主要考虑正应力，而正应力和最大弯矩 M 成正比，和抗弯截面系数 W_z成反比。梁的变形和梁的跨度 l 的高次方成正比，和梁的抗弯刚度 EI_z成反比。可以利用这些关系找到提高梁的强度和刚度的措施。

1. 合理安排梁的支承

合理安排梁的支承，可以起到降低梁上最大弯矩的作用，同时也减小了梁的跨度，从而提高了梁的强度和刚度。如图 8-30a 所示，受均布载荷的简支梁，若将两端支座各向里侧移动 $0.2l$（图 8-30b），改为两端外伸梁，则梁上的最大弯矩只及原来的 $\frac{1}{5}$，同时梁上的最大挠度和最大转角也变小了。

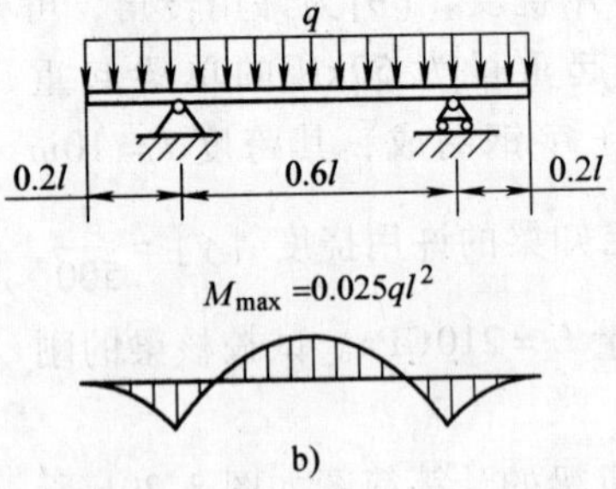

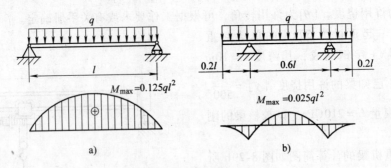

图 8-30 合理安排梁的支承

工程上常见的锅炉筒体（图 8-31a）和龙门起重机大梁（图 8-31b）的支承不在两端，而向中间移动一定距离，就是这个道理。

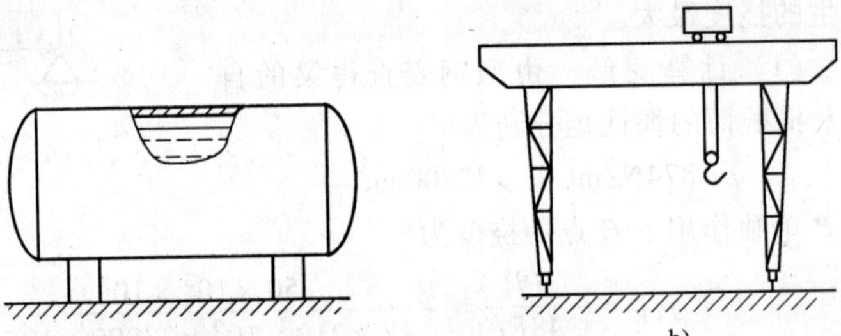

图 8-31 锅炉筒体和龙门起重机大梁

2. 合理布置梁的载荷

当载荷大小一定时，如能把载荷分散布置可以减小梁上的最大弯矩，提高梁的强度和刚度。例如图 8-32 所示简支梁，采用分散布置载荷的方法后，梁的最大弯矩明显降低，此方法在应用上多见于梁构件中间部位加装副梁，如起重机的横梁上焊接一辅梁、载重汽车过桥铺板等。

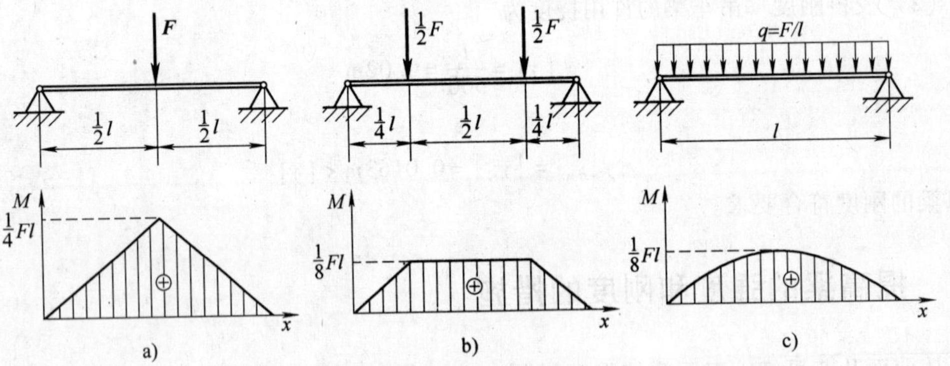

图 8-32 合理布置梁的载荷

3. 选择梁的合理截面

梁的抗弯截面系数 W_z（或惯性矩 I_z）与截面的面积、形状有关，在 $W_z(I_z)$ 一定的情况下，如果选择最佳的截面形状，可以使其截面面积减小，达到节约材料、减轻自重的目的。由于横截面上的正应力和各点到中性轴的距离成正比，靠近中性轴的材料正应力较小，未能充分发挥其潜力，故将靠近中性轴的材料移至截面的边缘，必然使 $W_z(I_z)$ 增大。所以，工程上许多受弯曲构件都采用工字形、箱形、槽形等截面形状。

在讨论截面的合理形状时，还要考虑材料的特性。对抗拉和抗压强度相等的材料（如碳钢），宜采用对中性轴对称的截面，如圆形、矩形等。这样可使截面上、下边缘处的最大拉应力和最大压应力数值相等，同时接近于许用应力。对抗拉和抗压强度不相等的材料（如铸铁），宜采用中性轴偏于受拉一侧的截面形状。

当然，除了上述三条措施以外，还可以采用增加约束（即采用静不定梁）以及等强度梁等措施来提高梁的强度和刚度。需要指出的是，由于优质钢和普通钢的 E 值相差不大，但价格相差较大，故一般情况下不宜用优质钢代替普通钢来提高梁的刚度。

本章小结

1. 梁的外力

梁的外力包括梁上载荷与支座约束力。梁上载荷有集中力、分布力和集中力偶三种。支座约束力由支座形式确定。当横向外力或外力偶作用在梁的纵向对称面内时，梁在该纵向对称面内产生平面弯曲。

2. 梁的内力

梁的内力包括两个分量——剪力 $\boldsymbol{Q}$ 和弯矩 M。任一横截面上的剪力等于截面一侧所有横向外力的代数和，当外力方向与所求截面剪力正向相反时，外力取正，反之取负；任一横截面上的弯矩等于截面一侧所有外力对该截面形心之矩的代数和，当外力矩转向与所求截面弯矩正向相反时，外力矩取正，反之取负。即：“左上右下产生正剪力，左顺右逆产生正弯矩”。

3. 梁的内力图

梁的内力图包括剪力图和弯矩图。绘制内力图的方法有两种：一种是分段列出剪力方程和弯矩方程，然后根据方程绘图；另一种方法是根据剪力、弯矩与分布载荷集度的微分关系绘制剪力图和弯矩图。

4. 梁的弯曲正应力

横截面上任一点的弯曲正应力及最大正应力计算公式为

$$\sigma = \frac{My}{I_z},\ \sigma_{\max} = \frac{My_{\max}}{I_z} = \frac{M}{W_z}$$

最大拉、压正应力发生在危险截面的上下边缘处。

5. 弯曲正应力强度条件

塑性材料
$$\sigma_{\max} = \frac{M_{\max}}{W_z} \leqslant [\sigma]$$

脆性材料
$$\sigma_{t,\max} \leqslant [\sigma_t],\ \sigma_{c,\max} \leqslant [\sigma_c]$$

运用正应力强度条件可解决梁的三类强度计算问题。

6. 梁的弯曲变形

弯曲变形用挠度 y 和转角 θ 来度量。对于小变形，梁横截面转角和挠度的关系为

$$\theta = y'$$

挠曲线近似微分方程为

$$EI_z y'' = M(x)$$

可用积分法和叠加法求梁的弯曲变形。

7. 梁的刚度条件

$$|y|_{max} \leqslant [y], |\theta|_{max} \leqslant [\theta]$$

运用刚度条件可解决梁的三类刚度计算问题。

8. 提高梁的强度和刚度的主要措施

(1) 合理安排梁的支承

(2) 合理布置梁的载荷

(3) 选择梁的合理截面

思 考 题

8-1 什么情况下梁发生平面弯曲？悬臂梁在 B 端作用有集中力 $\boldsymbol{F}$，$\boldsymbol{F}$ 与 y 轴的夹角如图 8-33 所示。当截面为圆形、正方形和长方形时，梁是否发生平面弯曲？

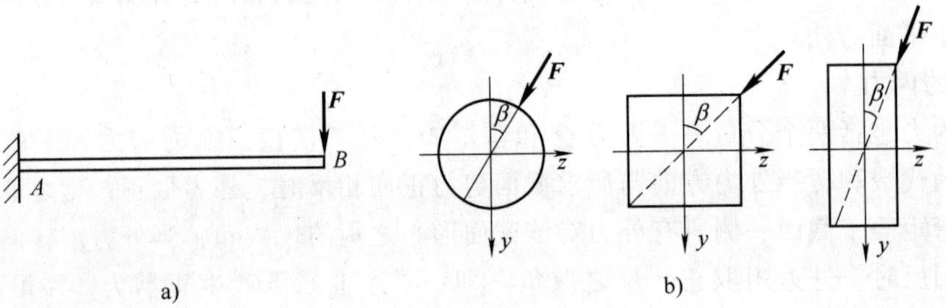

图 8-33 思 8-1 图

8-2 扁担常在中间折断，跳水板易在固定端处折断，为什么？

8-3 如图 8-34 所示简支梁，梁上作用分布载荷 q。在求梁的内力时，可用静力等效的集中力代替分布载荷吗？

8-4 矩形截面梁的横截面高度增加到原来的两倍，截面的抗弯能力将增大到原来的几倍？若横截面宽度增加到原来的两倍，则抗弯能力将增大到原来的几倍？

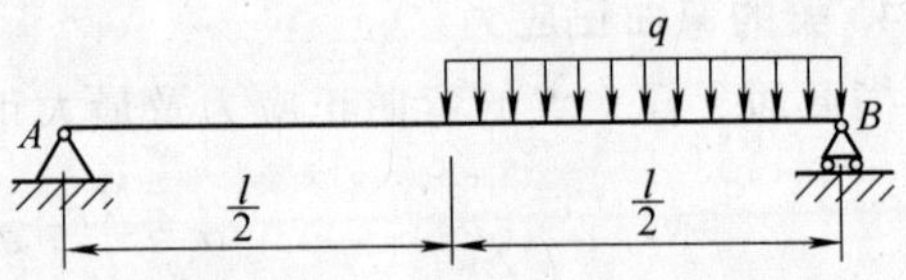

图 8-34 思 8-3 图

8-5 钢梁和铝梁的约束、尺寸、截面以及所受载荷均相同，其内力、最大弯矩、最大正应力及梁的最大挠度是否相同？

8-6 矩形截面梁沿水平纵向对称面剖为双梁，截面的抗弯能力如何变化？若沿其铅垂纵向对称面剖为双梁，截面的抗弯能力又如何变化？

8-7 T 形截面铸铁梁，承受最大正弯矩小于最大负弯矩（绝对值），则如何放置才合理？

8-8 在弯矩突变处，梁的转角和挠度有突变吗？在弯矩最大处，梁的转角和挠度一定最大吗？

8-9 何谓叠加法？如何用叠加法计算梁的变形？

8-10 提高梁的强度和刚度通常采用哪些措施？

习 题

8-1 如图 8-35 所示各梁中 q、a 均为已知，试求指定截面上的剪力和弯矩。

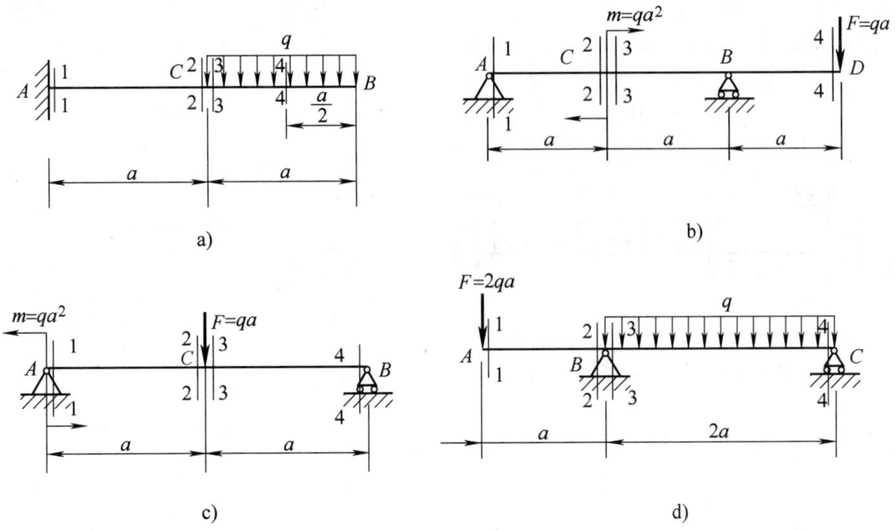

图 8-35 题 8-1 图

8-2 如图 8-36 所示各梁中，载荷 q、$\boldsymbol{F}$、m 和尺寸 l 均为已知。试列出梁的剪力方程和弯矩方程，绘制剪力图和弯矩图，并求出 $|Q|_{\max}$ 和 $|M|_{\max}$。

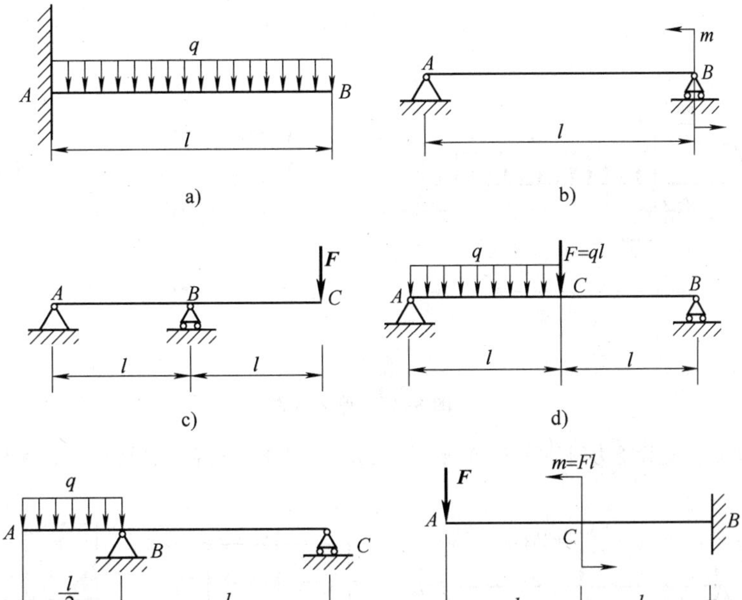

图 8-36 题 8-2 图

8-3　试绘制图 8-37 所示各梁的剪力图和弯矩图，并求出 $|Q|_{max}$ 和 $|M|_{max}$。设 q、F、a、l 均为已知。

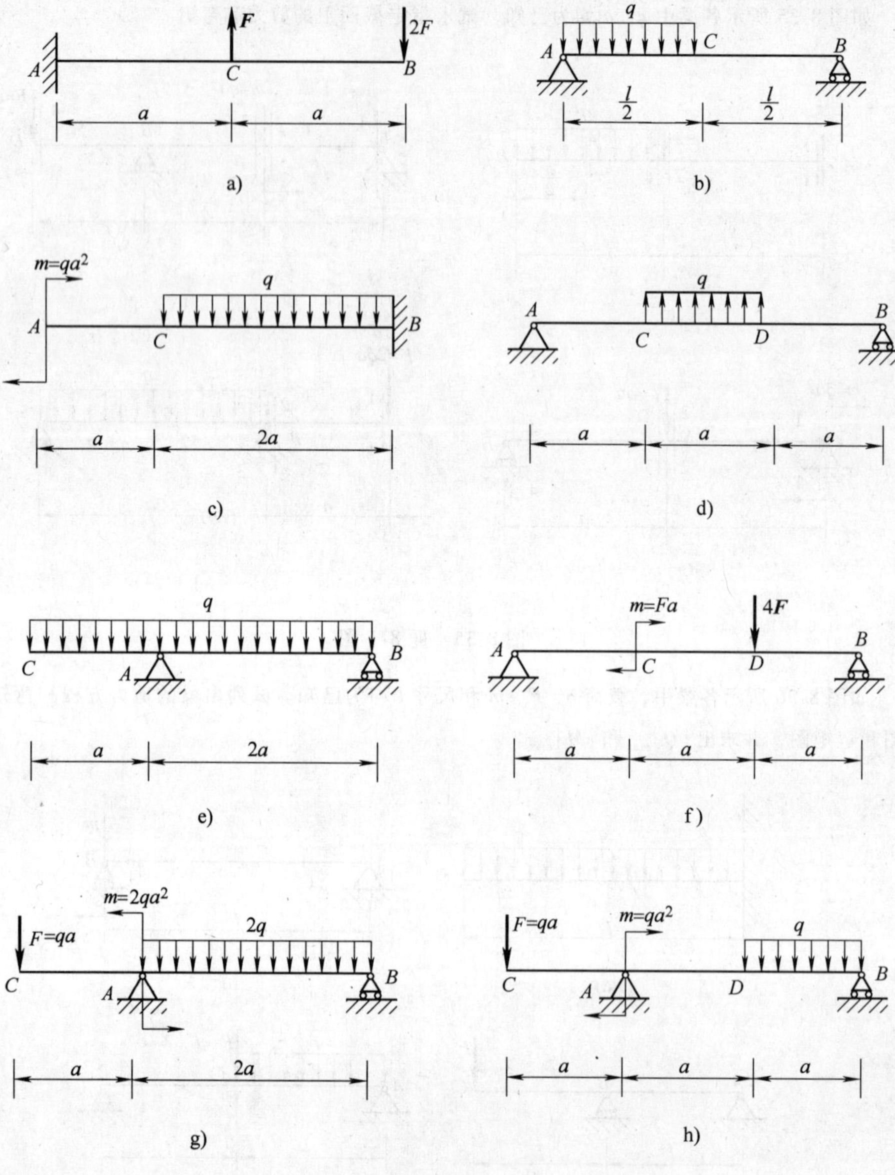

图 8-37　题 8-3 图

8-4　矩形截面简支梁受力图如图 8-38 所示，试分别求出梁竖放和平放时产生的最大正应力。

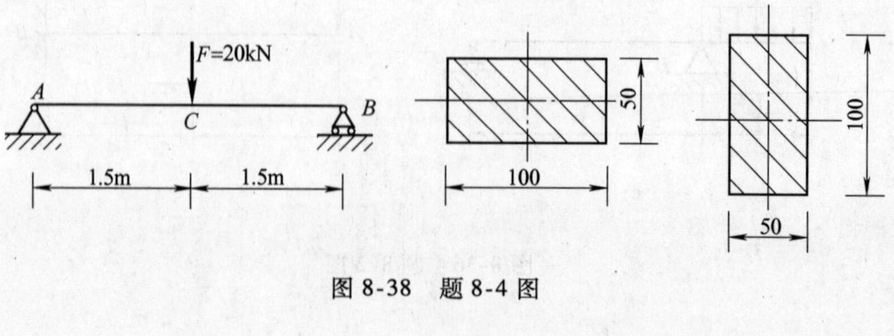

图 8-38　题 8-4 图

8-5 简支梁承受载荷如图 8-39 所示。若分别采用截面面积相等的实心和空心圆截面，且 $D_1=40\text{mm}$，$\dfrac{d_2}{D_2}=\dfrac{3}{5}$，试分别计算它们的最大正应力，并计算空心截面比实心截面的最大正应力减小了百分之几。

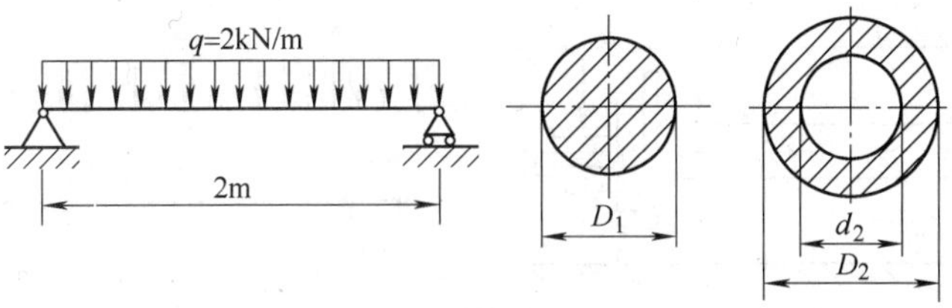

图 8-39 题 8-5 图

8-6 空心圆管外伸梁如图 8-40 所示，已知梁的最大正应力 $\sigma_{max}=150\text{MPa}$，外径 $D=60\text{mm}$。求空心圆管的内径 d。

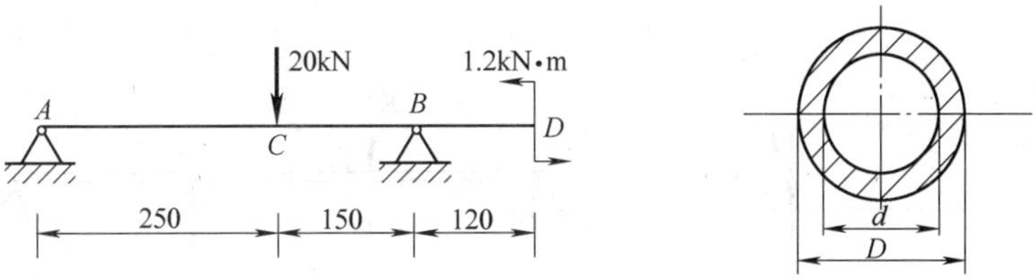

图 8-40 题 8-6 图

8-7 简支梁受均布载荷作用如图 8-41 所示，试计算梁的最大正应力和最大切应力，并指出它们发生于何处。

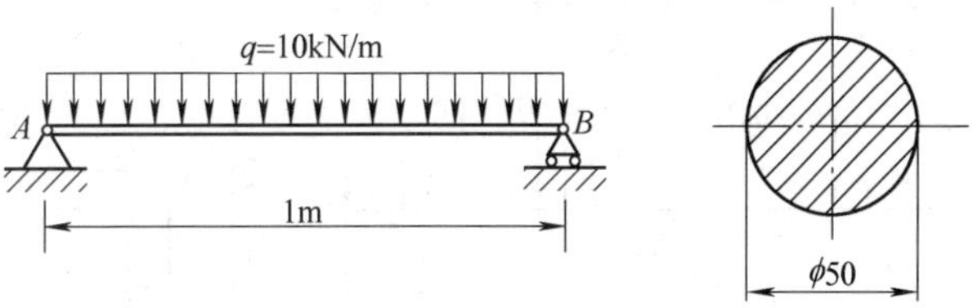

图 8-41 题 8-7 图

8-8 压板的尺寸和载荷情况如图 8-42 所示，材料系钢制，$\sigma_s=380\text{MPa}$，取安全系数 $n=1.5$。试校核压板的强度。

8-9 图 8-43 所示为机车轮轴的简图。试校核轮轴的强度。已知：$d_1=160\text{mm}$，$d_2=130\text{mm}$，$a=$

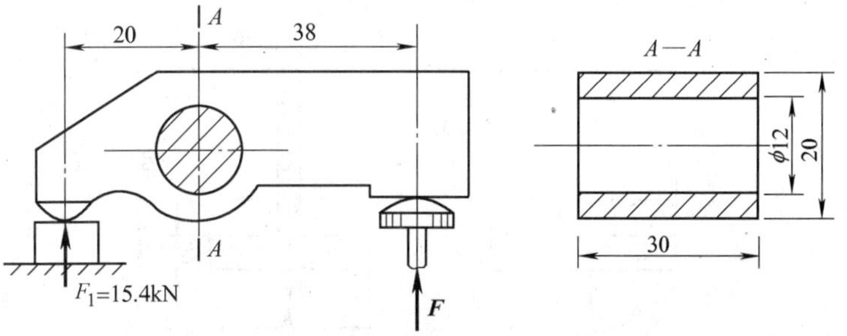

图 8-42 题 8-8 图

0.267m，$b=0.16$m，$F=62.5$kN，$[\sigma]=60$MPa。

8-10　矩形截面悬臂梁受力图如图 8-44 所示，已知跨度 $l=4$m，承受均布载荷 $q=10$kN/m，梁横截面上高度与宽度之比 $h/b=3/2$，梁的许用应力 $[\sigma]=10$MPa，试确定梁的横截面尺寸。

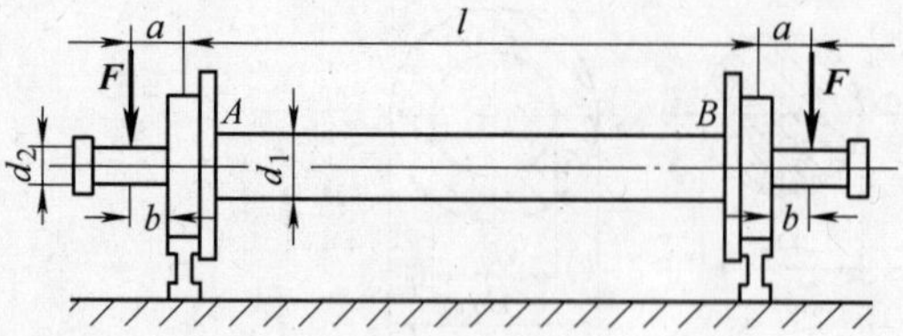

图 8-43　题 8-9 图

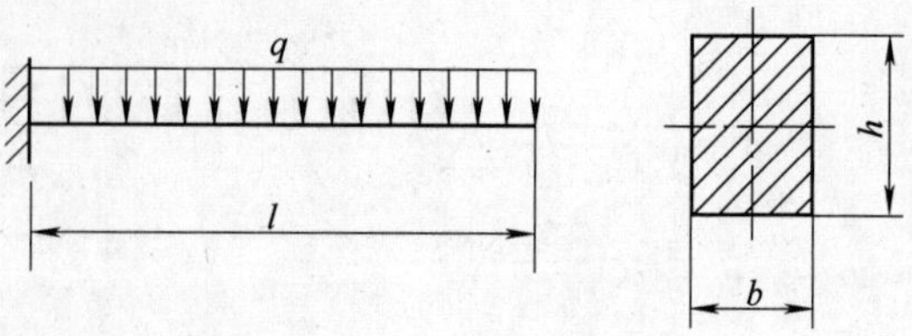

图 8-44　题 8-10 图

8-11　如图 8-45 所示悬臂梁 AB，型号为 No. 18 号工字钢。已知 $l=1.2$m，许用应力 $[\sigma]=170$MPa，不计梁的自重，试计算自由端集中力 $\boldsymbol{F}$ 的最大许可值 $[F]$。

8-12　20a 号工字钢的支承和受力情况如图 8-46 所示，$\boldsymbol{F}$ 与 $\boldsymbol{F}'$ 等值反向。若许用应力 $[\sigma]=160$MPa，试确定许可载荷 $[F]$。

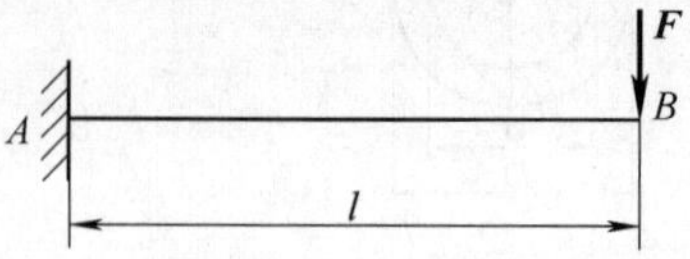

图 8-45　题 8-11 图

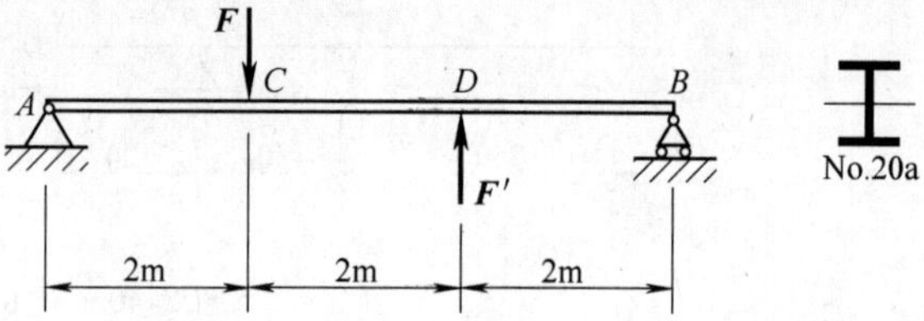

图 8-46　题 8-12 图

8-13　槽形截面铸铁梁的载荷和截面尺寸如图 8-47 所示。已知 $I_z=40\times10^{-6}\text{m}^4$，铸铁的许用拉应力 $[\sigma_t]=30$MPa，许用压应力 $[\sigma_c]=120$MPa，试校核梁的强度。

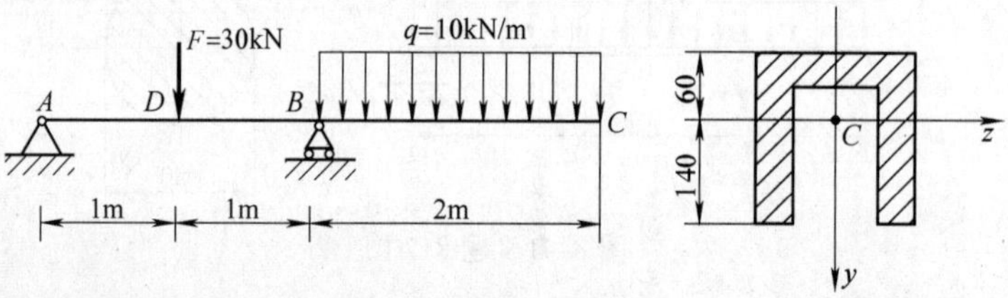

图 8-47　题 8-13 图

8-14　图 8-48 所示为一承受纯弯曲的铸铁梁，其截面为⊥形，材料的拉伸与压缩许用应力之比 $[\sigma_t]/[\sigma_c]=1/4$。求水平翼板的合理宽度 b。

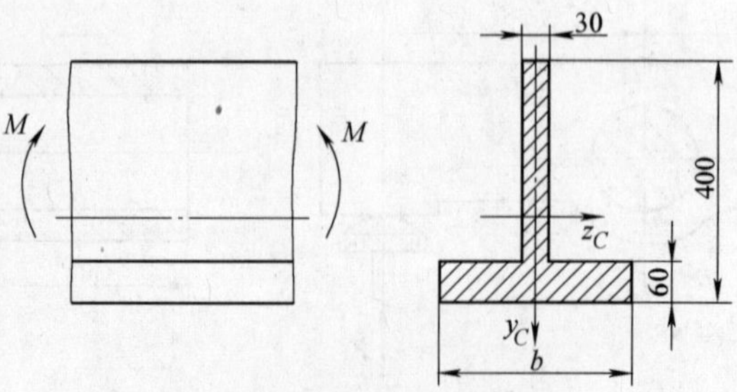

图 8-48　题 8-14 图

8-15　一单梁桥式起重机如图 8-49 所示。梁由 28b 号工字钢制成，电动葫芦和起重量总重 $F=30\text{kN}$，材料的 $[\sigma]=140\text{MPa}$，$[\tau]=100\text{MPa}$。试校核梁的强度。

8-16　如图 8-50 所示工字钢外伸梁，梁长 5m，外伸端长为 1m，在外伸端作用集中载荷 $F=20\text{kN}$，已知 $[\sigma]=150\text{MPa}$，$[\tau]=90\text{MPa}$。试选择合适的工字钢型号。

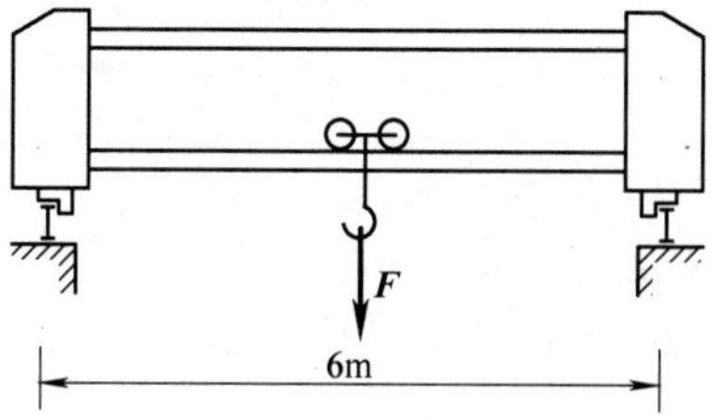

图 8-49　题 8-15 图

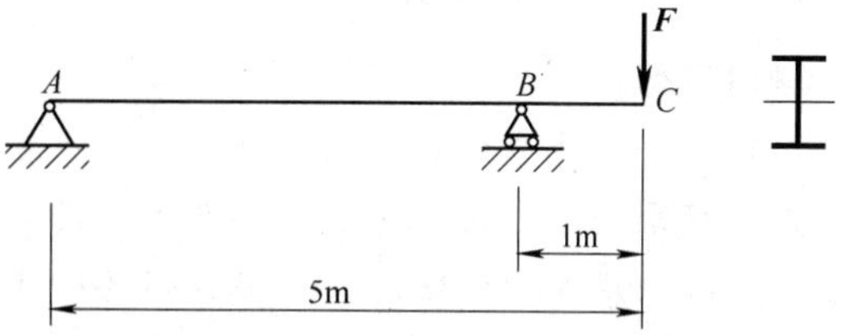

图 8-50　题 8-16 图

8-17　试用叠加法求图 8-51 所示各梁 B 截面的挠度和转角。设 EI_z 为常数。

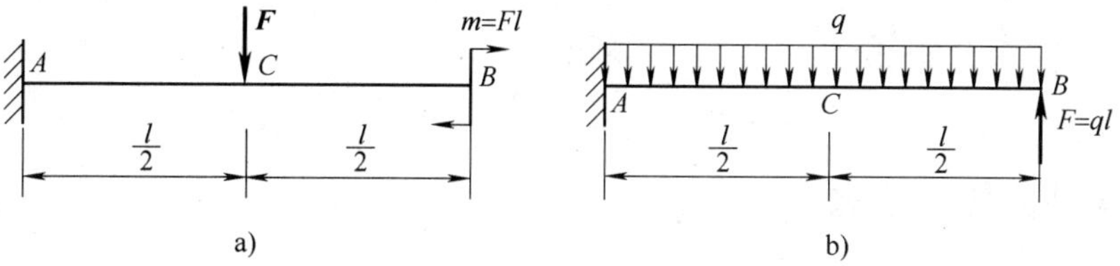

图 8-51　题 8-17 图

8-18　试用叠加法求图 8-52 所示梁 C 截面的挠度和 B 截面的转角。设 EI_z 为常数。

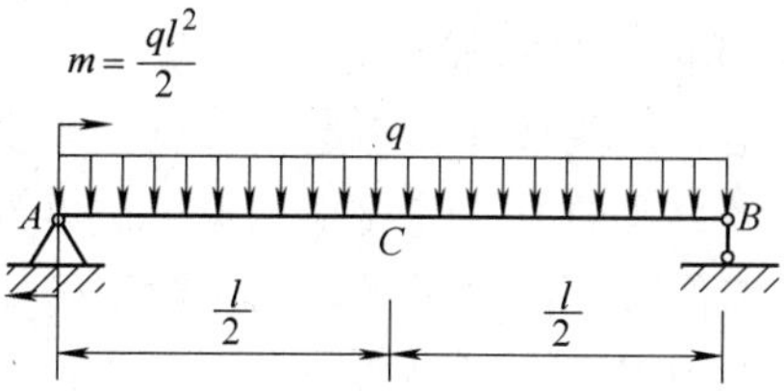

图 8-52　题 8-18 图

8-19　用 45a 号工字钢制成的简支梁，全梁受均布载荷 q 作用。已知跨长 $l=10\text{m}$，钢的弹性模量 $E=200\text{GPa}$，要求梁的最大挠度不超过 $\frac{l}{500}$，试求梁的许可均布载荷 $[q]$ 的值。

第9章　应力状态分析与强度理论

【学习目标】

1）理解一点处应力状态的概念，掌握一点处应力状态的表示方法。

2）掌握平面应力状态下主应力及主平面方位的求解方法。

3）了解强度理论的概念，掌握常用的四种强度理论及适用原则。

本章主要介绍一点处应力状态的概念、平面应力状态的分析方法、强度理论与强度条件的应用等内容。

9.1　应力状态的概念

9.1.1　一点处的应力状态

前面章节中对杆件在基本变形形式下横截面上的应力进行了分析计算。如轴向拉压杆横截面上的正应力为 $\sigma = N/A$；受扭圆轴横截面上的切应力为 $\tau_{\rho} = T\rho/I_{p}$；纯弯曲梁横截面上的正应力为 $\sigma = My/I_{z}$ 等。杆件在基本变形形式下横截面上应力分布规律的特点是：危险点处只有正应力或切应力。因此可以通过试验确定许用应力，再分别建立单向拉伸（压缩）或纯剪切变形的强度条件。但是，这些条件却不足以解决工程实际中存在的大量复杂的强度问题。例如，工字形截面梁受横力弯曲时，其翼缘与腹板交界点处，就同时存在较大的正应力和切应力；飞机螺旋桨轴在工作时，同时承受着拉伸和扭转变形，其横截面上的危险点自然同时存在因轴力引起的正应力和因扭矩引起的切应力；各种传动轴，其横截面上也常同时存在因弯矩引起的正应力和因扭矩引起的切应力或还有其他内力引起的应力分量。要求解这些构件的强度问题，即使是在横截面上，也必须综合考虑正应力和切应力的影响。另外，如观察低碳钢拉伸试件破坏的断口可见，其破坏首先是出现与横截面成大约45°的塑性屈服，最后才因剩余截面面积太小突然脆断；观察铸铁试件压缩或扭转的破坏试验，不难看到其破坏是发生在与轴线成大约45°的斜截面。这些现象说明：斜截面上存在的应力，有时可能比横截面上的大，也有可能是杆件承受斜截面上应力的能力较差，以致首先沿斜截面破坏。所以必须研究应力在不同截面的分布及变化规律，这是对构件在复杂受力情况下进行正确强度分析的基础。

一般而言，受力构件内不同截面上的应力分布不同；同一截面上不同点的应力不同；同一点不同方位截面的应力不同。通过受力构件内一点处各个不同方位截面上应力大小和方向的情况，称为一点处的应力状态。

9.1.2　应力状态的表示方法

为了研究一点处的应力状态，可围绕该点截取一微小的正六面体（即单元体）。由于单元体各边边长均为无穷小，故可以认为单元体各面上的应力是均匀分布的，并且每对互相平行的平面上的应力大小相等，方向相反。如果知道了单元体三个互相垂直平面上的应力，其他任意截面上的应力都可以通过截面法求得（详见 9.2 节），则该点处的应力状态就可以确定了。因此，可用单元体三个互相垂直平面上的应力来表示一点处的应力状态。

下面举例说明单元体的截取方法。例如，在轴向拉伸杆内任一点 A 处（图 9-1a），取出单元体（图 9-1b），其左、右两个面为横向平面，该面上只有正应力 $\sigma = N/A$，其余上、下与前、后四个面均平行于杆轴线，在这些面上都没有应力。因此单元体也可简化为平面图形（图 9-1c）。承受横力弯曲的矩形截面梁（图 9-2a），在梁的上边缘 A 点、中性层 B 点及任一点 C 处，用同样的方法截取三个单元体（图 9-2b、c、d），单元体左、右面上的正应力与切应力可由弯曲应力公式求出。由切应力互等定理可知，上、下面上的切应力 $\tau' = \tau$，前、后面没有应力。图 9-2e、f、g 分别为三个单元体的简化图形。受扭的圆轴（图 9-3a），其表层内任一点 A 处的单元体可用一对横截面、一对径向截面及一对同轴圆柱面来截取（图 9-3b）。横截面上的切应力 τ 由扭转切应力公式计算；由切应力互等定理可知，径向截面上也存在切应力 $\tau' = \tau$。图 9-3c 为单元体的简化图形。

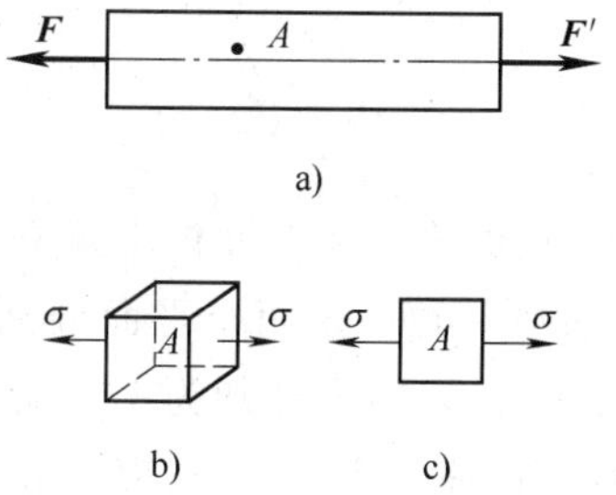

图 9-1 轴向拉伸杆内任一点的应力状态

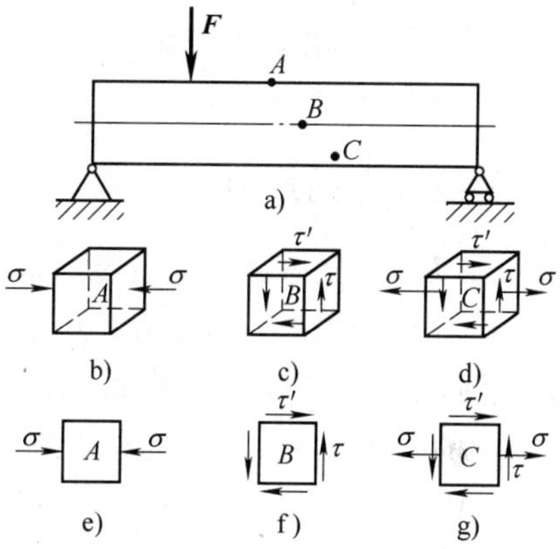

图 9-2 横力弯曲梁内任一点的应力状态

9.1.3 应力状态的分类

当围绕一点所取单元体的方向不同时，单元体各面上的应力也不同。可以证明，对于受力构件内任一点，总可以找到三个互相垂直的平面，在这些面上只有正应力而没有切应力，这些切应力为零的平面称为主平面。作用在主平面上的正应力称为主应力。三个主应力分别用 σ_1、σ_2、σ_3 表示，并按代数值大小排序，即 $\sigma_1 \geq \sigma_2 \geq \sigma_3$。围绕一点按三个主平面取出的单元体称为主单元体。

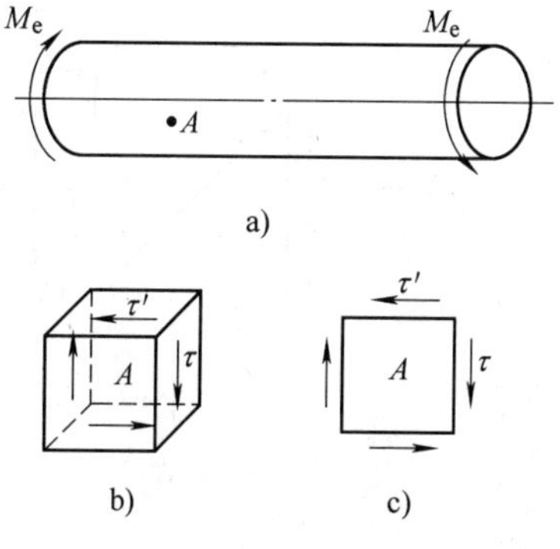

图 9-3 受扭圆轴内任一点的应力状态

如果某点主单元体上的三个主应力均不为零，就称这点的应力状态为三向或空间应力状态；如果有两个主应力不为零，则称为二向或平面应力状态，图 9-3 所示应力状态又称为纯剪切应力状态；如果只有一个主应力不为零，则称为单向或简单应力状态。前两种应力状态也统称为复杂应力状态。例如，轴向受拉（压）的杆，纯弯曲梁内除中性层外的任意一点，受横力弯曲梁的横截面上的上、下边缘各点，都属于单向应力状态；受横力弯曲的梁除上、下边缘点以外的其他点、受扭圆轴除轴线外的各点都属于二向应力状态；在滚珠轴承中，滚珠与外圈接触点处的应力状态为三向应力状态。若围绕外圈与滚珠的接触点 A（图 9-4a）以垂直和平行于压力 $\boldsymbol{F}$ 的平面取出一个单元体，如图 9-4b 所示。在滚珠与外圈的接触面上，有接触应力 σ_3。由于 σ_3 的作用，A 点处的单元体将向周围膨胀，于是引起周围材料对它的约束应力 σ_2 和 σ_1。所取单元体的三个相互垂直的面皆为主平面，且三个主应力皆不等于零，于是得到三向应力状态。

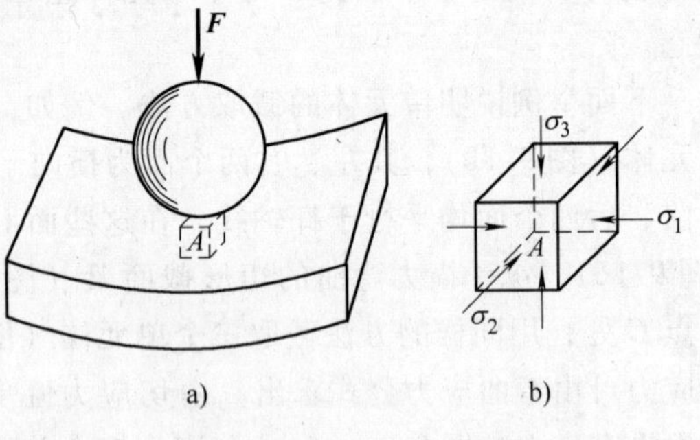

图 9-4 滚珠与外圈接触点处的应力状态

9.2 平面应力状态分析

9.2.1 斜截面上的应力

图 9-5a 所示单元体（简化图形）是平面应力状态的一般形式。在单元体上建立直角坐标系，令 x、y 轴的正向分别与两个互相垂直的平面的外法线一致，这两个平面分别称为 x 平面与 y 平面。设 x 平面与 y 平面上的正应力分别为 σ_x、σ_y，切应力分别为 τ_x、τ_y。设任一斜截面 ef 的外法线 n 和 x 轴的夹角为 α，该斜截面称为 α 截面。用 σ_α、τ_α 表示 α 截面上的正应力与切应力。在以下的分析中规定：α 角由 x 轴逆时针转到外法线 n 时为正，反之为负；正应力以拉应力为正，压应力为负；切应力以截面外法线按顺时针转 90°后与其方向一致时为正，反之为负。

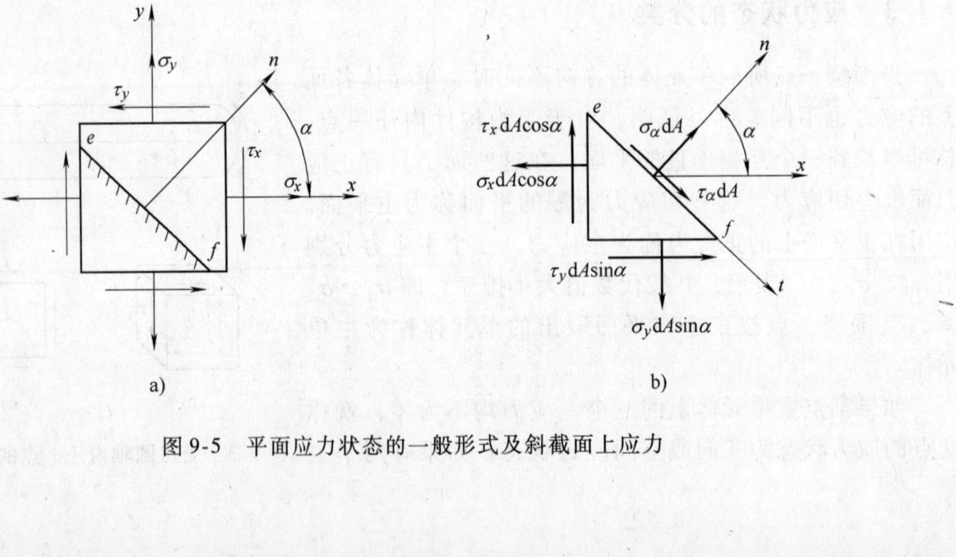

图 9-5 平面应力状态的一般形式及斜截面上应力

应用截面法，在单元体中取楔形体（图 9-5b）为研究对象。设斜截面面积为 dA，将作用于楔形体上所有的力向 n 和 t 方向投影，列出平衡方程，解得

$$\left.\begin{aligned}\sigma_\alpha &= \frac{\sigma_x+\sigma_y}{2}+\frac{\sigma_x-\sigma_y}{2}\cos2\alpha-\tau_x\sin2\alpha\\ \tau_\alpha &= \frac{\sigma_x-\sigma_y}{2}\sin2\alpha+\tau_x\cos2\alpha\end{aligned}\right\}\qquad(9\text{-}1)$$

这就是平面应力状态下任意斜截面上应力的计算公式。显然，σ_α、τ_α都是 α 的函数。

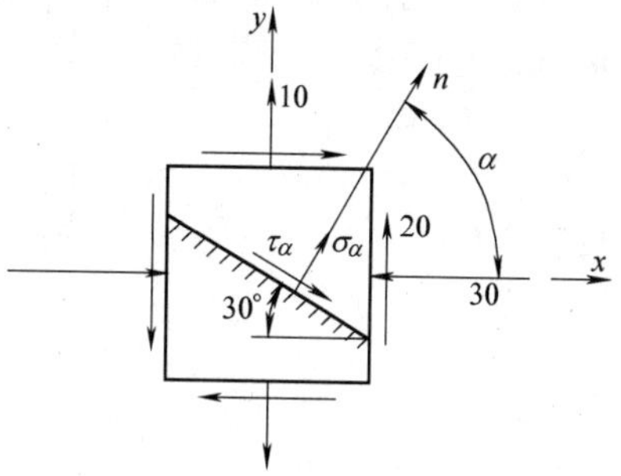

图 9-6　例 9-1 图

例 9-1　已知图 9-6 所示平面应力状态的单元体（应力单位为 MPa），试求指定斜截面上的应力。

解　由所给的应力状态可知 $\sigma_x=-30\text{MPa}$，$\tau_x=-20\text{MPa}$，$\sigma_y=10\text{MPa}$，$\alpha=60°$。将其代入式（9-1）得

$$\sigma_{60°}=\left[\frac{-30+10}{2}+\frac{(-30)-10}{2}\cos120°-(-20)\sin120°\right]\text{MPa}=17.3\text{MPa}$$

$$\tau_{60°}=\left[\frac{-30-10}{2}\sin120°+(-20)\cos120°\right]\text{MPa}=-7.3\text{MPa}$$

9.2.2　主平面方位及主应力值

将式（9-1）中 σ_α 的表达式对 α 求一次导数，并令其等于零，即

$$\frac{d\sigma_\alpha}{d\alpha}=\frac{\sigma_x-\sigma_y}{2}(-2\sin2\alpha)-\tau_x(2\cos2\alpha)=0$$

或

$$\frac{\sigma_x-\sigma_y}{2}\sin2\alpha+\tau_x\cos2\alpha=0$$

比较上式与式（9-1）中 τ_α 的表达式，可知正应力 σ_α 为极值的平面，就是切应力 τ_α 等于零的平面，即主平面。用 α_0 表示主平面的外法线与 x 轴的夹角，由上式可得

$$\tan2\alpha_0=-\frac{2\tau_x}{\sigma_x-\sigma_y}\qquad(9\text{-}2)$$

由式（9-2）可求出两个相差 90°的角度值，即 α_0 与（$\alpha_0-90°$）或（$\alpha_0+90°$）（设它们为正的或负的锐角），分别对应两个相互垂直的主平面。

由式（9-2）算出 $\cos2\alpha_0$与 $\sin2\alpha_0$后，代入式(9-1)，即得主应力的值为

$$\left.\begin{aligned}\sigma_{max}\\ \sigma_{min}\end{aligned}\right\}=\frac{\sigma_x+\sigma_y}{2}\pm\sqrt{\left(\frac{\sigma_x-\sigma_y}{2}\right)^2+\tau_x^2}\qquad(9\text{-}3)$$

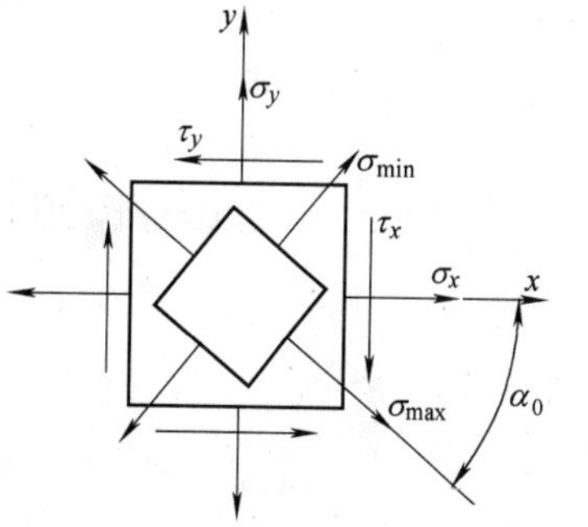

图 9-7　主应力的方位

可以证明，σ_{max}的方位在 τ_x与 τ_y共同指向的象限内（图 9-7）；另一主应力 σ_{min}则与 σ_{max}垂直。此外，平面应力状态还有一对主平面为已知，该主平面上的主应力等

于零。

例 9-2 求图 9-8a 所示应力状态的主应力，并确定主平面的位置。图中应力单位为 MPa。

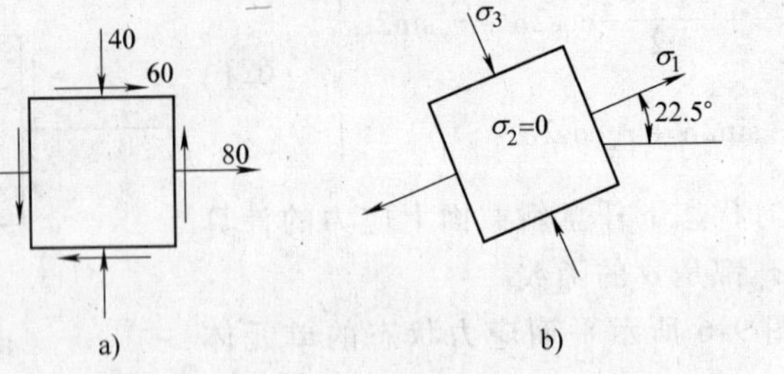

图 9-8 例 9-2 图

解 将 $\sigma_x=80\text{MPa}$，$\tau_x=-60\text{MPa}$，$\sigma_y=-40\text{MPa}$ 代入式（9-3）得

$$\left.\begin{matrix}\sigma_{\max}\\ \sigma_{\min}\end{matrix}\right\}=\frac{80+(-40)}{2}\text{MPa}\pm\sqrt{\left(\frac{80-(-40)}{2}\right)^2+(-60)^2}\text{MPa}=\begin{cases}104.85\text{MPa}\\ -64.85\text{MPa}\end{cases}$$

根据主应力代数值大小有 $\sigma_1=104.85\text{MPa}$，$\sigma_2=0$，$\sigma_3=-64.85\text{MPa}$。

由式（9-2），可得

$$\tan 2\alpha_0=-\frac{2\times(-60)}{80-(-40)}=1$$

所以 $\alpha_0=22.5°$。主平面位置如图 9-8b 所示。

例 9-3 试分析铸铁试样扭转时沿与轴线成 45°螺旋面破坏的原因（图 9-9a）。

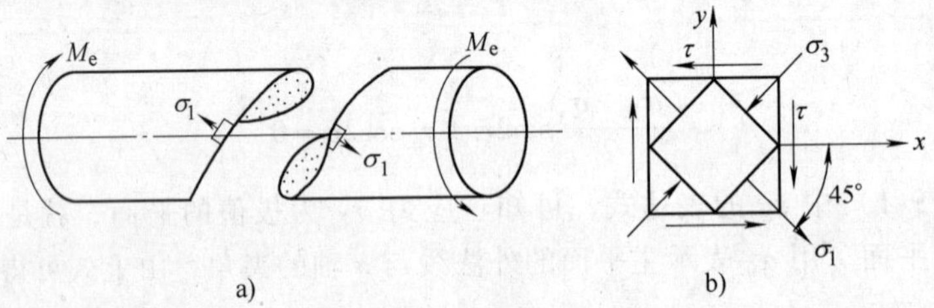

图 9-9 例 9-3 图

解 从铸铁扭转试样表层内一点处取出单元体，$\sigma_x=\sigma_y=0$，$\tau_x=\tau=T/W_p=M_e/W_p$，属于纯剪切应力状态。

由式（9-3）得

$$\left.\begin{matrix}\sigma_{\max}\\ \sigma_{\min}\end{matrix}\right\}=\frac{0+0}{2}\pm\sqrt{\left(\frac{0-0}{2}\right)^2+\tau^2}=\pm\tau$$

所以 $\sigma_1=\tau$，$\sigma_2=0$，$\sigma_3=-\tau$。

由式（9-2），可得

$$\tan 2\alpha_0=-\frac{2\tau}{0-0}=-\infty$$

所以 $\alpha_0=-45°$，$\alpha_0'=45°$。主平面位置如图 9-9b 所示。

由以上分析可知，铸铁试样扭转时，表层内各点处的主应力 σ_1 方向与轴线成 $-45°$角，因铸铁的抗拉强度低于抗剪强度，故试样沿这一螺旋面被拉断。

9.3　最大切应力和广义胡克定律

9.3.1　最大切应力

理论分析证明，不管是何种应力状态，最大切应力的值为

$$\tau_{max} = \frac{\sigma_1 - \sigma_3}{2} \tag{9-4}$$

其作用面与第一（σ_1）和第三（σ_3）主平面均成 45°夹角，并与第二（σ_2）主平面垂直，如图 9-10 所示。

例 9-4　求图 9-11 所示三向应力状态的主应力与最大切应力（应力单位为 MPa）。

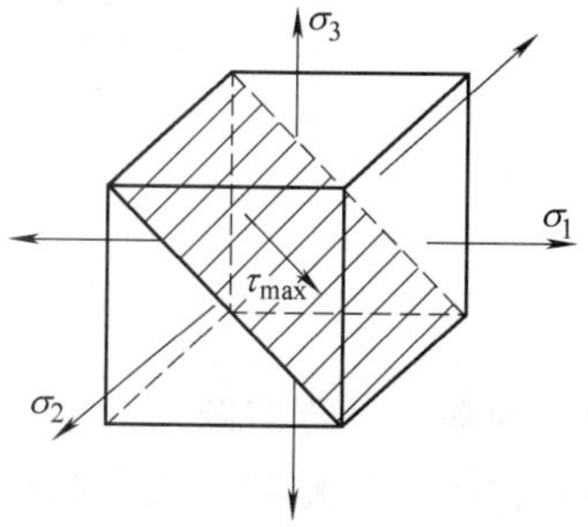

图 9-10　最大切应力作用面方位

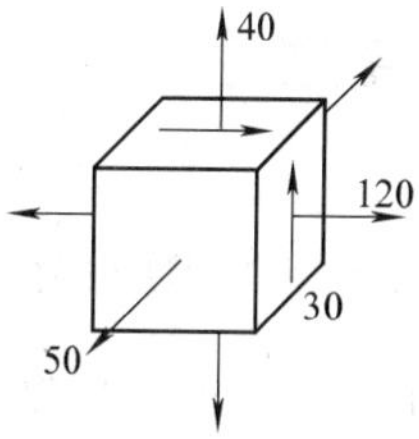

图 9-11　例 9-4 图

解　由单元体可知，$\sigma_x = 120\text{MPa}$，$\tau_x = -30\text{MPa}$，$\sigma_y = 40\text{MPa}$，$\sigma_z = 50\text{MPa}$（主应力）。另外两个主应力所在的主平面与 σ_z平行。由于与 σ_z平行的截面上的应力不受 σ_z影响，因此在求解其他主应力时，可假想将该应力去掉，得到一平面应力状态。由式（9-3）得

$$\left.\begin{matrix}\sigma_{max}\\ \\ \sigma_{min}\end{matrix}\right\} = \frac{120+40}{2}\text{MPa} \pm \sqrt{\left(\frac{120-40}{2}\right)^2 + (-30)^2}\text{MPa}$$

$$= \begin{cases}130\text{MPa}\\30\text{MPa}\end{cases}$$

所以三个主应力为 $\sigma_1 = 130\text{MPa}$，$\sigma_2 = 50\text{MPa}$，$\sigma_3 = 30\text{MPa}$。

由式（9-4）得

$$\tau_{max} = \frac{130-30}{2}\text{MPa} = 50\text{MPa}$$

9.3.2　广义胡克定律

单元体在 σ_1、σ_2 和 σ_3 三个主应力方向的线应变称为**主应变**，用 ε_1、ε_2、ε_3 表示。当应力未超过材料的比例极限时，可由图 9-12 所示的叠加法推导出公式

$$
\left.\begin{aligned}
\varepsilon_1 &= \frac{1}{E}[\sigma_1 - \mu(\sigma_2 + \sigma_3)] \\
\varepsilon_2 &= \frac{1}{E}[\sigma_2 - \mu(\sigma_3 + \sigma_1)] \\
\varepsilon_3 &= \frac{1}{E}[\sigma_3 - \mu(\sigma_1 + \sigma_2)]
\end{aligned}\right\} \tag{9-5}
$$

此式称为广义胡克定律。式中，μ、E 分别为材料的泊松比和弹性模量。

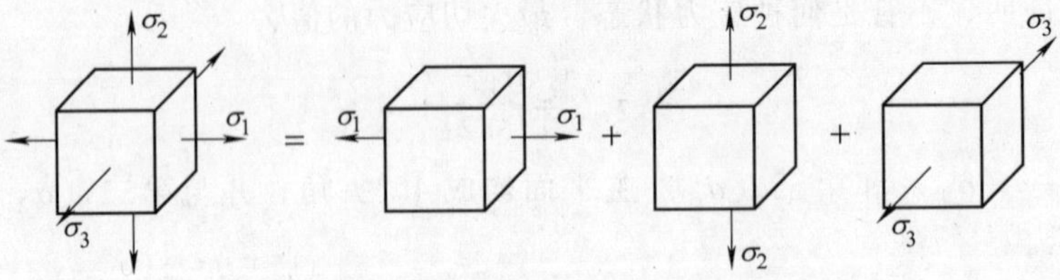

图 9-12　叠加法导出广义胡克定律示意图

9.4　强度理论

9.4.1　强度理论的概念

强度理论的提出，是为了解决构件在复杂应力状态下的强度计算问题。

对于单向应力状态和纯剪切应力状态，在前面的轴向拉压、扭转和平面弯曲变形中已经建立了强度条件，即

$$\sigma_{\max} \leqslant [\sigma], \tau_{\max} \leqslant [\tau]$$

式中，$\sigma_{\max}$、$\tau_{\max}$分别为横截面上的最大正应力与最大切应力；$[\sigma]$、$[\tau]$ 为许用应力，它们是通过轴向拉伸（压缩）试验或纯剪切试验确定的极限应力除以安全因数得到的。对于受力比较复杂的构件，其危险点处往往同时存在着正应力和切应力。实践表明，将两种应力分开来建立强度条件是错误的。并且，由于复杂应力状态下的正应力与切应力有各种不同的组合，要对各种可能的组合进行试验来确定其相应的极限应力，是极其繁琐且难以实现的。解决这类问题，必须依据强度理论。长期以来，人们不断地观察材料强度失效（破坏）的现象，研究影响强度失效的因素，根据积累的资料与经验，假定某一因素或某几种因素是材料强度失效的原因，提出了一些关于材料强度失效的假说，这些假说以及基于假说所建立的强度条件，称为强度理论。

大量观察与研究表明，尽管强度失效现象比较复杂，但强度失效的形式可以归纳为两种类型：一种是脆性断裂；另一种是塑性屈服。强度理论认为，不论材料处于何种应力状态，只要强度失效的类型相同，材料的强度失效就是由同一因素引起的。这样就可以将复杂应力状态和简单应力状态联系起来，利用轴向拉伸（压缩）的试验结果，建立复杂应力状态下的强度条件。

根据材料强度失效的两种形式，强度理论可分为两类：一类是关于脆性断裂的强度理论；另一类是关于塑性屈服的强度理论。

9.4.2　常用的四种强度理论

1. 最大拉应力理论（第一强度理论）

最大拉应力理论认为，引起材料脆性断裂的主要因素是最大拉应力。无论材料处于何种应力状态，只要构件内危险点处的最大拉应力 σ_1 达到材料单向拉伸断裂时的极限应力值 σ_b，材料就会发生脆性断裂。断裂条件为

$$\sigma_1=\sigma_b$$

将 σ_b 除以安全因数后，得材料的许用应力 $[\sigma]$。因此，强度条件为

$$\sigma_1\leqslant[\sigma] \tag{9-6}$$

试验结果表明，此理论可以很好地解释铸铁等脆性材料在轴向拉伸和扭转时的破坏现象。但缺点是没有考虑另外两个主应力 σ_2 与 σ_3 的影响，也不能在没有拉应力的应力状态下应用。

2. 最大拉应变理论（第二强度理论）

最大拉应变理论认为，引起材料脆性断裂的主要因素是最大拉应变。无论材料处于何种应力状态，只要构件内危险点处的最大拉应变 ε_1 达到材料单向拉伸断裂时拉应变的极限值 $\varepsilon_b=\sigma_b/E$，材料就发生脆性断裂。断裂条件为

$$\varepsilon_1=\varepsilon_b$$

由广义胡克定律得

$$\frac{1}{E}[\sigma_1-\mu(\sigma_2+\sigma_3)]=\frac{1}{E}\sigma_b$$

引入安全因数后得相应的强度条件为

$$\sigma_1-\mu(\sigma_2+\sigma_3)\leqslant[\sigma] \tag{9-7}$$

试验表明，此理论对石料、混凝土等脆性材料受压时沿纵向发生脆性断裂的现象，能予以很好的解释。但此理论与许多试验结果不相吻合，因此目前很少被采用。

3. 最大切应力理论（第三强度理论）

最大切应力理论认为，引起材料塑性屈服的主要因素是最大切应力。无论材料处于何种应力状态，只要构件内危险点处的最大切应力 τ_{max} 达到材料单向拉伸屈服时的极限切应力值 $\tau_s=\sigma_s/2$，材料就发生塑性屈服。屈服条件为

$$\tau_{max}=\tau_s$$

对于任意应力状态，都有 $\tau_{max}=(\sigma_1-\sigma_3)/2$。由此得

$$\sigma_1-\sigma_3=\sigma_s$$

引入安全因数后得相应的强度条件为

$$\sigma_1-\sigma_3\leqslant[\sigma] \tag{9-8}$$

这一理论与塑性材料的许多试验结果比较接近，计算也较为简单，在机械设计中广泛使用。此理论的缺点是未考虑中间主应力 σ_2 的影响。

4. 形状改变比能理论（第四强度理论）

构件在变形过程中，假定外力所做的功全部转化为构件的弹性变形能。单元体的变形能包括体积改变能和形状改变能两部分。对应于单元体的形状改变而积蓄的变形能称为形状改

变能，单位体积内的形状改变能称为形状改变比能，用 u_d 表示。在复杂应力状态下，形状改变比能与单元体主应力之间的关系（证明从略）为

$$u_d=\frac{1+\mu}{6E}[(\sigma_1-\sigma_2)^2+(\sigma_2-\sigma_3)^2+(\sigma_3-\sigma_1)^2] \tag{9-9}$$

形状改变比能理论认为，引起材料塑性屈服的主要因素是形状改变比能。无论材料处于何种应力状态，只要构件内危险点处的形状改变比能 u_d 达到单向拉伸屈服时的形状改变比能值 u_{ds}，材料就发生塑性屈服。屈服条件为

$$u_d=u_{ds}$$

材料在单向拉伸屈服时，$\sigma_1=\sigma_s$，$\sigma_2=0$，$\sigma_3=0$，代入式（9-9）得

$$u_{ds}=\frac{1+\mu}{3E}\sigma_s^2$$

引入安全因数后得相应的强度条件为

$$\sqrt{\frac{1}{2}[(\sigma_1-\sigma_2)^2+(\sigma_2-\sigma_3)^2+(\sigma_3-\sigma_1)^2]}\leqslant[\sigma] \tag{9-10}$$

此理论综合考虑了三个主应力的影响，因此较为全面和完整。试验表明，在平面应力状态下，塑性材料用此理论比最大切应力理论更接近实际情况。

9.4.3 强度理论的选用原则

1. 强度条件的统一形式

四种强度理论的强度条件可写成统一形式

$$\sigma_r\leqslant[\sigma] \tag{9-11}$$

式中，σ_r 称为相当应力，它由三个主应力按一定的方式组合而成。对于上述四个强度理论，其相当应力分别为

$$\left.\begin{aligned}\sigma_{r1}&=\sigma_1\\ \sigma_{r2}&=\sigma_1-\mu(\sigma_2+\sigma_3)\\ \sigma_{r3}&=\sigma_1-\sigma_3\\ \sigma_{r4}&=\sqrt{\frac{1}{2}[(\sigma_1-\sigma_2)^2+(\sigma_2-\sigma_3)^2+(\sigma_3-\sigma_1)^2]}\end{aligned}\right\} \tag{9-12}$$

2. 强度理论的选用原则

在常温、静载条件下，脆性材料多发生脆性断裂，宜采用最大拉应力理论或最大拉应变理论；塑性材料多发生塑性屈服，宜采用最大切应力理论或形状改变比能理论。但材料的强度失效形式，不仅取决于材料的性质，而且与其所处的应力状态、温度和加载速度等都有一定关系。试验表明，塑性材料在一定的条件下（如低温或三向拉伸时），也会表现出脆性断裂。此时也应该选用最大拉应力理论或最大拉应变理论；脆性材料在一定的应力状态（如三向压缩）下，也会表现出塑性屈服，此时应选用最大切应力理论或形状改变比能理论。

例 9-5 在弯曲与扭转或拉伸与扭转的组合变形构件中，其危险点的应力状态如图 9-13 所示。试用第三或第四强度理论建立相应的强度条件。

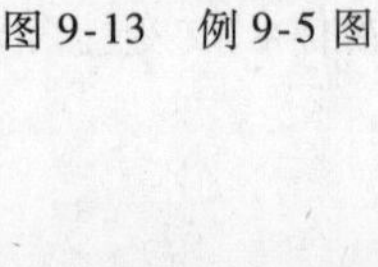

图 9-13 例 9-5 图

解　（1）求主应力　由式（9-3）得

$$\left.\begin{array}{l}\sigma_{\max}\\ \sigma_{\min}\end{array}\right\}=\frac{\sigma_x+\sigma_y}{2}\pm\sqrt{\left(\frac{\sigma_x-\sigma_y}{2}\right)^2+\tau_x^2}=\frac{\sigma}{2}\pm\sqrt{\left(\frac{\sigma}{2}\right)^2+\tau^2}$$

三个主应力分别为

$$\sigma_1=\frac{\sigma}{2}+\sqrt{\left(\frac{\sigma}{2}\right)^2+\tau^2}，\sigma_2=0，\sigma_3=\frac{\sigma}{2}-\sqrt{\left(\frac{\sigma}{2}\right)^2+\tau^2}$$

（2）建立强度条件　由式（9-11）、式（9-12）得第三和第四强度理论的强度条件为

$$\sigma_{r3}=\sqrt{\sigma^2+4\tau^2}\leqslant[\sigma] \tag{9-13}$$

$$\sigma_{r4}=\sqrt{\sigma^2+3\tau^2}\leqslant[\sigma] \tag{9-14}$$

例 9-6　用低碳钢制成的蒸汽锅炉（图 9-14）壁厚 $t=10\text{mm}$，内径 $D=1000\text{mm}$，蒸汽压力 $p=3\text{MPa}$，材料许用应力 $[\sigma]=160\text{MPa}$，试校核锅炉强度。

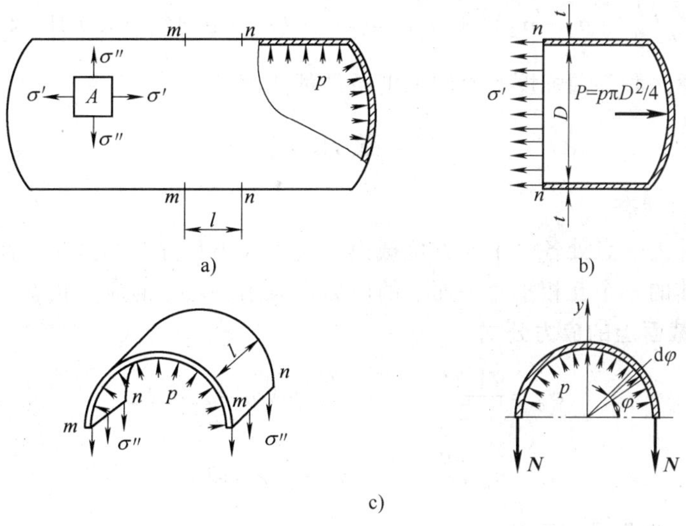

图 9-14　例 9-6 图

解　工程上常见的蒸汽锅炉、储气罐等都可以视为圆筒形薄壁容器，如图 9-14a 所示。

（1）计算蒸汽锅炉圆筒部分横截面上的应力 σ'　由圆筒及其受力的对称性可知，圆筒底部蒸汽压力的合力 $\boldsymbol{P}$ 的作用线与圆筒的轴线重合，如图 9-14b 所示。由此可认为，圆筒横截面上各点处的正应力 σ' 相等，称为轴向应力，可按轴向拉伸公式求得

$$\sigma'=\frac{P}{A}\approx\frac{p\cdot\frac{\pi D^2}{4}}{\pi Dt}=\frac{pD}{4t} \tag{9-15}$$

（2）计算蒸汽锅炉圆筒部分纵截面上的应力 σ''　用相距为 l 的两个横截面和一过轴线的纵向平面，假想从圆筒中截取一部分作为研究对象（图 9-14c）。由于圆筒上、下部分具有对称性，所以纵截面上没有切应力。对这种 $t\ll D$ 的薄壁圆筒，可以认为纵截面上各点处的正应力 σ'' 相等，称为周向应力。

圆筒筒壁纵向截面上的内力为 $N=\sigma''tl$，内壁微面积上的压力为 $pl\frac{D}{2}\text{d}\varphi$，列平衡方程

$$\sum F_y = 0, \int_0^{\pi} pl\frac{D}{2}\sin\varphi \mathrm{d}\varphi - 2N = 0$$

求得

$$\sigma'' = \frac{pD}{2t} \tag{9-16}$$

(3) 校核锅炉强度　锅炉圆筒壁上任一点 A 的应力状态如图 9-14a 所示。由于径向压力 p 远远小于 σ' 与 σ''，故可将单元体视为平面应力状态，其三个主应力为

$$\sigma_1 = \frac{pD}{2t}, \sigma_2 = \frac{pD}{4t}, \sigma_3 = 0$$

又因低碳钢是塑性材料，根据第三强度理论，有

$$\sigma_{r3} = \sigma_1 - \sigma_3 = \frac{pD}{2t} = \frac{3 \times 1000}{2 \times 10}\mathrm{MPa} = 150\mathrm{MPa} < [\sigma]$$

根据第四强度理论，有

$$\sigma_{r4} = \sqrt{\frac{1}{2}[(\sigma_1 - \sigma_2)^2 + (\sigma_2 - \sigma_3)^2 + (\sigma_3 - \sigma_1)^2]} = 130\mathrm{MPa} < [\sigma]$$

可见，此锅炉对第三和第四强度理论的强度条件都能满足。

本章小结

1. 一点的应力状态

通过受力构件内一点处各个不同方位截面上应力大小和方向的情况，称为一点处的应力状态，可用单元体的三个互相垂直平面上的应力来表示一点处的应力状态。

2. 单元体斜截面上的应力公式

$$\sigma_\alpha = \frac{\sigma_x + \sigma_y}{2} + \frac{\sigma_x - \sigma_y}{2}\cos 2\alpha - \tau_x \sin 2\alpha$$

$$\tau_\alpha = \frac{\sigma_x - \sigma_y}{2}\sin 2\alpha + \tau_x \cos 2\alpha$$

3. 主应力及其主平面方位公式

$$\left.\begin{matrix}\sigma_{\max} \\ \sigma_{\min}\end{matrix}\right\} = \frac{\sigma_x + \sigma_y}{2} \pm \sqrt{\left(\frac{\sigma_x - \sigma_y}{2}\right)^2 + \tau_x^2}$$

$$\tan 2\alpha_0 = -\frac{2\tau_x}{\sigma_x - \sigma_y}$$

4. 最大切应力公式

$$\tau_{\max} = \frac{\sigma_1 - \sigma_3}{2}$$

5. 强度理论

关于复杂应力状态下，材料失效原因的假说以及基于假说所建立的强度条件称为强度理论。

最大拉应力理论　$\sigma_{r1} = \sigma_1 \leqslant [\sigma]$

最大拉应变理论　$\sigma_{r2} = \sigma_1 - \mu(\sigma_2 + \sigma_3) \leqslant [\sigma]$

最大切应力理论　$\sigma_{r3} = \sigma_1 - \sigma_3 \leqslant [\sigma]$

形状改变比能理论 $\sigma_{r4}=\sqrt{\frac{1}{2}[(\sigma_1-\sigma_2)^2+(\sigma_2-\sigma_3)^2+(\sigma_3-\sigma_1)^2]}\leqslant[\sigma]$

思 考 题

9-1 何谓一点处的应力状态？如何研究一点处的应力状态？

9-2 何谓主应力？主应力与正应力有何区别？

9-3 外伸梁如图9-15所示，图中给出了A、B、C三点处的应力状态。试指出并改正各单元体上所给应力的错误。

9-4 常用四个强度理论的适用范围如何？

9-5 薄壁圆筒容器在内压较大时，为何在筒壁上总是出现纵向裂纹（图9-16）而不出现横向裂纹？

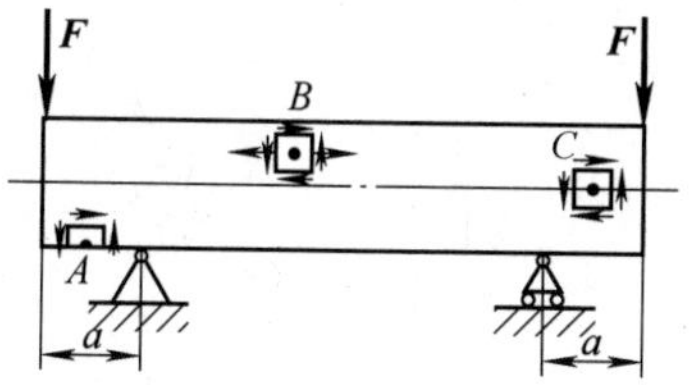

图9-15 思9-3图

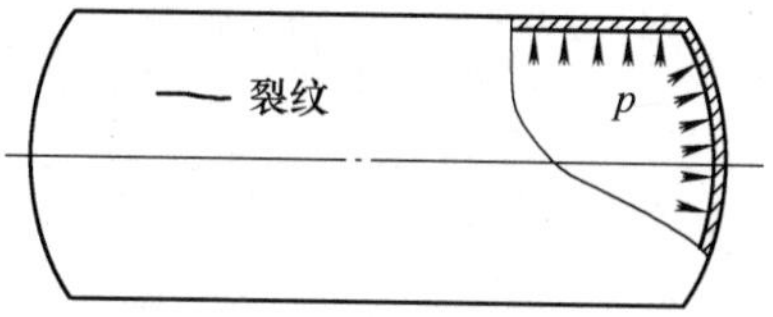

图9-16 思9-5图

9-6 冬天自来水管结冰时，会因内压而胀破，而这时水管中的冰显然也受到数值相同的反作用力，但为何冰不会压碎而水管会裂开？

习 题

9-1 如图9-17所示各单元体的应力状态（应力单位为MPa），试求斜截面上的正应力和切应力。

9-2 如图9-18所示各单元体的应力状态（应力单位为MPa），试求主应力，并分别计算第三、第四强度理论的相当应力。

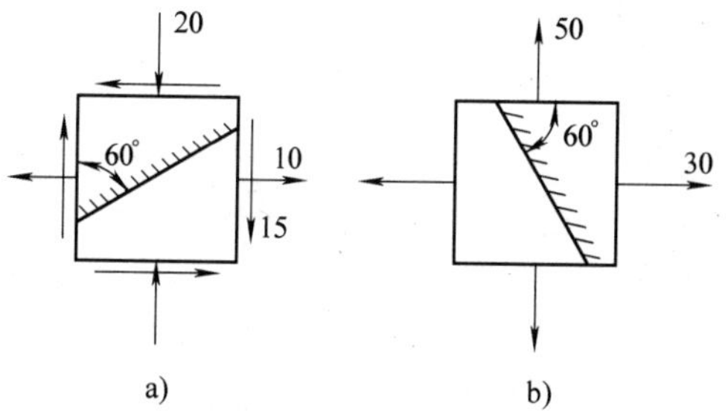

图9-17 题9-1图

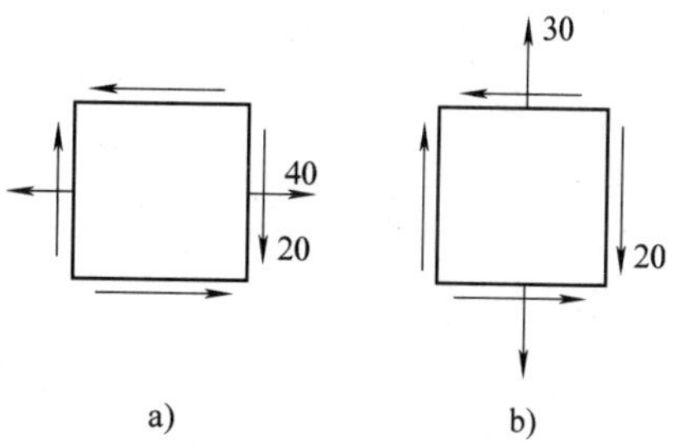

图9-18 题9-2图

9-3 如图9-19所示各单元体的应力状态（应力单位为MPa），试求主应力和最大切应力。

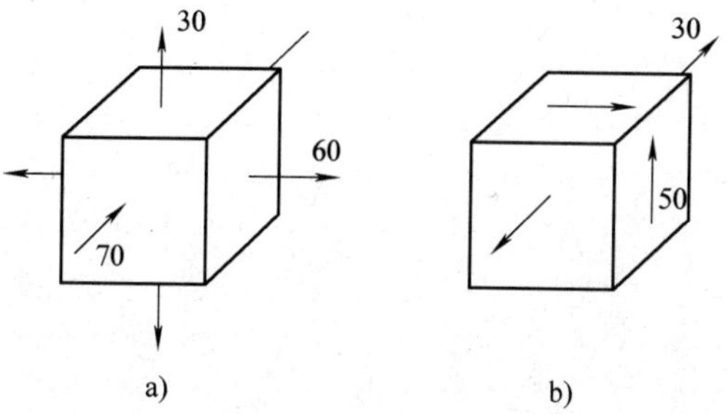

图9-19 题9-3图

9-4　如图 9-20 所示，已知矩形截面梁某横截面上的剪力 $Q=120\text{kN}$，弯矩 $M=10\text{kN}\cdot\text{m}$，截面尺寸如图所示。求截面上 1、2、3、4 点处的主应力和面内最大切应力，并说明各点处于何种应力状态。

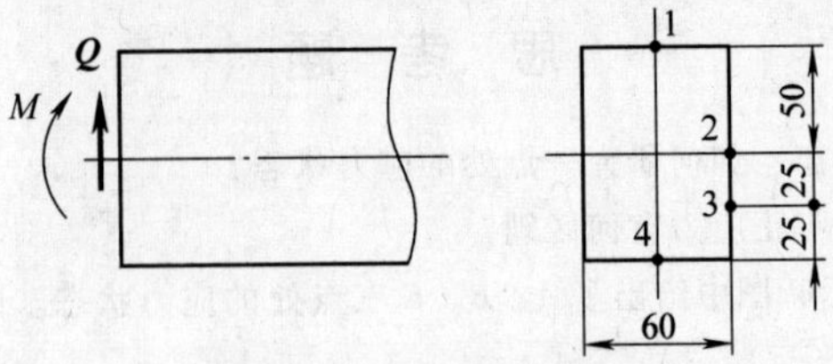

图 9-20　题 9-4 图

第10章 组合变形

【学习目标】

1）掌握拉伸（压缩）与弯曲组合变形的计算。

2）掌握扭转与弯曲组合变形的计算。

前面的章节中，已讨论了杆件的拉伸（压缩）、剪切、扭转、弯曲等基本变形的强度计算。但在工程实际中，很多杆件往往同时发生两种或两种以上的基本变形，这种情况称为**组合变形**。

在组合变形的计算中，通常先根据静力等效原理，把作用于杆件上的外力或载荷分解成几组，让每一组外力或载荷只产生一种基本变形，然后分别计算出与每一种基本变形对应的内力和应力，再用叠加法求出所有原外力或载荷共同作用下的内力和应力，找出危险截面，分析危险截面上危险点的应力，根据危险点的应力状态建立强度条件。本章主要讨论工程上常见的拉伸（压缩）与弯曲、扭转与弯曲的组合变形。

10.1 拉伸（压缩）与弯曲组合变形

拉伸（压缩）与弯曲的组合变形是工程中常见的一种组合变形。现以矩形截面梁为例，说明其强度计算方法。如图10-1a所示，外力 $\boldsymbol{F}$ 位于梁的纵向对称面 Oxy 内，作用线通过截面形心且与梁的轴线成 α 角。将力 $\boldsymbol{F}$ 向 x、y 轴分解得

$$F_x = F\cos\alpha,\ F_y = F\sin\alpha$$

如图10-1b所示。轴向力 $\boldsymbol{F}_x$ 使梁产生轴向拉伸变形，横向力 $\boldsymbol{F}_y$ 使梁产生弯曲变形，因此梁在外力 $\boldsymbol{F}$ 作用下产生拉伸与弯曲的组合变形。

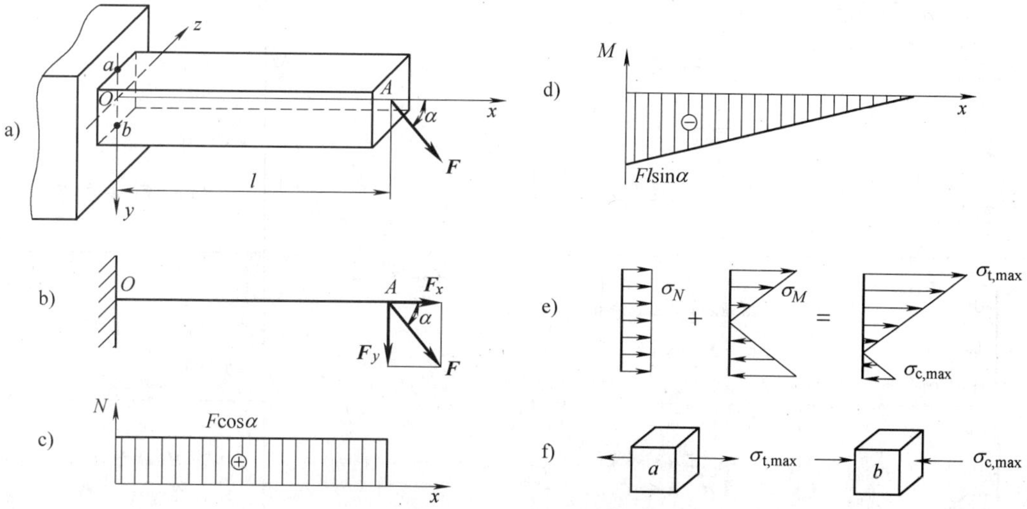

图10-1 组合变形分析方法

作出梁的轴力图和弯矩图，如图 10-1c、d 所示。由图可知，固定端 O 截面的内力最大，故为危险截面，其轴力为 $N = F\cos\alpha$，弯矩为 $M = -Fl\sin\alpha$。

在轴力 N 作用下，使固定端 O 截面产生均匀分布的正应力

$$\sigma_N = \frac{N}{A}$$

在弯矩 M 作用下，产生沿截面高度呈线性分布的正应力

$$\sigma_M = \frac{My}{I_z}$$

由于拉伸和弯曲变形在横截面上产生的都是正应力，故可按代数和进行叠加，即

$$\sigma = \frac{N}{A} + \frac{My}{I_z} \tag{10-1}$$

应力分布规律如图 10-1e 所示。由应力分布图可知，O 截面上、下边缘各点的应力分别为最大拉应力和最大压应力，其值分别为

$$\sigma_{t,\max} = \frac{N}{A} + \frac{|M|}{W_z},\ \sigma_{c,\max} = -\frac{N}{A} + \frac{|M|}{W_z}$$

且处于单向应力状态，如图 10-1f 所示。

由于矩形截面梁危险截面上的最大应力为拉应力，所以截面上边缘各点为危险点，强度条件为

$$\sigma_{\max} = \frac{N}{A} + \frac{|M|}{W_z} \leqslant [\sigma]$$

对于压缩与弯曲的组合变形，危险截面上各点的应力分布仍按式（10-1）分析计算，只是轴力 N 取负值。

综上所述，横截面上由轴力和弯矩引起的正应力叠加后，应力最大值总是发生在截面的边缘处。但危险点在哪一侧，不仅要看叠加结果，还应结合杆件材料的性能加以分析，以采用不同形式的强度条件（见表 10-1）。

表 10-1 不同材料拉伸（压缩）与弯曲组合变形杆件的强度条件

<table>
<tr><th>叠加结果图例</th><th>叠加结果</th><th>强度条件(塑性材料)</th><th>强度条件(脆性材料)</th></tr>
<tr><td>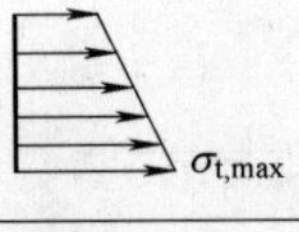</td><td>两端受拉</td><td rowspan="4">$\sigma_{\max} \leqslant [\sigma]$</td><td>$\sigma_{\max} = \sigma_{t,\max} \leqslant [\sigma_t]$</td></tr>
<tr><td>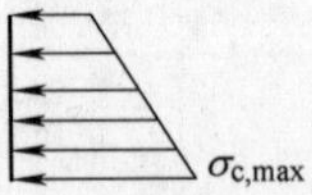</td><td>两端受压</td><td>$\sigma_{\max} = \sigma_{c,\max} \leqslant [\sigma_c]$</td></tr>
<tr><td>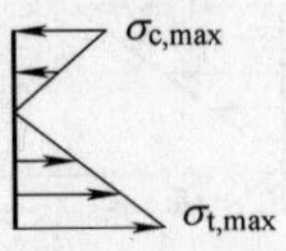</td><td>一端受拉，一端受压，且 $\sigma_{t,\max} > \sigma_{c,\max}$</td><td>$\sigma_{\max} = \sigma_{t,\max} \leqslant [\sigma_t]$</td></tr>
<tr><td>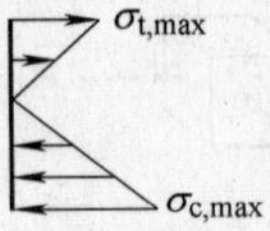</td><td>一端受拉，一端受压，且 $\sigma_{t,\max} < \sigma_{c,\max}$</td><td>$\sigma_{t,\max} \leqslant [\sigma_t]$
$\sigma_{c,\max} \leqslant [\sigma_c]$</td></tr>
</table>

例10-1　如图10-2a所示简易起重机，其最大起吊重量 $G=30\text{kN}$。横梁 AB 为25a号工字钢，$[\sigma]=100\text{MPa}, l=4\text{m}$，$\alpha=30°$，试校核梁 AB 的强度。

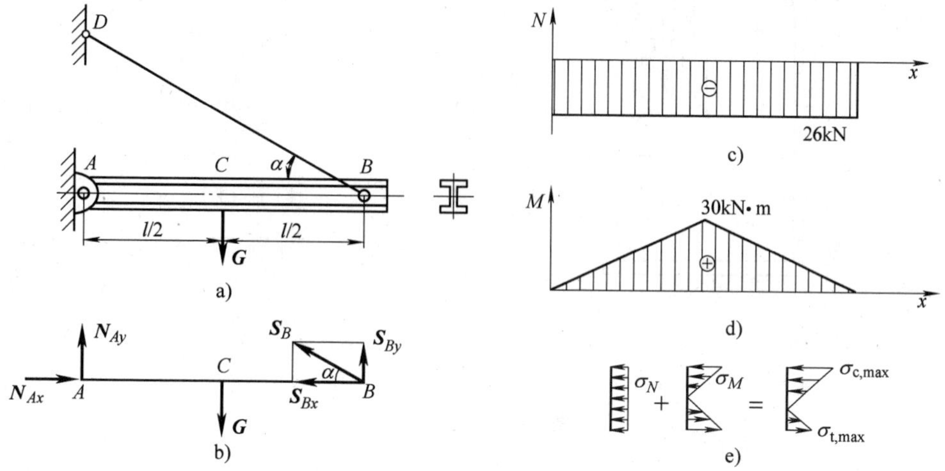

图10-2　例10-1图

解　(1) 外力分析　对梁 AB 进行受力分析（图10-2b），由平衡方程

$$\sum M_A(\boldsymbol{F})=0,\ S_{By}l-G\cdot\frac{l}{2}=0$$

$$\sum F_y=0,\ N_{Ay}+S_{By}-G=0$$

$$\sum F_x=0,\ N_{Ax}-S_{Bx}=0$$

解得

$$N_{Ay}=S_{By}=\frac{G}{2}=15\text{kN}$$

$$N_{Ax}=S_{Bx}=S_{By}\cot\alpha=15\times\cot30°\text{kN}=26\text{kN}$$

外力 $\boldsymbol{N}_{Ax}$ 和 $\boldsymbol{S}_{Bx}$ 使梁产生轴向压缩变形，$\boldsymbol{N}_{Ay}$、$\boldsymbol{S}_{By}$ 和 $\boldsymbol{G}$ 使梁产生弯曲变形，所以横梁 AB 承受压缩与弯曲的组合变形。

(2) 内力分析　由横梁 AB 的内力图（图10-2c、d）可知，C 截面的内力最大，故为危险截面，其内力分量为 $N=-26\text{kN}$，$M=30\text{kN}\cdot\text{m}$。

(3) 应力分析　由附录A型钢表查得25a号工字钢 $W_z=402\text{cm}^3$，$A=48.541\text{cm}^2$。根据式（10-1）画出危险截面的应力分布图，如图10-2e所示。横梁 AB 为塑性材料，所以 C 截面上边缘各点为危险点。

(4) 校核强度

$$\sigma_{\max}=\frac{|N|}{A}+\frac{M}{W_z}=\left(\frac{26\times10^3}{48.541\times10^2}+\frac{30\times10^6}{402\times10^3}\right)\text{MPa}=80\text{MPa}<[\sigma]$$

所以横梁 AB 满足强度要求。

例10-2　如图10-3a所示压力机，机架由铸铁制成，$[\sigma_t]=35\text{MPa}$，$[\sigma_c]=140\text{MPa}$。已知最大压力 $F=1400\text{kN}$，立柱横截面几何性质为 $y_C=200\text{mm}$，$h=700\text{mm}$，$A=1.8\times10^5\text{mm}^2$，$I_z=8.0\times10^9\text{mm}^4$。试校核立柱的强度。

解　对立柱而言，虽然作用其上的外力 $\boldsymbol{F}$ 和 $\boldsymbol{F}'$ 与其轴线平行，但没有通过立柱截面形

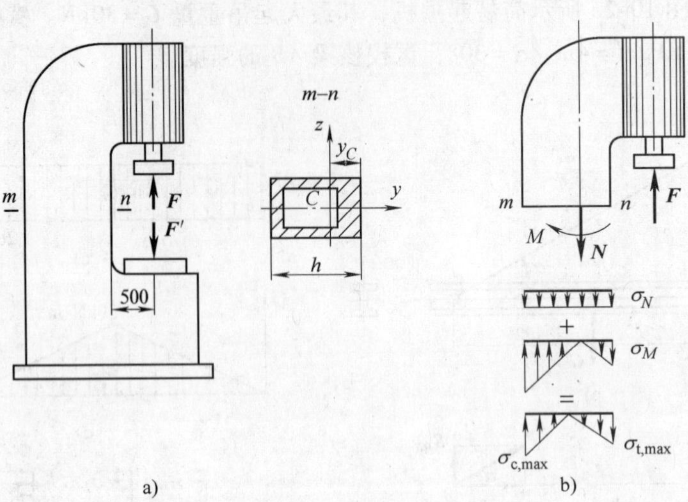

图 10-3 例 10-2 图

心，立柱的这种受力特点通常称为偏心拉伸（或压缩）。它是拉伸（压缩）与弯曲组合变形的另一种形式。

用任一截面 m-n 将立柱切开，取上部分为研究对象。由平衡条件可知，在 m-n 截面上既有轴力，又有弯矩（图 10-3b），其值分别为

$$N = F = 1400\text{kN}$$

$$M = F(500\text{mm} + y_C) = 1400 \times (500 + 200)\text{kN} \cdot \text{mm} = 980 \times 10^3 \text{kN} \cdot \text{mm}$$

故立柱产生拉伸与弯曲的组合变形，其各个横截面上的内力均相同。

立柱横截面上的应力分布情况如图 10-3b 所示，截面内、外两侧边缘上各点为危险点，分别有最大拉应力和最大压应力，其值为

$$\sigma_{t,\max} = \frac{N}{A} + \frac{My_C}{I_z} = \left(\frac{1400 \times 10^3}{1.8 \times 10^5} + \frac{980 \times 10^6 \times 200}{8.0 \times 10^9}\right)\text{MPa} = 32.3\text{MPa} < [\sigma_t]$$

$$\sigma_{c,\max} = -\frac{N}{A} + \frac{M(h - y_C)}{I_z} = -\frac{1400 \times 10^3}{1.8 \times 10^5}\text{MPa} + \frac{980 \times 10^6 \times (700 - 200)}{8.0 \times 10^9}\text{MPa} = 53.5\text{MPa} < [\sigma_c]$$

故立柱满足强度要求。

10.2 扭转与弯曲组合变形

扭转与弯曲组合变形是机械工程中最常见的情况。现以图 10-4a 所示直角曲拐为例，说明杆件在扭转与弯曲组合变形下强度计算的方法。

（1）外力分析 将作用于 C 端的集中载荷 $\boldsymbol{F}$ 向 AB 杆截面 B 的形心平移，得到力 $\boldsymbol{F}$ 及一个作用在 B 截面内的力偶，其力偶矩 $M_e = Fa$（图 10-4b），故 AB 杆发生扭转与弯曲组合变形。

（2）内力分析 绘出 AB 杆的扭矩图和弯矩图（图 10-4c、d）。由图可见，截面 A 为危险截面，其上扭矩和弯矩分别为 $T = M_e = Fa$，$M = -Fl$。

（3）应力分析 在危险截面 A 上，由弯矩 M 引起的弯曲正应力在截面的最高点 1 和最

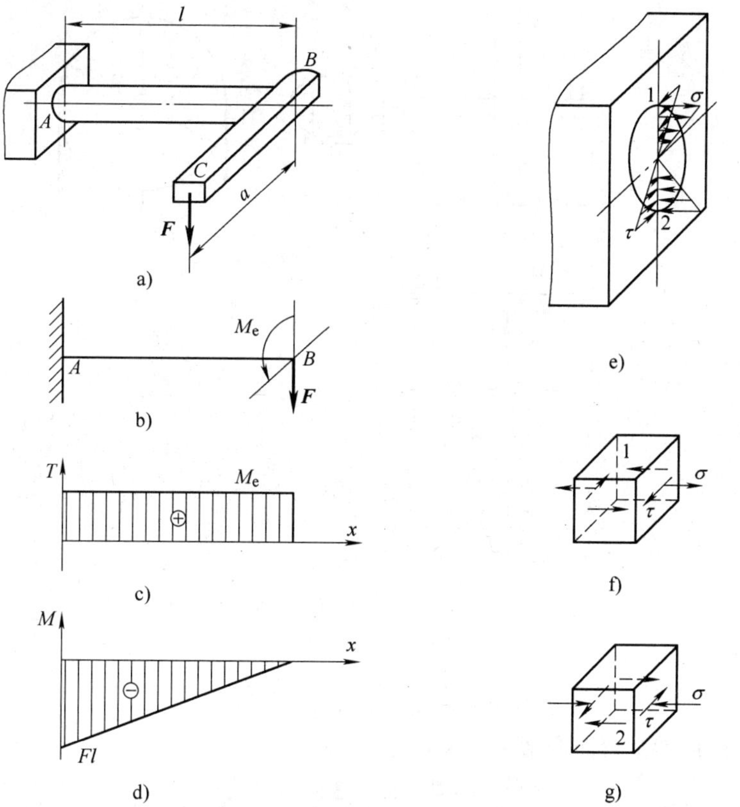

图 10-4　直角曲拐

低点 2 为最大，由扭矩 T 引起的扭转切应力在横截面的周边各点处最大（图 10-4e）。因此 1、2 两点为危险点，应力状态如图 10-4f、g 所示，其应力值为

$$\sigma = \frac{|M|}{W_z},\ \tau = \frac{T}{W_p}$$

（4）强度计算　若轴由塑性材料制成，则在危险点 1 和 2 中，只要校核一点的强度即可。下面校核点 1 的强度。将 σ、τ 的表达式代入式（9-13）和式（9-14），并利用圆杆 $W_p = 2W_z$，得第三和第四强度理论的强度条件分别为

$$\sigma_{r3} = \frac{\sqrt{M^2 + T^2}}{W_z} \leqslant [\sigma] \tag{10-2}$$

$$\sigma_{r4} = \frac{\sqrt{M^2 + 0.75T^2}}{W_z} \leqslant [\sigma] \tag{10-3}$$

式（10-2）和式（10-3）也适用于空心圆轴，此时 W_z 为空心圆截面的抗弯截面系数。

例 10-3　图 10-5a 所示传动轴 AB 由电动机带动。在跨中央安装一带轮，直径 $D=1.2\text{m}$，重力 $G=5\text{kN}$，带紧边张力 $T_1=6\text{kN}$，松边张力 $T_2=3\text{kN}$。轴直径 $d=0.1\text{m}$，长度 $l=1.2\text{m}$，材料许用应力 $[\sigma]=50\text{MPa}$。试按第三强度理论校核轴的强度。

解　（1）外力分析　将作用在带轮上的带拉力 $\boldsymbol{T}_1$、$\boldsymbol{T}_2$ 向轴线简化，如图 10-5b 所示。

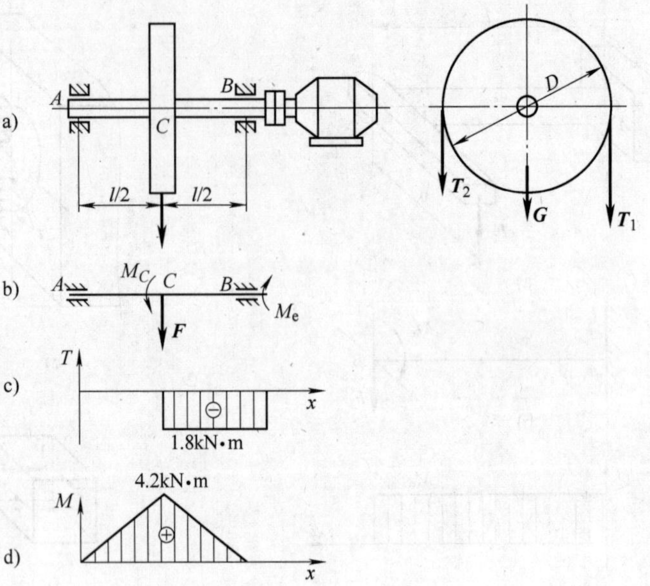

图 10-5　例 10-3 图

其中铅垂力

$$F = G + T_1 + T_2 = 14\text{kN}$$

使轴在铅垂平面内产生弯曲变形。外力偶矩

$$M_e = M_C = \frac{(T_1 - T_2)D}{2} = \frac{(6-3)\times 1.2}{2}\text{kN}\cdot\text{m} = 1.8\text{kN}\cdot\text{m}$$

使轴产生扭转变形。故传动轴 AB 产生扭转与弯曲组合变形。

（2）内力分析　分别画出轴的扭矩图和弯矩图，如图 10-5c、d 所示，由内力图可以判断出 C 截面右侧为危险截面。危险截面上的内力分量为 $T = -1.8\text{kN}\cdot\text{m}$，$M = 4.2\text{kN}\cdot\text{m}$。

（3）校核强度　按第三强度理论，由式（10-2）得

$$\sigma_{r3} = \frac{\sqrt{M^2 + T^2}}{W_z} = \frac{\sqrt{(4.2\times 10^6)^2 + (1.8\times 10^6)^2}}{\pi\times(0.1\times 10^3)^3/32}\text{MPa} = 46.5\text{MPa} < [\sigma]$$

所以轴 AB 满足强度要求。

例 10-4　图 10-6a 所示为精密磨床砂轮轴的示意图。已知电动机功率 $P = 3\text{kW}$，转速 $n = 1400\text{r/min}$。转子重量 $W_1 = 100\text{N}$。砂轮直径 $D = 250\text{mm}$，重量 $W_2 = 275\text{N}$，磨削力 $F_y : F_z = 3:1$。砂轮轴直径 $d = 50\text{mm}$，材料为轴承钢，许用应力 $[\sigma] = 60\text{MPa}$，试校核轴的强度。

解　（1）外力分析　将作用于砂轮上的力向砂轮轴的轴线简化，得图 10-6b 所示的受力简图。电动机传递的外力偶矩为

$$M_e = 9549\frac{P}{n} = 9549\times\frac{3}{1400}\text{N}\cdot\text{m} = 20.5\text{N}\cdot\text{m}$$

由平衡方程

$$\sum M_x = 0,\ M_e - F_z\frac{D}{2} = 0$$

得 $F_z = 164\text{N}, F_y = 3F_z = 492\text{N}$。

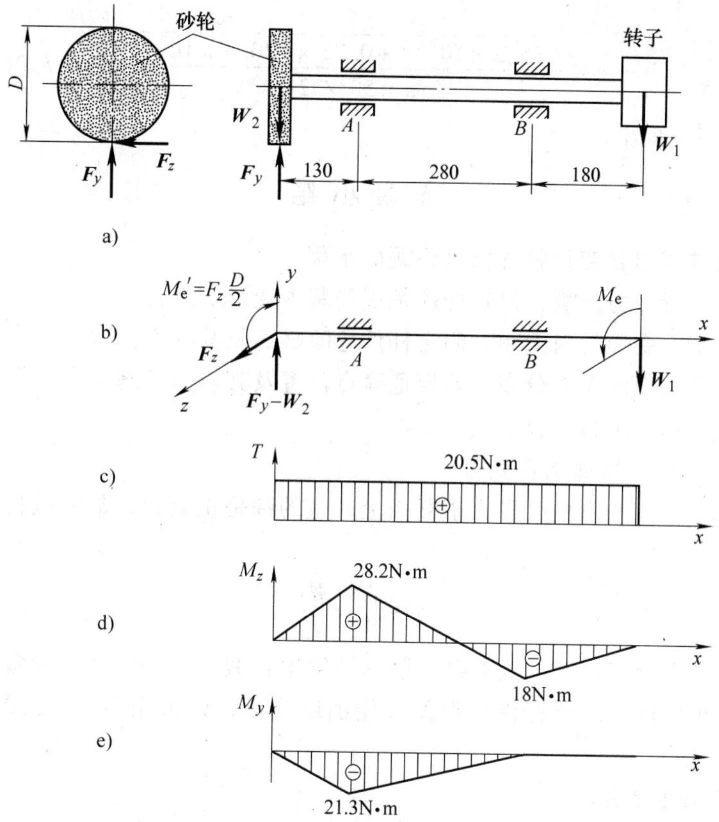

图 10-6　例 10-4 图

可见，外力偶 M_e 和 M_e' 使圆轴产生扭转变形；铅垂横向力 $\boldsymbol{W}_1$ 和 $\boldsymbol{F}_y-\boldsymbol{W}_2$ 使圆轴在 xy 平面内产生弯曲；水平横向力 $\boldsymbol{F}_z$ 使圆轴在 xz 平面内产生弯曲。圆轴产生的变形为扭转与双向弯曲的组合变形。

（2）内力分析　分别作出扭矩图 T、xy 平面的弯矩图 M_z 和 xz 平面的弯矩图 M_y，如图 10-6c、d、e 所示，可见危险截面为 A 截面，其内力分量为

$$T=20.5\text{N}\cdot\text{m},\ M_z=28.2\text{N}\cdot\text{m},\ M_y=-21.3\text{N}\cdot\text{m}$$

由于圆截面轴的极对称性，包含轴线的任意纵向面都是纵向对称面，所以圆轴在两个相互垂直的纵向对称面内同时发生弯曲变形时，可以合成为另一纵向对称面内的弯曲变形，该纵向对称面的合成弯矩 M 是将 M_y 和 M_z 按矢量合成方法求得的，即

$$M=\sqrt{M_y^2+M_z^2} \tag{10-4}$$

根据式（10-4）将砂轮轴危险截面 A 的两个弯矩分量 M_y 和 M_z 进行合成，得

$$M=\sqrt{M_y^2+M_z^2}=\sqrt{21.3^2+28.2^2}\text{N}\cdot\text{m}=35.3\text{N}\cdot\text{m}$$

（3）校核强度　因砂轮轴材料为塑性材料，可选用第三或第四强度理论进行计算。由第三强度理论

$$\sigma_{r3}=\frac{\sqrt{M^2+T^2}}{W_z}=\frac{\sqrt{(35.3\times10^3)^2+(20.5\times10^3)^2}}{\pi\times50^3/32}\text{MPa}=3.3\text{MPa}<[\sigma]$$

由第四强度理论

$$\sigma_{r4}=\frac{\sqrt{M^2+0.75T^2}}{W_z}=\frac{\sqrt{(35.3\times10^3)^2+0.75\times(20.5\times10^3)^2}}{\pi\times50^3/32}\text{MPa}=3.2\text{MPa}<[\sigma]$$

所以砂轮轴满足强度要求。

本章小结

1. 用叠加法求解组合变形杆件强度问题的步骤

（1）对杆件进行受力分析，确定杆件是哪些基本变形的组合。

（2）画出各基本变形的内力图，确定杆件危险截面及其内力。

（3）根据危险截面的应力分布，确定危险点位置及其应力状态。

（4）运用强度理论进行计算。

2. 拉伸（压缩）与弯曲组合变形

由于拉伸（压缩）和弯曲变形在横截面上产生的都是正应力，故可按代数和进行叠加，即根据公式

$$\sigma=\frac{N}{A}+\frac{My}{I_z}$$

来确定截面上的应力分布规律。应力最大值总是发生在截面的边缘处，但危险点在哪一侧，不仅要看叠加结果，还应结合杆件材料的性能加以分析，以采用不同形式的强度条件（见表 10-1）。

3. 扭转与弯曲组合变形

塑性材料圆轴的强度条件为

$$\sigma_{r3}=\frac{\sqrt{M^2+T^2}}{W_z}\leqslant[\sigma]$$

$$\sigma_{r4}=\frac{\sqrt{M^2+0.75T^2}}{W_z}\leqslant[\sigma]$$

对于扭转与双向弯曲的组合变形，$M=\sqrt{M_y^2+M_z^2}$。

思考题

10-1　图 10-7 所示构件中 *AB*、*BC* 和 *CD* 各段各发生什么变形？

10-2　图 10-8 所示为工程中常见的斜梁，试分析 *AC* 段和 *BC* 段的变形情况。

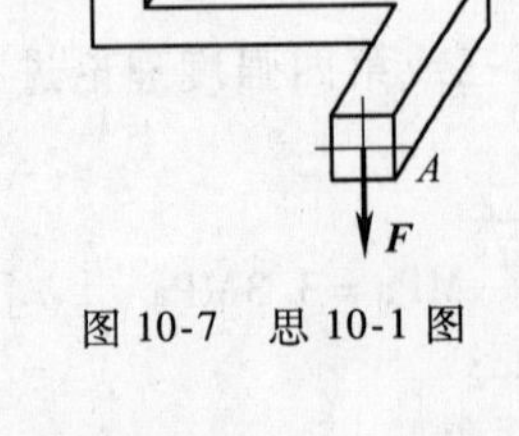

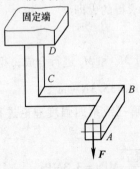

图 10-7　思 10-1 图

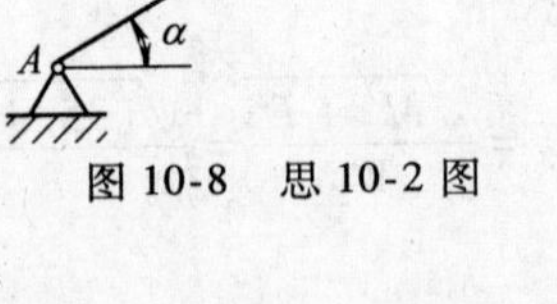

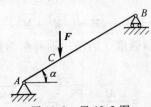

图 10-8　思 10-2 图

10-3 拉伸（压缩）与弯曲组合变形杆件的危险截面上应力如何分布？其危险点的应力状态如何？

10-4 铸铁材料压力机，受力情况如图10-9所示。从强度方面考虑，其横截面采用图中哪种截面形状较合理？

10-5 圆轴双向弯曲时，可将弯矩 M_y、M_z 合成为合成弯矩 M 后按平面弯曲公式求应力。矩形截面梁受双向弯曲时，可否将弯矩 M_y、M_z 合成为合成弯矩 M 后按平面弯曲公式求应力？

10-6 试根据第三强度理论分别写出拉伸（压缩）与扭转以及拉伸、扭转与弯曲组合变形的强度条件。

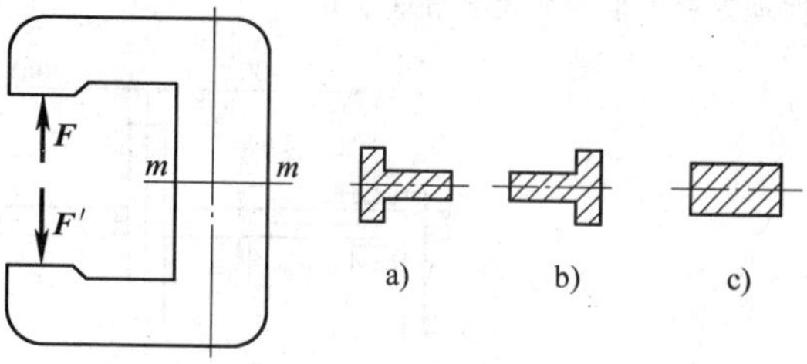

图10-9 思10-4图

习 题

10-1 图10-10所示立柱的横截面为正方形，边长为 a，顶部截面受一轴向压力 F 作用。若在立柱右侧的中部开一槽，槽深 $a/4$，求：

（1）开槽前后杆内最大压应力的值及其位置。

（2）若在杆的左侧对称地再开一个槽，应力将如何变化？

10-2 如图10-11所示，斜梁 AB 横截面为正方形，边长为100mm，若 $F=3\text{kN}$，试求 AB 梁的最大拉应力和最大压应力。

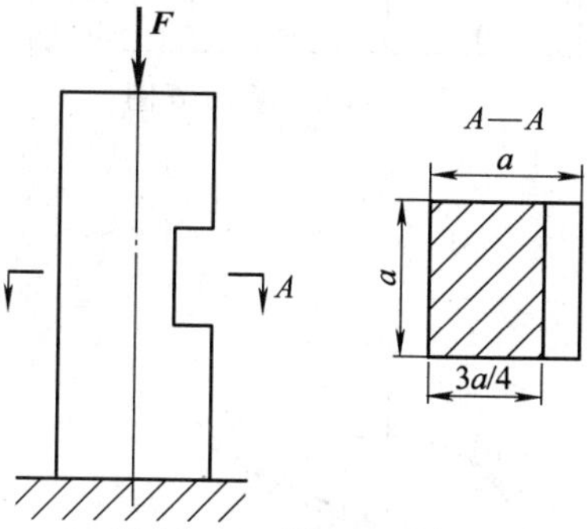

图10-10 题10-1图

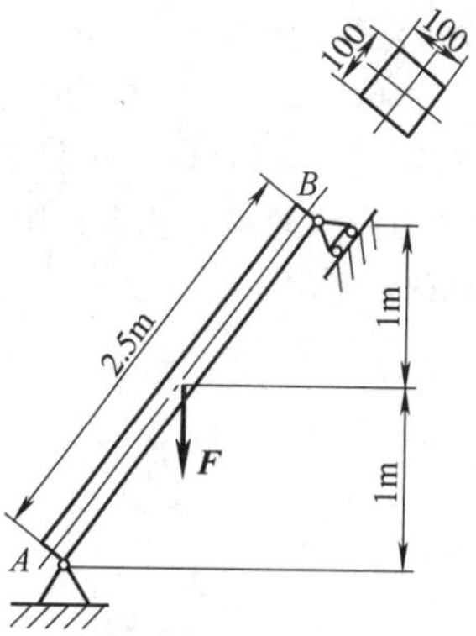

图10-11 题10-2图

10-3 图10-12所示钻床的立柱由铸铁制成，受力 $F=15\text{kN}$，许用拉应力 $[\sigma]=35\text{MPa}$，试确定立柱所需的直径 d。

10-4 图10-13所示简易起重机，已知电葫芦自重与起吊重量总和 $G=16\text{kN}$。横梁 AB 采用工字钢，$[\sigma]=120\text{MPa}$，梁长 $l=3.6\text{m}$，试按正应力强度条件为 AB 梁选择工字钢型号。

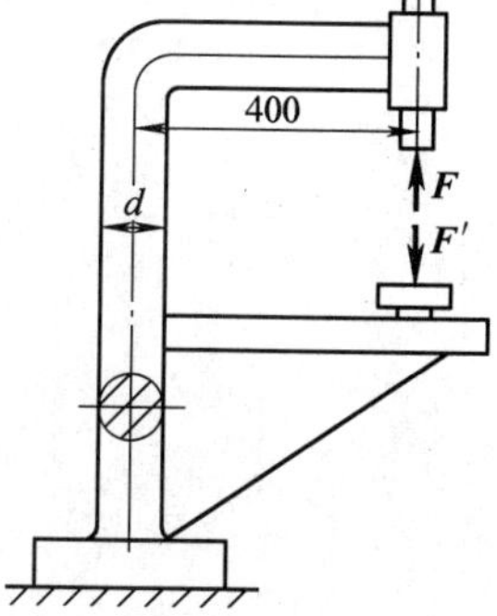

图10-12 题10-3图

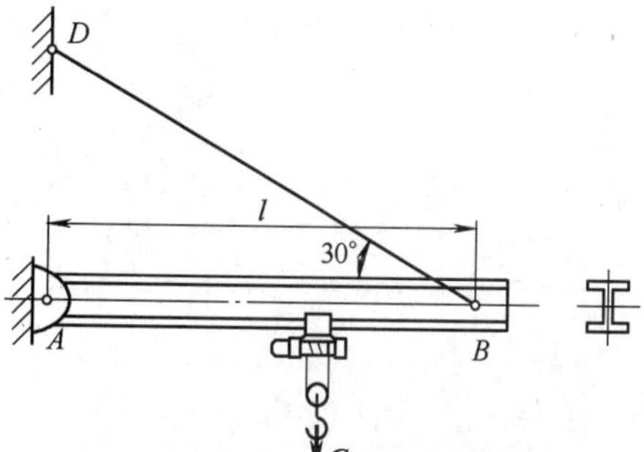

图10-13 题10-4图

10-5　手摇绞车如图 10-14 所示。已知轴的直径 $d=30\text{mm}$，材料为 Q235 钢，$[\sigma]=80\text{MPa}$。试按第三强度理论求绞车的最大起吊重量 G。

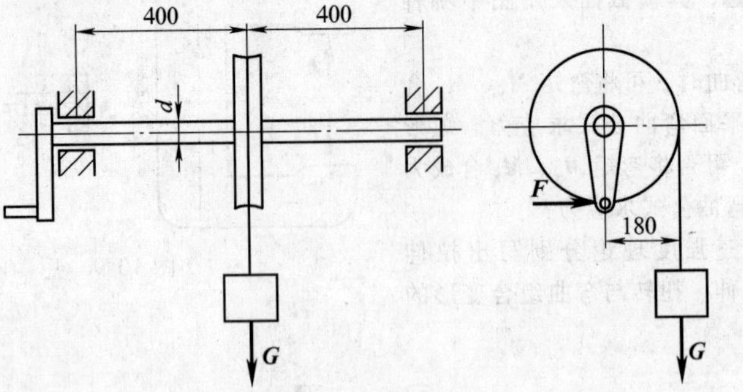

图 10-14　题 10-5 图

10-6　如图 10-15 所示带轮传动轴为钢制实心圆轴。已知材料的许用应力 $[\sigma]=80\text{MPa}$，试按第四强度理论设计轴的直径。

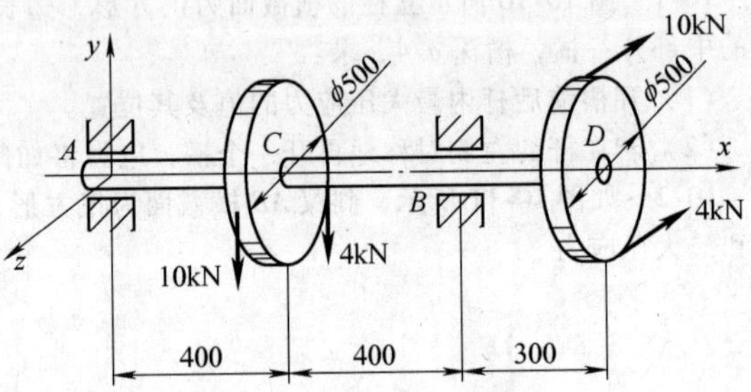

图 10-15　题 10-6 图

10-7　在某滚齿机中，由 $P=2.2\text{kW}$ 的主电动机通过带轮带动传动轴，轴的尺寸如图 10-16a 所示。材料为 45 钢，许用应力 $[\sigma]=85\text{MPa}$。轴的转速为 $n=966\text{r/min}$。带的拉力约为 $T_1+T_2=600\text{N}$。带轮直径 $D=132\text{mm}$，齿轮节圆直径 $d_1=50\text{mm}$。带拉力及齿轮啮合位置如图 10-16b 所示。试校核该轴的强度。

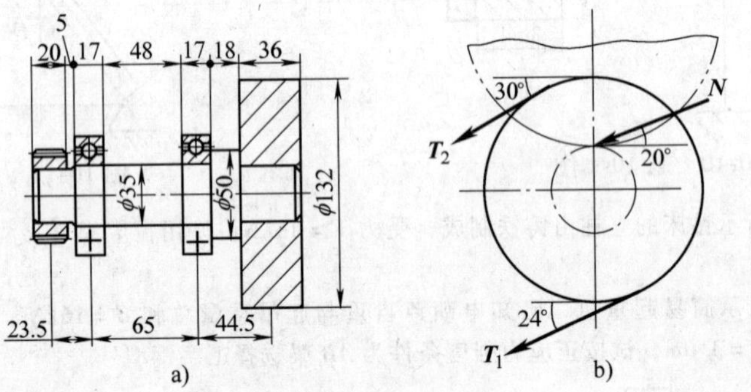

图 10-16　题 10-7 图

第11章 压杆稳定

【学习目标】

1）理解压杆稳定平衡、不稳定平衡和临界力的概念。

2）掌握临界力、临界应力以及压杆的稳定性计算。

3）了解提高压杆稳定性的措施。

承受轴向压力的杆，称为压杆。如前所述，直杆在轴向压力的作用下，发生的是沿轴向的缩短，杆的轴线仍然保持为直线，直至压力增大到由于强度不足而发生屈服或破坏。直杆在轴向压力的作用下，是否发生屈服或破坏，由强度条件确定，这是我们已熟知的。然而，对于一些受轴向压力作用的细长杆，在满足强度条件的情况下，却会出现弯曲变形。杆在轴向载荷作用下发生的弯曲，称为屈曲，构件由屈曲引起的失效，称为失稳（丧失稳定性）。本章主要研究细长压杆及中长杆的稳定性问题。

11.1 压杆稳定的概念

物体的平衡存在有稳定与不稳定的问题。物体的平衡受到外界干扰后，将会偏离平衡状态。若在外界的微小干扰消除后，物体能恢复原来的平衡状态，则称该平衡是稳定的；若在外界的微小干扰消除后物体仍不能恢复原来的平衡状态，则称该平衡是不稳定的。如图11-1a所示，小球在凹弧面中的平衡是稳定的，因为虚箭头所示的干扰（如微小的力或位移）消除后，小球会回到其原来的平衡位置；反之，如图11-1b所示小球在凸弧面上的平衡，受到干扰后将不能回复，故其平衡是不稳定的。

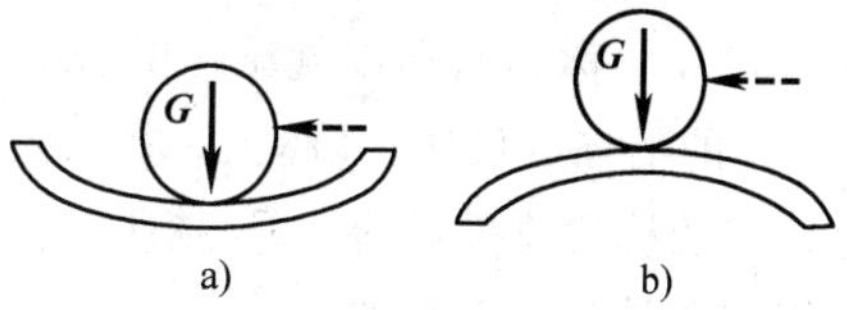

图11-1 稳定平衡与不稳定平衡

上述小球是作为未完全约束的刚体讨论的。对于受到完全约束的变形体，平衡状态也有稳定与不稳定的问题。如二端铰支的受压直杆，如图11-2a所示。当杆受到水平方向的微小扰动（力或位移）时，杆的轴线将偏离铅垂位置而发生微小的弯曲。若轴向压力 $\boldsymbol{F}$ 的值小于某一数值 F_{cr} 时，横向的微小扰动消除后，杆的轴线可恢复到原来的铅垂平衡位置，如图11-2a所示，平衡是稳定的；若轴向压力 $\boldsymbol{F}$ 逐渐增大到某一数值 F_{cr} 时，微小扰动消除后，压杆不能恢复到原来的铅垂平衡位置，扰动引起的微小弯曲也不继续增大，保持微弯状态的平衡，如图11-2b所示，这是不稳定的平衡；若轴向压力 $\boldsymbol{F}$ 的值继续增大，即使微小扰动已消除，在力 $\boldsymbol{F}$ 作用下，杆轴线的弯曲挠度也仍将越来越大，如图11-2c所

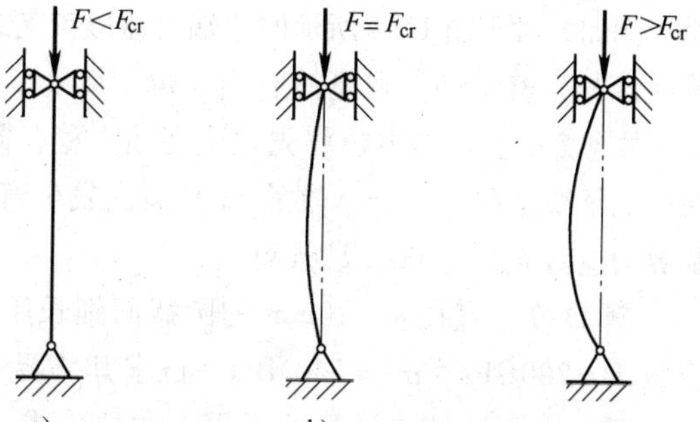

图11-2 压杆稳定的概念

示，直至完全丧失承载能力。压杆在其原有几何形状下保持平衡的能力称为压杆的稳定性。

如前所述，直杆在轴向载荷作用下发生的弯曲称为屈曲，发生了屈曲就意味着构件失去稳定性（失稳）。压杆保持稳定与发生屈曲间的力 $\boldsymbol{F}_{cr}$ 称为压杆稳定的临界力或临界载荷。

建筑物中的立柱、桁架结构中的受压杆、液压装置中的活塞推杆、动力装置中的气门挺杆等都是工程中常见的压杆，压杆的稳定性是设计中必须考虑的。

11.2 压杆的临界力

11.2.1 两端铰支压杆的临界力

压杆是否能保持稳定，取决于压杆的临界力 $\boldsymbol{F}_{cr}$。当 $F=F_{cr}$ 时，压杆处于图 11-2b 所示的微弯平衡状态，现将两端铰支的细长压杆重画于图 11-3。

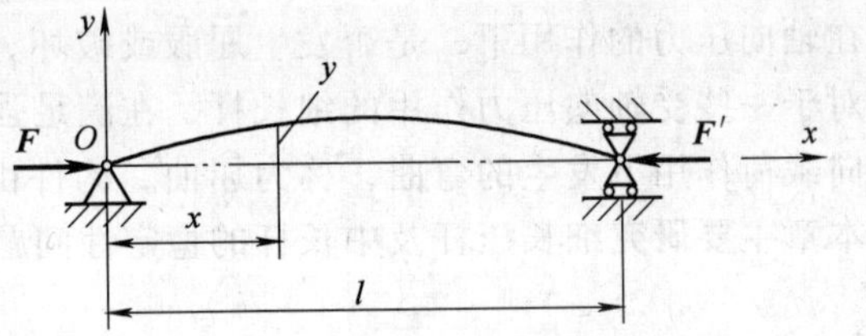

图 11-3 两端铰支的细长压杆

杆在任一距原点 O 为 x 处的截面弯矩为

$$M(x) = -Fy$$

在弹性小变形条件下，处于微弯平衡状态的杆的挠曲线近似微分方程为

$$\frac{d^2 y}{dx^2} = \frac{M(x)}{EI}$$

考虑到杆端的边界条件，可求得两端铰支压杆的临界力为

$$F_{cr} = \frac{\pi^2 EI}{l^2} \tag{11-1}$$

式（11-1）称为两端铰支压杆的临界力欧拉公式。欧拉公式指出：压杆临界力 $\boldsymbol{F}_{cr}$ 的大小与杆长 l 的平方成反比，l 越大，$\boldsymbol{F}_{cr}$ 越小，杆越容易发生屈曲失稳；与杆的抗弯刚度 EI 成正比，杆的抗弯刚度越小，$\boldsymbol{F}_{cr}$ 越小，杆越容易发生屈曲失稳。细长杆件 l 大、抗弯刚度 EI 小，稳定问题是不可忽视的。

值得注意的是，对于图 11-3 所示的压杆屈曲问题，若两端为平面铰链支承，只允许杆在 xy 平面内弯曲，则截面惯性矩 $I=I_z$；若两端为球形铰链支承，则杆可在过轴线 x 的任一平面内发生弯曲。若截面对某轴惯性矩最小，则能承受的临界力也最小，将首先在垂直于该轴的平面内发生屈曲失稳。例如，对于图 11-4 所示的两端为球形铰支的矩形截面压杆，若 $h>b$，则显然有 $I_y=hb^3/12<I_z=bh^3/12$，故 y 为中性轴的方位将先发生屈曲失稳，即失稳时杆的轴线是在垂直于 y 轴的 xz 平面内发生弯曲的，临界力应由 $F_{cr}=\pi^2 EI_y/l^2$ 计算。

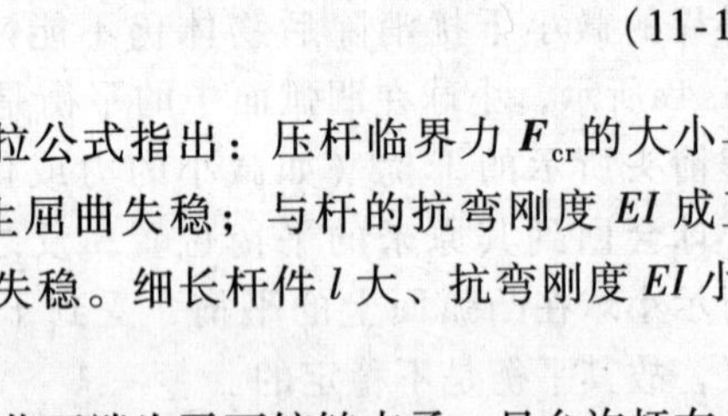

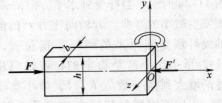

图 11-4 失稳发生在 I 最小的方位

例 11-1 直径 $d=20$mm 的圆截面细长压杆，长 $l=800$mm，两端铰支。已知材料的弹性模量 $E=200$GPa，$\sigma_s=240$MPa，试求其临界力和屈服载荷。

解 由两端铰支压杆的临界力欧拉公式（11-1）得

$$F_{cr}=\frac{\pi^2 E}{l^2}\cdot\frac{\pi d^4}{64}=\frac{\pi^3\times200\times10^3\times20^4}{64\times800^2}\text{N}=24.2\times10^3\text{N}$$

压杆的屈服条件为 $\sigma=F/A=\sigma_s$，故屈服载荷为

$$F_s=\sigma_s A=\frac{240\pi\times20^2}{4}\text{N}=75.4\times10^3\text{N}$$

显而易见，$F_{cr}\ll F_s$，故当轴向压力达到 F_{cr} 时，杆首先发生的是屈曲失稳。

11.2.2　不同支承条件下压杆的临界力

采用与前面类似的方法，可以由压杆微弯平衡的力学模型，研究不同支承情况下的屈曲临界力。但是应当注意，当杆端约束情况改变时，挠曲线近似微分方程中的弯矩和挠曲线的边界约束条件也将发生变化，因而临界力也不同。综合各种不同的约束情况，可将其临界力欧拉公式写成统一形式

$$F_{cr}=\frac{\pi^2 EI}{(\mu l)^2}\tag{11-2}$$

式中，μ 称为长度系数；μl 称为相当长度，表示杆端约束条件不同的压杆长度 l 折算成两端铰支压杆的长度。不同支承情况下压杆的长度系数 μ 如表 11-1 所示。

表 11-1　压杆的长度系数

支承情况	两端铰支	一端固定 一端铰支	两端固定	一端固定 一端自由
μ 值	1.0	0.7	0.5	2
挠曲线形状	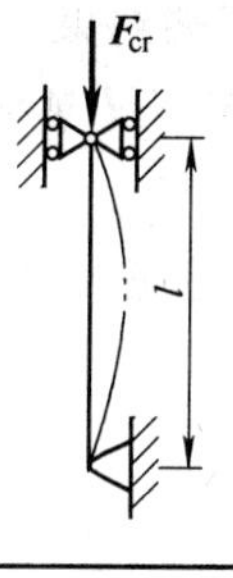	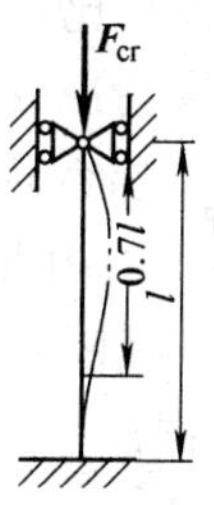	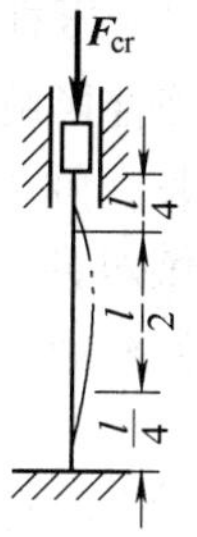	

可见，杆端支承对于压杆的临界力有显著影响。杆的几何尺寸一定时，一端固定、一端自由时临界力最小；两端铰支，一端固定、一端铰支次之；两端固定支承时临界力最大。

在工程实际中，受压杆件两端的支承情况往往是复杂的。需要根据具体情况，分析支承对于杆端的约束特性，选择适当的理想化支承模型。如桁架中的压杆，其节点处的连接常常用焊接或铆接，但因为连接处限制杆件转动的能力并不强，简化成铰接是比较恰当且偏于安全的。又如图 11-5 所示的圆柱销铰链，在 xy 平面内，杆可以绕销钉转动，接头处支承是铰支。在 yz 平面内，杆不能与接头发生相对转动，若接头固定牢靠，可以简化为固定端；但若杆插入接头的深度不够或杆与接头连接的间隙较大，有相对转动的可能，则接头处仍应简化为铰支。

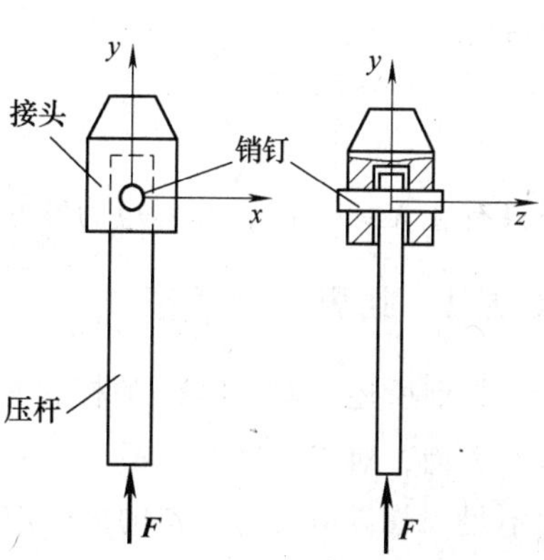

图 11-5　圆柱销铰链

11.3 压杆的临界应力

欧拉公式是由挠曲线近似微分方程导出的，而挠曲线近似微分方程只有在线弹性条件下才成立。即只有压杆所受的应力在线弹性范围内时，欧拉公式才适用。超出此范围，欧拉公式能否利用？如何利用？这就是本节所要讨论的问题。

11.3.1 临界应力欧拉公式

压杆在稳定的临界状态下，其横截面上的应力称为临界应力，用σ_{cr}表示。由欧拉公式（11-2）得

$$\sigma_{cr}=\frac{F_{cr}}{A}=\frac{\pi^2 EI}{A(\mu l)^2}$$

将截面惯性矩 I 写成 $I=i^2A$，A 是压杆的横截面积，i 称为截面的惯性半径，量纲为“长度”。则临界应力为

$$\sigma_{cr}=\frac{\pi^2 E}{(\mu l/i)^2}=\frac{\pi^2 E}{\lambda^2} \tag{11-3}$$

式（11-3）称为压杆的临界应力欧拉公式。其中

$$\lambda=\frac{\mu l}{i} \tag{11-4}$$

式中，λ 为无量纲参数，称为压杆的柔度或长径比。λ 反映了杆端约束、压杆长度、杆截面形状和尺寸对临界应力的综合影响。杆端约束情况 μ 一定时，杆长 l 越大，截面惯性半径 i 越小，则 λ 越大，杆越细长，临界应力越小，越容易发生屈曲失稳。

由于欧拉公式是在线弹性条件下得到的，故由此给出的临界应力公式（11-3）的适用条件，应当是压杆中的应力不超过材料的比例极限 σ_p，即

$$\sigma_{cr}=\frac{\pi^2 E}{\lambda^2}\leqslant\sigma_p$$

或

$$\lambda\geqslant\pi\sqrt{\frac{E}{\sigma_p}}$$

若令

$$\lambda_p=\pi\sqrt{\frac{E}{\sigma_p}} \tag{11-5}$$

则只有在 $\lambda\geqslant\lambda_p$ 时，临界应力欧拉公式（11-3）或临界力欧拉公式（11-2）才成立。

11.3.2 临界应力总图

如前所述，对 $\lambda\geqslant\lambda_p$ 的杆，其破坏形式是弹性屈曲失稳，临界应力可由欧拉公式确定。另一方面，对于长度短、截面尺寸大的杆，由于杆的柔度很小而不致失稳，其破坏形式是强度不足，临界应力为材料的极限应力。

如图 11-6 所示为塑性材料压杆的临界应力总图。在柔度较小的 AB 段（$\lambda\leqslant\lambda_s$），杆称

为小柔度杆或粗短杆，临界应力 $\sigma_{cr}=\sigma_s$，发生的破坏是强度不足；在柔度较大的 CD 段（$\lambda \geqslant \lambda_p$），杆称为大柔度杆或细长杆，临界应力 $\sigma_{cr}=\pi^2E/\lambda^2$，发生的破坏是应力小于比例极限的线弹性屈曲失稳；在中等柔度的 BC 段（$\lambda_s<\lambda<\lambda_p$），杆称为中柔度杆或中长杆，对应的临界应力则为 $\sigma_p<\sigma_{cr}<\sigma_s$，故发生的也是屈曲失稳破坏（并非线弹性屈曲失稳）。

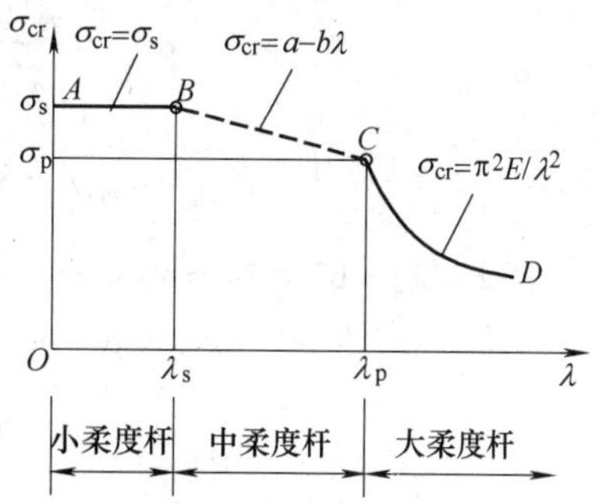

图 11-6 塑性材料压杆的临界应力总图

对于图 11-6 中 BC 段的中柔度杆，失稳临界应力的分析比较复杂，其工程计算方法是由下述线性经验公式给出的

$$\sigma_{cr}=a-b\lambda \quad (\lambda_s<\lambda<\lambda_p) \tag{11-6}$$

此即临界应力总图中的虚直线段。a、b 分别是与材料相关的常数，单位为 MPa。表 11-2 列出了一些常用材料的 a、b 值。

表 11-2 一些常用材料的 a、b 值

材　料	a/MPa	b/MPa	λ_p	λ_s
Q235A	304	1.12	100	62
45 钢	578	3.74	100	60
铬锰钢	980	5.29	55	
铸铁	332	1.45	80	
硬铝	372	2.14	50	
木材	28.7	0.19	110	40

由式（11-6）可知，中柔度杆的下限 λ_s 可写为

$$\lambda_s=\frac{a-\sigma_{cr}}{b} \tag{11-7}$$

式中，对于塑性材料，$\sigma_{cr}=\sigma_s$；对于脆性材料，$\sigma_{cr}=\sigma_{bc}$。

例 11-2 材料为 Q235A 钢的压杆两端铰支，直径 $d=40\text{mm}$。已知 $\sigma_s=235\text{MPa}$，$E=200\text{GPa}$，若杆长 $l_1=1.5\text{m}$，$l_2=0.8\text{m}$，$l_3=0.5\text{m}$，试计算各杆的临界应力和临界力。

解 （1）查表确定 λ_p、λ_s 由表 11-2 可知，对于 Q235A 钢有 $\lambda_p=100$，$\lambda_s=62$，$a=304\text{MPa}$，$b=1.12\text{MPa}$。

（2）计算杆的柔度 λ 两端铰支压杆：$\mu=1$；圆截面的惯性半径：$i=\sqrt{\frac{I}{A}}=\sqrt{\frac{\pi d^4/64}{\pi d^2/4}}=\frac{d}{4}=10\text{mm}$。

杆 1 的柔度为 $\lambda_1=\mu l_1/i=1500/10=150$

杆 2 的柔度为 $\lambda_2=\mu l_2/i=800/10=80$

杆 3 的柔度为 $\lambda_3=\mu l_3/i=500/10=50$

（3）判定压杆的类型，计算临界应力和临界力

杆 1：$\lambda_1=150>\lambda_p=100$，为大柔度杆，由式（11-3）得

$$\sigma_{cr1}=\frac{\pi^2 E}{\lambda_1^2}=\frac{\pi^2\times200\times10^3}{150^2}\text{MPa}=87.73\text{MPa}$$

$$F_{cr1}=\sigma_{cr1}A=87.73\times\frac{\pi\times40^2}{4}\text{N}=110244\text{N}=110.2\text{kN}$$

杆 2：$\lambda_s=62<\lambda_2=80<\lambda_p=100$，为中柔度杆，由经验公式（11-6）得

$$\sigma_{cr2}=a-b\lambda_2=(304-1.12\times80)\text{MPa}=214.4\text{MPa}$$

$$F_{cr2}=\sigma_{cr2}A=214.4\times\frac{\pi\times40^2}{4}\text{N}=269423\text{N}=269.4\text{kN}$$

杆 3：$\lambda_3=50<\lambda_s=62$，为小柔度杆，得

$$\sigma_{cr3}=\sigma_s=235\text{MPa}$$

$$F_{cr3}=\sigma_{cr3}A=235\times\frac{\pi\times40^2}{4}\text{N}=295310\text{N}=295.3\text{kN}$$

11.4 压杆的稳定性计算

受压杆件的屈曲失稳是在截面应力小于极限应力时发生的。考虑到载荷估计、约束简化、杆的几何和计算等误差，以及材料性能的分散性和可能的偶然超载等，与强度设计一样，在压杆稳定设计时，同样需要留有保证杆稳定性的安全储备。

引入许用稳定安全因数 n_{st}，则许用压力为 $[F_{st}]=F_{cr}/n_{st}$，因此稳定性条件为

$$F\leqslant\frac{F_{cr}}{n_{st}}=[F_{st}] \tag{11-8}$$

式（11-8）要求杆的工作压力 $\boldsymbol{F}$ 的值小于许用压力 $[F_{st}]$。稳定性条件还可写为

$$n=\frac{F_{cr}}{F}\geqslant n_{st} \tag{11-9}$$

即实际工作稳定安全因数 n 应大于许用稳定安全因数 n_{st}。

许用稳定安全因数的选取，一般应大于强度安全因数。因为加载的偏心、杆的初始曲率、支承条件的实际情况等对强度影响并不显著，对于稳定性却有较大的影响；同时，失稳垮塌的后果也更为严重。一般情况下，钢材许用稳定安全因数取 1.8~3.0，铸铁取 5.0~5.5，丝杆、活塞杆、发动机挺杆取 2.0~6.0，矿山、冶金设备取 4.0~8.0 等。许用稳定安全因数可在相关专业设计手册中查得。

利用压杆的稳定性条件，可以进行稳定性设计。与强度设计一样，稳定性设计也包括稳定性校核、截面尺寸或杆长设计、确定许可载荷等。

例 11-3 千斤顶如图 11-7 所示。丝杆由 45 钢制成，丝杆的内径 $d=40\text{mm}$，最大顶升高度 $h=350\text{mm}$，最大起重量 $F=80\text{kN}$。若规定的许用稳定安全因数为 $n_{st}=4$，试校核其稳定性。

解 （1）由材料性能确定 λ_p、λ_s　由表 11-2 可知，对于 45 钢，有 $a=578\text{MPa}$，$b=3.74\text{MPa}$，$\lambda_p=100$，$\lambda_s=60$。

（2）计算杆的柔度　丝杆可简化为下端固定、上端自由的压杆，$\mu=2$；圆截面惯性半径为 $i=d/4=10\text{mm}$；丝杆的柔度为 $\lambda=\mu l/i=70$。

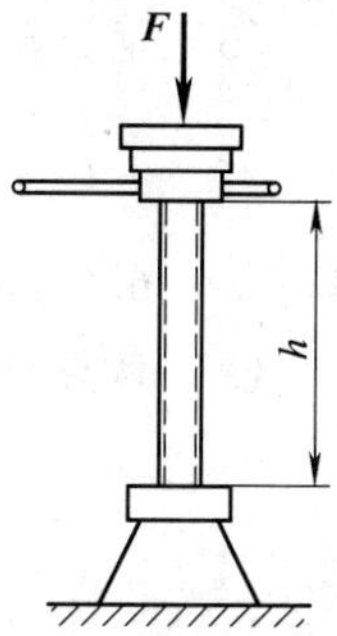

图 11-7 例 11-3 图

（3）判断杆的类型，计算临界载荷 由于杆的柔度 $\lambda_s=60<\lambda=70<\lambda_p=100$，故为中柔度杆，按经验公式有

$$\sigma_{cr}=a-b\lambda=(578-3.74\times70)\text{MPa}=316.2\text{MPa}$$

$$F_{cr}=\sigma_{cr}A=316.2\times\frac{\pi\times40^2}{4}\text{N}=397349\text{N}=397.3\text{kN}$$

（4）稳定性校核 由稳定性条件式（11-9）得

$$n=\frac{F_{cr}}{F}=\frac{397.3}{80}\approx5>n_{st}=4$$

可见，丝杆满足稳定性要求。

例 11-4 如图 11-8 所示活塞杆 BC 由铬锰钢制成，$\sigma_s=780\text{MPa}$，$E=210\text{GPa}$，直径 $d=36\text{mm}$，最大外伸长度 $l=1\text{m}$，若规定的许用稳定安全因数为 $n_{st}=6$，试确定其最大许可压力 F_{max}。

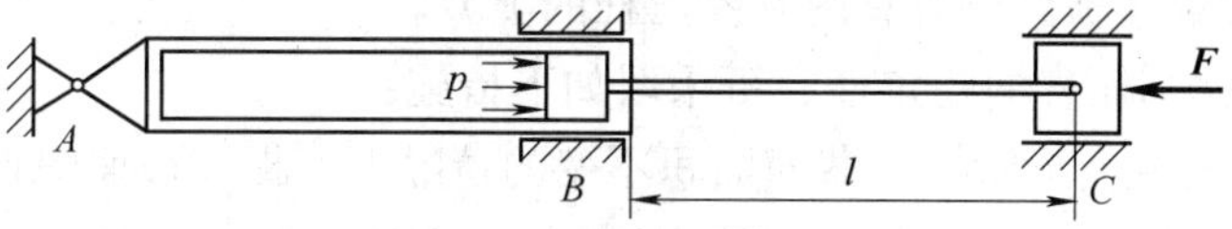

图 11-8 例 11-4 图

解 （1）由材料性能确定 λ_p、λ_s 查表 11-2，有 $a=980\text{MPa}$，$b=5.29\text{MPa}$，$\lambda_p=55$，故

$$\lambda_s=\frac{a-\sigma_s}{b}=\frac{980-780}{5.29}=37.8$$

（2）计算杆的柔度 活塞杆可简化为 B 端固定、C 端铰支的压杆，$\mu=0.7$；圆截面惯性半径为 $i=d/4=9\text{mm}$；活塞杆的柔度为 $\lambda=\mu l/i=0.7\times1000/9=77.8$。

（3）判断杆的类型，计算临界载荷 由于杆的柔度 $\lambda=77.8>\lambda_p=55$，故为大柔度杆，按欧拉公式得

$$\sigma_{cr}=\frac{\pi^2E}{\lambda^2}=\frac{\pi^2\times210\times10^3}{77.8^2}\text{MPa}=342.4\text{MPa}$$

$$F_{cr}=\sigma_{cr}A=342.4\times\frac{\pi\times36^2}{4}\text{N}=348521\text{N}=348.5\text{kN}$$

（4）确定最大许可压力 F_{max} 由稳定性条件式（11-8）得

$$F_{max}\leqslant\frac{F_{cr}}{n_{st}}=\frac{348.5}{6}\text{kN}=58.1\text{kN}$$

例 11-5 某硬铝合金制圆截面压杆长 $l=1\text{m}$，两端铰支，受压力 $F=12\text{kN}$ 作用。已知 $\sigma_s=320\text{MPa}$，$E=70\text{GPa}$，若规定许用稳定安全因数为 $n_{st}=5$，试设计其直径 d。

解 （1）由材料性能确定 λ_p、λ_s 查表 11-2，有 $a=372\text{MPa}$，$b=2.14\text{MPa}$，$\lambda_p=50$，故

$$\lambda_s=\frac{a-\sigma_s}{b}=\frac{372-320}{2.14}=24.3$$

（2）确定临界载荷 由稳定性条件式（11-8）得

$$F_{cr}\geqslant Fn_{st}=12\times5\text{kN}=60\text{kN}$$

（3）估计截面直径 d　按大柔度杆设计，由欧拉公式得

$$F_{cr}=\frac{\pi^2EI}{(\mu l)^2}=\frac{\pi^2\times70\times10^3\times(\pi d^4/64)}{(1\times1000)^2}\text{N}=60000\text{N}$$

解得 $d=36.5\text{mm}$。

（4）计算杆的柔度，检验按欧拉公式设计的正确性

$$\lambda=\frac{\mu l}{i}=\frac{1\times1000}{36.5/4}=110>\lambda_p=50$$

可见，按欧拉公式设计是正确的。

讨论：在满足稳定性条件的情况下设计截面尺寸，由于柔度 λ 不能确定，故只有先假定压杆的类型，选取欧拉公式或经验公式计算；估计截面尺寸后，再计算柔度，校核其是否满足所假定压杆类型的柔度要求。

已知截面尺寸和压力载荷，设计杆长时，可求出截面上的工作应力，然后与材料的应力 σ_p、σ_s 比较，即可依据临界应力总图判断压杆的类型。

最后指出，欲提高压杆的稳定性，可采取如下措施：

（1）选择合理的截面形状　在截面面积不变的情况下，提高截面惯性矩 I 或惯性半径 i，可使杆的柔度减小，临界应力增大，提高稳定性。如用空心圆形、空心矩形截面代替实心截面等。

（2）改善杆端约束　自由端最不利于压杆的稳定。一端固定、一端自由的压杆，$\mu=2$；换成一端固定，一端铰支，则 $\mu=0.7$。由大柔度压杆的欧拉公式可见，临界力与 μ 的平方成反比，故后者可使临界力提高到前者的 $4/0.7^2=8.16$ 倍。若杆长 l 过大，还可以考虑在杆中部增加约束，欧拉公式中临界力与杆长 l 的平方也是成反比的，在杆中部增加一活动铰链支座，杆长缩短一半，失稳临界力可提高到 4 倍。

本章小结

1. 压杆的稳定性

压杆在轴向压力作用下，若干扰力消除后，仍能恢复原来的直线形状，则压杆直线形状的平衡是稳定的；若干扰力消除后，不能恢复原来的直线形状，而变为微弯状态的平衡，则压杆的这一平衡状态是不稳定的。

2. 临界力和临界应力

临界力 F_{cr} 是压杆从稳定平衡状态过渡到不稳定平衡状态的分界压力。压杆在临界力作用下，横截面上的应力称为临界应力 σ_{cr}。

1）对大柔度杆（$\lambda\geqslant\lambda_p$），用欧拉公式计算 F_{cr} 或 σ_{cr}，即

$$F_{cr}=\frac{\pi^2EI}{(\mu l)^2},\ \sigma_{cr}=\frac{\pi^2E}{\lambda^2}$$

2）对中柔度杆（$\lambda_s<\lambda<\lambda_p$），用经验公式计算 σ_{cr} 或 F_{cr}，即

$$\sigma_{cr}=a-b\lambda,\ F_{cr}=\sigma_{cr}A$$

3）对小柔度杆（$\lambda\leqslant\lambda_s$），其临界应力就是材料的极限应力，属强度问题。

3. 压杆的稳定性计算

常用安全因数法，其稳定条件为

$$n=\frac{F_{cr}}{F}\geqslant n_{st}$$

思 考 题

11-1 什么是稳定性？稳定性与强度、刚度有什么不同？

11-2 杆在轴向压缩载荷作用下的屈曲与在横向载荷作用下的弯曲有什么区别？

11-3 受拉直杆是否有稳定问题？为什么？

11-4 两端铰支的低碳钢圆截面压杆，长径比 l/d 为多大时，需要考虑稳定性问题？长径比 l/d 为多大时，才能应用欧拉公式求临界载荷？

11-5 矩形截面梁承受平面弯曲时，不宜设计成方形截面；矩形截面的柱，承受轴向压缩时，宜于设计成方形截面为什么？

11-6 何谓杆的柔度，量纲是什么？何谓截面的惯性半径，量纲是什么？圆截面的惯性半径 i 等于 $d/4$，矩形截面（$b\times h$）的惯性半径 i 等于多少？

11-7 将某圆截面压杆的直径和长度都增加一倍，对杆的柔度有无影响？对杆的临界应力有无影响？对杆的临界载荷有无影响？

11-8 某压杆材料的 $\sigma_p=180\text{MPa}$，$\sigma_s=260\text{MPa}$。问当杆的工作应力 σ 为 100MPa、200MPa 时，应如何设计杆的长度？

习 题

11-1 如图 11-9 所示的圆截面细长压杆都由 Q235A 钢制成，$E=200\text{GPa}$，直径均为 160mm，试按欧拉公式计算各杆的临界力。

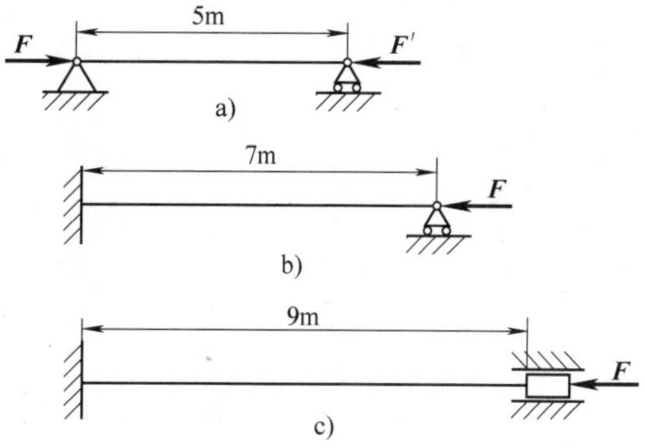

图 11-9 题 11-1 图

11-2 一端固定、一端自由的铸铁圆形截面压杆，直径 $d=50\text{mm}$，杆长 $l=1\text{m}$，材料的弹性模量 $E=108\text{GPa}$，试求压杆的临界压力和临界应力。

11-3 有一木柱两端铰支，其横截面为 120mm × 200mm 的矩形，长度 $l=4\text{m}$，木材的 $E=10\text{GPa}$，$\lambda_p=112$，试求木柱的临界应力。

11-4 千斤顶的最大承载重量 $F=150\text{kN}$，螺杆小径 $d=52\text{mm}$，长度 $l=500\text{mm}$，材料为 45 钢。试求螺杆的工作稳定安全因数。

11-5 已知某型号柴油机的挺杆两端均为铰支，直径为 $d=8\text{mm}$，长度为 $l=257\text{mm}$，材料为 45 钢，$E=210\text{GPa}$。若挺杆所受最大压力为 $F_{max}=1.76\text{kN}$，规定许用稳定安全因数为 $n_{st}=3.2$，试校核挺杆的稳定性。

11-6 如图 11-10 所示，简易起重机的起重臂 OA 长 $l=2.7\text{m}$，由外径 $D=80\text{mm}$、内径 $d=70\text{mm}$ 的无缝钢管制成，材料为 Q235A 钢，若起重臂所受的最大轴向压力 $F=18\text{kN}$，许用稳定安全因数为 $n_{st}=3$，试校核起重臂的稳定性。

11-7 某铬锰钢制挺杆两端铰支，直径 $d=8\text{mm}$，$l=100\text{mm}$。若规定的许用稳定安全因数为 $n_{st}=4$，试确定杆的许可载荷 F_{max}。

11-8 图 11-11 中，AB 为刚性梁，撑杆 CD 为 Q235A 钢，直径 $d=40\text{mm}$，长 $l=1.2\text{m}$，$E=200\text{GPa}$，试计算失稳时的载荷 F_{max}。

11-9 一端固定、另一端铰支的细长压杆，截面积 $A=16\text{cm}^2$，承受压力 $F=240\text{kN}$ 作用，$E=200\text{GPa}$，

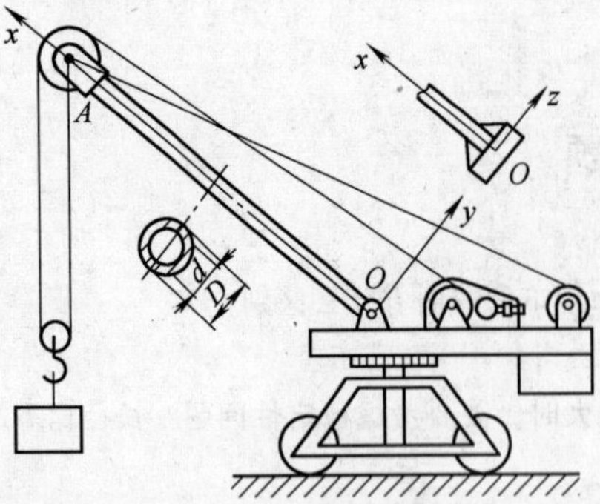

图 11-10　题 11-6 图

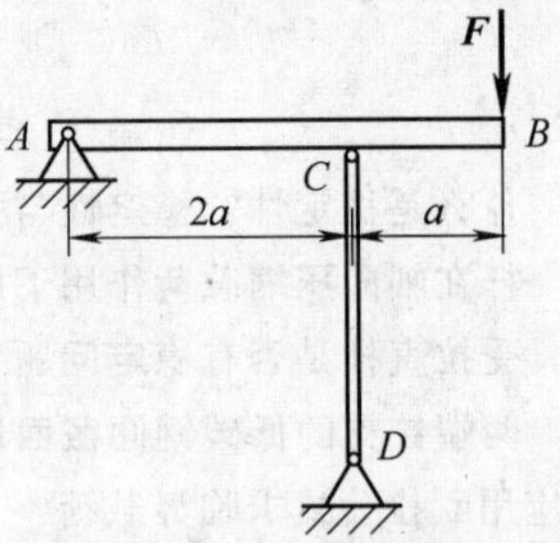

图 11-11　题 11-8 图

试用欧拉公式计算下述不同截面情况下的临界长度 l_{cr}，并进行比较。

（1）边长为 4cm 的方形截面。

（2）外边长为 5cm、内边长为 3cm 的空心方框形截面。

11-10　如图 11-12 所示，矩形截面 Q235A 钢制连杆 AB 受压。在 xy 平面内失稳时，可视为两端铰支；在 xz 平面内失稳时，可视为两端固定，考虑接触面间隙后取 $\mu=0.7$。若按大柔度杆设计，试问截面尺寸 b/h 设计成何值为佳？讨论按中柔度杆、小柔度杆设计又如何。

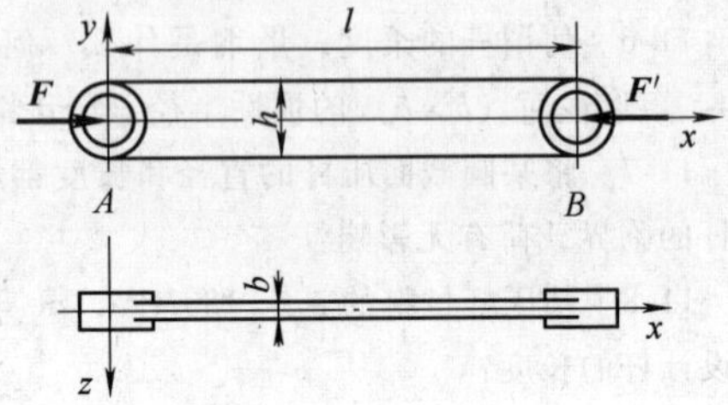

图 11-12　题 11-10 图

3

第三篇 运动力学

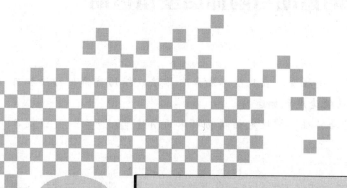

第12章　点的运动与刚体的基本运动

【学习目标】

1）掌握描述点运动的三种方法：矢径法、直角坐标法和自然法。能用直角坐标法和自然法建立动点的运动方程，求解动点的速度和加速度。

2）掌握刚体两种基本运动的运动特征，掌握定轴转动刚体的角速度、角加速度以及各点速度和加速度的计算。

本章介绍点的运动与刚体的基本运动，主要包括：求点的运动方程、速度、加速度，刚体定轴转动时的转动方程、角速度、角加速度以及其上各点的速度、加速度等。

12.1　点的运动

点的运动是研究刚体运动的基础，又具有独立的应用意义。研究点或刚体的运动必须选取某一个刚体作为参考，这个被参考的刚体，称为参考体，与参考体固连在一起的坐标系，称为参考系。本节研究点的简单运动，即研究点相对某一个参考系的几何位置随时间变动的规律，包括点的运动方程、运动轨迹、速度和加速度等。

12.1.1　矢径法

1. 点的运动方程

选取参考体上某确定点 O 为坐标原点，自点 O 向动点 M 作一矢量，即 $\boldsymbol{r}=\overrightarrow{OM}$，矢量 $\boldsymbol{r}$ 就称为动点 M 的矢径。当动点 M 运动时，矢径 $\boldsymbol{r}$ 随时间而变化，而且是时间的单值连续函数，即

$$\boldsymbol{r}=\boldsymbol{r}(t) \tag{12-1}$$

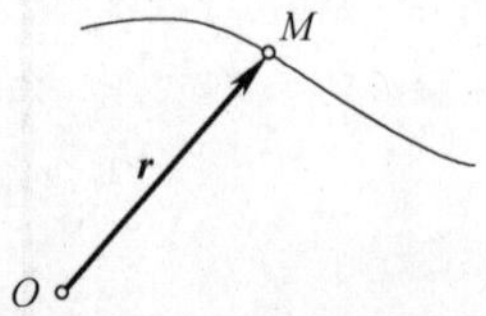

图12-1　点的矢端曲线

式（12-1）称为以矢量表示的点的运动方程。动点 M 在运动过程中，其矢径 $\boldsymbol{r}$ 的末端描绘出一条连续曲线，这条矢端曲线，就是动点 M 的运动轨迹，如图12-1所示。

2. 点的速度

动点的速度矢等于它的矢径 $\boldsymbol{r}$ 对时间的一阶导数，即

$$\boldsymbol{v}=\frac{\mathrm{d}\boldsymbol{r}}{\mathrm{d}t} \tag{12-2}$$

动点的速度矢沿着矢径 $\boldsymbol{r}$ 的矢端曲线的切线，即沿动点运动轨迹的切线，并与此点运动的方向一致，如图12-2所示。速度的大小，即速度矢 $\boldsymbol{v}$ 的模，表明点运动的快慢，在国际单位制中，速度的单位为（m/s）。

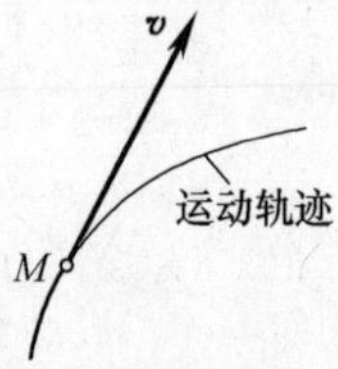

图12-2　点的速度方向

3. 点的加速度

动点的加速度矢等于该点速度矢对时间的一阶导数，或等于矢径

对时间的二阶导数，即

$$a=\frac{\mathrm{d}\boldsymbol{v}}{\mathrm{d}t}=\frac{\mathrm{d}^2\boldsymbol{r}}{\mathrm{d}t^2} \tag{12-3}$$

点的加速度也是矢量，它表征了速度大小和方向的变化。如在空间任取一点 O，把动点 M 在连续不同瞬时的速度矢 $\boldsymbol{v}$、$\boldsymbol{v}'$、$\boldsymbol{v}''$、…都平行地移到 O 点，连接各矢量的端点 M、M'、M''、…，构成了一条连续曲线，称为速度矢端曲线。动点 M 的加速度矢 $\boldsymbol{a}$ 的方向与速度矢端曲线在相应点的切线相平行，如图 12-3 所示。加速度的单位为 $\mathrm{m/s^2}$。

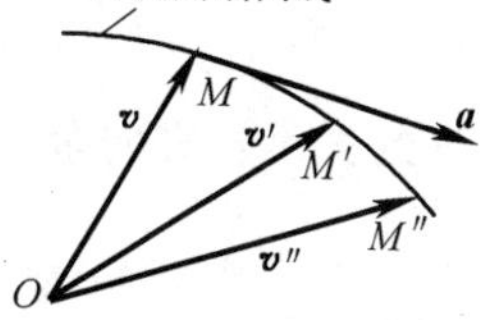

图 12-3　点的加速度方向

12.1.2　直角坐标法

1. 点的运动方程

若以 O 为原点建立一直角坐标系 $Oxyz$，如图 12-4 所示，则动点 M 在任意瞬时的空间位置可以用它的三个直角坐标 x、y、z 表示，即

$$\boldsymbol{r}=x\boldsymbol{i}+y\boldsymbol{j}+z\boldsymbol{k} \tag{12-4}$$

式中，$\boldsymbol{i}$、$\boldsymbol{j}$、$\boldsymbol{k}$ 分别为沿 x、y、z 三个直角坐标轴正向的单位矢量。当点运动时，坐标 x、y、z 都是时间 t 的单值连续函数，即

$$x=f_1(t),\ y=f_2(t),\ z=f_3(t) \tag{12-5}$$

式（12-5）称为动点 M 的直角坐标运动方程。从式（12-5）中消去时间 t，可得到动点 M 的轨迹方程。

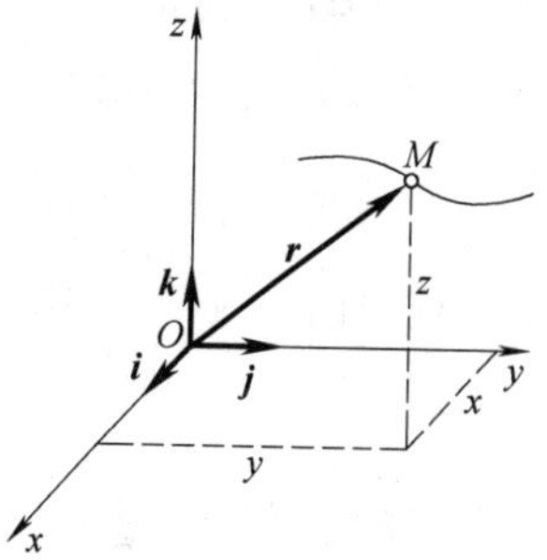

图 12-4　描述点运动的直角坐标法

2. 点的速度

将式（12-4）代入式（12-2），由于 $\boldsymbol{i}$、$\boldsymbol{j}$、$\boldsymbol{k}$ 是方向不变的单位矢量，得

$$\boldsymbol{v}=\frac{\mathrm{d}\boldsymbol{r}}{\mathrm{d}t}=\frac{\mathrm{d}}{\mathrm{d}t}(x\boldsymbol{i}+y\boldsymbol{j}+z\boldsymbol{k})=\frac{\mathrm{d}x}{\mathrm{d}t}\boldsymbol{i}+\frac{\mathrm{d}y}{\mathrm{d}t}\boldsymbol{j}+\frac{\mathrm{d}z}{\mathrm{d}t}\boldsymbol{k} \tag{12-6}$$

设速度在坐标轴上的投影分别为 v_x、v_y、v_z，即

$$\boldsymbol{v}=v_x\boldsymbol{i}+v_y\boldsymbol{j}+v_z\boldsymbol{k} \tag{12-7}$$

比较式（12-6）和式（12-7），得

$$v_x=\frac{\mathrm{d}x}{\mathrm{d}t},\ v_y=\frac{\mathrm{d}y}{\mathrm{d}t},\ v_z=\frac{\mathrm{d}z}{\mathrm{d}t} \tag{12-8}$$

速度的大小及方向余弦为

$$\left.\begin{aligned} v&=\sqrt{v_x^2+v_y^2+v_z^2}=\sqrt{\left(\frac{\mathrm{d}x}{\mathrm{d}t}\right)^2+\left(\frac{\mathrm{d}y}{\mathrm{d}t}\right)^2+\left(\frac{\mathrm{d}z}{\mathrm{d}t}\right)^2}\\ \cos(\boldsymbol{v},\boldsymbol{i})&=\frac{v_x}{v},\ \cos(\boldsymbol{v},\boldsymbol{j})=\frac{v_y}{v},\ \cos(\boldsymbol{v},\boldsymbol{k})=\frac{v_z}{v}\end{aligned}\right\} \tag{12-9}$$

3. 点的加速度

将式（12-7）及式（12-8）代入式（12-3），得

$$\boldsymbol{a}=\frac{\mathrm{d}\boldsymbol{v}}{\mathrm{d}t}=\frac{\mathrm{d}}{\mathrm{d}t}(v_x\boldsymbol{i}+v_y\boldsymbol{j}+v_z\boldsymbol{k})=\frac{\mathrm{d}v_x}{\mathrm{d}t}\boldsymbol{i}+\frac{\mathrm{d}v_y}{\mathrm{d}t}\boldsymbol{j}+\frac{\mathrm{d}v_z}{\mathrm{d}t}\boldsymbol{k}=\frac{\mathrm{d}^2x}{\mathrm{d}t^2}\boldsymbol{i}+\frac{\mathrm{d}^2y}{\mathrm{d}t^2}\boldsymbol{j}+\frac{\mathrm{d}^2z}{\mathrm{d}t^2}\boldsymbol{k} \tag{12-10}$$

设加速度在坐标轴上的投影分别为 a_x、a_y、a_z，即

$$\boldsymbol{a}=a_x\boldsymbol{i}+a_y\boldsymbol{j}+a_z\boldsymbol{k} \tag{12-11}$$

比较式（12-10）和式（12-11），得

$$a_x=\frac{\mathrm{d}v_x}{\mathrm{d}t}=\frac{\mathrm{d}^2x}{\mathrm{d}t^2},\ a_y=\frac{\mathrm{d}v_y}{\mathrm{d}t}=\frac{\mathrm{d}^2y}{\mathrm{d}t^2},\ a_z=\frac{\mathrm{d}v_z}{\mathrm{d}t}=\frac{\mathrm{d}^2z}{\mathrm{d}t^2} \tag{12-12}$$

加速度的大小及方向余弦为

$$\left.\begin{aligned}a&=\sqrt{a_x^2+a_y^2+a_z^2}=\sqrt{\left(\frac{\mathrm{d}^2x}{\mathrm{d}t^2}\right)^2+\left(\frac{\mathrm{d}^2y}{\mathrm{d}t^2}\right)^2+\left(\frac{\mathrm{d}^2z}{\mathrm{d}t^2}\right)^2}\\ \cos(\boldsymbol{a},\boldsymbol{i})&=\frac{a_x}{a},\ \cos(\boldsymbol{a},\boldsymbol{j})=\frac{a_y}{a},\ \cos(\boldsymbol{a},\boldsymbol{k})=\frac{a_z}{a}\end{aligned}\right\} \tag{12-13}$$

例 12-1 如图 12-5 所示的椭圆规机构中，已知连杆 AB 长为 l，连杆两端分别与滑块铰接，滑块可在两互相垂直的导轨内滑动，$\alpha=\omega t$（ω 为常数），$AM=\frac{2}{3}l$。求连杆上点 M 的运动方程、轨迹方程、速度和加速度。

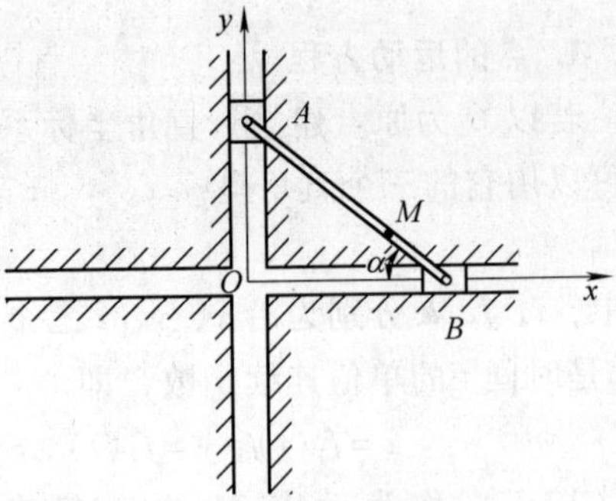

图 12-5 例 12-1 图

解 以垂直导轨的交点为原点，作直角坐标系 Oxy，得点 M 的运动方程为

$$x=\frac{2}{3}l\cos\omega t,\ y=\frac{1}{3}l\sin\omega t$$

从运动方程中消去时间 t，得到 M 的轨迹方程为

$$\frac{x^2}{4}+y^2=\frac{l^2}{9}$$

为求点的速度，应将点的坐标对时间取一次导数，得

$$v_x=-\frac{2}{3}\omega l\sin\omega t,\ v_y=\frac{1}{3}\omega l\cos\omega t$$

故点 M 的速度大小为

$$v=\sqrt{v_x^2+v_y^2}=\sqrt{\left(-\frac{2}{3}\omega l\sin\omega t\right)^2+\left(\frac{1}{3}\omega l\cos\omega t\right)^2}=\frac{\omega l}{3}\sqrt{3\sin^2\omega t+1}$$

其方向余弦为

$$\cos(\boldsymbol{v},\boldsymbol{i})=\frac{v_x}{v}=-\frac{2\sin\omega t}{\sqrt{3\sin^2\omega t+1}}$$

$$\cos(\boldsymbol{v},\boldsymbol{j})=\frac{v_y}{v}=\frac{\cos\omega t}{\sqrt{3\sin^2\omega t+1}}$$

为求点的加速度，应将点的坐标对时间取二次导数，得

$$a_x=\frac{\mathrm{d}v_x}{\mathrm{d}t}=\frac{\mathrm{d}^2x}{\mathrm{d}t^2}=-\frac{2}{3}\omega^2l\cos\omega t,\ a_y=\frac{\mathrm{d}v_y}{\mathrm{d}t}=\frac{\mathrm{d}^2y}{\mathrm{d}t^2}=-\frac{1}{3}\omega^2l\sin\omega t$$

故点 M 的加速度大小为

$$a=\sqrt{a_x^2+a_y^2}=\sqrt{\left(-\frac{2}{3}\omega^2l\cos\omega t\right)^2+\left(-\frac{1}{3}\omega^2l\sin\omega t\right)^2}=\frac{\omega^2l}{3}\sqrt{3\cos^2\omega t+1}$$

其方向余弦为

$$\cos(\boldsymbol{a},\boldsymbol{i}) = \frac{a_x}{a} = -\frac{2\cos\omega t}{\sqrt{3\cos^2\omega t + 1}}$$

$$\cos(\boldsymbol{a},\boldsymbol{j}) = \frac{a_y}{a} = -\frac{\sin\omega t}{\sqrt{3\cos^2\omega t + 1}}$$

12.1.3　自然法

当点的运动轨迹已知时，可利用点的运动轨迹建立弧坐标及自然轴系，并用它们来描述和分析点的运动的方法称为自然法。

1. 弧坐标与自然轴系

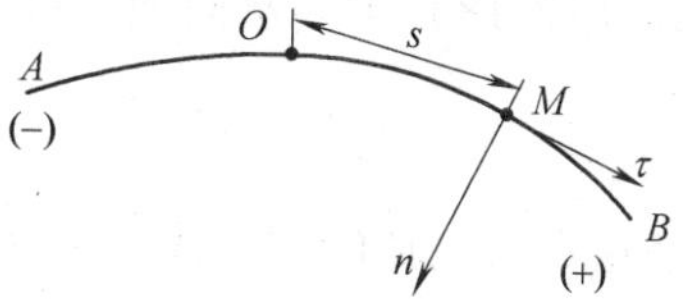

图 12-6　弧坐标与自然轴系

设动点 M 的运动轨迹为图 12-6 所示的平面曲线，则动点 M 在轨迹上的位置可以这样确定：在轨迹上任选一点 O 为参考点，并设 O 点的某一侧为正向，动点 M 在轨迹上的位置由弧长 s 确定，它是一个代数量，称为动点 M 在轨迹上的弧坐标。以动点 M 在该点轨迹的切线和法线为轴，此正交轴称为自然轴系，切线轴和法线轴的单位矢量分别用 $\boldsymbol{\tau}$ 和 $\boldsymbol{n}$ 表示。

值得注意的是，自然轴系是随动点沿已知的轨迹运动的。单位矢量 $\boldsymbol{\tau}$ 和 $\boldsymbol{n}$ 的大小为 1，但方向随点在轨迹上的位置变化而变化。

2. 点的运动方程

当点 M 沿已知轨迹运动时，弧坐标 s 是时间 t 的单值连续函数，即

$$s = f(t) \tag{12-14}$$

式（12-14）称为以弧坐标表示的点的运动方程。

3. 点的速度

当点 M 沿已知轨迹运动时，点的速度大小等于动点的弧坐标对时间的一阶导数，即

$$v = \frac{\mathrm{d}s}{\mathrm{d}t} \tag{12-15}$$

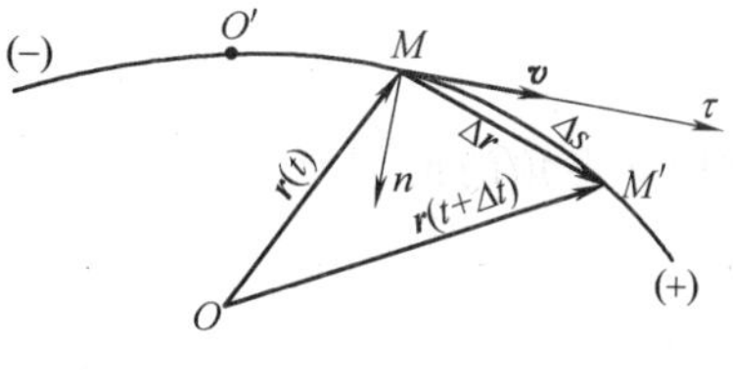

图 12-7　速度 $\boldsymbol{v}$ 与 $\boldsymbol{\tau}$ 同向或反向

当 $\frac{\mathrm{d}s}{\mathrm{d}t} > 0$ 时，速度 $\boldsymbol{v}$ 与 $\boldsymbol{\tau}$ 同向；当 $\frac{\mathrm{d}s}{\mathrm{d}t} < 0$ 时，速度 $\boldsymbol{v}$ 与 $\boldsymbol{\tau}$ 反向，而 $\boldsymbol{\tau}$ 指向 s 增加方向，如图 12-7 所示。速度是矢量，它的大小和方向可以用下面的矢量表示为

$$\boldsymbol{v} = \frac{\mathrm{d}s}{\mathrm{d}t}\boldsymbol{\tau} = v\boldsymbol{\tau} \tag{12-16}$$

4. 点的加速度

将式（12-16）对时间取一阶导数，注意到 $\boldsymbol{v}$、$\boldsymbol{\tau}$ 都是变量，得

$$\boldsymbol{a} = \frac{\mathrm{d}\boldsymbol{v}}{\mathrm{d}t} = \frac{\mathrm{d}v}{\mathrm{d}t}\boldsymbol{\tau} + v\frac{\mathrm{d}\boldsymbol{\tau}}{\mathrm{d}t} \tag{12-17}$$

式中右端两项都是矢量，第一项反映速度大小变化的加速度，记为$\boldsymbol{a}_\tau$；第二项反映速度方向变化的加速度，记为$\boldsymbol{a}_n$。在自然轴系中，加速度$\boldsymbol{a}$可表示为

$$\boldsymbol{a} = \boldsymbol{a}_\tau + \boldsymbol{a}_n = a_\tau \boldsymbol{\tau} + a_n \boldsymbol{n} \tag{12-18}$$

式中，$\boldsymbol{a}_\tau$和$\boldsymbol{a}_n$分别称为点的切向加速度和法向加速度。

式（12-18）中的切向加速度为

$$\boldsymbol{a}_\tau = \frac{dv}{dt}\boldsymbol{\tau} = \frac{d^2 s}{dt^2}\boldsymbol{\tau} \tag{12-19}$$

切向加速度反映点的速度值对时间的变化率，它的代数值等于速度的代数值对时间的一阶导数，或弧坐标对时间的二阶导数，它的方向沿轨迹切线。

式（12-18）中的法向加速度（证明略）为

$$\boldsymbol{a}_n = v\frac{d\boldsymbol{\tau}}{dt} = \frac{v^2}{\rho}\boldsymbol{n} \tag{12-20}$$

法向加速度反映点的方向改变的快慢程度，它的大小等于点的速度平方除以曲率半径（ρ代表曲线的曲率半径），它的方向沿法线$\boldsymbol{n}$的方向，指向曲率中心。

当速度$\boldsymbol{v}$与切向加速度$\boldsymbol{a}_\tau$的指向相同时，即$\boldsymbol{v}$与$\boldsymbol{a}_\tau$的符号相同时，速度的绝对值不断增加，点作加速运动，如图12-8a所示；当速度$\boldsymbol{v}$与切向加速度$\boldsymbol{a}_\tau$的指向相反时，即$\boldsymbol{v}$与$\boldsymbol{a}_\tau$的符号相反时，速度的绝对值不断减小，点作减速运动，如图12-8b所示。

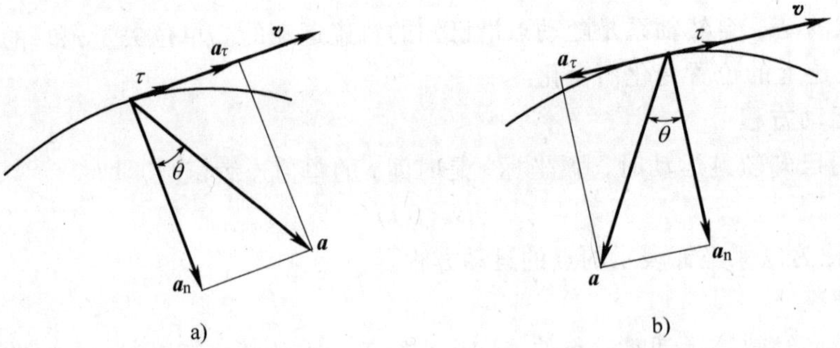

图12-8 点的加速与减速运动

全加速度$\boldsymbol{a}$的大小为

$$a = \sqrt{a_\tau^2 + a_n^2} \tag{12-21}$$

它与法线间夹角的正切为

$$\tan\theta = \left|\frac{a_\tau}{a_n}\right| \tag{12-22}$$

式中，θ为$\boldsymbol{a}$与$\boldsymbol{a}_n$所夹锐角，如图12-8所示。

例12-2 如图12-9a所示，杆AB的A端铰接固定，环M将AB杆与半径为R的固定圆环套在一起，AB与垂线之间夹角为$\varphi=\omega t$（ω为常数），求套环M的运动方程、速度和加速度。

解 以套环M为研究对象。由于套环M的运动轨迹已知，故采用自然法求解。以圆环上O'点为弧坐标原点，顺时针为弧坐标正向。

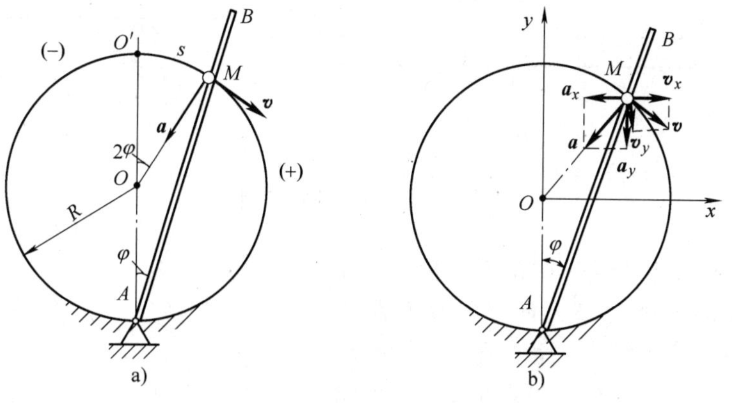

图 12-9　例 12-2 图

（1）建立点的运动方程

$$s = R \cdot 2\varphi = 2R\omega t$$

（2）求点 M 的速度

$$v = \frac{ds}{dt} = 2R\omega$$

（3）求点 M 的加速度

$$a_\tau = \frac{dv}{dt} = \frac{d}{dt}(2R\omega) = 0, \quad a_n = \frac{v^2}{\rho} = \frac{(2R\omega)^2}{R} = 4R\omega^2$$

全加速度为

$$a = \sqrt{a_\tau^2 + a_n^2} = 4R\omega^2$$

其方向沿 MO 且指向 O，可知套环 M 沿固定圆环作匀速圆周运动。

读者也可以参考图 12-9b，用直角坐标法求解。

12.2 刚体的基本运动

刚体的基本运动包括刚体的平行移动和刚体的定轴转动。这是工程中最常见的运动，也是研究复杂运动的基础。

12.2.1 刚体的平行移动

1. 刚体平行移动的概念

工程中某些刚体的运动，例如直线轨道上车厢的运动（图 12-10a）、摆式输送机送料槽的运动（图 12-10b）等，它们有一个共同的特点，即刚体在运动过程中，其上任一条直线始终与它的初始位置平行，这种运动称为平行移动，简称平动。

2. 平动刚体上各点的运动特征

在刚体上任取两点 A 和 B，作矢量 $\overrightarrow{AB}$，如图 12-11 所示。当刚体平动时，线段 AB 的长

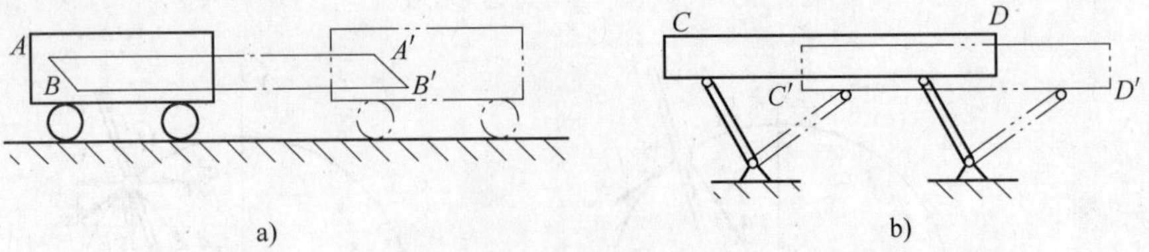

图 12-10 刚体的平动

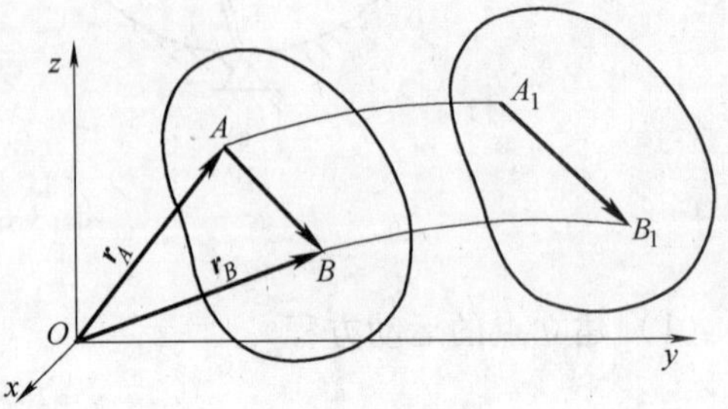

图 12-11 平动刚体上各点的运动特征

度和方向都不改变，所以$\overrightarrow{AB}$是常矢量。因此只要把点 A 的轨迹沿$\overrightarrow{AB}$方向平行移动距离 AB，就能与点 B 的轨迹完全重合。刚体平动时，其上各点的轨迹不一定是直线，也可能是曲线，但是它们的形状是完全相同的。

动点 A、B 的位置变化用矢径的变化表示。由图 12-11 得

$$\boldsymbol{r}_B = \boldsymbol{r}_A + \overrightarrow{AB}$$

上式对时间求导，因为恒矢量$\overrightarrow{AB}$的导数等于零，所以有

$$\boldsymbol{v}_A = \boldsymbol{v}_B,\ \boldsymbol{a}_A = \boldsymbol{a}_B$$

式中，$\boldsymbol{v}_A$、$\boldsymbol{a}_A$为点 A 的速度和加速度；$\boldsymbol{v}_B$、$\boldsymbol{a}_B$为点 B 的速度和加速度。因为点 A 和点 B 是任意选择的，因此可得结论：当刚体平动时，其上各点的轨迹形状相同；在每一瞬时，各点的速度相同，加速度也相同。

12.2.2 刚体的定轴转动

工程中最常见的齿轮、机床的主轴、电机的转子等，它们在运动过程中，都绕其内或其延伸部分的一条固定的轴线转动，这种运动称为刚体绕定轴转动，简称刚体的转动。

1. 转动方程

为确定刚体在空间的位置，通过转轴 z 作一固定平面 A 为参考面，此外，通过轴线再作一动平面 B，如图 12-12 所示，这个平面与刚体固结。当刚体绕轴 z 转动的任一瞬时，刚体在空间的位置都可以用两个平面之间的夹角 φ 来表示，称为刚体的转角。当刚体转动时，转角 φ 是时间的单值连续函数，即

$$\varphi = f(t) \tag{12-23}$$

这个方程称为刚体的转动方程。转角 φ 是代数量，自 z 轴的正端往负端看，逆时针转动时转角为正；反之为负。转角 φ 的单位为弧度（rad）。

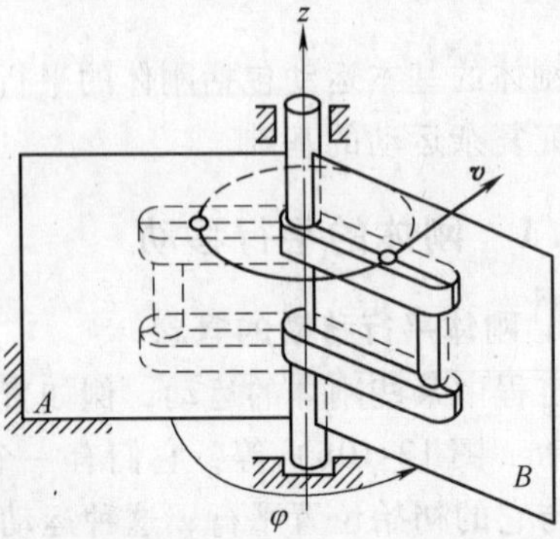

图 12-12 刚体的定轴转动

2. 角速度

转角 φ 对时间的一阶导数，称为刚体的角速

度，并用字母 ω 表示，即

$$\omega = \frac{d\varphi}{dt} \tag{12-24}$$

角速度是代数量，表征刚体转动的快慢和转向。自 z 轴的正端往负端看，逆时针转动时角速度为正；反之为负。角速度 ω 的单位为弧度/秒（rad/s）。

工程上常用每分钟转过的圈数表示刚体转动的快慢，称为转速，用符号 n 表示，单位为转/分（r/min）。转速 n 与角速度 ω 的关系为

$$\omega = \frac{2\pi n}{60} = \frac{\pi n}{30} \tag{12-25}$$

3. 角加速度

角速度 ω 对时间的一阶导数，称为刚体的角加速度，并用字母 α 表示，即

$$\alpha = \frac{d\omega}{dt} = \frac{d^2\varphi}{dt^2} \tag{12-26}$$

角加速度也是代数量，表征刚体角速度变化的快慢。如果 ω 与 α 同号，则转动是加速的；如果 ω 与 α 异号，则转动是减速的。角加速度 α 的单位为弧度/秒^2（rad/s^2）。

4. 转动刚体上点的速度与加速度

当刚体绕定轴转动时，则转轴以外的各点都在垂直于转轴的平面内作圆周运动，圆心是该平面与转轴的交点，转动半径是点到转轴的垂直距离。对此，应采用自然法研究各点的运动。

如图 12-13 所示，设定轴转动刚体的角速度为 ω，角加速度为 α，则距离转轴 O 为 R 的任一点 M 的运动轨迹是以 O 点为圆心、R 为半径的圆。在刚体转角 $\varphi=0$ 时，对应弧坐标的原点为 O'，以转角 φ 的正向为弧坐标 s 的正向，则用自然法确定点 M 的运动方程、速度、切向加速度、法向加速度分别为

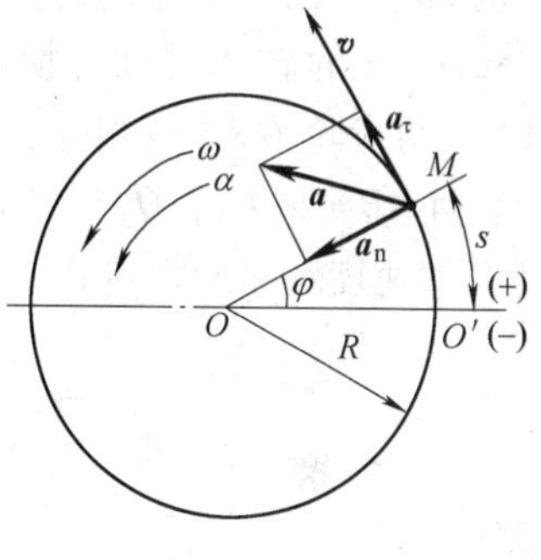

图 12-13　转动刚体上任一点的运动

$$s = R\varphi \tag{12-27}$$

$$v = \frac{ds}{dt} = R\frac{d\varphi}{dt} = R\omega \tag{12-28}$$

$$a_\tau = \frac{dv}{dt} = R\frac{d\omega}{dt} = R\alpha,\quad a_n = \frac{v^2}{R} = R\omega^2 \tag{12-29}$$

全加速度的大小和方向为

$$\left.\begin{aligned} a &= \sqrt{a_\tau^2 + a_n^2} = R\sqrt{\alpha^2 + \omega^4} \\ \tan\theta &= \frac{|a_\tau|}{a_n} = \frac{|\alpha|}{\omega^2} \end{aligned}\right\} \tag{12-30}$$

由以上分析可得如下结论：

1）转动刚体上任一点的速度大小，等于刚体的角速度与该点到转轴的垂直距离的乘积，它的方向垂直于转动半径，指向与角速度的转向一致，如图 12-14 所示。

2）转动刚体上任一点的切向加速度大小，等于刚体的角加速度与该点到转轴的垂直距离的乘积，它的方向垂直于转动半径，指向与角加速度的转向一致，如图 12-15 所示。

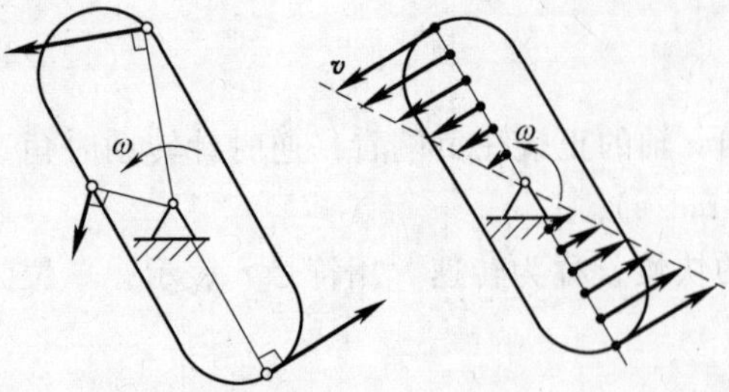

图 12-14 转动刚体上任一点的速度

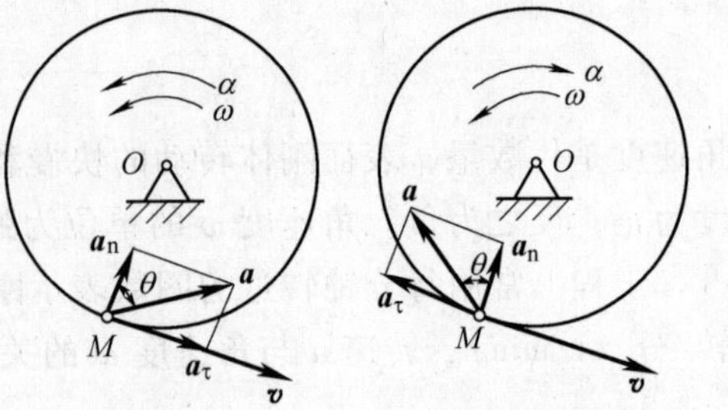

图 12-15 转动刚体上任一点的切向与法向加速度

3）转动刚体上任一点的法向加速度大小，等于刚体角速度的平方与该点到转轴的垂直距离的乘积，它的方向与速度垂直，沿半径指向转轴，如图 12-15 所示。

4）转动刚体上任一点的全加速度大小，与该点到转轴的垂直距离成正比，它的方向与半径的夹角都有相同的值，如图 12-16 所示。

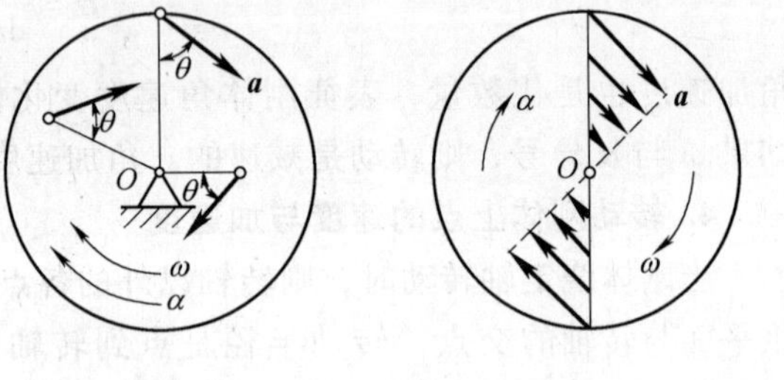

图 12-16 转动刚体上任一点的全加速度

例 12-3 已知搅拌机的主动齿轮 O_1 以 $n=950\text{r/min}$ 的转速转动。搅杆 ABC 用销钉 A、B 与齿轮 O_2、O_3 相连，如图 12-17a 所示。且 $AB=O_2O_3$，$O_3A=O_2B=0.25\text{m}$，各齿轮齿数为 $z_1=20$，$z_2=50$，$z_3=50$。求搅杆端点 C 的速度和运动轨迹。

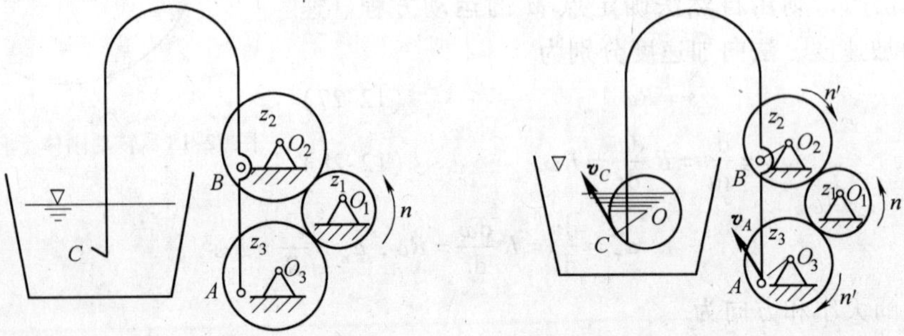

图 12-17 例 12-3 图

解 如图 12-17b 所示，因 O_3A 与 O_2B 平行且相等，故搅杆 ABC 作平动，$\boldsymbol{v}_A=\boldsymbol{v}_C$。又因 A 点是作定轴转动齿轮上的点，所以

$$v_A=O_3A\omega_{O_3}=O_3A\,\frac{\pi n'}{30}=O_3A\cdot\frac{\pi}{30}\cdot\frac{z_1}{z_3}n=9.95\text{m/s}$$

搅拌机作平动，端点 C 与 A 点具有相同的圆轨迹，半径为 0.25m。

本章小结

1. 点的运动

描述点运动的基本方法有矢径法、直角坐标法和自然法。三种方法的运动方程、速度及加速度见表 12-1。

表 12-1　三种方法的运动方程、速度及加速度

基本方法	运动方程	速　度	加速度
矢径法	$\boldsymbol{r}=\boldsymbol{r}(t)$	$\boldsymbol{v}=\dfrac{\mathrm{d}\boldsymbol{r}}{\mathrm{d}t}$	$\boldsymbol{a}=\dfrac{\mathrm{d}\boldsymbol{v}}{\mathrm{d}t}=\dfrac{\mathrm{d}^2\boldsymbol{r}}{\mathrm{d}t^2}$
直角坐标法	$x=f_1(t)$ $y=f_2(t)$ $z=f_3(t)$	$v_x=\dfrac{\mathrm{d}x}{\mathrm{d}t}$ $v_y=\dfrac{\mathrm{d}y}{\mathrm{d}t}$ $v_z=\dfrac{\mathrm{d}z}{\mathrm{d}t}$ $v=\sqrt{v_x^2+v_y^2+v_z^2}$	$a_x=\dfrac{\mathrm{d}v_x}{\mathrm{d}t}=\dfrac{\mathrm{d}^2x}{\mathrm{d}t^2}$ $a_y=\dfrac{\mathrm{d}v_y}{\mathrm{d}t}=\dfrac{\mathrm{d}^2y}{\mathrm{d}t^2}$ $a_z=\dfrac{\mathrm{d}v_z}{\mathrm{d}t}=\dfrac{\mathrm{d}^2z}{\mathrm{d}t^2}$ $a=\sqrt{a_x^2+a_y^2+a_z^2}$
自然法	$s=f(t)$	$v=\dfrac{\mathrm{d}s}{\mathrm{d}t}$	$\boldsymbol{a}=\boldsymbol{a}_\tau+\boldsymbol{a}_\mathrm{n}$ $\boldsymbol{a}_\tau=\dfrac{\mathrm{d}v}{\mathrm{d}t}\boldsymbol{\tau}=\dfrac{\mathrm{d}^2s}{\mathrm{d}t^2}\boldsymbol{\tau}$ $\boldsymbol{a}_\mathrm{n}=\boldsymbol{v}\dfrac{\mathrm{d}\boldsymbol{\tau}}{\mathrm{d}t}=\dfrac{v^2}{\rho}\boldsymbol{n}$

2. 刚体的基本运动

刚体运动的最简单形式为平行移动和绕定轴转动。刚体平动时，其上任一条直线始终与它的初始位置平行。刚体上各点的轨迹形状相同，在同一瞬时各点的速度和加速度都相同。

刚体定轴转动时，刚体绕其内或其延伸部分的一条固定轴线转动，此直线即为定轴。

1）转动刚体的位置用转动方程 $\varphi=f(t)$ 确定。

2）转动刚体的角速度 $\omega=\dfrac{\mathrm{d}\varphi}{\mathrm{d}t}$，刚体转动的快慢也可以用转速 n 表示，转速 n 与角速度 ω 的关系为 $\omega=\pi n/30$。

3）转动刚体的角加速度为 $\alpha=\dfrac{\mathrm{d}\omega}{\mathrm{d}t}=\dfrac{\mathrm{d}^2\varphi}{\mathrm{d}t^2}$。

4）转动刚体上不在转轴上的点的运动轨迹为圆，其弧坐标、速度、切向加速度、法向加速度分别为 $s=R\varphi$，$v=\dfrac{\mathrm{d}s}{\mathrm{d}t}=R\dfrac{\mathrm{d}\varphi}{\mathrm{d}t}=R\omega$，$a_\tau=\dfrac{\mathrm{d}v}{\mathrm{d}t}=R\dfrac{\mathrm{d}\omega}{\mathrm{d}t}=R\alpha$，$a_\mathrm{n}=\dfrac{v^2}{R}=R\omega^2$。

思 考 题

12-1　$\dfrac{\mathrm{d}\boldsymbol{v}}{\mathrm{d}t}$和$\dfrac{\mathrm{d}v}{\mathrm{d}t}$是否相同？在某瞬时动点的速度等于零，这时动点的加速度是否一定等于零？

12-2　切向加速度与法向加速度的物理意义是什么？

12-3　点作曲线运动，如图 12-18 所示，试就下列三种情况画出加速度的方向：（1）点 M_1作匀速运动；（2）点 M_2作加速运动且处于曲线上的拐点；（3）点 M_3作减速运动。

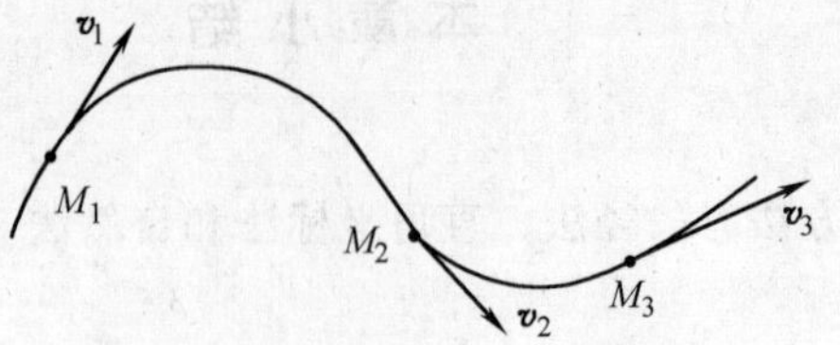

图 12-18 思 12-3 图

12-4 平动刚体有何特征？刚体作平动时各点的轨迹一定是直线吗？直线平动与曲线平动有何不同？

12-5 各点都作圆周运动的刚体一定是定轴转动吗？

12-6 有人说“刚体绕定轴转动时，角加速度为正，表示加速转动；角加速度为负，表示减速转动”。对吗？为什么？

12-7 用绳索提一物块使其上 P 点沿一圆周路径运动（图 12-19），试问该运动是平动还是转动？

12-8 刚体绕定轴转动时，其转轴是否一定通过刚体本身？图 12-20 所示汽车在十字路口的圆形路上转弯时由 A 行驶至 B 的运动是平动还是转动？

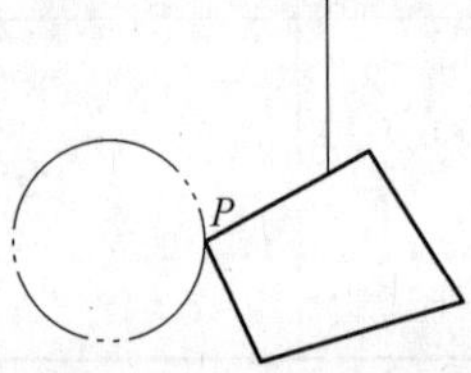

图 12-19 思 12-7 图

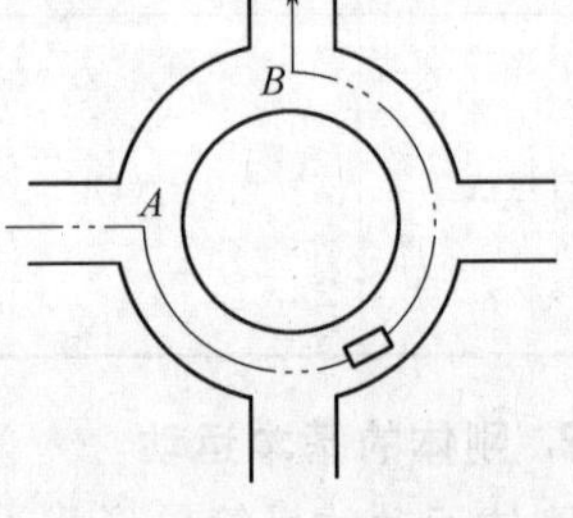

图 12-20 思 12-8 图

习 题

12-1 直杆 AB 两端分别沿两互相垂直的固定直线 Ox 与 Oy 运动，如图 12-21 所示。试确定杆上任一点 M 的运动方程和轨迹方程，已知 $MA=a$，$MB=b$，$\varphi=\omega t$，ω 为常数。

12-2 刨床的曲柄滑道摇杆机构由曲柄 OA，摇杆 O_1B 及滑块 A、B 组成，如图 12-22 所示。当曲柄 OA 绕 O 轴转动时，则摇杆 O_1B 可绕 O_1 轴摆动，借滑块 B 与扶架相连接。当摇杆 O_1B 摆动时，可带动扶架左

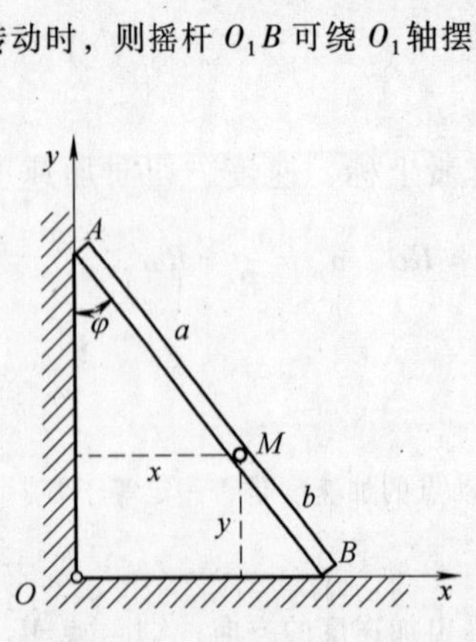

图 12-21 题 12-1 图

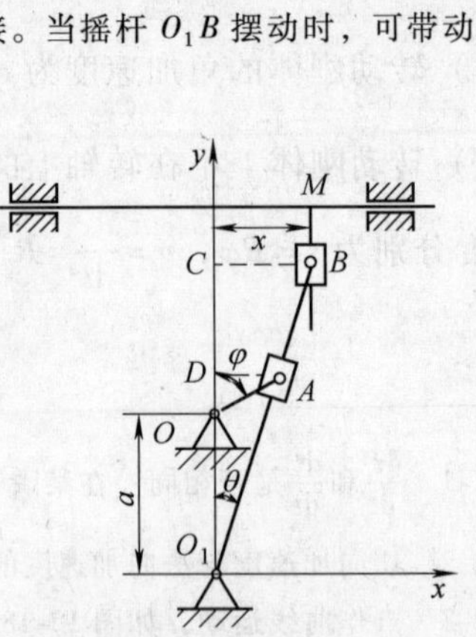

图 12-22 题 12-2 图

右往复运动。已知 $O_1B=l$，$OA=r$，$O_1O=a$，且 $r<a$。当曲柄 OA 以匀角速度 ω 转动（$\varphi=\omega t$）时，求扶架的运动方程。

12-3 图 12-23 所示摇杆滑道机构的滑杆 AB 在某段时间内以匀速 $\boldsymbol{u}$ 向上运动，试分别用直角坐标法与自然坐标法建立摇杆上点 C 的运动方程，并求出在 $\varphi=\frac{\pi}{4}$时 C 点速度的大小（摇杆长 $OC=b$）。

12-4 如图 12-24 所示摇杆滑道机构，滑块 M 同时在固定圆弧槽 BC 和摇杆 OA 的滑道中滑动。BC 弧的半径为 R，摇杆 OA 绕 O 轴以匀角速度 ω 转动，O 轴在 BC 弧所在的圆周上，开始时摇杆 OA 在水平位置。试分别用直角坐标法与自然法求滑块 M 的运动方程、速度及加速度。

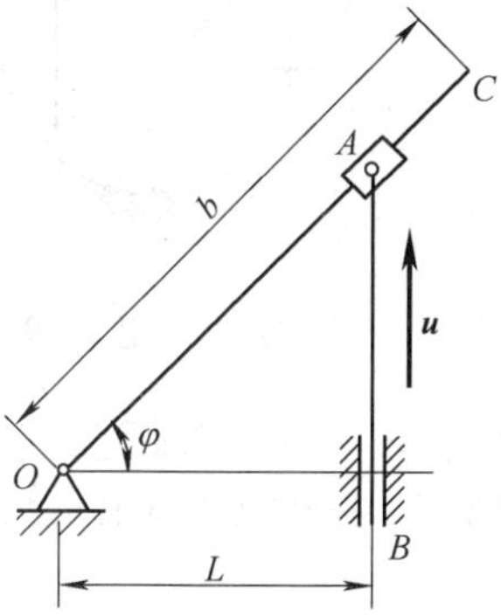

图 12-23 题 12-3 图

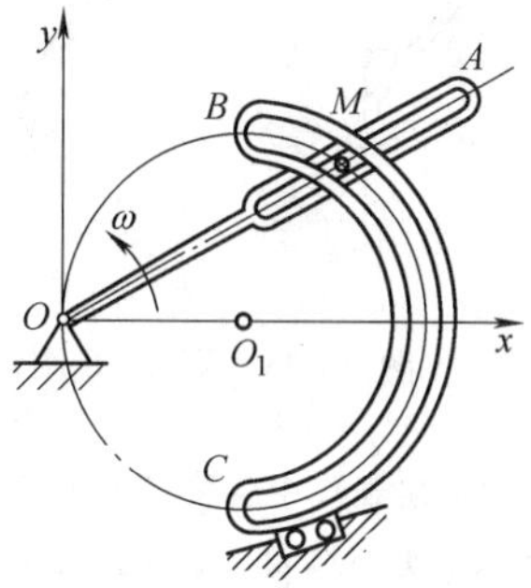

图 12-24 题 12-4 图

12-5 飞轮加速转动时，其轮缘上一点 M 的运动方程为 $s=0.02t^3$，s 单位为 m，t 单位为 s，飞轮的半径 $R=0.4\text{m}$。求该点的速度达到 $v=6\text{m/s}$ 时，它的切向及法向加速度。

12-6 如图 12-25 所示曲柄滑道机构，当曲柄 OA 在平面上绕轴 O 转动时，通过滑槽连杆中滑块 A 的带动，可使连杆在水平槽中沿直线往复滑动。若曲柄 OA 的半径为 r，曲柄与 x 轴的夹角为 $\varphi=\omega t$，其中 ω 是常数，求此连杆在任一瞬时的速度及加速度。

12-7 已知图 12-26 所示刚体转动时的角速度 ω 与角加速度 α，求 A、M 两点的速度以及切向和法向加速度。

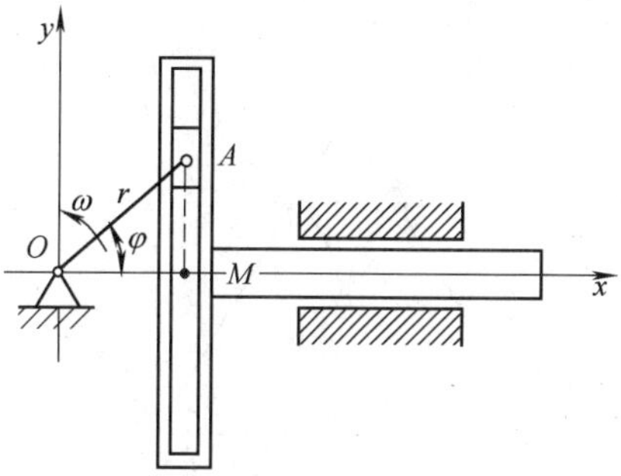

图 12-25 题 12-6 图

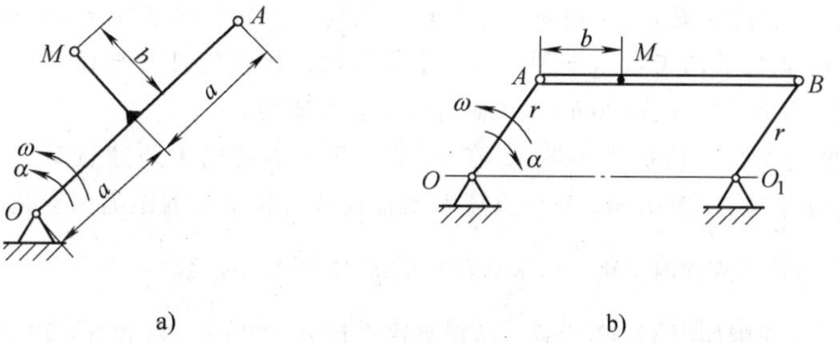

图 12-26 题 12-7 图

12-8　如图 12-27 所示摇筛机构，已知 $O_1A=O_2B=40\text{cm}$，$O_1O_2=AB$，杆 O_1A 按 $\varphi=\frac{1}{2}\sin\frac{\pi}{4}t$ 的规律摆动，求当 $t=0$ 和 $t=2\text{s}$ 时，筛面中点 M 的速度和加速度。

12-9　搅拌机构如图 12-28 所示，已知 $O_1A=O_2B=R$，$O_1O_2=AB$，杆 O_1A 以不变的转速 n 绕 O_1 轴转动。试分析构件上 M 点的轨迹及其速度和加速度。

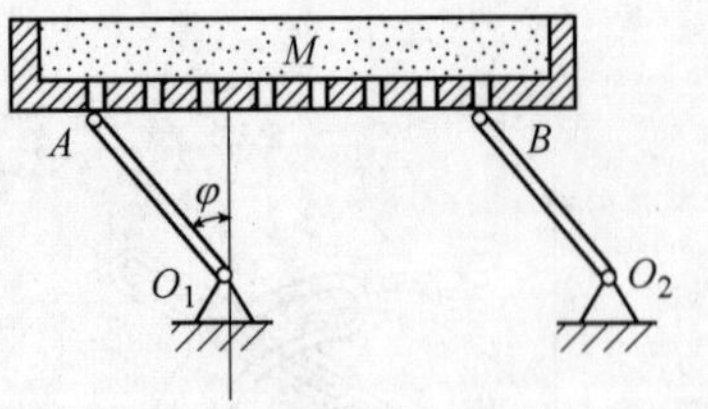

图 12-27　题 12-8 图

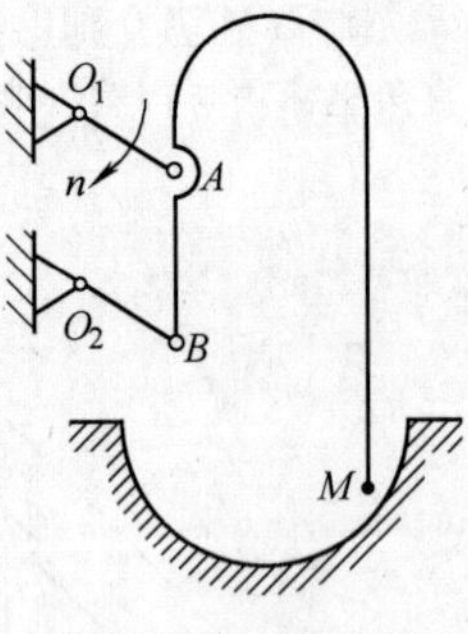

图 12-28　题 12-9 图

12-10　曲线规尺中各杆长度分别为：$OA=AB=200\text{mm}$，$CD=DE=AC=AE=50\text{mm}$，如图 12-29 所示。如果杆 OA 以等角速度 $\omega=(\pi/5)$ rad/s 绕 O 轴转动，并且当运动开始时，杆 OA 水平向右。求规尺上 D 点的运动方程和轨迹。

12-11　图 12-30 所示为一导杆机构，曲柄 OA 端点铰接一套筒 A，套筒 A 套在导杆 O_1B 上，当曲柄 OA 转动时，通过套筒 A 带动导杆 O_1B 绕 O_1 轴摆动。已知 $OA=OO_1$，$O_1B=25\text{cm}$，曲柄 OA 绕轴 O 按 $\varphi=10t$ 的规律转动，用自然法求导杆上 B 点的运动方程、速度和加速度。

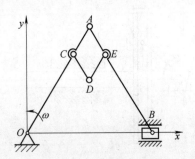

图 12-29　题 12-10 图

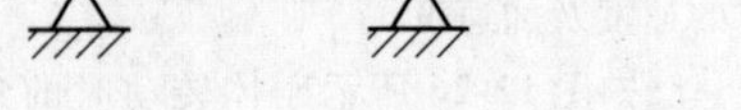

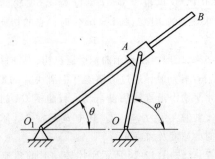

图 12-30　题 12-11 图

12-12　带式输送机如图 12-31 所示。电动机与齿轮Ⅰ同轴，转速 $n_1=1440\text{r/min}$，逆时针转动。齿轮Ⅰ的齿数 $z_1=20$，齿轮Ⅱ的齿数 $z_2=50$，与齿轮Ⅱ同轴的小带轮Ⅲ的直径 $d_3=160\text{mm}$，大带轮Ⅳ的直径 $d_4=400\text{mm}$，辊轮Ⅴ的直径 $D=600\text{mm}$。求输送带的运动速度。

12-13　摩擦轮无级变速机构如图 12-32 所示。已知主动轮Ⅰ匀速转动，$n_1=600\text{r/min}$，直径 $d_1=400\text{mm}$；从动轮Ⅱ半径 $R=500\text{mm}$，其转速随主动轮到从动轮中心的距离而变化。若主动轮到从动轮中心的距离 L 可在 $\frac{R}{4}\sim R$ 的范围内变化，试求从动轮的最大和最小转速。

12-14　滚子传送带如图 12-33 所示。已知滚轮直径 $d=20\text{mm}$，转速 $n=50\text{r/min}$。求钢板运动的速度、加速度，并求滚轮上与钢板相接触点的加速度。

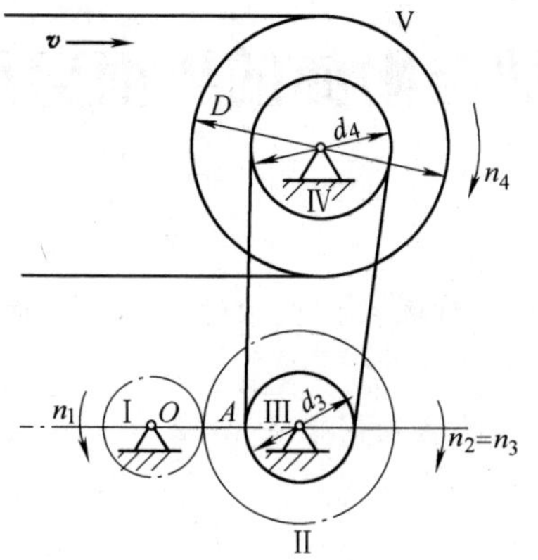

图 12-31 题 12-12 图

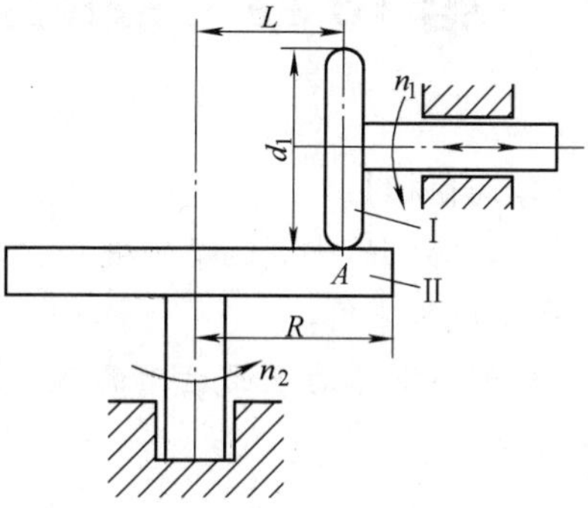

图 12-32 题 12-13 图

12-15 图 12-34 所示电动绞车鼓轮，半径 $R=0.2\text{m}$，在制动的 2s 内，其转动方程为 $\varphi=-t^2+4t$，其中 φ 以 rad 计，t 以 s 计，绳端是一物体 A。试求当 $t=1\text{s}$ 时，图示轮缘上任一点 M 以及物体 A 的速度及加速度。

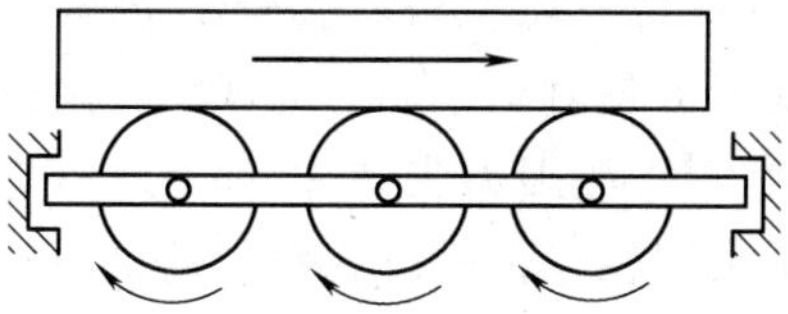

图 12-33 题 12-14 图

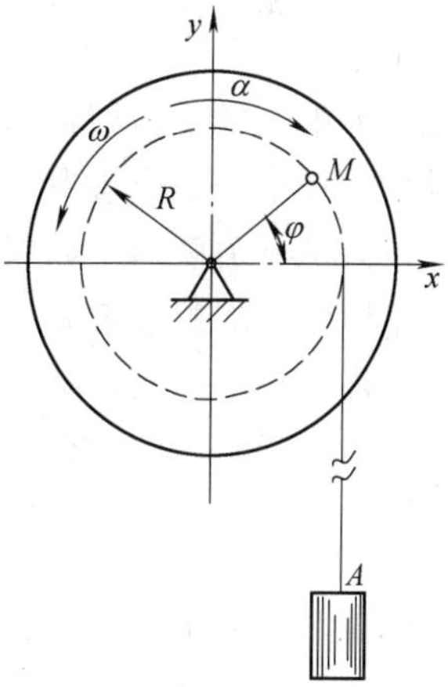

图 12-34 题 12-15 图

第13章　点的合成运动与刚体的平面运动

【学习目标】

1）理解点的合成运动的概念，正确分析点的绝对运动、相对运动和牵连运动，掌握速度合成定理的应用。

2）理解刚体的平面运动的概念，掌握刚体平面运动时其平面图形上各点的速度分析方法。

本章通过建立动点相对于两种不同坐标系运动之间的关系，来研究点的合成运动规律；同时对由刚体的两种基本运动复合而成的平面运动进行运动分析。

13.1　点的合成运动

13.1.1　点的合成运动的概念

在工程中，常常遇到在两个不同的参考系中同时来描述同一个点的运动的情况，其中一个参考系相对于另一个参考系作一定的运动，显然同一个点针对两个不同参考系的运动是不同的，但又是有关联的。如图13-1所示，沿直线轨道滚动的车轮，观察其轮缘上点M的运动，对于地面上的观察者来说，点的运动轨迹是旋轮线，但是对于车厢上的观察者来说，点的运动轨迹却是一个圆。又如图13-2所示，车床在工作时，车刀刀尖M相对于地面是直线运动，而相对于旋转的工件来说，车刀在工件表面上切出螺旋线，所以相对运动是圆柱面的螺旋线运动。

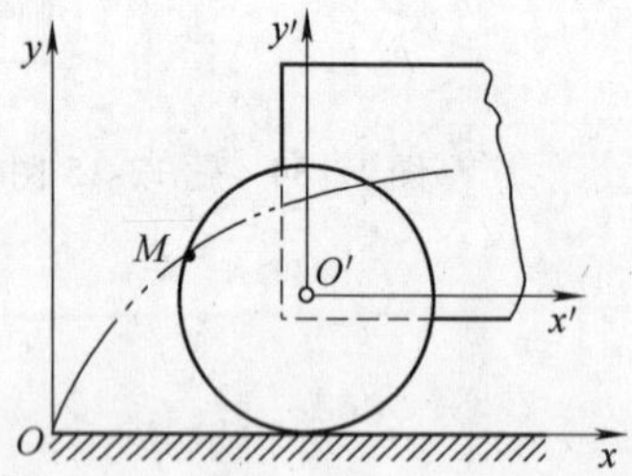

图13-1　车轮轮缘上点的运动

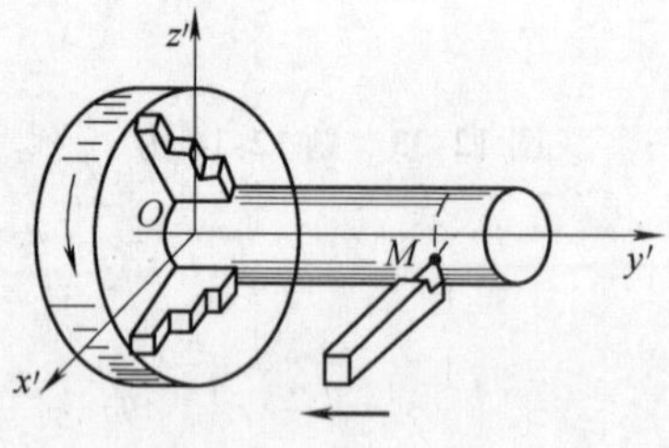

图13-2　车刀刀尖的运动

为了研究方便，将所研究的点M称为动点；把固定在地球上的参考系称为定参考系，简称为定系，以$Oxyz$坐标系表示；把固定在其他相对于地球运动的参考体上的坐标系称为动参考系，简称为动系，以$O'x'y'z'$坐标系表示。

为了区别动点对于不同参考系的运动，把运动分成三种：动点相对于定参考系的运动称为绝对运动；动点相对于动参考系的运动称为相对运动；而动参考系相对于定参考系的运动称为牵连运动。如图 13-1 所示，取轮缘上点 M 为动点，动参考系固定在车厢上，在地面上观察点 M 作的旋轮线运动是绝对运动，在车上观察点 M 作的圆周运动是相对运动，车厢相对于地面的平动是牵连运动。

应当注意：动点的绝对运动和相对运动都是指点的运动，它可能是直线运动或曲线运动；牵连运动则是参考体的运动，它可能作平动、转动或其他较复杂的运动。

显然，如果没有牵连运动，则动点的相对运动就是它的绝对运动；如果没有相对运动，则动点随动参考系所作的运动就是它的绝对运动。由此可见，动点的绝对运动可看成是动点的相对运动与动点随动参考系所作运动的合成。因此，这类运动就称为点的合成运动或复合运动。

研究点的合成运动，就是研究绝对、相对、牵连这三种运动之间的关系。也就是如何由两种运动求出第三种运动，或如何把一种运动分解成另外两种运动。

在研究点的合成运动时，动点和动参考系的选择很重要，必须遵循以下原则：

1）动点和动参考系不能选在同一物体上，即动点和动参考系必须有相对运动。

2）动点、动参考系的选择应以相对运动轨迹易于分析为好。机械中两构件在传递运动时常以点相接触，其中有的点始终处于接触位置，称为常接触点；有的点则为瞬时接触点。一般以瞬时接触点所在的物体固连动参考系，以常接触点为动点，这个原则称为常接触原则。

13.1.2　速度合成定理

动点相对于定参考系的速度，称为动点的绝对速度，用 $\boldsymbol{v}_a$ 表示。动点相对于动参考系的速度，称为动点的相对速度，用 $\boldsymbol{v}_r$ 表示。对于动点的牵连速度的定义，必须特别注意。由于牵连运动是参考体的运动，也就是刚体的运动而不是点的运动，所以除非动参考系作平动，否则其上各点的运动都不完全相同。因为动点与动参考系相关联的是在动参考系上与动点相重合的那一点（此点称为“牵连点”），因此牵连点的速度，被定义为动点的牵连速度，用 $\boldsymbol{v}_e$ 表示。如图 13-3 所示，设水从喷管射出，喷管又绕 O 轴转动，转动角速度为 ω。将动参考系固定在喷管上，取水滴 M 为动点，则喷管上与动点 M 重合的那一点（牵连点）的速度就是动点的牵连速度，牵连速度的大小为 $v_e = OM \cdot \omega$，其方向垂直于喷管，指向转动的一方。

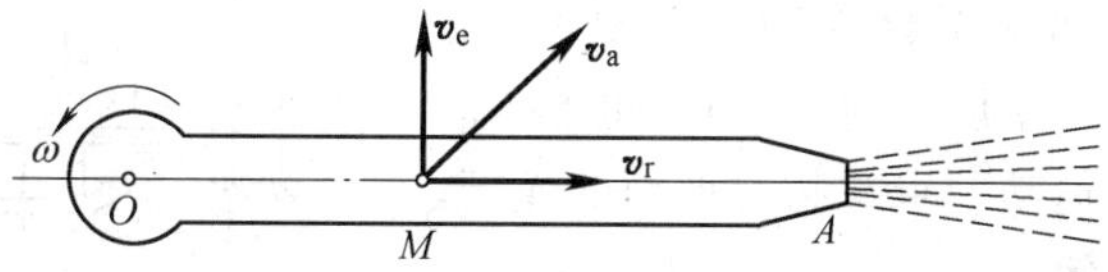

图 13-3　喷管上牵连点的速度

下面讨论动点的绝对速度、相对速度和牵连速度三者之间的关系。

设有一动点 M 按一定规律沿着已知曲线 K 运动，而动参考系 $O'x'y'z'$ 与运动的曲线 K 固结，曲线 K 是动点的相对轨迹，如图 13-4 所示。

设在某瞬时 t，动点位于相对轨迹上的 M 点，经过时间间隔 Δt 后，相对轨迹随同动参考系一起运动到一新位置 K'。假如动点不作相对运动，则动点随同动参考系运动到 M' 点，$\overset{\frown}{MM'}$ 是牵连点的轨迹。但由于有相对运动，在时间间隔 Δt 内，动点沿着曲线 K 作相对运动，

最后到达 M'' 点，$\widehat{MM''}$ 是动点的绝对轨迹。显然，矢量 $\overrightarrow{MM''}$、$\overrightarrow{M'M''}$ 分别代表了动点在 Δt 时间内的绝对位移和相对位移，而矢量 $\overrightarrow{MM'}$ 为牵连点在 Δt 时间内的位移，即动点的牵连位移。由矢量合成关系得

$$\overrightarrow{MM''}=\overrightarrow{MM'}+\overrightarrow{M'M''}$$

将上式除以 Δt，并取 Δt 趋近于零的极限，则得

$$\lim_{\Delta t\to 0}\frac{\overrightarrow{MM''}}{\Delta t}=\lim_{\Delta t\to 0}\frac{\overrightarrow{MM'}}{\Delta t}+\lim_{\Delta t\to 0}\frac{\overrightarrow{M'M''}}{\Delta t}$$

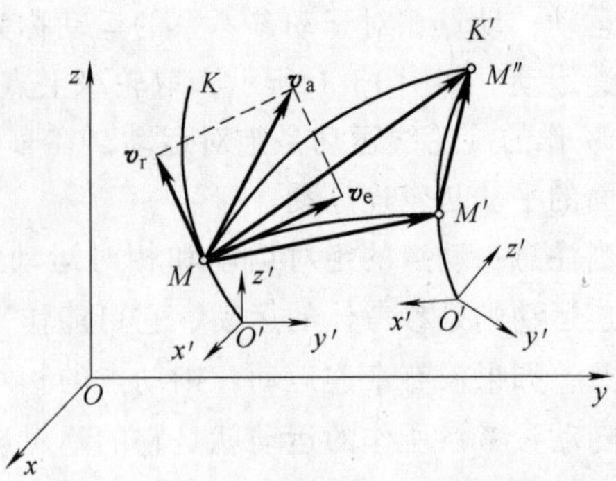

图 13-4　动点绝对速度、相对速度和牵连速度之间的关系

根据点的速度定义可知，矢量 $\lim\limits_{\Delta t\to 0}\dfrac{\overrightarrow{MM''}}{\Delta t}=$ $\boldsymbol{v}_a$，方向沿绝对轨迹 $\widehat{MM''}$ 上 M 点的切线方向；$\lim\limits_{\Delta t\to 0}\dfrac{\overrightarrow{M'M''}}{\Delta t}=\boldsymbol{v}_r$，方向沿相对轨迹 K 上 M 点的切线方向；$\lim\limits_{\Delta t\to 0}\dfrac{\overrightarrow{MM'}}{\Delta t}=\boldsymbol{v}_e$，方向沿牵连点轨迹 $\widehat{MM'}$ 上 M 点的切线方向。因此可得

$$\boldsymbol{v}_a=\boldsymbol{v}_e+\boldsymbol{v}_r \tag{13-1}$$

式（13-1）称为点的速度合成定理，即动点在某瞬时的绝对速度等于它在该瞬时的牵连速度与相对速度的矢量和。在应用速度合成定理解决具体问题时，一般按下列步骤进行：

1）按动点和动系的选取原则选择合适的动点和动系。

2）分析三种运动及三种速度。

3）根据速度合成定理并结合各速度的已知条件作出速度矢量图，然后用几何法或解析法求解未知量。

例 13-1　如图 13-5a 所示为桥式起重机，重物以匀速度 $\boldsymbol{u}$ 上升，行车以匀速度 $\boldsymbol{v}$ 在静止桥架上向右运动，求重物对地面的速度。

解　在本题中应选取重物作为研究的动点，把动参考系 $O'x'y'$ 固定在行车上。动点的相对运动是铅垂匀速直线运动，$\boldsymbol{v}_r=\boldsymbol{u}$；动点的牵连运动是行车匀速直线向右平动，$\boldsymbol{v}_e=\boldsymbol{v}$；动点的绝对运动是相对地面的运动。

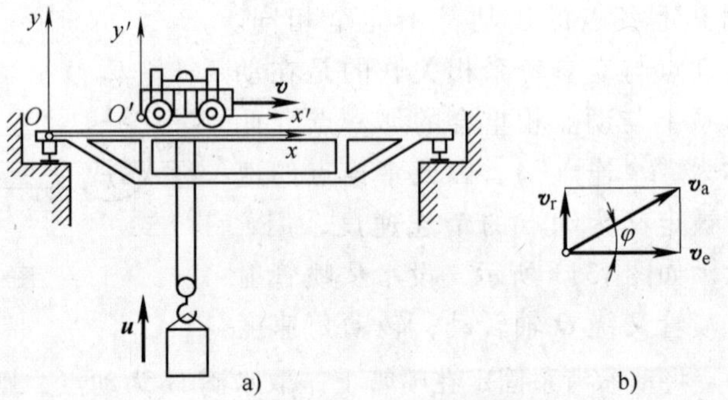

图 13-5　例 13-1 图

根据速度合成定理，可作出速度平行四边形，如图 13-5b 所示，由图可知重物对地面的速度 $\boldsymbol{v}_a$ 的大小为

$$v_a=\sqrt{v_r^2+v_e^2}=\sqrt{u^2+v^2}$$

其方向与水平线夹角 φ 为

$$\varphi = \arctan \frac{u}{v}$$

例 13-2　如图 13-6 所示，半径为 R、偏心距为 e 的凸轮，以匀角速度 ω 绕 O 轴转动，杆 AB 能在滑槽中上下平动，杆的端点 A 始终与凸轮接触，且 OAB 成一条直线。求在图示位置时，杆 AB 的速度。

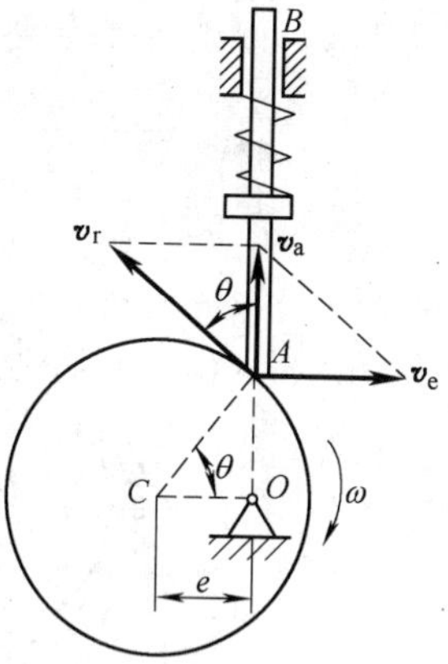

图 13-6　例 13-2 图

解　选取杆 AB 的端点 A 为动点，动参考系随凸轮一起绕 O 轴转动。动点 A 的绝对运动是铅垂直线运动，相对运动是以凸轮中心 C 为圆心的圆周运动，牵连运动则是凸轮绕 O 轴的转动。

动点 A 的绝对运动速度方向沿 AB，相对运动速度方向沿凸轮的切线，而牵连速度的方向垂直于 OA，它的大小 $v_e = OA \cdot \omega$。根据速度合成定理，可作出速度平行四边形，由几何关系求得杆 AB 的绝对速度为

$$v_a = v_e \cot\theta = OA \cdot \omega \cdot \frac{e}{OA} = e\omega$$

例 13-3　如图 13-7 所示的曲柄摇杆机构中，曲柄 $O_1A = r$，以角速度 ω_1 绕 O_1 轴转动，通过套筒 A 带动摇杆 O_2B 绕 O_2 轴往复摆动。当曲柄水平时，摇杆与垂线 O_1O_2 之间的夹角为 θ。求图示位置摇杆 O_2B 的角速度。

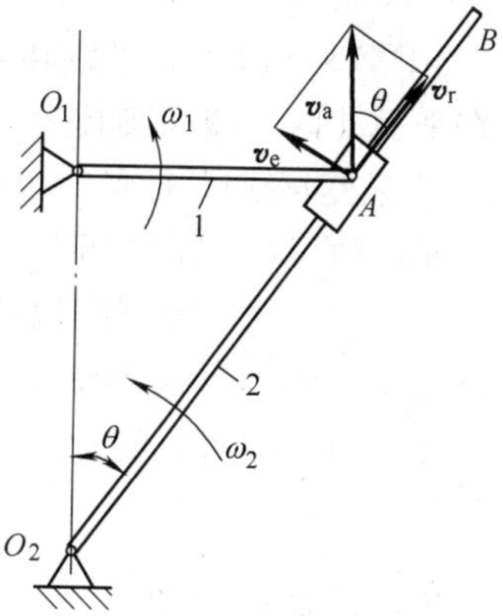

图 13-7　例 13-3 图

解　选取 O_1A 上的 A 点（套筒）为动点，动参考系固定在摇杆 O_2B 上。动点 A 的绝对运动是绕 O_1 轴的圆周运动，绝对速度 $v_a = r\omega_1$，方向垂直于 O_1A 向上；动点 A 的相对运动是沿 O_2B 的直线运动，相对速度沿直线 O_2B，大小未知；牵连运动则是 O_2B 的定轴转动，牵连速度 $v_e = O_2A \cdot \omega_2$，方向垂直于 O_2B。根据速度合成定理，可作出速度平行四边形，由几何关系得

$$v_e = v_a \sin\theta = r\omega_1 \sin\theta = O_2A \cdot \omega_2$$

所以

$$\omega_2 = \frac{v_e}{O_2A} = \frac{r\omega_1 \sin\theta}{r/\sin\theta} = \omega_1 \sin^2\theta$$

ω_2 的转向为逆时针方向。

13.2　刚体的平面运动

13.2.1　刚体平面运动的概念及简化

工程中有很多刚体的运动，例如行星齿轮机构中动齿轮 A 的运动（图 13-8a）、曲柄连杆机构中连杆 AB 的运动（图 13-8b），以及沿直线轨道滚动的轮子的运动等，这些刚体的运

动既不是平动，也不是绕定轴的转动，但是它们有一个共同的特点，即在运动中，刚体上的任一点与某一固定平面始终保持相等的距离，这种运动称为平面运动。

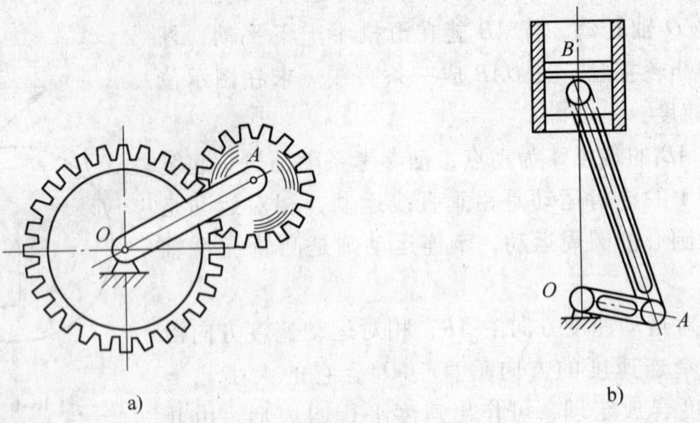

图 13-8 刚体的平面运动

可以看出：当刚体作平面运动时，刚体上的任一点都在某一平面内运动。根据这个特点，可以把所研究的问题简化。设平面Ⅰ为某一固定平面，作另一平面Ⅱ与平面Ⅰ平行，并与刚体相交成一平面图形 S，如图 13-9 所示。当刚体运动时，平面图形 S 始终保持在平面Ⅱ内。如在刚体内任取与图形 S 垂直的直线段 A_1A_2，显然直线段 A_1A_2 的运动是平动，因而其上各点都具有相同的运动。由此可见，直线段 A_1A_2 与图形 S 的交点 A 的运动即可代表直线段 A_1A_2 的运动，而平面图形 S 内各点的运动即可代表整个刚体的运动。于是得出结论：刚体平面运动可以简化为平面图形 S 在其自身平面内的运动。

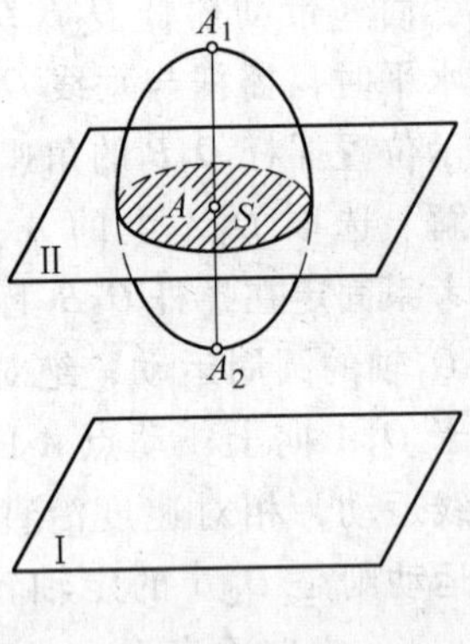

图 13-9 刚体平面运动的简化

13.2.2 平面运动的分解

如图 13-10a 所示，如能确定平面图形上任一线段 $O'M$ 的位置，则平面图形的位置就确定了。线段 $O'M$ 的位置可以由点 O' 的两个坐标 $x_{O'}$、$y_{O'}$ 及该线段与 x 轴的夹角 φ 来确定。点 O' 称为基点。当平面图形运动时，O' 的坐标 $x_{O'}$、$y_{O'}$ 及角 φ 都将随时间而改变，它们可以表示为时间 t 的单值连续函数，即

$$x_{O'}=f_1(t)\text{，}y_{O'}=f_2(t)\text{，}\varphi=f_3(t) \tag{13-2}$$

若这些函数是已知的，则图形在每一瞬时 t 的位置都可以确定。式（13-2）称为刚体的平面运动方程。

由式（13-2）可见，平面图形的运动方程可由两部分组成：一是平面图形按基点 O' 的运动方程 $x_{O'}=f_1(t)$、$y_{O'}=f_2(t)$ 的平动；另一是平面图形绕基点 O' 转角为 $\varphi=f_3(t)$ 的转动。这样平面图形 S 的平面运动可以分解为随基点的平动和绕基点的转动，如图 13-10b 所示。

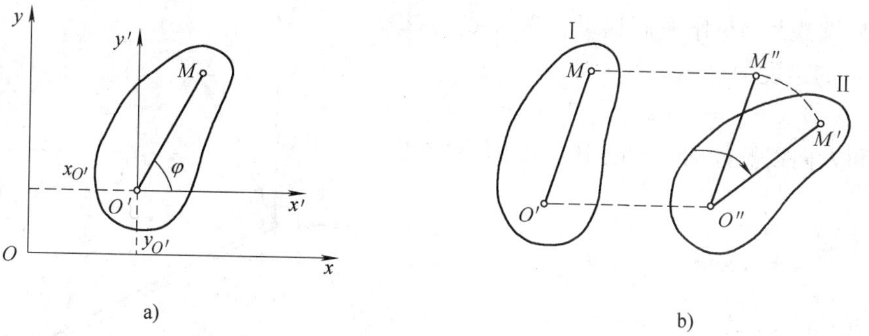

图 13-10　平面运动的分解

平面图形内基点的选择是任意的。基点的选择不同，图形平动的速度和加速度不同，但图形对于不同基点转动的角速度和角加速度却都相同。如图 13-11 所示，设平面图形由位置Ⅰ运动到位置Ⅱ，可由直线 AB 及 $A'B'$来表示。若选择 A 为基点，直线 AB 随 A 平移到 $A'B''$，然后绕 A'转过 $\Delta\varphi$ 角到达 $A'B'$位置；若选择 B 为基点，直线 AB 随 B 平移到 $A''B'$，然后绕 B'转过 $\Delta\varphi'$角到达 $A'B'$位置。虽然选择的基点不同，但绕不同基点转过的角位移 $\Delta\varphi$ 和 $\Delta\varphi'$的大小及转向总是相同的，即 $\Delta\varphi=\Delta\varphi'$。由于 $\omega=\dfrac{\mathrm{d}\varphi}{\mathrm{d}t}$，$\omega'=\dfrac{\mathrm{d}\varphi'}{\mathrm{d}t}$及 $\alpha=\dfrac{\mathrm{d}\omega}{\mathrm{d}t}$，$\alpha'=\dfrac{\mathrm{d}\omega'}{\mathrm{d}t}$，故 $\omega=\omega'$，$\alpha=\alpha'$。这就是说，在任一瞬时，图形绕其平面内任何点转动的角速度及角加速度都相同。将这角速度及角加速度称为平面图形的角速度及角加速度。

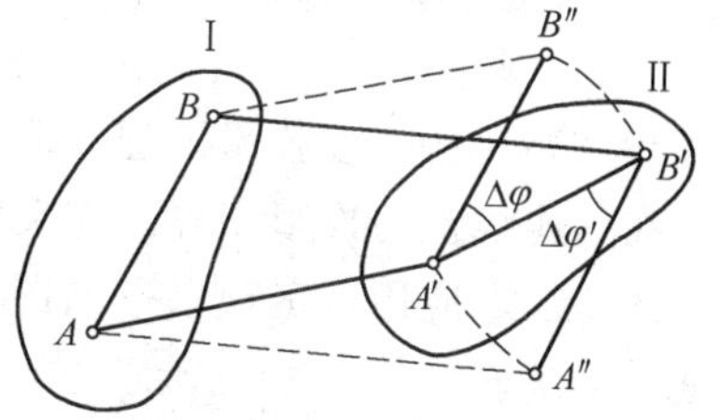

图 13-11　平面图形基点的选择是任意的

13.2.3　平面图形上各点的速度分析

1. 基点法

设已知在某一瞬时平面图形内某一点 A 的速度为$\boldsymbol{v}_A$，平面图形的角速度为 ω，如图 13-12所示。现求平面图形内任一点 B 的速度$\boldsymbol{v}_B$。取 A 为基点，平面图形的运动可以看成随基点 A 的平动和绕基点 A 的转动的合成。因此，可应用速度合成定理求点 B 的速度，即

$$\boldsymbol{v}_B=\boldsymbol{v}_\mathrm{e}+\boldsymbol{v}_\mathrm{r}$$

因为 B 的牵连速度为随基点 A 的平动速度，故$\boldsymbol{v}_\mathrm{e}=\boldsymbol{v}_A$；$B$ 的相对速度为绕基点 A 的转动速度，故$\boldsymbol{v}_\mathrm{r}=\boldsymbol{v}_{BA}$，且 $v_{BA}=AB\cdot\omega$。由此可得

$$\boldsymbol{v}_B=\boldsymbol{v}_A+\boldsymbol{v}_{BA}\tag{13-3}$$

即平面图形上任一点的速度等于基点的速度与该点绕基点转动速度的矢量和。这种求平面图形内任一点速度的方法称为基点法。

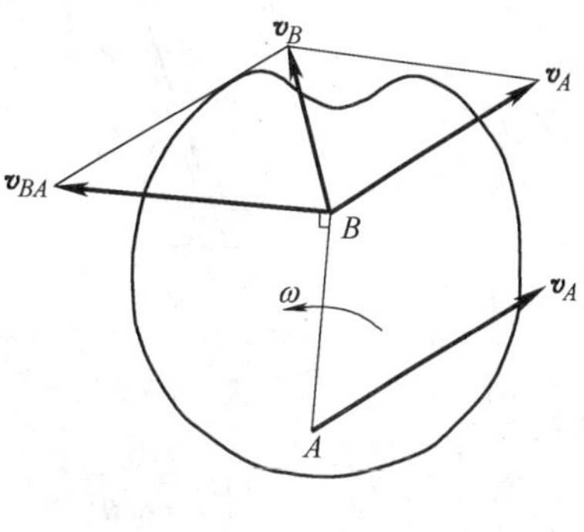

图 13-12　基点法

例 13-4　如图 13-13 所示，椭圆规尺的 A 端以速度$\boldsymbol{v}_A$沿 x 轴的负向运动，$AB=l$。求 B 端的速度以及尺 AB 的角速度。

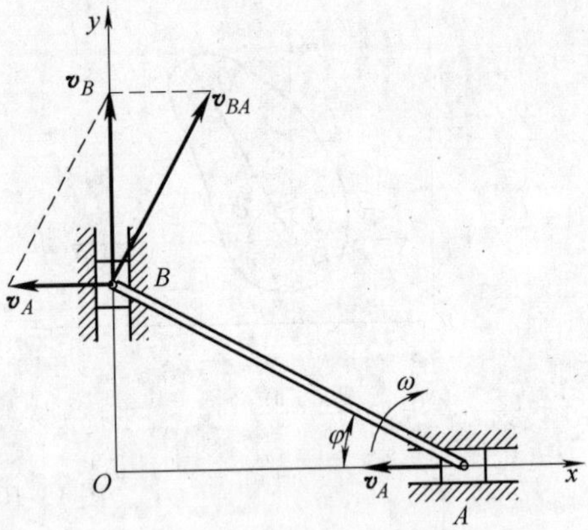

图 13-13　例 13-4 图

解　椭圆规尺 AB 作平面运动，选 A 点为基点，则 B 点的速度为

$$\boldsymbol{v}_B = \boldsymbol{v}_A + \boldsymbol{v}_{BA}$$

$\boldsymbol{v}_A$的大小和方向以及$\boldsymbol{v}_B$的方向已知。由图中的几何关系得

$$v_B = v_A \cot\varphi,\ v_{BA} = \frac{v_A}{\sin\varphi}$$

又 $v_{BA} = AB \cdot \omega$，ω 是尺 AB 的角速度，由此得

$$\omega = \frac{v_{BA}}{AB} = \frac{v_A}{l\sin\varphi}$$

2. 速度投影法

根据基点法可知，同一平面图形上任意两点 A、B 的速度总存在式（13-3）所示的关系，将该式投影到直线 AB 上，如图 13-14 所示，得

$$(v_B)_{AB} = (v_A)_{AB} + (v_{BA})_{AB}$$

因为$\boldsymbol{v}_{BA}$垂直于 AB，故$(v_{BA})_{AB} = 0$，因而

$$(v_B)_{AB} = (v_A)_{AB} \tag{13-4}$$

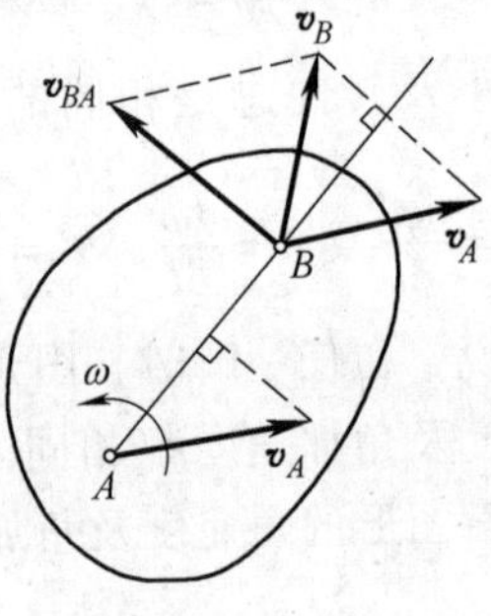

图 13-14　速度投影定理

式（13-4）称为速度投影定理，即在同一平面图形上任意两点的速度在其连线上的投影相等。它反映了刚体上任意两点距离保持不变的特征。应用该定理求平面图形上任一点速度的方法，称为速度投影法。

例 13-5　发动机的曲柄连杆机构如图 13-15 所示。曲柄 OA 长为 $r = 200$mm，以角速度$\omega = 2$rad/s 绕点 O 转动，连杆 AB 长为 $l = 990$mm。试求当$\angle OAB = 90°$时，滑块 B 的速度。

解　连杆 AB 作平面运动，选连杆 AB 为研究对象。由于连杆 AB 上 A 点的速度$\boldsymbol{v}_A$的大小和方向及$\boldsymbol{v}_B$的方向已知。根据速度投影定理有$(v_B)_{BA} = (v_A)_{BA}$，即

$$v_B \cos\theta = v_A \cos 0°$$

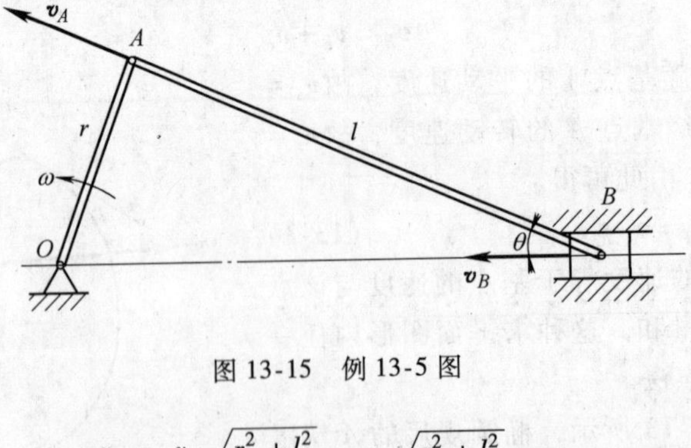

图 13-15　例 13-5 图

$$v_B = \frac{v_A}{\cos\theta} = \frac{v_A\sqrt{r^2 + l^2}}{l} = \frac{\omega r\ \sqrt{r^2 + l^2}}{l} = 408\text{mm/s}$$

3. 瞬心法

（1）瞬心的定义和瞬心法　设有一平面图形 S，如图 13-16 所示。取图形上的点 A 为基点，它的速度为$\boldsymbol{v}_A$，图形的角速度为 ω，转向如图所示。图形上任一点 M 在$\boldsymbol{v}_A$的垂线 AN 上，由图中可看出，$\boldsymbol{v}_A$和$\boldsymbol{v}_{MA}$方向相反，故$\boldsymbol{v}_M$的大小为

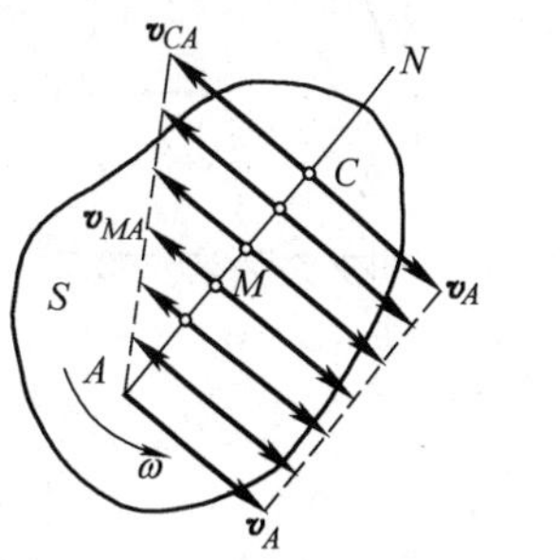

图 13-16　速度瞬心的定义

$$v_M = v_A - AM \cdot \omega$$

由上式可知，随点 M 在垂线 AN 上的位置不同，$\boldsymbol{v}_M$的大小也不同，因此总可以找到一点 C，这点的瞬时速度等于零，即

$$v_C = v_A - AC \cdot \omega = 0$$

在某一瞬时，当平面图形内角速度不等于零时，平面图形存在唯一的速度等于零的点，称为瞬时速度中心，或简称为瞬心。

若选取瞬心 C 为基点，如图 13-17a 所示，则平面图形中 A、B、D 等各点的速度即为相对转动速度，其大小分别为

$$v_A = v_{AC} = AC \cdot \omega,\ v_B = v_{BC} = BC \cdot \omega, v_D = v_{DC} = DC \cdot \omega$$

由此得出结论：平面图形内任一点的速度等于该点随图形绕瞬心作瞬时转动的速度。应用瞬心求平面图形内各点速度的方法称为瞬心法。

由于平面图形绕任一点转动的角速度都相等，因此，图形内各点速度的大小与该点到速度瞬心的距离成正比，速度的方向垂直于该点到速度瞬心的连线，指向图形转动的一方，如图 13-17b 所示。于是，平面图形的运动可看成绕瞬心的瞬时转动。

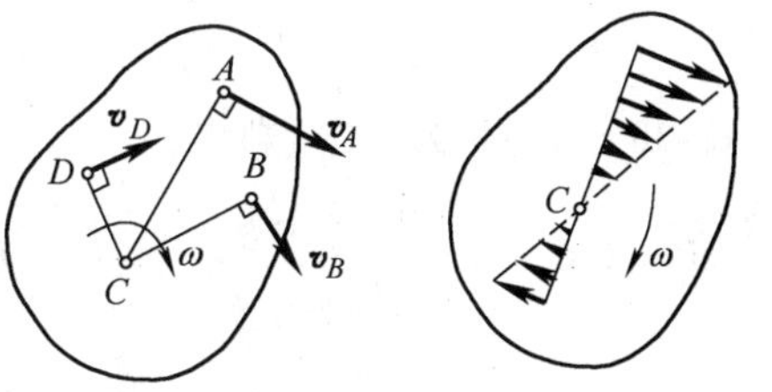

a)　b)

图 13-17　瞬心法

（2）几种确定瞬心位置的方法

1）平面图形沿一固定面作纯滚动时，它与固定面的接触点即为该瞬时平面图形的瞬心，如图 13-18a 所示。

2）若平面图形内任意两点的速度方向已知，通过这两点作速度矢的垂线，交点即为瞬心，如图 13-18b 所示。

3）若平面图形内任意两点的速度平行，且垂直于两点的连线，则瞬心 C 应在这两点 A、B 的连线或其延长线上，如图 13-18c、d 所示。

4）若平面图形内任意两点的速度平行，且大小相等，则瞬心的位置将趋于无穷远。在该瞬时，图形上各点的速度分布如同图形作平动的情形一样，故称为瞬时平动，如图13-18e、f 所示。必须注意，此瞬时各点的速度虽然相同，但加速度一般不同。

例 13-6　车厢的轮子沿直线轨道滚动而无滑动，如图 13-19 所示。已知车轮中心 O 的速度大小为 v_O，半径 R 和 r 都是已知的。求轮上 A_1、A_2、A_3、A_4各点的速度，其中 A_2、O、A_4三点在同一水平线上，A_1、O、A_3三点在同一铅直线上。

解　因为车轮只滚动无滑动，故车轮与轨道的接触点 C 就是车轮的速度瞬心。令 ω 为车轮绕瞬心转动的角速度，因 $v_O = r\omega$，从而求得车轮角速度的转向，如图 13-19 所示，大小为

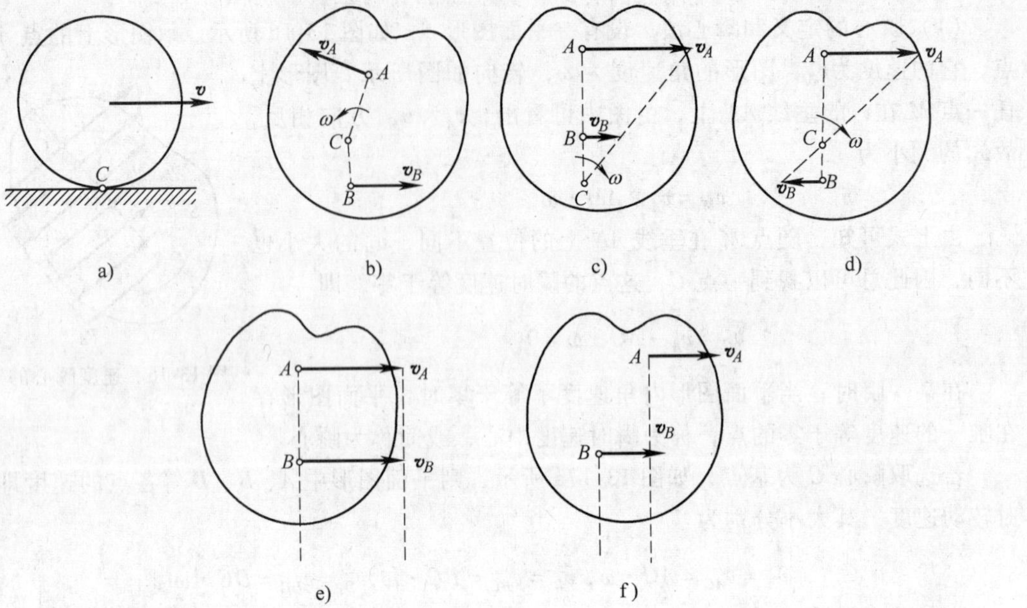

图 13-18 瞬心位置的确定

$$\omega = \frac{v_O}{r}$$

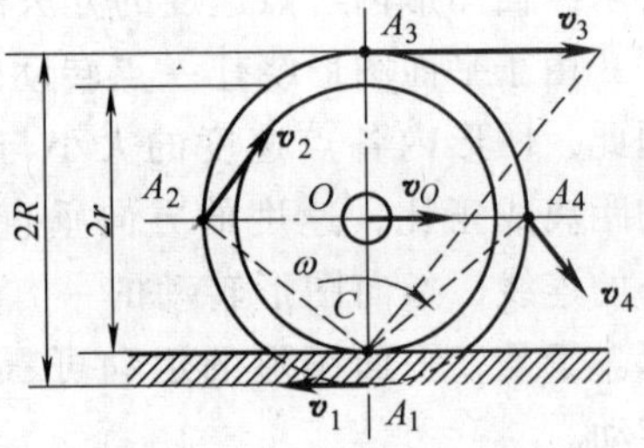

图 13-19 例 13-6 图

图 13-19 中各点的速度分别为

$$v_1 = A_1C \cdot \omega = \frac{R-r}{r}v_O,\ v_2 = A_2C \cdot \omega = \frac{\sqrt{R^2+r^2}}{r}v_O$$

$$v_3 = A_3C \cdot \omega = \frac{R+r}{r}v_O,\ v_4 = A_4C \cdot \omega = \frac{\sqrt{R^2+r^2}}{r}v_O$$

这些速度的方向分别垂直于 A_1C、A_2C、A_3C 和 A_4C，指向如图 13-19 所示。

本章小结

1. 点的合成运动

1）点的绝对运动为点的牵连运动和相对运动的合成结果。

绝对运动：动点相对于定参考系的运动。

相对运动：动点相对于动参考系的运动。

牵连运动：动参考系相对于定参考系的运动。

2）点的速度合成定理

$$\boldsymbol{v}_{\mathrm{a}} = \boldsymbol{v}_{\mathrm{e}} + \boldsymbol{v}_{\mathrm{r}}$$

绝对速度$\boldsymbol{v}_{\mathrm{a}}$：动点相对于定参考系的速度。

相对速度$\boldsymbol{v}_{\mathrm{r}}$：动点相对于动参考系的速度。

牵连速度$\boldsymbol{v}_{\mathrm{e}}$：牵连点（动参考系上与动点相重合的那一点）相对于定参考系的速度。

2. 刚体的平面运动

1）刚体的平面运动可以简化为平面图形在其自身平面内的运动，而平面图形的运动通常分解为随基点的平动和绕基点的转动，其平动部分与基点的选择有关，而转动部分与基点的选择无关。

2）平面图形上各点速度的求法：

① 基点法：$\boldsymbol{v}_B=\boldsymbol{v}_A+\boldsymbol{v}_{BA}$。

② 速度投影法：$(v_B)_{AB}=(v_A)_{AB}$。

③ 瞬心法：设 C 为速度瞬心，平面图形中任一点 M 的速度等于该点绕瞬心 C 转动的速度，即

$$v_M=CM\cdot\omega$$

其方向垂直于该点与瞬心 C 的连线，指向图形转动的一方。平面图形绕速度瞬心转动的角速度等于绕任意基点转动的角速度。

思　考　题

13-1　何谓动点的牵连速度？牵连点和动点有什么不同？如何选择动点和动参考系？

13-2　某瞬时动点的绝对速度为零，是否动点的相对速度及牵连速度均为零？

13-3　刚体平面运动通常分解为哪两个运动？它们与基点的选择有无关系？

13-4　平面图形上任意两点的速度之间有什么关系？

13-5　刚体平动和瞬时平动的概念有何不同？

13-6　“瞬心不在平面运动刚体上，则该刚体无瞬心”这句话对吗？作平面运动的刚体绕速度瞬心的转动与刚体绕定轴的转动有何不同？

习　题

13-1　半圆形凸轮如图13-20所示，其半径为 R。若已知凸轮的移动速度为 $\boldsymbol{v}$，从动杆 AB 被凸轮推起。求图示位置时从动杆 AB 的移动速度。

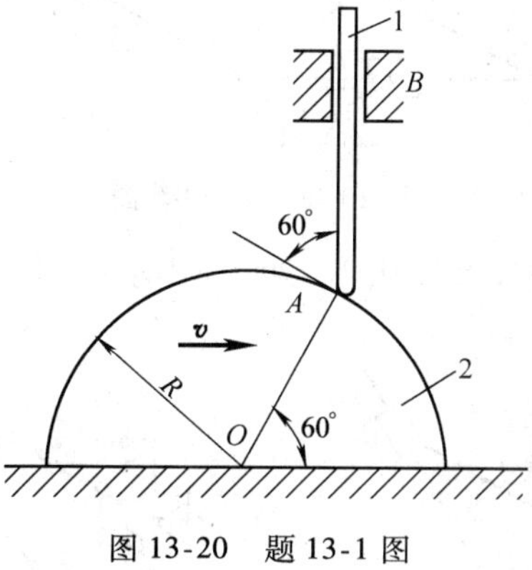

图13-20　题13-1图

13-2　牛头刨床简图如图13-21所示，其主要传动机构简化为曲柄导杆机构。已知曲柄长 $OA=r$，以等角速度 ω_O 绕 O 轴转动，$OO_1=l$。求在图示位置 OA 与 OO_1 垂直时，导杆 O_1B 的角速度 ω_1。

13-3　如图13-22所示滑道机构，曲柄 O_1A 绕 O_1 以匀角速度 ω 转动，通过滑块 C 带动竖杆 CD 作上下往复运动，且 $O_1A=O_2B=r$，求图示瞬时竖杆 CD 的速度。

13-4　矿砂从一传送带 A 落到另一传送带 B 上，如图13-23所示。站在地面上观察矿砂下落的速度为 $v_1=4\text{m/s}$，方向与铅直线成30°角，已知传送带 B 水平传送速度 $v_2=3\text{m/s}$，求矿砂相对于传送带 B 的速度。

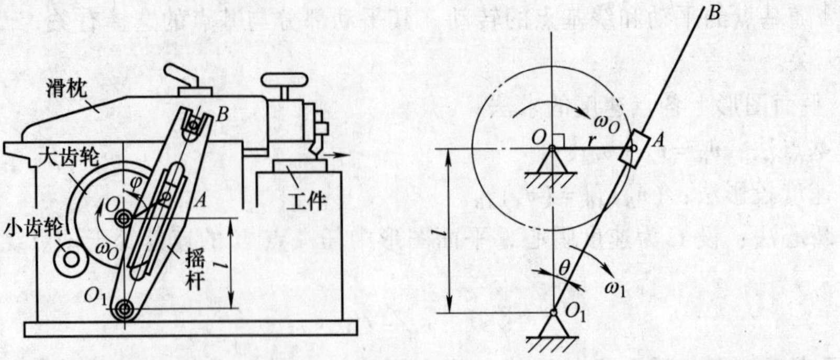

图 13-21 题 13-2 图

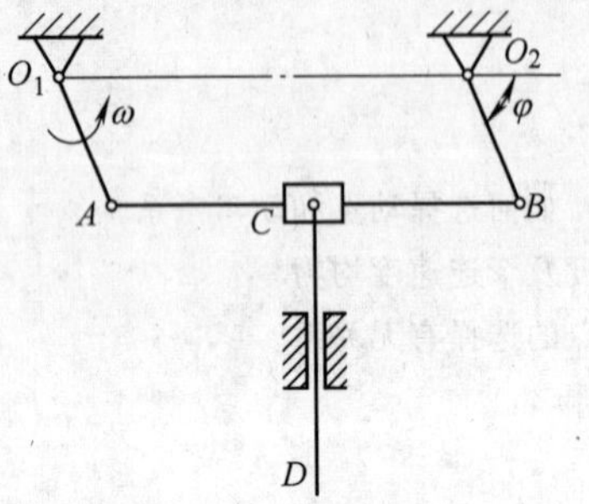

图 13-22 题 13-3 图

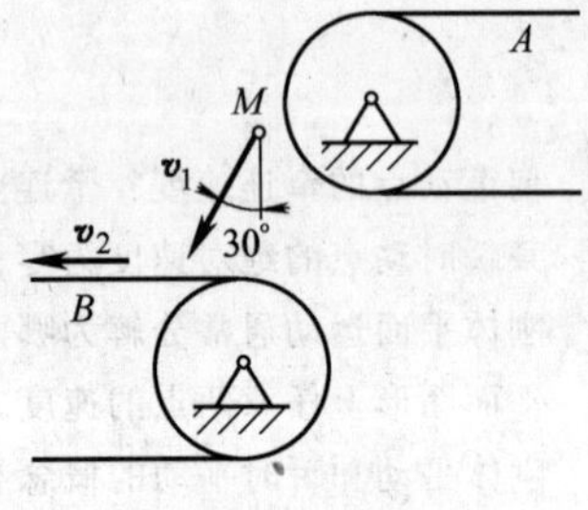

图 13-23 题 13-4 图

13-5 如图 13-24 所示平面机构中，曲柄 $OA=r$，以匀角速度 ω_O 转动，套筒 A 可沿杆 BC 滑动。已知 $BC=DE$，且 $BD=CE=l$。求图示位置时杆 BD 的角速度。

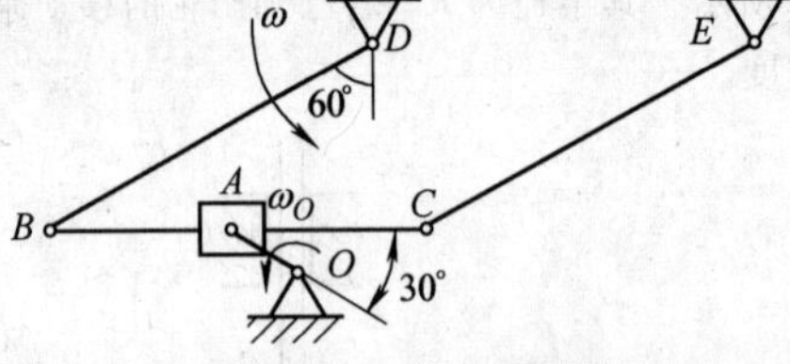

图 13-24 题 13-5 图

13-6 如图 13-25 所示两种机构，已知 $O_1O_2=200\text{mm}$，$\omega_1=3\text{rad/s}$。求图示位置杆 O_2A 的角速度。

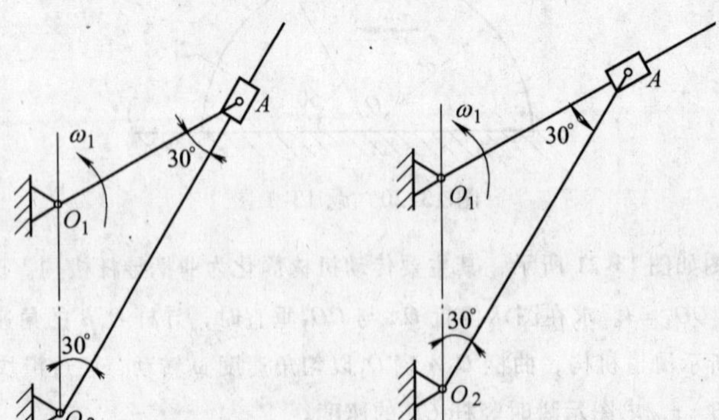

图 13-25 题 13-6 图

13-7　摇杆滑道机构的滑杆 AB 以等速 $\boldsymbol{v}$ 向上运动，初瞬时摇杆 OC 水平，摇杆长 $OC=a$，距离 $OD=l$，如图 13-26 所示。求当 $\varphi=\frac{\pi}{4}$ 时点 C 的速度大小。

13-8　图 13-27 所示曲柄 OA 长 0.4m，以等角速度 $\omega=0.5\text{rad/s}$ 绕 O 轴逆时针转动。由于曲柄 A 端推动水平板而使滑杆 BC 沿铅直方向上升。当曲柄 OA 与水平线夹角 $\theta=30°$ 时，求滑杆 C 的速度。

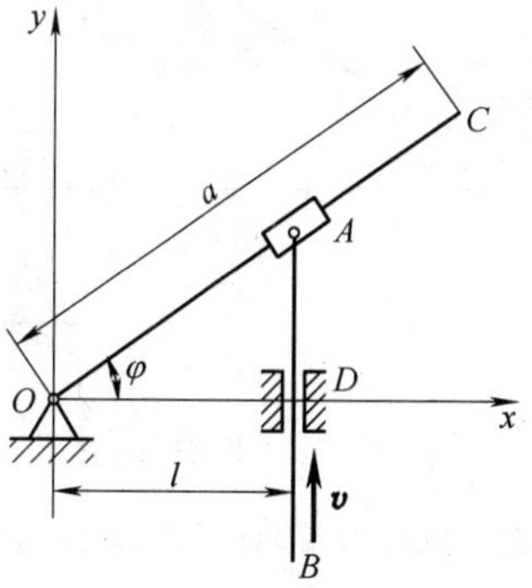

图 13-26　题 13-7 图

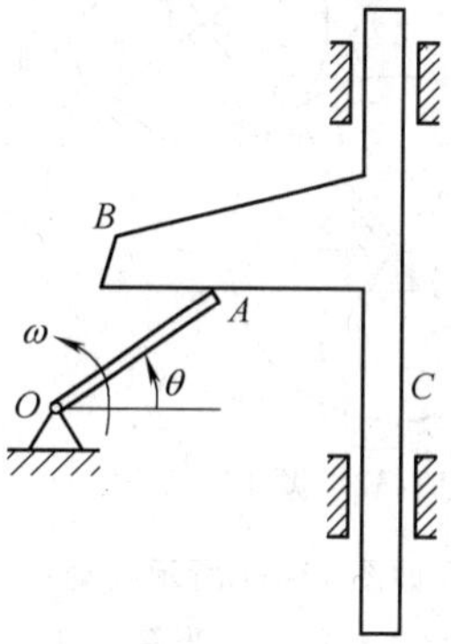

图 13-27　题 13-8 图

13-9　直角曲杆 OBC 绕 O 轴转动，使套在其上的小环 M 沿固定直杆 OA 滑动，如图 13-28 所示。已知 $OB=0.1\text{m}$，OB 与 BC 垂直，曲杆的角速度 $\omega=0.5\text{rad/s}$。求当 $\varphi=60°$ 时小环 M 的速度。

13-10　如图 13-29 所示椭圆规尺，A、B 两滑块分别在互相垂直的两滑槽中滑动。已知 $AB=200\text{mm}$，滑块 A 速度为 $\boldsymbol{v}_A=20\text{mm/s}$，椭圆规尺 AB 的倾斜角 $\varphi=30°$。试求滑块 B 的速度及杆 AB 的角速度。

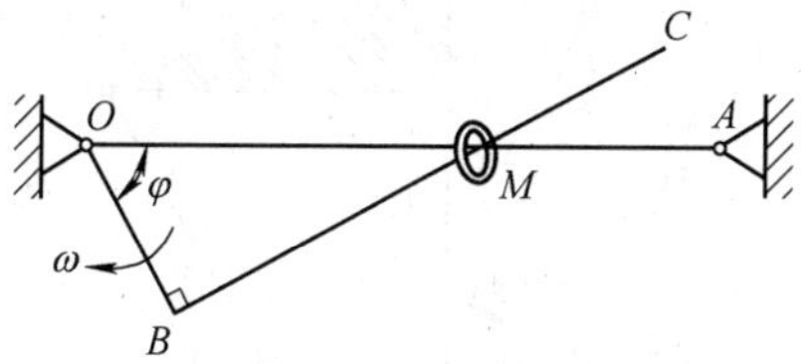

图 13-28　题 13-9 图

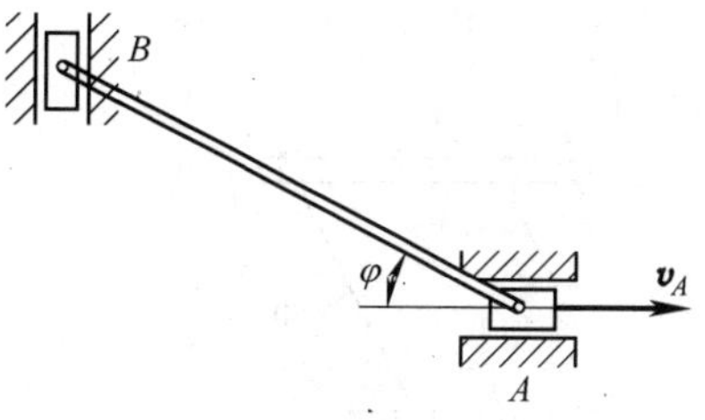

图 13-29　题 13-10 图

13-11　车轮半径为 R，沿直线作纯滚动，如图 13-30 所示。已知轮轴以匀速 $\boldsymbol{v}_O$ 前进，试用基点法求轮缘上 P、A、B 和 C 各点的速度。

13-12　如图 13-31 所示四连杆机构，$OA=O_1B=\frac{1}{2}AB$，曲柄 OA 以角速度 $\omega=3\text{rad/s}$ 绕 O 轴转动，求在图示位置时，杆 AB 和杆 O_1B 的角速度。

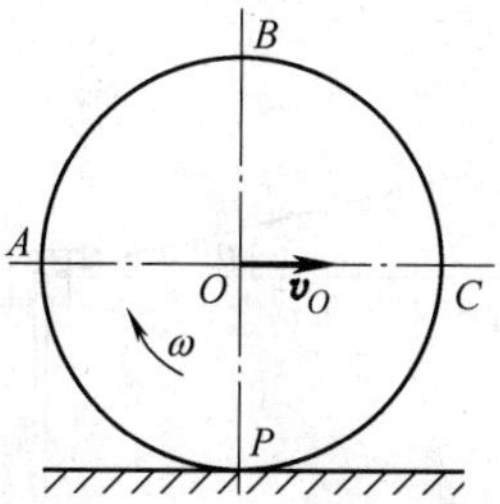

图 13-30　题 13-11 图

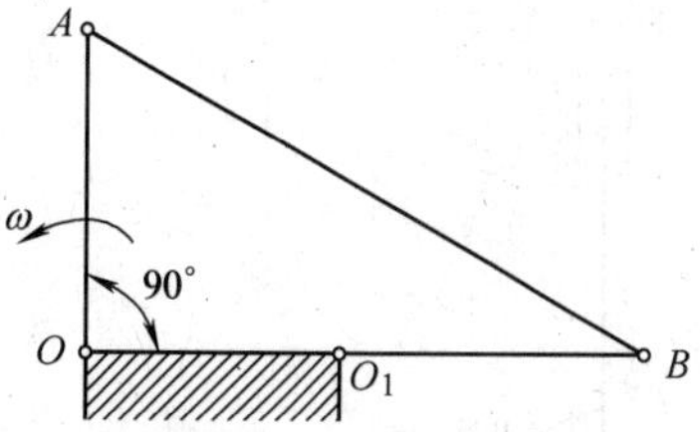

图 13-31　题 13-12 图

13-13　图 13-32 所示行星轮系中，大齿轮 Ⅰ 固定，半径为 r_1，行星齿轮 Ⅱ 沿轮 Ⅰ 只滚动而不滑动，半径为 r_2，杆 OA 以匀角速度 ω_O 转动。求轮 Ⅱ 的角速度 $\omega_{\text{Ⅱ}}$ 及其上 B、C 两点的速度。

13-14　图 13-33 所示平面机构中，曲柄 OA 长 100mm，以等角速度 $\omega=2\text{rad/s}$ 转动。连杆 AB 带动摇杆 CD，并拖动轮 E 沿水平面滚动。已知 $CD=3CB$，图示位置时 A、B、E 三点恰在同一水平线上，且 $CD\perp ED$。求此瞬时点 E 的速度。

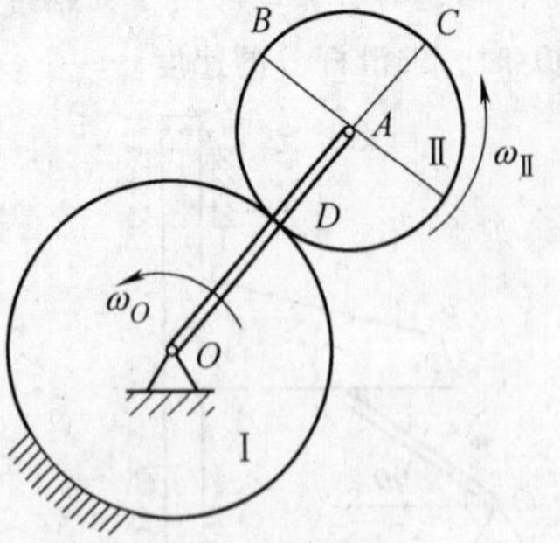

图 13-32　题 13-13 图

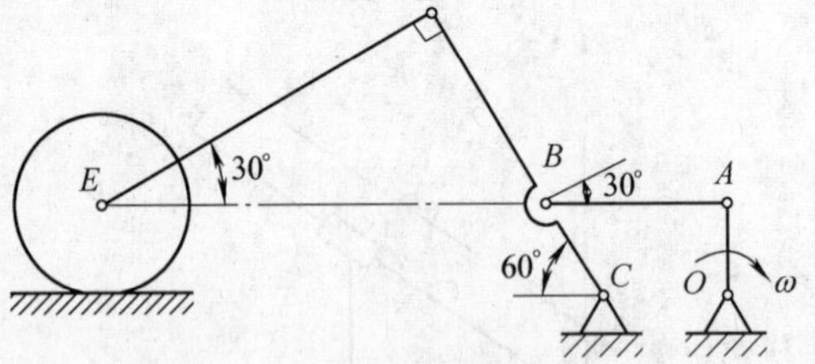

图 13-33　题 13-14 图

13-15　如图 13-34 所示筛动机构中，筛子的摆动是由曲柄连杆机构所带动的。已知曲柄 OA 的转速 $n=40\text{r/min}$，$OA=0.3\text{m}$。当筛子 BC 运动到与点 O 在同一水平线上时，$\angle BAO=90°$。求此时筛子 BC 的速度。

13-16　如图 13-35 所示四连杆机构中，连杆 AB 上固定一块三角板 ABD，该机构由曲柄 O_1A 带动。已知曲柄的角速度 $\omega_{O_1A}=2\text{rad/s}$，长度 $O_1A=0.1\text{m}$，水平距离 $O_1O_2=0.05\text{m}$，$AD=0.05\text{m}$。当 $O_1A\perp O_1O_2$ 时，$AB\,/\!/\,O_1O_2$，且 AD 与 AO_1 在同一直线上，$\varphi=30°$。求三角板 ABD 的角速度和点 D 的速度。

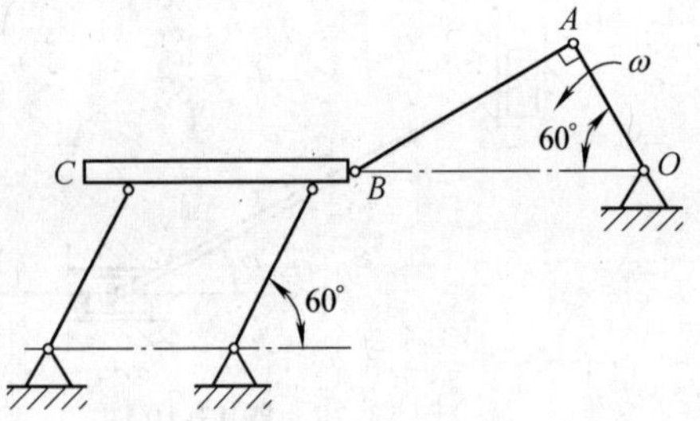

图 13-34　题 13-15 图

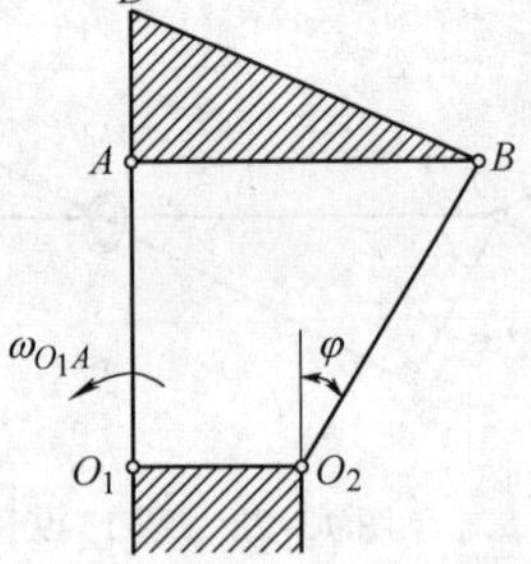

图 13-35　题 13-16 图

13-17　图 13-36 所示机构中，曲柄 OA 长为 r，绕 O 轴以等角速度 ω_O 转动，$AB=6r$，$BC=3\sqrt{3}r$。求图示位置时滑块 C 的速度。

13-18　图 13-37 所示机构中，已知杆长 $OA=20\text{cm}$，$AB=80\text{cm}$，$BD=60\text{cm}$，$O_1D=40\text{cm}$，曲柄 OA 以匀角速度 $\omega_O=10\text{rad/s}$ 转动。求该机构在图示位置时，杆 O_1D 的角速度、杆 BD 的角速度及其中点 M 的速度。

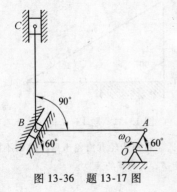

图 13-36　题 13-17 图

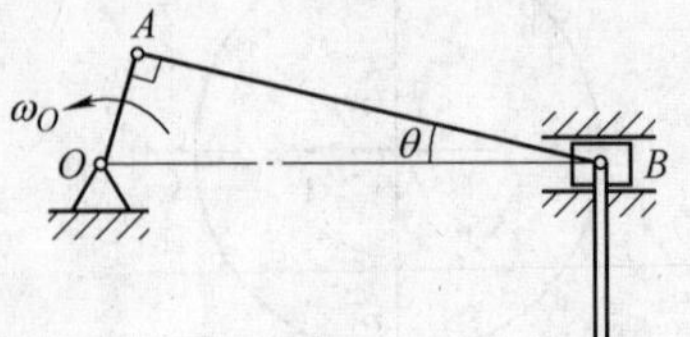

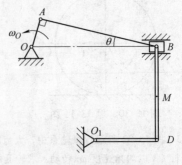

图 13-37　题 13-18 图

第 14 章　动力学基本方程

【学习目标】

1）掌握质点动力学基本方程，能用其求解质点动力学的两类问题。

2）掌握刚体定轴转动的动力学基本方程，掌握转动惯量的计算以及转动刚体动力学基本方程的应用。

本章主要研究质点的动力学基本方程以及定轴转动刚体的动力学基本方程的应用问题。

14.1　质点的动力学基本方程

14.1.1　质点运动微分方程

在经典力学范围内，质点的质量是常量，质点的质量 m 与加速度 $\boldsymbol{a}$ 的乘积，等于作用于质点上的力 $\boldsymbol{F}$，加速度的方向与力的方向相同。即

$$\boldsymbol{F}=m\boldsymbol{a} \tag{14-1}$$

式（14-1）即牛顿第二定律，称为质点的动力学基本方程。该式表明，质点的质量越大，其运动状态越不容易改变，也就是质点的惯性越大。因此，质量是质点惯性的度量。

质点受到 n 个力 $\boldsymbol{F}_1$、$\boldsymbol{F}_2$、$\cdots\boldsymbol{F}_n$ 作用时，力 $\boldsymbol{F}$ 应为原力系中各分力的矢量和，即有

$$m\boldsymbol{a}=\sum\boldsymbol{F}_i=\boldsymbol{F}$$

或

$$m\frac{\mathrm{d}^2\boldsymbol{r}}{\mathrm{d}t^2}=\sum\boldsymbol{F}_i=\boldsymbol{F} \tag{14-2}$$

式（14-2）是质点动力学基本方程的微分形式，称为质点运动微分方程。在解决实际问题中，往往应用它的投影形式。

1. 质点运动微分方程在直角坐标轴上的投影

设矢径 $\boldsymbol{r}$ 在直角坐标轴上的投影分别为 x、y、z，力 $\boldsymbol{F}$ 在轴上的投影分别为 F_x、F_y、F_z，则式（14-2）在直角坐标轴上的投影形式为

$$m\frac{\mathrm{d}^2x}{\mathrm{d}t^2}=F_x,\ m\frac{\mathrm{d}^2y}{\mathrm{d}t^2}=F_y,\ m\frac{\mathrm{d}^2z}{\mathrm{d}t^2}=F_z \tag{14-3}$$

2. 质点运动微分方程在自然轴上的投影

$$m\frac{\mathrm{d}^2s}{\mathrm{d}t^2}=m\frac{\mathrm{d}v}{\mathrm{d}t}=F_\tau,\ m\frac{v^2}{\rho}=F_\mathrm{n} \tag{14-4}$$

式中，F_τ 和 F_n 分别为作用于质点的合力 $\boldsymbol{F}$ 在切线和法线上的投影，如图 14-1 所示。

14.2.2　质点动力学的两类问题

1. 质点动力学第一类问题——已知运动求作用力

这类问题比较简单，例如已知质点的运动方程，只需求两次导数得到质点的加速度，代

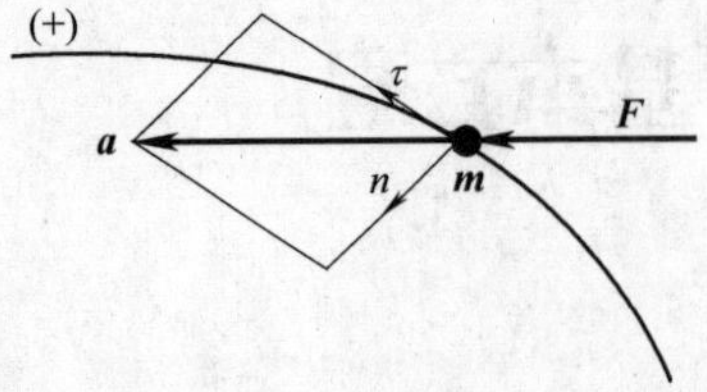

图 14-1　质点运动微分方程在自然轴上的投影

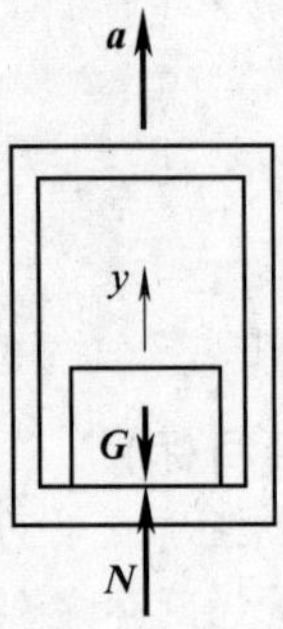

图 14-2　例 14-1 图

入质点的运动微分方程中，即可求解。

例 14-1　升降台以匀加速度 $\boldsymbol{a}$ 上升，台面上放置一重力为 $\boldsymbol{G}$ 的物体，如图 14-2 所示，求重物对台面的压力。

解　取重物为研究对象，其上受 $\boldsymbol{G}$、$\boldsymbol{N}$ 两力作用，如图 14-2 所示。取图示坐标轴 y，由式（14-3）得

$$N - G = \frac{G}{g}a$$

所以

$$N = G\left(1 + \frac{a}{g}\right)$$

由此可知，重物对台面的压力为 $N' = G\left(1 + \dfrac{a}{g}\right)$。它由两部分组成，一部分是重物的重力 G；另一部分是 $G\dfrac{a}{g}$，它由物体作加速运动而产生，称为附加动压力。

例 14-2　一圆锥摆，如图 14-3 所示。质量 $m = 0.1\text{kg}$ 的小球系于长 $l = 0.3\text{m}$ 的绳子上，绳子的另一端系在固定点 O，并与铅直线成 $\theta = 60°$ 角。如小球在水平面内作匀速圆周运动，求小球的速度 $\boldsymbol{v}$ 与绳的张力 $\boldsymbol{T}$ 的大小。

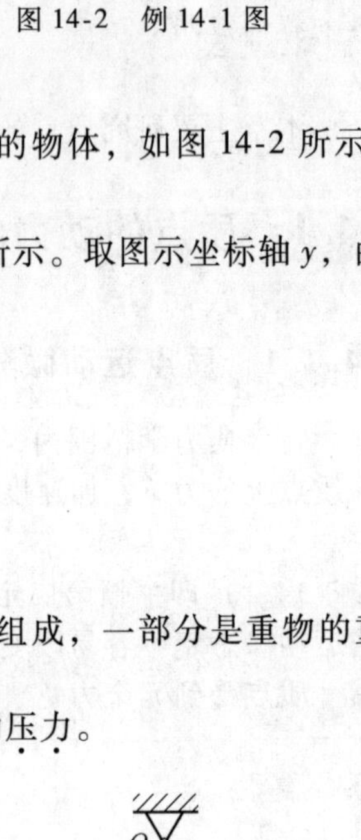

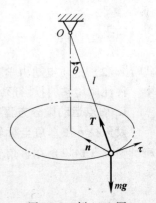

图 14-3　例 14-2 图

解　以小球为研究的质点，作用于质点的力有重力 $m\boldsymbol{g}$ 和绳的拉力 $\boldsymbol{T}$。选取在自然轴投影的运动微分方程，得

$$m\frac{v^2}{\rho} = T\sin\theta$$

又因 $T\cos\theta - mg = 0$，$\rho = l\sin\theta$，于是解得

$$T = \frac{mg}{\cos\theta} = \frac{0.1\text{kg} \times 9.8\text{m/s}^2}{0.5} = 1.96\text{N}$$

$$v = \sqrt{\frac{Tl\sin^2\theta}{m}} = \sqrt{\frac{1.96\text{N} \times 0.3\text{m} \times \left(\frac{\sqrt{3}}{2}\right)^2}{0.1\text{kg}}} = 2.1\text{m/s}$$

绳的张力与拉力 T 的大小相等。

2. 质点动力学第二类问题——已知作用力求运动

这类问题，从数学角度看，是解微分方程或求积分的问题，对此，需按作用力的函数规

律进行积分，并根据具体问题的运动初始条件确定积分常数。

例 14-3　如图 14-4 所示，从某处抛射一物体，已知初速度为$\boldsymbol{v}_0$，抛射角即初速度对水平线的仰角为 θ。如不计空气阻力，求物体在重力 $\boldsymbol{G}$ 单独作用下的运动规律。

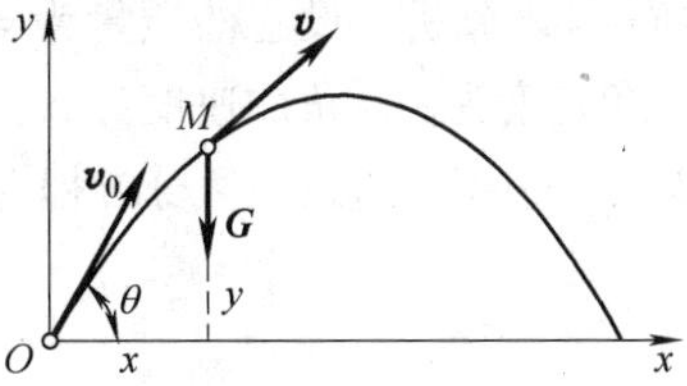

图 14-4　例 14-3 图

解　将抛射体视为质点，以初始位置为坐标原点 O，x 轴沿水平方向，y 轴沿垂直方向，并使初速度$\boldsymbol{v}_0$ 在坐标平面 Oxy 内，如图 14-4 所示。这样，确定运动的初始条件为$t=0$，$x_0=y_0=0$，$v_{0x}=v_0\cos\theta$，$v_{0y}=v_0\sin\theta$。

在任意位置进行受力分析，物体仅受重力 $\boldsymbol{G}$ 作用。应用式（14-3）得

$$\frac{G}{g}\frac{\mathrm{d}^2x}{\mathrm{d}t^2}=0,\ \frac{G}{g}\frac{\mathrm{d}^2y}{\mathrm{d}t^2}=-G$$

积分后得

$$\frac{\mathrm{d}x}{\mathrm{d}t}=C_1,\ \frac{\mathrm{d}y}{\mathrm{d}t}=-gt+D_1$$

再积分后得

$$x=C_1t+C_2,\ y=-\frac{1}{2}gt^2+D_1t+D_2$$

式中，C_1、C_2、D_1、D_2 为积分常数。由运动初始条件得 $C_1=v_0\cos\theta$，$C_2=0$，$D_1=v_0\sin\theta$，$D_2=0$。于是物体的运动方程为

$$x=v_0t\cos\theta,\ y=v_0t\sin\theta-\frac{1}{2}gt^2$$

由以上两式消去时间 t，即为抛射体的轨迹方程

$$y=x\tan\theta-\frac{gx^2}{2v_0^2\cos^2\theta}$$

由此可知，物体的轨迹是一抛物线。

14.2　刚体定轴转动的动力学基本方程

刚体有两种基本运动：平动和定轴转动。当刚体作平动时，由于其上各质点的运动轨迹、速度和加速度相同，因此可以将刚体的全部质量集中在质心上，看做为一个质点，这样就把平动刚体的动力学问题简化成一个质点的动力学问题。当刚体作定轴转动时，其转动状态的改变与作用其上的外力偶矩有着密切的联系。例如，机床主轴的转动，在电动机启动力矩作用下，将改变原有的静止状态，产生角加速度，越转越快；当电源关断后，主轴将在阻力矩作用下转速越来越小，直到停止转动。本节主要讨论刚体定轴转动时，转动状态的变化规律与作用外力偶矩之间的关系。

14.2.1　定轴转动刚体动力学基本方程

按照刚体上任意两点距离不变的定义，把刚体分成许多个质点，对每个质点应用动力学基本方程，由此可得出刚体定轴转动的动力学基本方程。

如图 14-5 所示为一绕 z 轴转动的刚体。把刚体分成 n 小份，每小份可看成一个质点。在刚体作定轴转动时，每个质点作圆周运动。任选质点 i 来分析。设它的质量为 m_i，到转轴的距离为 r_i。当刚体转动时，角速度为 ω，角加速度为 α，m_i 受到外力的合力为 $\boldsymbol{F}_i$，内力的合力为 $\boldsymbol{f}_i$。根据质点运动微分方程在自然轴上的投影式，则有

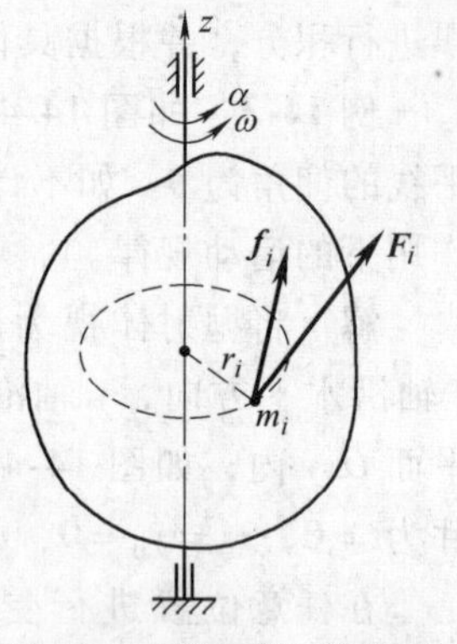

图 14-5　刚体绕 z 轴转动

$$m_i a_{i\tau} = F_{i\tau} + f_{i\tau}$$

即

$$m_i r_i \alpha = F_{i\tau} + f_{i\tau}$$

将此式两边同乘以 r_i，即得

$$m_i r_i^2 \alpha = M_z(\boldsymbol{F}_{i\tau}) + M_z(\boldsymbol{f}_{i\tau}) = M_z(\boldsymbol{F}_i) + M_z(\boldsymbol{f}_i)$$

式中，$M_z(\boldsymbol{F}_i) = M_z(\boldsymbol{F}_{i\tau}) = F_{i\tau} r_i$，表示作用于第 i 个质点上的合外力对 z 轴的力矩；$M_z(\boldsymbol{f}_i) = M_z(\boldsymbol{f}_{i\tau}) = f_{i\tau} r_i$，表示作用于第 i 个质点上的合内力对 z 轴的力矩。对刚体的每个质点，都可写出与上式相应的式子，把这些式子相加得

$$\sum m_i r_i^2 \alpha = \sum M_z(\boldsymbol{F}_i) + \sum M_z(\boldsymbol{f}_i)$$

由于内力中每一对作用力与反作用力对 z 轴的力矩代数和为零，所以 $\sum M_z(\boldsymbol{f}_i) = 0$。令 $M_z = \sum M_z(\boldsymbol{F}_i)$；$J_z = \sum m_i r_i^2$，称为刚体对转轴 z 的**转动惯量**，单位为 $\text{kg} \cdot \text{m}^2$。于是得

$$J_z \alpha = M_z \tag{14-5}$$

式（14-5）称为**刚体绕定轴转动的动力学基本方程**。该式表明，**刚体绕定轴转动时，其转动惯量与角加速度的乘积等于作用于刚体上所有外力对转轴之矩的代数和**。

定轴转动动力学基本方程的微分形式可表示为

$$J_z \frac{\mathrm{d}\omega}{\mathrm{d}t} = M_z \quad 或 \quad J_z \frac{\mathrm{d}^2 \varphi}{\mathrm{d}t^2} = M_z \tag{14-6}$$

14.2.2　转动惯量

由式（14-5）可以看出，在相同外力矩作用下，刚体转动惯量大，则角加速度小，反之，角加速度大。因此，刚体转动惯量的大小表现了刚体转动状态改变的难易程度，即：**转动惯量是刚体转动惯性的度量**。

刚体对 z 轴的转动惯量定义为 $J_z = \sum m_i r_i^2$，因此，转动惯量的大小不仅与质量大小有关，而且与质量的分布情况有关。在工程中，常常根据工作需要来选定转动惯量的大小。例如往复式活塞发动机、冲压机和剪切机等机器常在转轴上安装一个大飞轮，并使飞轮的质量大部分分布在轮缘，这样的飞轮转动惯量大，机器受到冲击时，角加速度小，可以保持比较平稳的运转状态。又如，仪表中的某些零件必须具有较高的灵敏度，因此这些零件的转动惯量必须尽可能地小，因此，这些零件用轻金属制成，并且尽量减少体积。

1. 简单几何形状均质物体的转动惯量

（1）均质细直杆　设图 14-6 所示均质细直杆长为 l，质量为 m。取杆上一微段 $\mathrm{d}x$，其质量 $\mathrm{d}m = \frac{m}{l}\mathrm{d}x$，则此杆对于 z 轴的转动惯量为

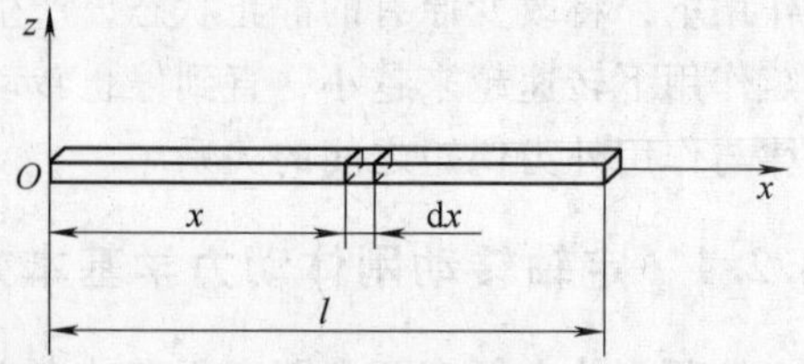

图 14-6　均质细直杆

$$J_z = \sum(\mathrm{d}m \cdot x^2) = \int_0^l \frac{m}{l}x^2\mathrm{d}x = \frac{1}{3}ml^2 \tag{14-7}$$

（2）薄圆环　设图 14-7 所示薄圆环质量为 m，质量 m_i 到中心轴的距离都等于半径 R，则此薄圆环对于中心轴 z 的转动惯量为

$$J_z = \sum m_i R^2 = R^2 \sum m_i = mR^2 \tag{14-8}$$

（3）均质圆板　设图 14-8 所示均质圆板质量为 m，半径为 R。将圆板分为无数同心的薄圆环，任一圆环的半径为 r，宽度为 $\mathrm{d}r$，薄圆环的质量为 $\mathrm{d}m = 2\pi r\mathrm{d}r \cdot \frac{m}{\pi R^2} = \frac{2mr}{R^2}\mathrm{d}r$，则均质圆板对于中心轴的转动惯量为

$$J_o = \int_0^R \frac{2mr^3}{R^2}\mathrm{d}r = \frac{1}{2}mR^2 \tag{14-9}$$

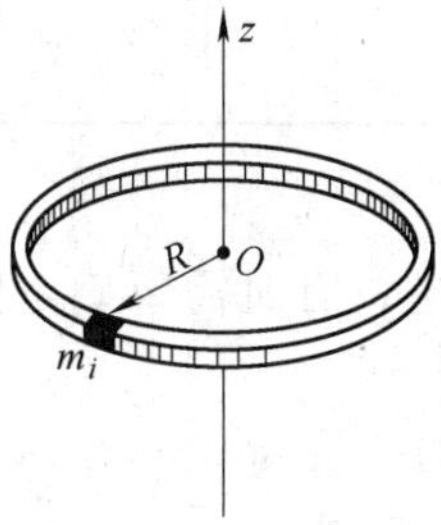

图 14-7　薄圆环

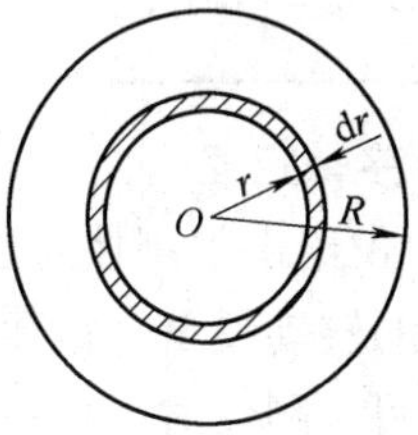

图 14-8　均质圆板

表 14-1 列出了几种常见简单几何形状均质物体的转动惯量。其中 ρ_z 称为回转半径，它表示将刚体的质量集中在一点上时，该点到转轴的距离。即

$$J_z = m\rho_z^2 \tag{14-10}$$

表 14-1　简单几何形状均质物体的转动惯量

物体形状	转动惯量	回转半径
细直杆 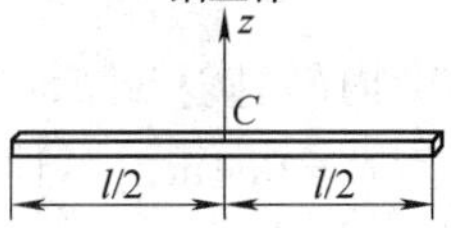	$J_z = \frac{1}{12}ml^2$	$\rho_z = \frac{l}{2\sqrt{3}}$
薄壁圆筒 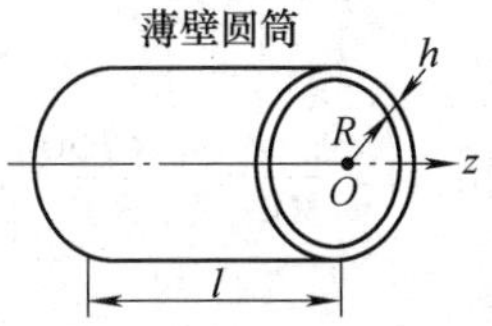	$J_z = mR^2$	$\rho_z = R$
圆柱 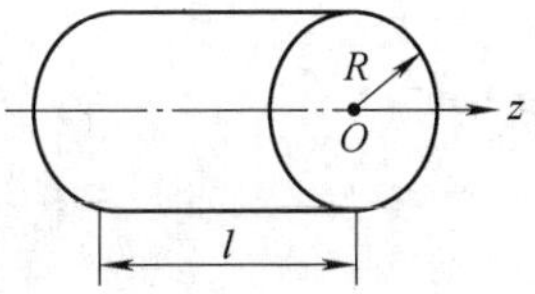	$J_z = \frac{1}{2}mR^2$	$\rho_z = \frac{R}{\sqrt{2}}$

（续）

物体形状	转动惯量	回转半径
空心圆柱 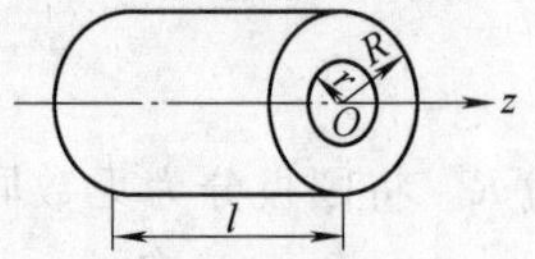	$J_z=\frac{1}{2}m(R^2-r^2)$	$\rho_z=\sqrt{\frac{1}{2}(R^2-r^2)}$
实心球 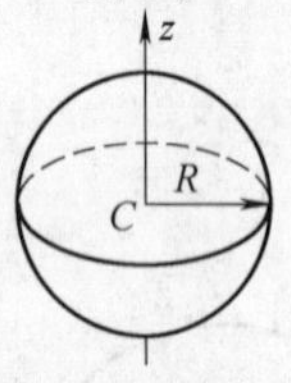	$J_z=\frac{2}{5}mR^2$	$\rho_z=\sqrt{\frac{2}{5}}R$

2. 平行移轴定理

表 14-1 仅给出了刚体对通过质心轴的转动惯量。在工程中，有时需要确定刚体对于不通过质心轴的转动惯量，就要利用平行移轴定理。

可以证明：刚体对于任一轴 z' 的转动惯量 $J_{z'}$，等于刚体对于通过质心并与该轴平行的轴 z 的转动惯量 J_z，加上刚体的质量 m 与两轴间距离 d 平方的乘积，即

$$J_{z'}=J_z+md^2 \tag{14-11}$$

式（14-11）称为平行移轴定理。由此定理可知，刚体在对各平行轴的转动惯量中，以对通过质心轴的转动惯量为最小。

14.2.3 定轴转动刚体动力学基本方程的应用

同质点动力学基本方程的应用一样，应用刚体定轴转动的动力学基本方程，也可以解决刚体转动动力学的两类基本问题：即已知转动规律，求作用于刚体上的外力矩（或外力）；已知外力矩或外力，求刚体的转动规律。

例 14-4 一电动机在空载下由静止开始匀加速起动，若在 10s 内转速达到 1500r/min，试求该电动机的起动力矩。设电动机的转子质量 $m=250\text{kg}$，半径 $R=0.4\text{m}$，不计轴承的摩擦。

解 选电动机的转子为研究对象。由于空载起动，转子只受电磁力矩而旋转，转子的重力及轴承反力对转轴均不产生力矩。

由 $\frac{d\omega}{dt}=\alpha$，积分得 $\omega=\alpha t+\omega_0$。当 $t=0$ 时，$\omega_0=0$；$t=10\text{s}$ 时，$\omega=\frac{\pi n}{30}=\frac{\pi\times1500}{30}\text{rad/s}=50\pi\text{rad/s}$。所以角加速度为 $\alpha=\frac{\omega-\omega_0}{t}=\frac{50\pi}{10}\text{rad/s}^2=5\pi\text{rad/s}^2$。

电动机的转子可视为实心圆柱，其转动惯量为

$$J_z=\frac{1}{2}mR^2=\frac{1}{2}\times250\times0.4^2\text{kg}\cdot\text{m}^2=20\text{kg}\cdot\text{m}^2$$

由转动动力学基本方程，可得电动机的起动力矩为

$$M_z=J_z\alpha=20\times5\pi\text{N}\cdot\text{m}=314\text{N}\cdot\text{m}$$

例 14-5 如图 14-9 所示，已知滑轮半径为 R，转动惯量为 J，带动滑轮的带拉力为 $\boldsymbol{F}_1$、$\boldsymbol{F}_2$。不计轴承摩擦，求滑轮的角加速度 α。

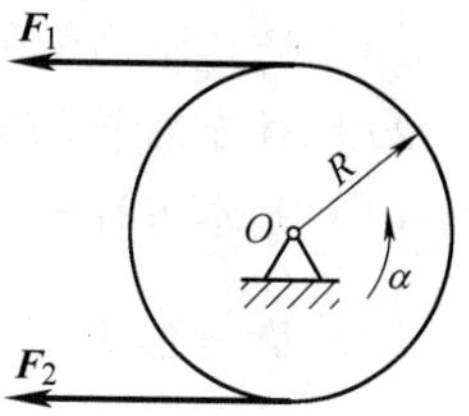

图 14-9 例 14-5 图

解 取滑轮为研究对象，根据转动动力学基本方程有

$$J_z\alpha = (F_1 - F_2)R$$

于是得

$$\alpha = \frac{(F_1 - F_2)R}{J}$$

由上式可见，只有当定滑轮为匀速转动（包括静止或不计滑轮质量）时，跨过定滑轮的拉力才是相等的。

例 14-6 传动轴系如图 14-10a 所示。设轴Ⅰ和Ⅱ的转动惯量分别为 J_1 和 J_2，传动比 $i_{12} = \frac{R_2}{R_1}$，R_1 和 R_2 分别为轮Ⅰ和Ⅱ的半径。现在轴Ⅰ上作用主动力矩 M_1，轴Ⅱ上有阻力矩 M_2，转向如图所示。设各处摩擦忽略不计，求轴Ⅰ的角加速度。

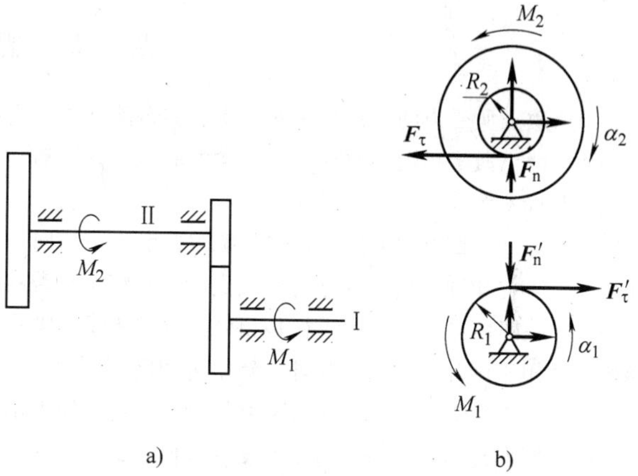

图 14-10 例 14-6 图

解 分别取轴Ⅰ和Ⅱ两个转动刚体为研究对象，受力情况如图 14-10b 所示。两轴对轴心的转动动力学基本方程分别是

$$J_1\alpha_1 = M_1 - F'_\tau R_1,\quad J_2\alpha_2 = F_\tau R_2 - M_2$$

因 $F_\tau = F'_\tau$，$i_{12} = \frac{R_2}{R_1} = \frac{\alpha_1}{\alpha_2}$，于是得

$$\alpha_1 = \frac{M_1 - \frac{M_2}{i_{12}}}{J_1 + \frac{J_2}{i_{12}^2}}$$

本章小结

1. 质点动力学基本方程

（1）基本方程 $\boldsymbol{F} = m\boldsymbol{a}$

（2）直角坐标形式的质点运动微分方程

$$m\frac{\mathrm{d}^2x}{\mathrm{d}t^2} = F_x,\quad m\frac{\mathrm{d}^2y}{\mathrm{d}t^2} = F_y,\quad m\frac{\mathrm{d}^2z}{\mathrm{d}t^2} = F_z$$

（3）自然坐标形式的质点运动微分方程

$$m\frac{\mathrm{d}^2s}{\mathrm{d}t^2} = m\frac{\mathrm{d}v}{\mathrm{d}t} = F_\tau,\quad m\frac{v^2}{\rho} = F_n$$

(4) 质点动力学的两类问题 ①已知运动求作用力；②已知作用力求运动。

2. 刚体定轴转动动力学基本方程

(1) 基本方程 $J_z\alpha = \sum M_z(\boldsymbol{F}_i) = M_z$

(2) 微分形式 $J_z \dfrac{\mathrm{d}\omega}{\mathrm{d}t} = M_z$ 或 $J_z \dfrac{\mathrm{d}^2\varphi}{\mathrm{d}t^2} = M_z$

(3) 转动惯量与回转半径 $J_z = \sum m_i r_i^2 = m\rho_z^2$

(4) 平行移轴定理 $J_{z'} = J_z + md^2$

(5) 转动刚体动力学基本方程的应用 转动刚体动力学基本方程只适用于选单个定轴转动刚体为研究对象。对于具有多个定轴转动刚体的物系来说，需要将物系拆开，分别取各个定轴转动刚体为研究对象，列出基本方程求解。

思 考 题

14-1 质点所受力的方向是否就是质点的运动方向？质点的加速度方向是否就是质点的速度方向？

14-2 两个质量相同的质点，在相同力的作用下运动，那么两质点的运动轨迹、同一瞬时的速度及加速度是否相同？为什么？

14-3 三个质量相同的质点，在某瞬时速度大小相同，但是速度方向各不相同，在这三个质点上同时作用大小、方向相同的力，问这三个质点的运动情况是否相同？

14-4 一圆环与一实心圆盘材料相同，质量相同，绕其质心作定轴转动，某一瞬时有相同的角加速度，问该瞬时作用于圆环和圆盘上的外力矩是否相同？

14-5 刚体作定轴转动，当角速度很大时，是否外力矩也一定很大？当角速度为零时，是否外力矩也为零？外力矩的转向是否一定与角速度的转向一致？

14-6 如图 14-11 所示，两均质圆盘质量均为 m，半径为 R。一圆盘在力 $\boldsymbol{F}$ 作用下绕 O 轴转动，另一圆盘在重物 $\boldsymbol{G}$ 作用下绕 O 轴转动，且 $G=F$，试分析两圆盘的角加速度是否相同，两绳的拉力是否相同。

14-7 质量为 m 的均质鼓轮如图 14-12 所示，两边受绳索拉力 $\boldsymbol{F}_1$、$\boldsymbol{F}_2$ 作用。试分析下列什么情况下两绳拉力：$F_1=F_2$；$F_1>F_2$；$F_1<F_2$。

A. $\alpha\neq0$，鼓轮质量不计 B. $\alpha>0$ C. $\alpha<0$ D. $\alpha=0$

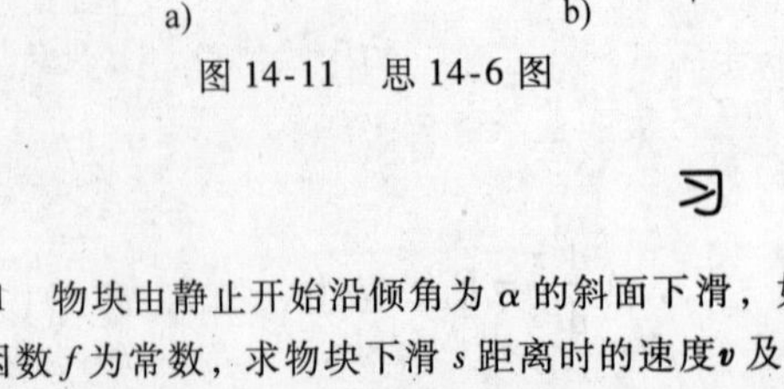

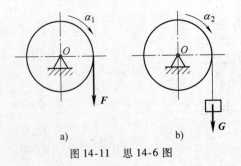

图 14-11 思 14-6 图

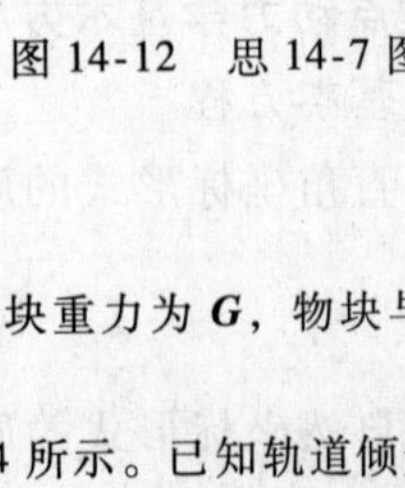

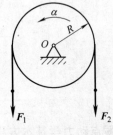

图 14-12 思 14-7 图

习 题

14-1 物块由静止开始沿倾角为 α 的斜面下滑，如图 14-13 所示。设物块重力为 $\boldsymbol{G}$，物块与斜面之间的摩擦因数 f 为常数，求物块下滑 s 距离时的速度 $\boldsymbol{v}$ 及所需的时间 t。

14-2 缆车质量为 700kg，沿斜面以初速度 $v=1.6\text{m/s}$ 下降，如图 14-14 所示。已知轨道倾角 $\alpha=15°$，摩擦因数 $f=0.015$。欲使缆车静止，设制动时间 $t=4\text{s}$，在制动时缆车作匀减速运动，求此时缆绳的拉力。

14-3 卷扬小车连同起吊重物一起沿横梁以匀速 $\boldsymbol{v}_0$ 向右运动（图 14-15）。此时，钢索中的拉力等于重

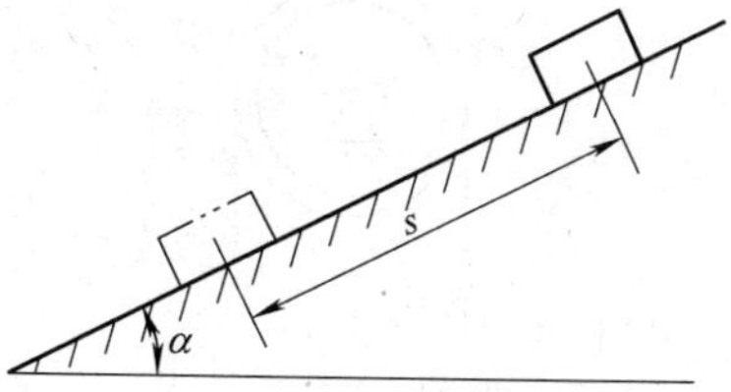

图 14-13　题 14-1 图

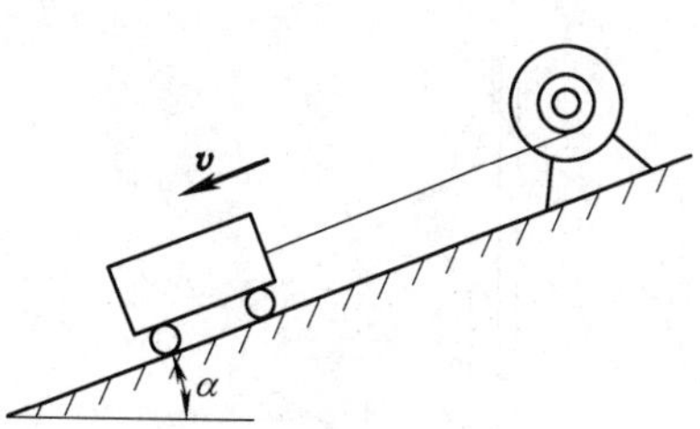

图 14-14　题 14-2 图

力 $\boldsymbol{G}$。当卷扬小车突然制动时，重物将向右摆动，求摆动微小角度 φ 时钢索中的拉力。设钢索长为 l。

14-4　质量为 m 的物块放在匀速转动的水平台上，其重心距转轴距离为 r，物块与台面之间的摩擦因数为 f，如图 14-16 所示。求使物块不因转台旋转而滑出的最大转速 n。

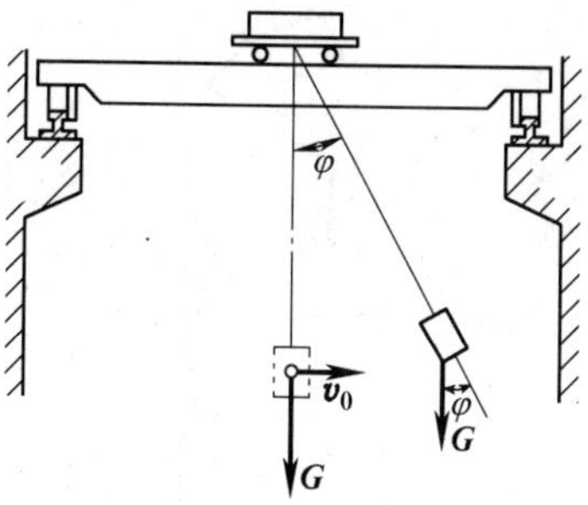

图 14-15　题 14-3 图

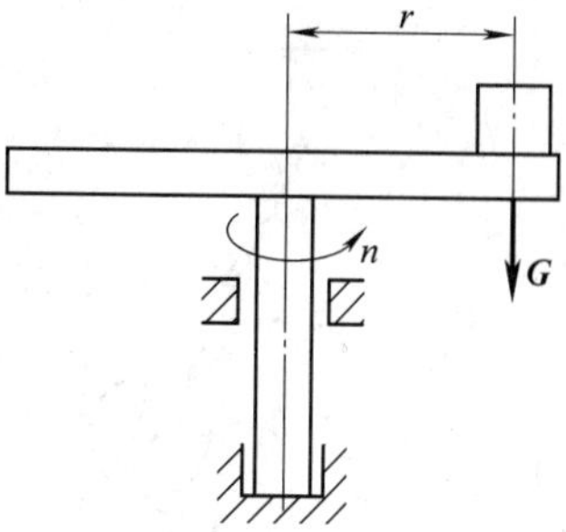

图 14-16　题 14-4 图

14-5　粉碎机滚筒半径为 R，绕通过中心的水平轴匀速转动，筒内铁球由筒壁上的凸棱带着上升。为使铁球获得粉碎矿石的能量，铁球应在 $\theta = \theta_0$ 时才掉下来，如图 14-17 所示。求滚筒的转速 n。

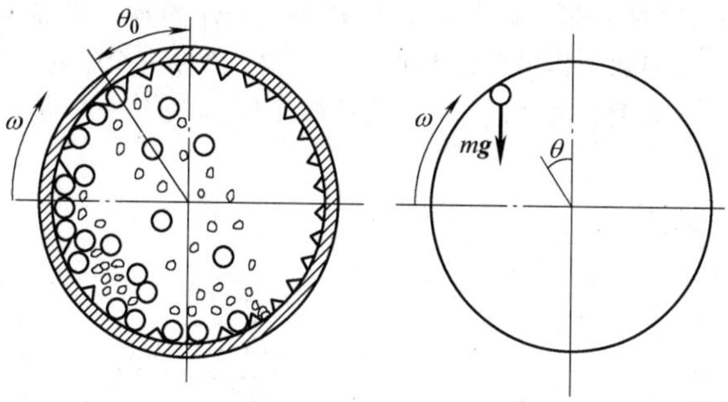

图 14-17　题 14-5 图

14-6　如图 14-18 所示质量为 m 的小球用两根长为 l 的细杆支承，杆自重不计。小球与细杆一起以匀角速度 ω 绕 AB 轴旋转，设 $AB = l$，试求两细杆所受的力。

14-7　如图 14-19 所示，A、B 两物体的质量分别为 m_1 与 m_2，两者间用一绳子连接，此绳跨过一滑轮，滑轮半径为 r。如在开始时，两物体的高度差为 h，而且 $m_1 > m_2$，不计滑轮质量。求由静止释放后，两物体达到相同的高度时所需的时间。

14-8　钟摆简化如图 14-20 所示。已知均质细杆和均质圆盘的质量分别为 m_1 和 m_2，杆长为 l，圆盘直径为 d。求摆对于通过悬挂点 O 的水平轴的转动惯量。

14-9　图 14-21 所示均质鼓轮重为 $\boldsymbol{G}$，半径为 R，悬挂一重 $\boldsymbol{G}_1$ 的重物自由释放，若不计摩擦力和绳子质量，求鼓轮的角加速度。

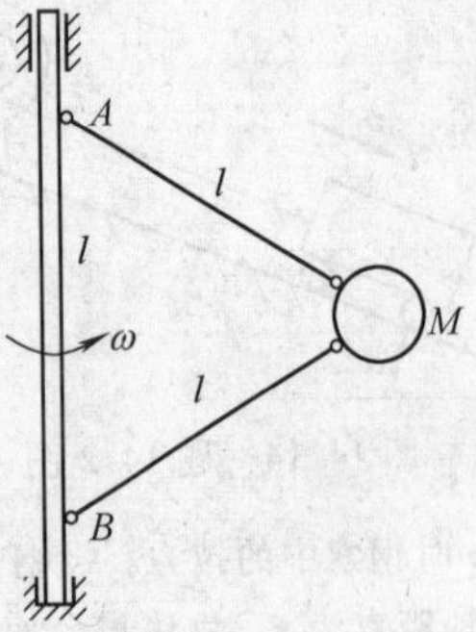

图 14-18　题 14-6 图

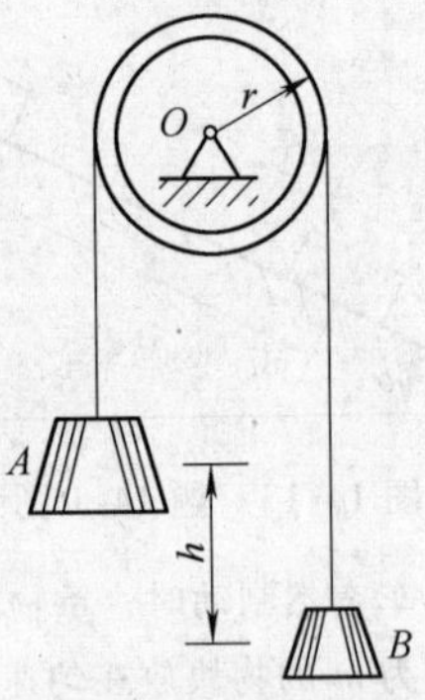

图 14-19　题 14-7 图

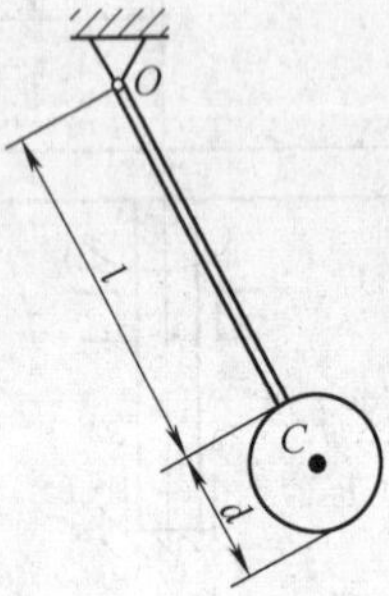

图 14-20　题 14-8 图

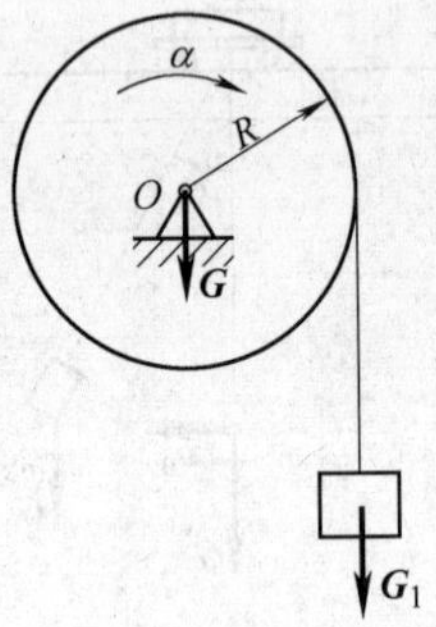

图 14-21　题 14-9 图

14-10　均质杆 AB 长为 l，重为 $\boldsymbol{G}$，杆 A 端为固定铰链约束，如图 14-22 所示。试求图示位置绳子 BE 被割断时，杆 AB 的角加速度。

14-11　图 14-23 所示两轮的半径为 R_1 和 R_2，其质量各为 m_1 和 m_2，两轮以传动带相连接，各绕两平行的固定轴转动。如在第一个带轮上作用矩为 M 的主动力偶，在第二个带轮上作用矩为 M' 的阻力偶。带轮可视为均质圆盘，传动带与轮间无滑动，传动带质量略去不计。求第一个带轮的角加速度。

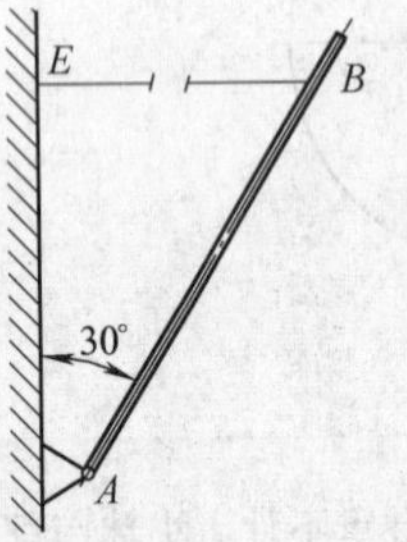

图 14-22　题 14-10 图

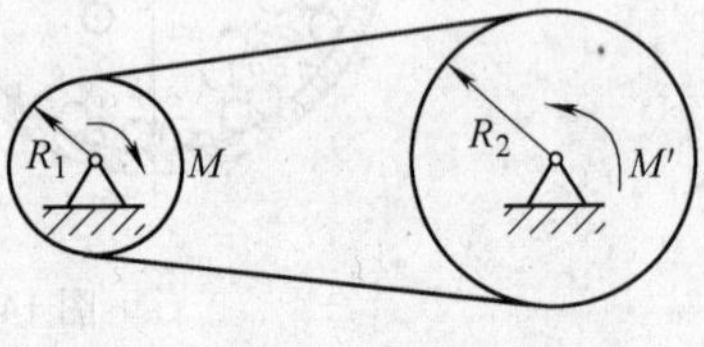

图 14-23　题 14-11 图

14-12　如图 14-24 所示，为求半径 $R=0.5\text{m}$ 的飞轮对于通过其重心轴 A 的转动惯量，在飞轮上绕以细绳，绳的末端系一质量为 $m_1=8\text{kg}$ 的重锤，重锤自高度 $h=2\text{m}$ 处落下，测得落下时间 $t_1=16\text{s}$。为消去轴承摩擦的影响，再用质量为 $m_2=4\text{kg}$ 的重锤作第二次试验，此重锤自同一高度处落下的时间为 $t_2=25\text{s}$。假定摩擦力矩为一常数。且与重锤的质量无关，求飞轮的转动惯量 J 和轴承的摩擦力矩 M_f。

14-13　电动绞车提升一质量为 m 的物体，如图 14-25 所示。已知在主动轴上作用有一矩为 M 的主动力偶，主动轴和从动轴连同在这两轴上的齿轮以及其他附属零件的转动惯量分别为 J_1 和 J_2，传动比为 i，吊索缠绕在鼓轮上，此轮半径为 R。设轴承的摩擦和吊索的质量均略去不计，求重物的加速度。

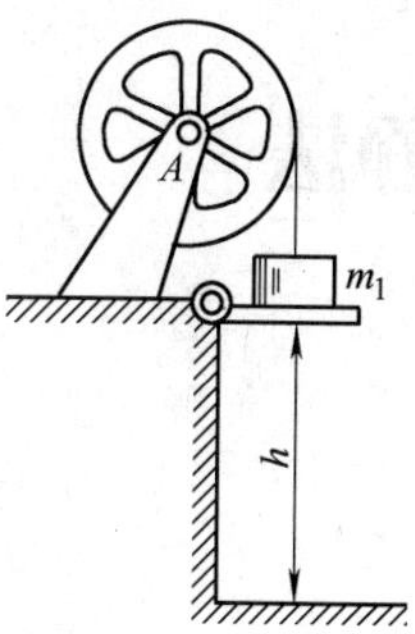

图 14-24　题 14-12 图

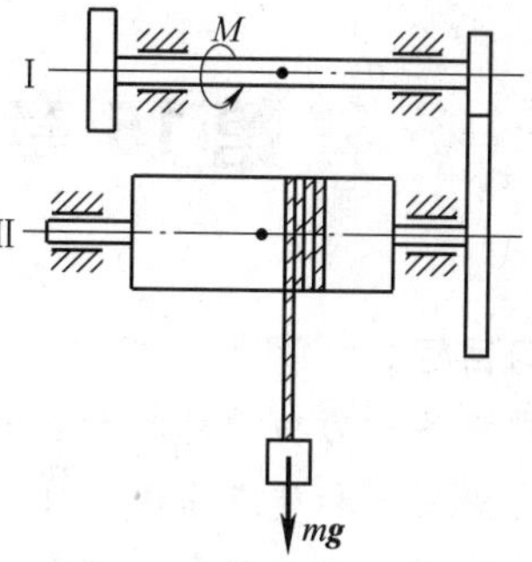

图 14-25　题 14-13 图

第15章　动能定理与动静法

【学习目标】

1）掌握各种力功的计算和各种运动动能的计算。

2）掌握质点和质点系动能定理的应用。

3）理解惯性力的概念，理解动静法的实质。

4）掌握刚体平动、定轴转动和平面运动惯性力系简化的结果。

5）掌握质点和质点系动静法的应用。

本章将主要介绍求解动力学问题的两种普遍方法——动能定理和动静法。动能定理揭示了物体机械运动时，功能变化关系之间的普遍规律；动静法则是通过施加虚拟的惯性力，将动力学问题从形式上简化为静力学的平衡问题，然后应用静力学的方法来求解动力学问题。

15.1　力的功

作用在物体上力的功，表征了力在其作用点的运动路程中对物体作用的累积效果，其结果是引起物体能量的改变和转化。

15.1.1　常力在直线运动中的功

设有质点 M 在常力 $\boldsymbol{F}$ 的作用下沿直线运动，如图15-1所示。若质点由 M_1 处移至 M_2 的路程为 s，那么 $\boldsymbol{F}$ 在位移方向的投影 $F\cos\theta$ 与其路程 s 的乘积，称为力 $\boldsymbol{F}$ 在路程 s 中所做的功，以 W 表示，即

$$W = Fs\cos\theta \tag{15-1}$$

式（15-1）可写成

$$W = \boldsymbol{F} \cdot \boldsymbol{s} \tag{15-2}$$

即作用在质点上的常力沿直线路程所做的功，等于力矢与质点位移的数量积。

功是代数量，当 $\theta < \pi/2$ 时，力作正功；当 $\theta > \pi/2$ 时，力作负功；当 $\theta = \pi/2$ 时，力不做功。在国际单位制中，功的单位为J（焦耳），1J = 1N · m。

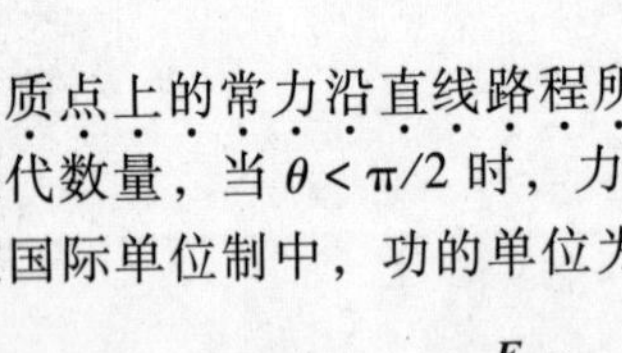

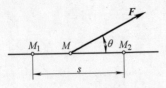

图15-1　常力在直线运动中的功

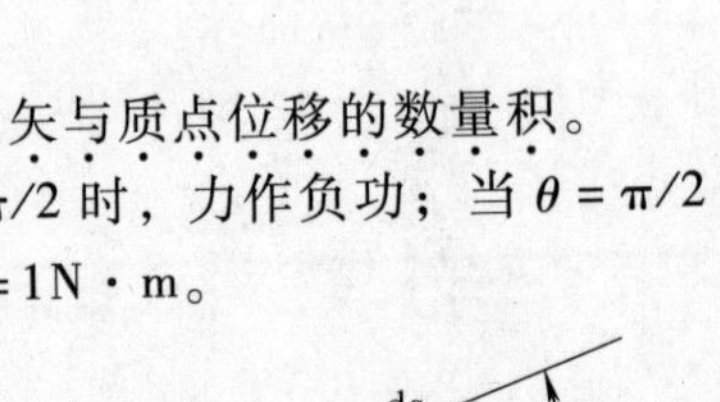

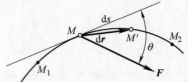

图15-2　变力在曲线路程上的功

15.1.2　变力在曲线路程上的功

质点 M 在变力 $\boldsymbol{F}$ 作用下沿曲线运动，如图15-2所示。力 $\boldsymbol{F}$ 在无限小位移 $\mathrm{d}\boldsymbol{r}$ 中可视为常

力，在位移 d$\boldsymbol{r}$ 中的路程 ds 可视为直线。d$\boldsymbol{r}$、ds 均沿质点 M 的切线，d$\boldsymbol{r}$ 是矢量，ds 是标量，但 $|\mathrm{d}\boldsymbol{r}| = |\mathrm{d}s|$。在位移 d$\boldsymbol{r}$ 中所做的功称为力的元功，以 δW 表示。于是

$$\delta W = F\cos\theta \cdot \mathrm{d}s = \boldsymbol{F} \cdot \mathrm{d}\,\boldsymbol{r} \tag{15-3}$$

或用它们在直角坐标轴上的投影来表示

$$\delta W = (F_x\boldsymbol{i} + F_y\boldsymbol{j} + F_z\boldsymbol{k}) \cdot (\mathrm{d}x\boldsymbol{i} + \mathrm{d}y\boldsymbol{j} + \mathrm{d}z\boldsymbol{k}) = F_x\mathrm{d}x + F_y\mathrm{d}y + F_z\mathrm{d}z \tag{15-4}$$

力在全路程上所做的功等于元功之和，即

$$W = \int_{M_1}^{M_2} F\cos\theta\mathrm{d}s = \int_{M_1}^{M_2} \boldsymbol{F} \cdot \mathrm{d}\boldsymbol{r} \tag{15-5}$$

式中，θ 为力$\boldsymbol{F}$与轨迹切线之间的夹角。

变力$\boldsymbol{F}$在$\overset{\frown}{M_1M_2}$路程中的总功，也可由式（15-4）积分求得，即

$$W = \int_{M_1}^{M_2} (F_x\mathrm{d}x + F_y\mathrm{d}y + F_z\mathrm{d}z) \tag{15-6}$$

式（15-6）是功的解析表达式。

15.1.3 几种常见力的功

1. 重力的功

设有重力为$\boldsymbol{G}$的质点 M 由 $M_1(x_1, y_1, z_1)$ 处沿曲线运动至 $M_2(x_2, y_2, z_2)$，如图 15-3 所示，将 $F_x=0$，$F_y=0$，$F_z=-G$ 代入式（15-6）中，得

$$W = \int_{z_1}^{z_2} -G\mathrm{d}z = G(z_1 - z_2) = Gh \tag{15-7}$$

这就表明，重力所做的功等于质点的重量与起止位置之间的高度差的乘积，而与质点运动的路径无关。当质点位置降低时，功为正值；升高时，功为负值。

式（15-7）也适用于刚体，可表述为：刚体在运动过程中其重力所做的功，等于刚体的重量与起止位置质心之间的高度差的乘积。

2. 弹性力的功

设质点 M 与弹簧连接作直线运动，如图 15-4 所示，弹簧的自然长度为 l_0，刚度系数为 k（使弹簧产生单位长度变形所需的力，单位为 N/m）。根据胡克定律，在弹性极限范围内，弹性力与弹簧的变形成正比，如取弹簧原长位置为坐标 x 的原点 O，则 $F=-kx$，弹性力的方向指向坐标原点 O，与变形方向相反。

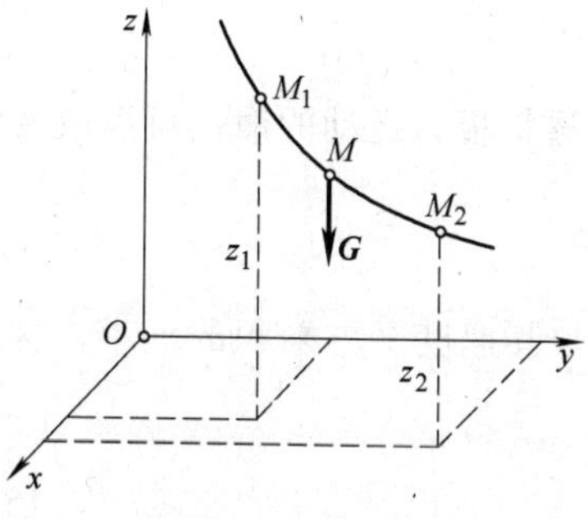

图 15-3 重力的功

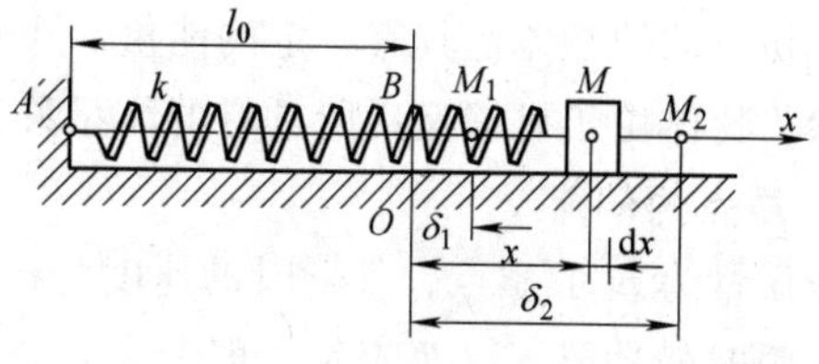

图 15-4 弹性力的功

当质点 M 有一微小位移 dx 时，弹性力元功为

$$\delta W = -F\mathrm{d}x = -kx\mathrm{d}x$$

当质点由 M_1 运动到 M_2 时，弹性力所做的功为

$$W = \int_{\delta_1}^{\delta_2} -kx\mathrm{d}x = \frac{1}{2}k(\delta_1^2 - \delta_2^2) \tag{15-8}$$

式（15-8）表明：弹性力的功等于弹簧始末位置变形量的平方差与弹簧刚度系数乘积的一半。当初变形 δ_1 大于末变形 δ_2 时，功为正值；反之为负值。

可以证明，当质点 M 按任意曲线运动时，弹性力的功也只决定于弹簧始末位置的变形量，而与质点 M 运动的路径无关，即弹性力的功仍按式（15-8）计算。

3. 定轴转动刚体上力的功

设力$\boldsymbol{F}$与力作用点 A 处运动轨迹的切线之间的夹角为 θ，如图 15-5 所示，则力$\boldsymbol{F}$在切线上的投影 $F_\tau = F\cos\theta$。当刚体绕定轴转动时，角位移 $\mathrm{d}\varphi$ 与弧长 $\mathrm{d}s$ 的关系为 $\mathrm{d}s = R\mathrm{d}\varphi$，$R$ 为力作用点 A 到轴的垂直距离。力的元功为

$$\delta W = \boldsymbol{F}\cdot \mathrm{d}\boldsymbol{r} = F_\tau \mathrm{d}s = F_\tau R\mathrm{d}\varphi = M_z(\boldsymbol{F})\mathrm{d}\varphi$$

其中，$M_z(\boldsymbol{F}) = F_\tau R$，为力$\boldsymbol{F}$对 z 轴之矩，简写为 M_z，即

$$\delta W = M_z \mathrm{d}\varphi$$

所以力$\boldsymbol{F}$在刚体从角 φ_1 到 φ_2 转动过程中做的功为

$$W = \int_{\varphi_1}^{\varphi_2} M_z \mathrm{d}\varphi \tag{15-9}$$

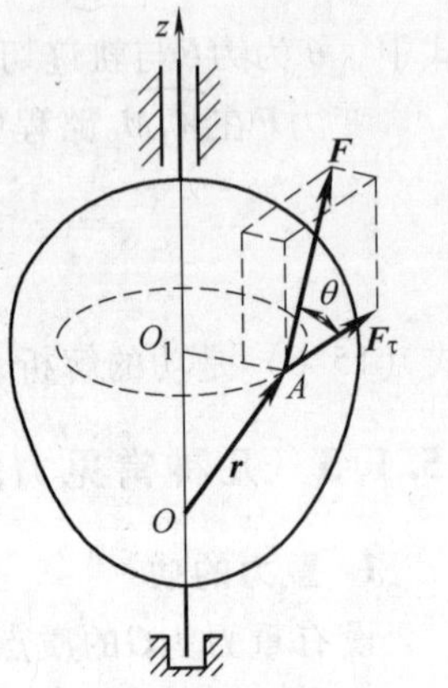

图 15-5 定轴转动刚体上力的功

当力矩 M_z 为常量时，则

$$W = M_z(\varphi_2 - \varphi_1) = M_z\varphi \tag{15-10}$$

由此可见，变力矩的功等于力矩对转角的积分；常力矩的功等于力矩与转角的乘积。当力矩与转角转向一致时，功为正值；反之为负值。

根据合力矩定理，不难证明，物体在多个力矩作用下，其合力矩的功等于各分力矩功的代数和。

15.2 动能定理

15.2.1 动能

一切运动的物体都具有一定的能量。飞行的子弹能穿透钢板，运动的锻锤可以改变锻件的形状，物体由于机械运动所具有的能量称为动能。

1. 质点的动能

设质量为 m 的质点，某瞬时的速度为$\boldsymbol{v}$，则质点质量与其速度平方乘积的一半，称为质点在该瞬时的动能，以 T 表示，即

$$T = \frac{1}{2}mv^2 \tag{15-11}$$

由式（15-11）可知，动能是一个正值的代数量，其单位为 J（焦耳），与功的单位相同。

2. 质点系的动能

质点系内各质点动能的代数和称为质点系的动能，即

$$T = \sum \frac{1}{2} m_i v_i^2 \tag{15-12}$$

刚体是由无数个质点组成的质点系。由于它的运动形式不同，其动能的计算公式亦不同。

（1）刚体作平动时的动能　刚体作平动时，其体内各质点的速度都相同，以质心速度 $\boldsymbol{v}_C$ 为代表，则刚体作平动时的动能为

$$T = \sum \frac{1}{2} m_i v_i^2 = \frac{1}{2} v_C^2 \sum m_i = \frac{1}{2} m v_C^2 \tag{15-13}$$

式中，$m = \sum m_i$ 是刚体的质量。因此，平动刚体的动能相当于刚体质量集中到其质心的动能。

（2）刚体绕定轴转动时的动能　设刚体绕定轴 z 转动，某瞬时的角速度为 ω，如图 15-6 所示。若刚体内任一质点的质量为 m_i，离 z 轴的距离为 r_i，速度为 $v_i = r_i \omega$，则刚体绕定轴转动时的动能为

$$T = \sum \frac{1}{2} m_i v_i^2 = \frac{1}{2} \left(\sum m_i r_i^2 \right) \omega^2 = \frac{1}{2} J_z \omega^2 \tag{15-14}$$

式中，$J_z = \sum m_i r_i^2$，为刚体对于 z 轴的转动惯量。即转动刚体的动能等于刚体对于转轴的转动惯量与角速度平方乘积的一半。

（3）刚体作平面运动时的动能　设平面运动刚体的质量为 m，在某瞬时的速度瞬心为 P，质心为 C，角速度为 ω，如图 15-7 所示。此时刚体的平面运动可以看成是绕瞬心轴的瞬时转动，则刚体的动能为

$$T = \frac{1}{2} J_P \omega^2 \tag{15-15}$$

式中，J_P 为刚体对通过瞬心并与运动平面垂直的轴的转动惯量。根据计算转动惯量的平行轴定理有

$$J_P = J_C + m r_C^2$$

于是得

$$T = \frac{1}{2} J_P \omega^2 = \frac{1}{2} (J_C + m r_C^2) \omega^2 = \frac{1}{2} J_C \omega^2 + \frac{1}{2} m (r_C \omega)^2 = \frac{1}{2} J_C \omega^2 + \frac{1}{2} m v_C^2 \tag{15-16}$$

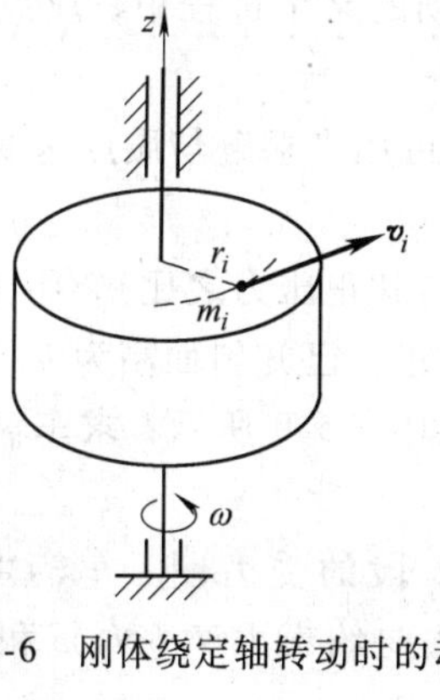

图 15-6　刚体绕定轴转动时的动能

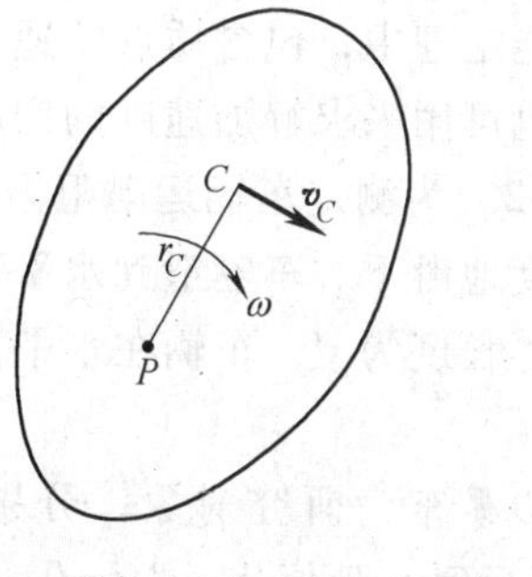

图 15-7　刚体作平面运动时的动能

式（15-16）表明，刚体作平面运动时的动能，等于刚体随质心作平动时的动能与相对质心转动时的动能之和。

例 15-1 碾子 A 的质量为 m，借绳子跨过滑轮 B 连接质量为 m_1 的物体，在物体重力作用下碾子沿倾角为 α 的斜面向上作纯滚动，如图 15-8 所示。碾子与滑轮皆为均质圆盘，质量相等，半径相同。此瞬时物体的速度为 $\boldsymbol{v}$，绳子不可伸长，质量不计，求系统的动能。

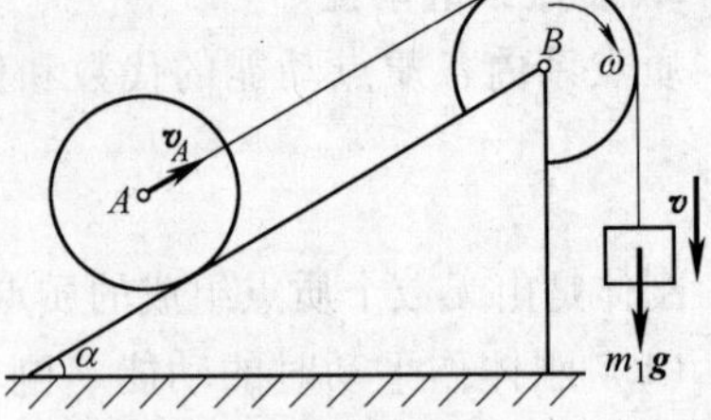

图 15-8 例 15-1 图

解 取系统为研究对象，其中重物作平动，滑轮作定轴转动，碾子作平面运动，系统的动能为

$$T=\frac{1}{2}m_1v^2+\frac{1}{2}J_B\omega^2+\frac{1}{2}mv_A^2+\frac{1}{2}J_A\omega_A^2$$

根据运动学关系，有 $v_A=r\omega_A$，$v=r\omega$，$v_A=v$，代入上式得

$$T=\frac{1}{2}m_1v^2+\frac{1}{2}\times\frac{1}{2}mr^2\frac{v^2}{r^2}+\frac{1}{2}mv^2+\frac{1}{2}\times\frac{1}{2}mr^2\frac{v^2}{r^2}=\left(\frac{1}{2}m_1+m\right)v^2$$

15.2.2 动能定理

1. 质点的动能定理

质点的动力学基本方程为

$$m\boldsymbol{a}=m\frac{\mathrm{d}\boldsymbol{v}}{\mathrm{d}t}=\boldsymbol{F}$$

在方程两边点乘 $\mathrm{d}\boldsymbol{r}$，得

$$m\frac{\mathrm{d}\boldsymbol{v}}{\mathrm{d}t}\cdot\mathrm{d}\boldsymbol{r}=m\boldsymbol{v}\cdot\mathrm{d}\boldsymbol{v}=\boldsymbol{F}\cdot\mathrm{d}\boldsymbol{r}$$

即

$$\mathrm{d}\left(\frac{1}{2}mv^2\right)=\delta W \tag{15-17}$$

式（15-17）称为质点动能定理的微分形式，即质点动能的微分等于作用在质点上力的元功。对式（15-17）积分得

$$\frac{1}{2}mv_2^2-\frac{1}{2}mv_1^2=W \tag{15-18}$$

式（15-18）称为质点动能定理的积分形式，即在质点运动的某个过程中，质点动能的改变量等于作用在质点上力的功。

在动能定理中，包含质点的速度、运动的路程和力，可用来求解与质点速度、路程有关的问题，也可用来求解加速度的问题。

例 15-2 为测定车辆运动阻力系数 k（k 为运动阻力与其正压力之比），将车辆从斜面 A 处无初速度地滑下。车辆滑到水平面后继续运行到 C 处停止。已知斜面高为 h，斜面在水平面上的投影长度为 s'，车辆在水平面上的运行距离为 s，如图 15-9 所示，求车辆运动阻力系数 k。

解 以矿车为研究对象，分别画出它位于 AB 及 BC 段的受力图。车辆由静止开始，$T_1=0$；运行到 C 处停止，$T_2=0$。运行中受到重力 $\boldsymbol{W}$、法向约束力 $\boldsymbol{N_1}$（$\boldsymbol{N_2}$）和摩擦力（运

行阻力）$\boldsymbol{F}_1$（$\boldsymbol{F}_2$）的作用。根据动能定理，有

$$0-0=Wh-F_1\frac{s'}{\cos\alpha}-F_2 s=Wh-kWs'-kWs$$

解得

$$k=\frac{h}{s+s'}$$

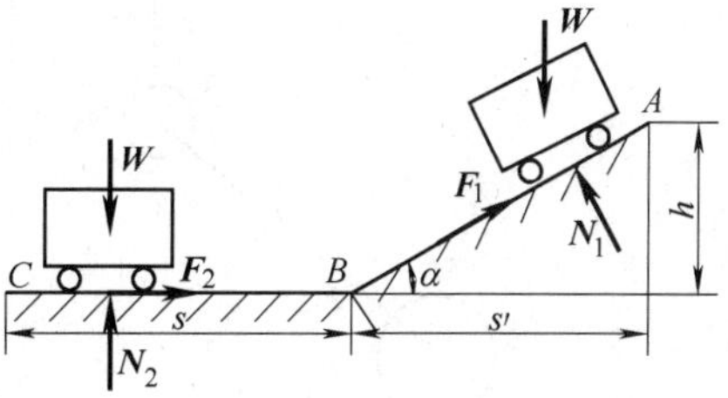

图 15-9 例 15-2 图

2. 质点系的动能定理

设质点系有 n 个质点，任取一质点，质量为 m_i，速度为$\boldsymbol{v}_i$，则作用在该质点上的力的元功为

$$\mathrm{d}\left(\frac{1}{2}m_i v_i^2\right)=\delta W_i$$

作用在整个质点系上的力的元功为

$$\mathrm{d}\sum\frac{1}{2}m_i v_i^2=\sum\delta W_i$$

式中，$\sum\frac{1}{2}m_i v_i^2$为质点系的动能，以 T 表示。所以，上式可写成

$$\mathrm{d}T=\sum\delta W_i \tag{15-19}$$

式（15-19）称为质点系动能定理的微分形式，即质点系动能的微分等于作用在质点系上全部力所做的元功之和。对式（15-19）积分得

$$T_2-T_1=W \tag{15-20}$$

式（15-20）称为质点系动能定理的积分形式，即在质点系运动的某个过程中，质点系动能的改变量等于作用在质点系上的全部力的功之和。

3. 内力功与理想约束

作用在质点系上的全部力既包括外力也包括内力。在某些情形下，内力虽然等值反向，但内力所做功的和并不一定等于零。例如，由两个相互吸引的质点 M_1 和 M_2 组成的质点系，两质点相互作用的力$\boldsymbol{F}_{12}$和$\boldsymbol{F}_{21}$是一对内力，如图 15-10 所示，虽然内力的矢量和等于零，但是当两质点相互趋近或离开时，两内力功的和并不等于零。

但是，对于刚体来说，因为刚体上任意两点的距离保持不变，其中一力做正功，另一力做负功，这一对内力功之和等于零。于是得出结论：刚体内力所做的功之和等于零。

根据以上所述，质点系内力功的和并不一定等于零。因此在计算功时，如将作用力分为外力和内力并不方便。若将作用力分为主动力和约束力，有时可使功的计算得到简化，因为在许多情况下约束力的功之和等于零，合乎这个条件的约束称为理想约束。现将常见的理想约束介绍如下：

（1）光滑固定面约束　在此情形下，约束力的方向沿固定面的法线方向，而位移的方向为切线方向，两者相互垂直，约束力的元功恒为零。

（2）光滑铰链或轴承约束　约束力的方向恒与位移的方向垂直，约束力所做的功恒等于零。

（3）柔性体约束　如图 15-11 所示，细绳两端作用于 A 点和 B 点的约束力$\boldsymbol{F}_{\mathrm{A}}$ 和$\boldsymbol{F}_{\mathrm{B}}$ 等值，如细绳不可伸长，则两端的位移 $\mathrm{d}\boldsymbol{r}_A$ 和 $\mathrm{d}\boldsymbol{r}_{\mathrm{B}}$沿绳的投影必相等，因此两约束力$\boldsymbol{F}_A$和$\boldsymbol{F}_B$做功之和等于零。

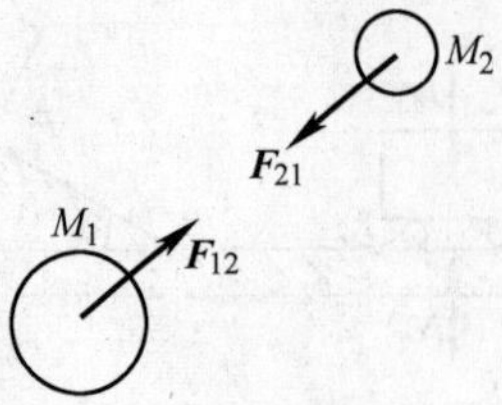

图 15-10　内力功之和不为零

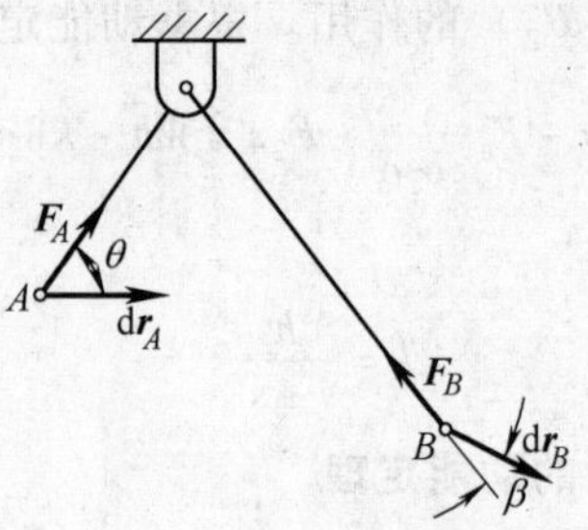

图 15-11　柔性体约束

(4) 连接两个刚体的光滑铰链　两个刚体 AO 和 BO 在铰链处相互作用的约束力$\boldsymbol{F}$和$\boldsymbol{F}'$等值反向且共线。当 O 点有微小位移 $\mathrm{d}\boldsymbol{r}$ 时，如图 15-12 所示，这两个力元功之和为零。

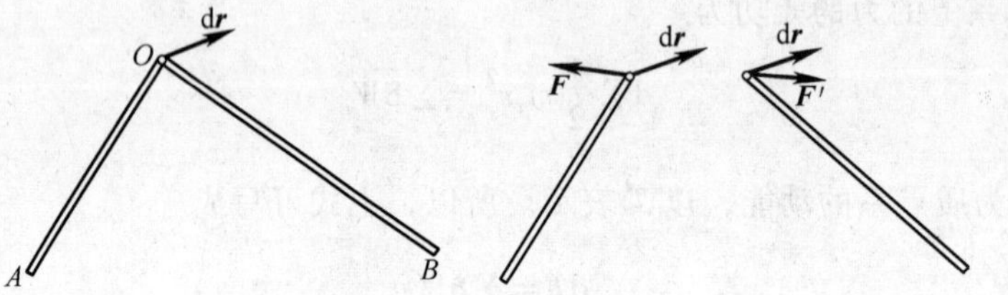

图 15-12　连接两个刚体的光滑铰链

(5) 不计自重力的刚杆　不计自重力的刚杆，连接两个物体时，其两端的约束力是一对等值、反向且共线的平衡力，其元功之和恒为零。

(6) 刚体在固定面上作纯滚动　一般情况下，滑动摩擦力与物体的相对位移相反，摩擦力做负功。但是，当刚体在固定面上只滚动不滑动时，接触点为速度瞬心，滑动摩擦力的元功 $\delta W=\boldsymbol{F}\cdot\mathrm{d}\boldsymbol{r}=\boldsymbol{F}\cdot\boldsymbol{v}_C\mathrm{d}t$，因接触点$\boldsymbol{v}_C=0$，故 $\delta W=0$，此时的滑动摩擦力$\boldsymbol{F}$不做功；法向的约束力也不做功，故不计滚动摩擦阻力时，纯滚动的接触点也是理想约束。

质点系动能定理建立了力、位移和速度之间的关系，且不是矢量方程。应用此定理解决与上述三者相关的质点系动力学问题较方便。

例 15-3　磙子、滑轮和重物组成的系统见图 15-13。求系统由静止开始到重物下降 h 高度时的速度和加速度。

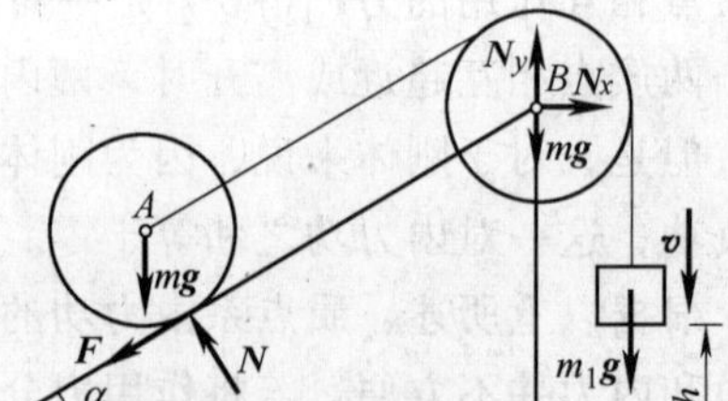

图 15-13　例 15-3 图

解　系统受到包括物体的重力、轴承的约束力以及斜面对磙子的法向力及摩擦力作用，如图 15-13 所示。在理想约束情况下，约束力的功为零，系统只有重物及磙子的重力做功，总功为

$$W=m_1gh-mgh\sin\alpha$$

系统的动能在例 15-1 中已经求得，代入质点系的动能定理得

$$\left(\frac{1}{2}m_1+m\right)v^2=m_1gh-mgh\sin\alpha$$

解得

$$v=\sqrt{\frac{2gh(m_1-m\sin\alpha)}{m_1+2m}}$$

欲求重物的加速度，可将动能定理两边对时间求一阶导数，得

$$\left(\frac{1}{2}m_1+m\right)2va=m_1gv-mgv\sin\alpha$$

解得

$$a=\frac{m_1-m\sin\alpha}{m_1+2m}g$$

15.3　质点的动静法

设一质点的质量为 m，加速度为$\boldsymbol{a}$，作用于质点上的主动力为$\boldsymbol{F}$，约束力为$\boldsymbol{N}$，如图15-14所示，根据牛顿第二定律，有

$$m\boldsymbol{a}=\boldsymbol{F}+\boldsymbol{N}$$

上式可以写成

$$\boldsymbol{F}+\boldsymbol{N}-m\boldsymbol{a}=0$$

令

$$\boldsymbol{F}_{\mathrm{I}}=-m\boldsymbol{a} \tag{15-21}$$

则

$$\boldsymbol{F}+\boldsymbol{N}+\boldsymbol{F}_{\mathrm{I}}=0 \tag{15-22}$$

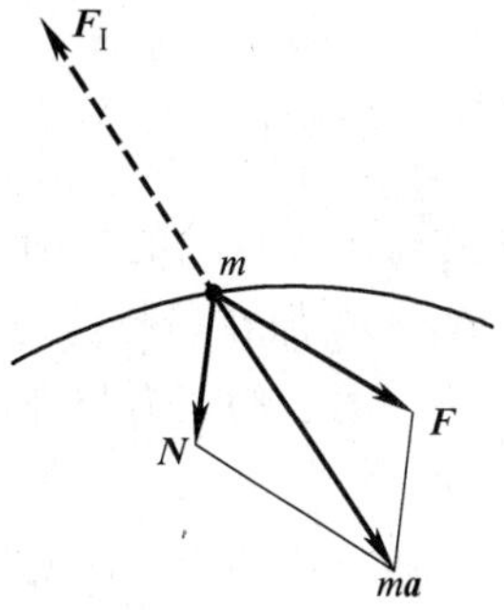

图 15-14　质点的动静法

$\boldsymbol{F}_{\mathrm{I}}$称为质点的惯性力，它是质点对施力物体的反作用力，它的大小等于质点的质量与质点加速度的乘积，方向与质点加速度的方向相反。式（15-22）可解释为：作用在质点上的主动力、约束力和虚加上的惯性力在形式上组成平衡力系。这种处理动力学问题的方法，称为质点的动静法。

例 15-4　应用动静法求解例 14-2，如图 15-15 所示。

解　以小球为研究的质点，其受重力（主动力）$m\boldsymbol{g}$ 与绳的拉力（约束力）$\boldsymbol{T}$。质点作匀速圆周运动，只有法向加速度，加上法向惯性力$\boldsymbol{F}_{\mathrm{I}}$，如图 15-15 所示。且

$$F_{\mathrm{I}}=ma_{\mathrm{n}}=m\frac{v^2}{l\sin\theta}$$

根据质点的动静法，这三个力在形式上组成平衡力系，在图示自然轴上建立平衡方程，有

$$\sum F_{\mathrm{n}}=0,\ T\sin\theta-F_{\mathrm{I}}=0$$

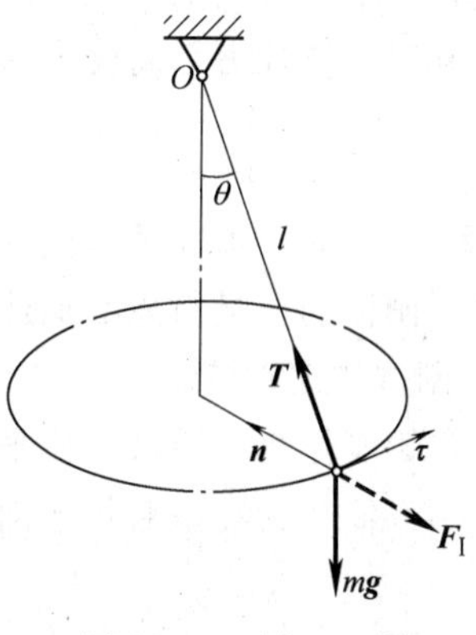

图 15-15　例 15-4 图

又因为 $T\cos\theta-mg=0$，解得

$$T=\frac{mg}{\cos\theta}=\frac{0.1\mathrm{kg}\times 9.8\mathrm{m/s^2}}{0.5}=1.96\mathrm{N}$$

$$v=\sqrt{\frac{Tl\sin^2\theta}{m}}=\sqrt{\frac{1.96\text{N}\times0.3\text{m}\times\left(\frac{\sqrt{3}}{2}\right)^2}{0.1\text{kg}}}=2.1\text{m/s}$$

15.4 质点系的动静法

15.4.1 质点系的动静法

设质点系由 n 个质点组成，其中质点 i 的质量为 m_i，加速度为$\boldsymbol{a}_i$。把作用在该质点上的所有力分为主动力$\boldsymbol{F}_i$和约束力$\boldsymbol{N}_i$，对于该质点虚加上的惯性力为$\boldsymbol{F}_{\text{I}i}$，根据质点的动静法，有

$$\boldsymbol{F}_i+\boldsymbol{N}_i+\boldsymbol{F}_{\text{I}i}=0\quad(i=1,2,\cdots,n)\tag{15-23}$$

即作用在每个质点上的主动力、约束力和虚加上的惯性力在形式上组成平衡力系。所有质点的$\boldsymbol{F}_i$、$\boldsymbol{N}_i$、$\boldsymbol{F}_{\text{I}i}$加在一起仍构成一平衡力系。因此，在质点系运动的任一瞬时，作用于质点系上的主动力、约束力与虚加在每个质点上的惯性力在形式上组成平衡力系。这就是质点系的动静法。

由于质点系的内力成对地大小相等、方向相反且共线，所以内力将不出现在假想的平衡方程中。

15.4.2 刚体惯性力系的简化

用动静法求解刚体动力学问题，需要对刚体内每个质点加上各自的惯性力，这些惯性力形成的力系，称为惯性力系。下面分别讨论刚体作平动、绕定轴转动和平面运动时惯性力系的简化。

1. 刚体作平动

刚体作平动时其上各点的加速度都相同，惯性力系是与重力相似的平行力系，因此，刚体作平动时，惯性力系简化为通过质心 C 的合力$\boldsymbol{R}_\text{I}$，且

$$\boldsymbol{R}_\text{I}=\sum-m_i\boldsymbol{a}_i=-m\boldsymbol{a}_C\tag{15-24}$$

如图 15-16 所示。式（15-24）表明：平动刚体的惯性力系可简化为一通过质心的合力，其大小等于刚体的质量与质心加速度的乘积，其方向与质心加速度方向相反。

2. 刚体作定轴转动

仅讨论刚体具有质量对称平面且绕垂直于此平面的轴转动的情形。此时可先将刚体的空间惯性力系简化为在该对称平面内的平面力系，再将此平面力系向转轴与对称平面的交点 O 简化。

设某瞬时刚体绕定轴 O 转动的角速度为 ω，角加速度为 α。加在刚体内各质点的惯性力系已简化为对称平面内的平面力系（图 15-17），现将此平面力系向转轴 O 点简化。由静力学可知，平面力系向已知点简化，可得一力和一力偶，此力即平面惯性力系的主矢 $\boldsymbol{R}'_\text{I}=\sum\boldsymbol{F}_{\text{I}i}=\sum-m_i\boldsymbol{a}_i$，此力偶矩即平面惯性力系对 O 点的主矩 $M_{\text{I}O}=\sum M_O(\boldsymbol{F}_{\text{I}i})$。

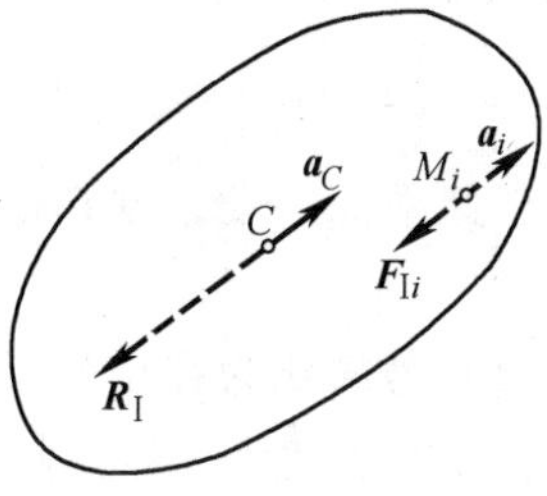

图 15-16　平动刚体惯性力系的简化

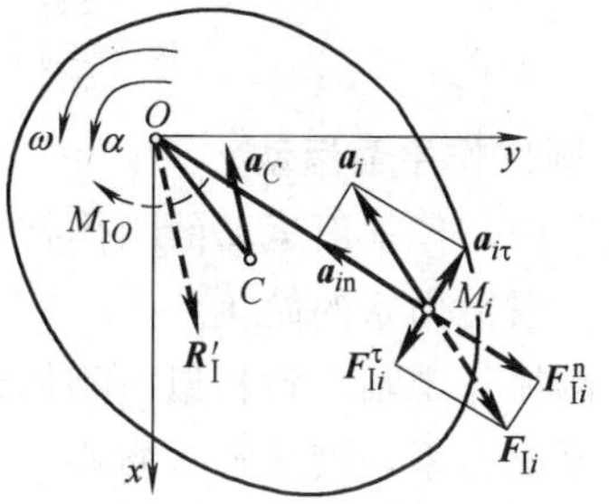

图 15-17　定轴转动刚体惯性力系的简化

可以证明，质点系内各质点的质量 m_i 与其加速度 $\boldsymbol{a}_i$ 乘积的矢量和就等于质点系的总质量 m 与质心加速度 $\boldsymbol{a}_C$ 的乘积，即

$$\sum m_i \boldsymbol{a}_i = m\boldsymbol{a}_C \tag{15-25}$$

因此，平面惯性力系的主矢为

$$\boldsymbol{R}'_{\mathrm{I}} = \sum -m_i \boldsymbol{a}_i = -m\,\boldsymbol{a}_C \tag{15-26}$$

一般 $\boldsymbol{R}'_{\mathrm{I}}$ 常分解为作用于 O 点的两个分力：$\boldsymbol{R}'_{\mathrm{I}\tau} = -m\,\boldsymbol{a}_{C\tau}$，$\boldsymbol{R}'_{\mathrm{In}} = -m\,\boldsymbol{a}_{Cn}$。

平面惯性力系的主矩为

$$M_{\mathrm{I}O} = \sum M_O(\boldsymbol{F}_{\mathrm{I}i}) = \sum M_O(\boldsymbol{F}^{\tau}_{\mathrm{I}i}) = \sum -m_i a_{i\tau} r_i = -(\sum m_i r_i^2)\alpha = -J_O\alpha \tag{15-27}$$

式（15-26）和式（15-27）表明：当刚体具有质量对称平面且绕垂直于此对称面的轴转动时，惯性力系向转轴 O 点简化为此平面内的一个力和一个力偶。这个力等于刚体的质量与质心加速度的乘积，方向与质心加速度方向相反，作用线通过转轴；这个力偶的矩等于刚体对转轴的转动惯量与角加速度的乘积，转向与角加速度相反。

显然：①若转轴通过质心 C，则主矢为零，此时惯性力系简化为一力偶；②若刚体匀速转动，则主矩为零，此时惯性力系简化为通过 O 的一个力；③若转轴通过质心 C，刚体匀速转动，则主矢和主矩都为零，惯性力系是平衡力系。

例 15-5　如图 15-18a 所示的均质杆质量为 m，长为 l，在力偶 M 作用下绕定轴 O 转动。设杆在图示铅垂位置时的角速度为 ω，求角加速度 α 及 O 处的约束力。

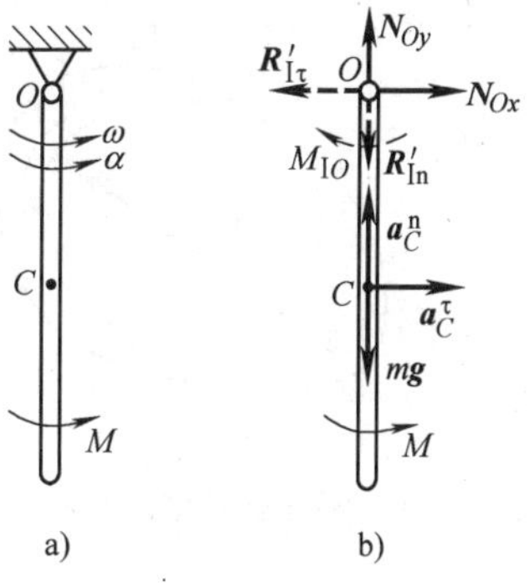

图 15-18　例 15-5 图

解　取杆为研究对象，其上作用有主动力偶 M、重力 $m\boldsymbol{g}$ 和约束力 $\boldsymbol{N}_{Ox}$、$\boldsymbol{N}_{Oy}$。杆作定轴转动，其惯性力系向转轴 O 点简化的主矢、主矩大小分别为

$$R'_{\mathrm{I}\tau} = m\cdot\frac{l}{2}\alpha,\ R'_{\mathrm{In}} = m\cdot\frac{l}{2}\omega^2,\ M_{\mathrm{I}O} = \frac{1}{3}ml^2\cdot\alpha$$

方向如图 15-18b 所示。根据动静法，主动力偶 M、重力 $m\boldsymbol{g}$ 和约束力 $\boldsymbol{N}_{Ox}$、$\boldsymbol{N}_{Oy}$ 以及虚加上的惯性力 $\boldsymbol{R}'_{\mathrm{I}\tau}$、$\boldsymbol{R}'_{\mathrm{In}}$、$M_{\mathrm{I}O}$ 构成一平衡力系，此力系为平面力系，其平衡方程为

$$\sum F_x = 0,\ N_{Ox} - R'_{\mathrm{I}\tau} = 0$$
$$\sum F_y = 0,\ N_{Oy} - R'_{\mathrm{In}} - mg = 0$$
$$\sum M_O(\boldsymbol{F}) = 0,\ M - M_{\mathrm{I}O} = 0$$

解得

$$\alpha=\frac{3M}{ml^2},\ N_{Ox}=\frac{3M}{2l},\ N_{Oy}=m\left(\frac{1}{2}l\omega^2+g\right)$$

3. 刚体作平面运动

工程中，作平面运动的刚体常常有质量对称平面，且平行于此平面运动，现在仅讨论这种情况下惯性力系的简化。

与刚体作定轴转动相似，刚体作平面运动时，其空间惯性力系可简化为在该质量对称平面内的平面力系。设某瞬时质心 C 的加速度为$\boldsymbol{a}_C$，绕质心转动的角速度为 ω，角加速度为 α，如图 15-19 所示。现取质心 C 为基点，由运动学知，平面图形的运动可看成随基点的平动与绕基点转动的合成。刚体的惯性力系也分解为两部分：即刚体随质心平动而加的惯性力系和绕质心转动而加的惯性力系。刚体随质心平动的惯性力系简化为一通过质心的力 $\boldsymbol{R}'_{\mathrm{I}}$，刚体绕质心转动的惯性力系简化为矩为 $M_{\mathrm{I}C}$的力偶，且

$$\left.\begin{aligned}\boldsymbol{R}'_{\mathrm{I}}&=-m\,\boldsymbol{a}_C\\ M_{\mathrm{I}C}&=-J_C\alpha\end{aligned}\right\}\tag{15-28}$$

于是得出结论：有质量对称平面的刚体，平行于此平面运动时，刚体的惯性力系简化为此平面内的一个力和一个力偶。这个力等于刚体的质量与质心加速度的乘积，方向与质心加速度方向相反，作用线通过质心；这个力偶的矩等于刚体对通过质心且垂直于质量对称面的轴的转动惯量与角加速度的乘积，转向与角加速度相反（图 15-19）。

例 15-6 圆轮沿水平直线轨道作纯滚动，如图 15-20 所示。设轮重 $\boldsymbol{G}$，半径为 r，该轮对轴的惯性半径为 ρ，车身的作用力可简化为作用在质心 C 的力 $\boldsymbol{F}_1$、$\boldsymbol{F}_2$及驱动力偶矩 M，不计滚动摩擦的影响，求轮心的加速度。

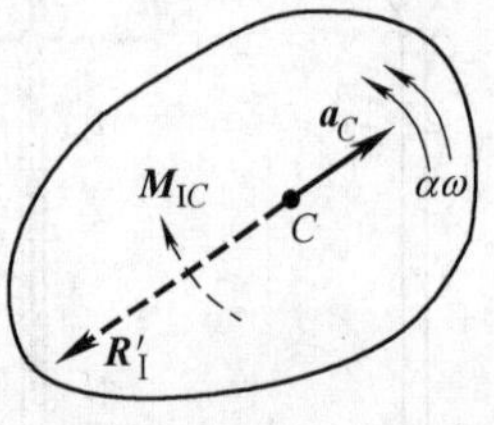

图 15-19 平面运动刚体惯性力系的简化

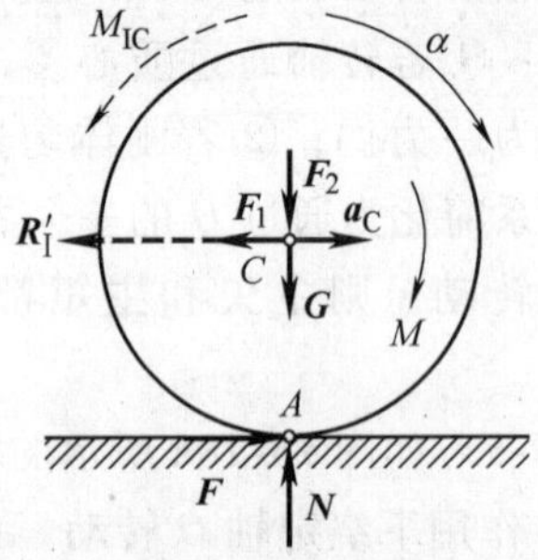

图 15-20 例 15-6 图

解 以圆轮为研究对象。作用在轮上的主动力有 $\boldsymbol{G}$，车身的作用力 $\boldsymbol{F}_1$、$\boldsymbol{F}_2$及驱动力偶矩 M；约束力有轨道的法向约束力 $\boldsymbol{N}$ 及摩擦力$\boldsymbol{F}$；惯性力系简化为力 $\boldsymbol{R}'_{\mathrm{I}}$及力偶矩为 M_{IC}的力偶，方向如图 15-20 所示。由动静法，列平衡方程得

$$\sum M_A(\boldsymbol{F})=0,(F_1+R'_{\mathrm{I}})r-M+M_{\mathrm{IC}}=0$$

又

$$R'_{\mathrm{I}}=\frac{G}{g}a_C,\ M_{\mathrm{IC}}=J_C\alpha=\frac{G}{g}\rho^2\alpha,\ a_C=\frac{\mathrm{d}v_C}{\mathrm{d}t}=\frac{\mathrm{d}(r\omega)}{\mathrm{d}t}=r\alpha$$

所以

$$\left(F_1+\frac{G}{g}a_C\right)r-M+\frac{G}{g}\rho^2\frac{a_C}{r}=0$$

求得

$$a_C=\frac{(M-F_1r)r}{G(r^2+\rho^2)}g$$

本章小结

1. 力的功

力的功是力对物体作用的积累效应的度量。

$$W=\int_{M_1}^{M_2}F\cos\theta\mathrm{d}s=\int_{M_1}^{M_2}\boldsymbol{F}\cdot\mathrm{d}\boldsymbol{r}$$

或

$$W=\int_{M_1}^{M_2}(F_x\mathrm{d}x+F_y\mathrm{d}y+F_z\mathrm{d}z)$$

（1）重力的功　$W=G(z_1-z_2)=Gh$

（2）弹性力的功　$W=\frac{1}{2}k(\delta_1^2-\delta_2^2)$

（3）定轴转动刚体上力的功　$W=\int_{\varphi_1}^{\varphi_2}M_z\mathrm{d}\varphi$

若力矩 M_z 为常量，则　$W=M_z(\varphi_2-\varphi_1)=M_z\varphi$

2. 动能

动能是物体机械运动的一种度量。

（1）质点的动能　$T=\frac{1}{2}mv^2$

（2）质点系的动能　$T=\sum\frac{1}{2}m_iv_i^2$

1）平动刚体的动能　$T=\frac{1}{2}mv_C^2$

2）绕定轴转动刚体的动能　$T=\frac{1}{2}J_z\omega^2$

3）平面运动刚体的动能　$T=\frac{1}{2}J_C\omega^2+\frac{1}{2}mv_C^2$

3. 动能定理

（1）质点的动能定理

微分形式　$\mathrm{d}\left(\frac{1}{2}mv^2\right)=\delta W$

积分形式　$\frac{1}{2}mv_2^2-\frac{1}{2}mv_1^2=W$

（2）质点系的动能定理

微分形式　$\mathrm{d}T=\sum\delta W_i$

积分形式　$T_2-T_1=W$

4. 质点的动静法

（1）质点的惯性力　设质点的质量为 m，加速度为 $\boldsymbol{a}$，则质点的惯性力 $\boldsymbol{F}_\mathrm{I}$ 定义为

$$\boldsymbol{F}_{\mathrm{I}} = -m\boldsymbol{a}$$

（2）质点的动静法　作用在质点上的主动力 $\boldsymbol{F}$、约束力$\boldsymbol{N}$和虚加上的惯性力 $\boldsymbol{F}_{\mathrm{I}}$在形式上组成平衡力系，即

$$\boldsymbol{F} + \boldsymbol{N} + \boldsymbol{F}_{\mathrm{I}} = 0$$

5. 质点系的动静法

在质点系运动的任一瞬时，作用于质点系的主动力、约束力与虚加在质点系上的惯性力系在形式上组成平衡力系，这就是质点系的动静法。

刚体惯性力系的简化结果：

1）刚体作平动时，惯性力系简化为通过质心 C 的一个惯性力

$$\boldsymbol{R}_{\mathrm{I}} = -m\boldsymbol{a}_C$$

2）刚体作定轴转动时，惯性力系简化为通过转轴 O 点的一个力和一个力偶，此力和力偶分别为

$$\boldsymbol{R}'_{\mathrm{I}} = -m\,\boldsymbol{a}_C,\ M_{\mathrm{I}O} = -J_O\alpha。$$

3）刚体作平面运动时，刚体的惯性力系分为两部分：即刚体随质心平动的惯性力系和绕质心转动的惯性力系。刚体随质心平动的惯性力系简化为一通过质心的力 $\boldsymbol{R}'_{\mathrm{I}}$，刚体绕质心转动的惯性力系简化为矩为 $M_{\mathrm{I}C}$的力偶，且

$$\left.\begin{aligned}\boldsymbol{R}'_{\mathrm{I}} &= -m\boldsymbol{a}_C\\ M_{\mathrm{I}C} &= -J_C\alpha\end{aligned}\right\}$$

思　考　题

15-1　如图 15-21 所示质点 A 挂在弹簧一端，外力使质点沿任意轨道从 A 运动到 B 又回到 A。在这个过程中，重力和弹性力所做的功分别是多少？

15-2　如图 15-22 所示传动轮系，已知链条速度为$\boldsymbol{v}$，小轮的半径为 r，对轴的转动惯量为 J_1；大轮的半径为 R，对轴的转动惯量为 J_2；链条的质量为 m。试问整个系统的动能为多少？

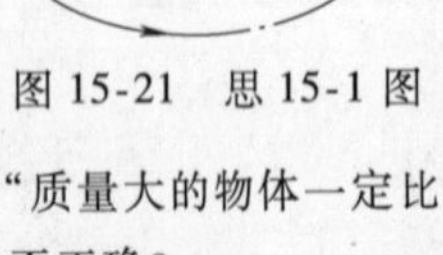

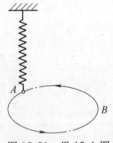

图 15-21　思 15-1 图

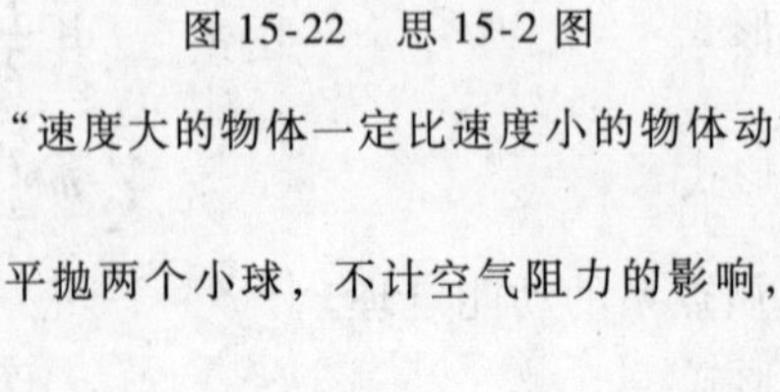

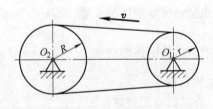

图 15-22　思 15-2 图

15-3　“质量大的物体一定比质量小的物体动能大”，“速度大的物体一定比速度小的物体动能大”，这两种说法是否正确？

15-4　在距地面高 h 处，以相同的速度 v 分别上抛和平抛两个小球，不计空气阻力的影响，问它们落地时的速度各为多少？

15-5　汽车在加速前进时，靠什么力增加汽车的动能？

15-6　应用动能定理求速度时，能否确定速度的方向？

15-7　质点系的内力有什么性质？它们能否改变质点系的动能？

15-8　运动员起跑时，什么力使运动员的动能增加？

15-9 是否运动物体都有惯性力？质点作匀速圆周运动时有无惯性力？

15-10 车轮上的水点脱离轮缘溅出去，如何解释这个现象？是因为受到惯性力作用吗？

15-11 一均质圆轮质量为 m，半径为 r。试指出下列各种情况下惯性力系的简化结果：绕质心匀速转动；绕质心加速转动；偏心匀速转动；偏心加速转动。并指出哪种情况下惯性力系为一平衡力系。

15-12 如图15-23所示，一长 l、质量为 m 的均质细杆可绕其端点 O 转动，某瞬时其角速度为零，角加速度为 α。试分别对 O 点和对质心 C 简化惯性力系，求出惯性力系的主矢和主矩，并讨论两种简化结果是否一致。

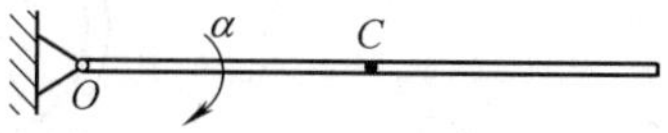

图15-23 思15-12图

习 题

15-1 质量 $m=10\text{kg}$ 的物体 M，放在倾角 $\alpha=30°$ 的斜面上，用刚度系数 $k=100\text{N/m}$ 的弹簧系住，如图15-24所示。斜面与物体的动摩擦因数 $f'=0.2$，试求物体由弹簧原长位置 M_0 沿斜面运动到 M_1 时，作用于物体上的各力在路程 $s=0.5\text{m}$ 上的功及合力的功。

15-2 原长为 $\sqrt{2}l$、刚度系数为 k 的弹簧，与长为 l、质量 m 的均质杆 OA 连接，OA 杆直立于铅直面内，如图15-25所示。当杆 OA 受到常力矩 M 的作用时，求杆由铅直位置绕轴 O 转动到水平位置时，各力所做的功及合力的功。

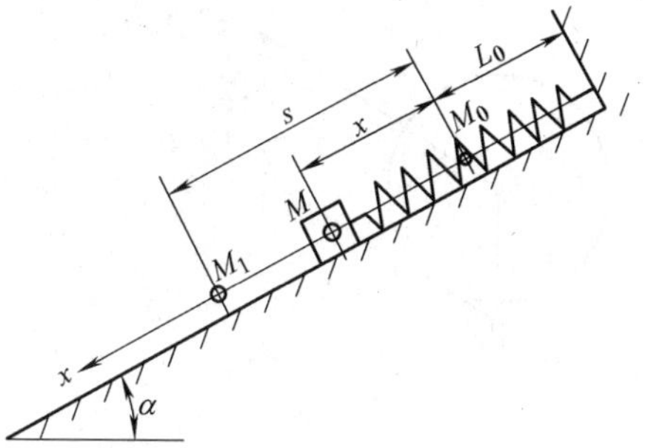

图15-24 题15-1图

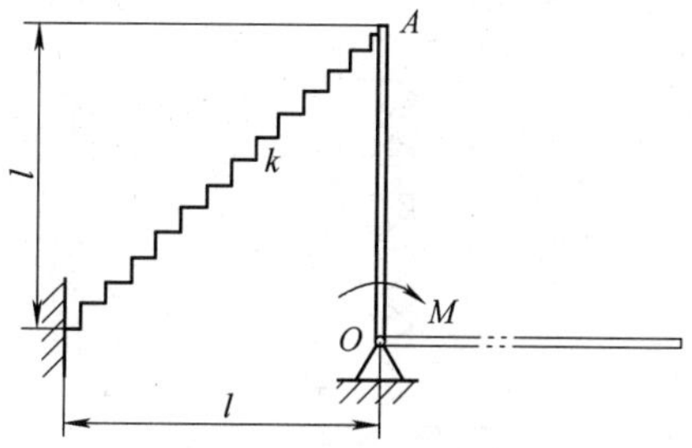

图15-25 题15-2图

15-3 如图15-26所示，用跨过不计质量的滑轮与不计转轴摩擦的绳子牵引质量为2kg的滑块 A 沿倾角为30°的光滑斜槽运动。设绳子拉力 $F=20\text{N}$。计算滑块由位置 A 至位置 B 时，重力与拉力 $\boldsymbol{F}$ 所做的总功。

15-4 如图15-27所示，弹簧 OD 的一端固定于 O 点，另一端 D 沿半圆轨道滑动。半圆的半径 $r=1\text{m}$，弹簧原长 $l_0=1\text{m}$，刚度系数 $k=50\text{N/m}$。试求当 D 端从 A 运动到 B 时，弹性力做的功。

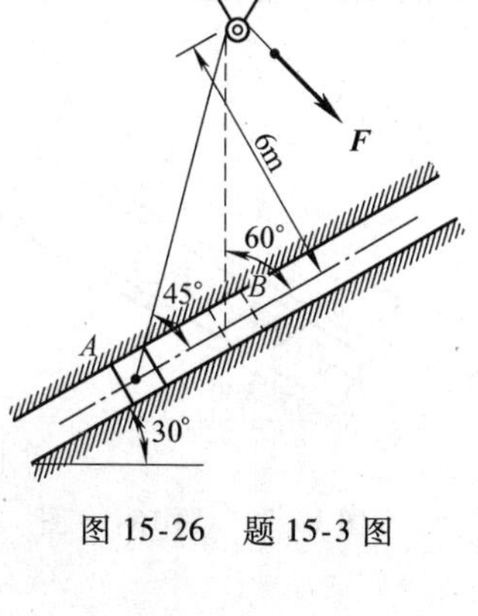

图15-26 题15-3图

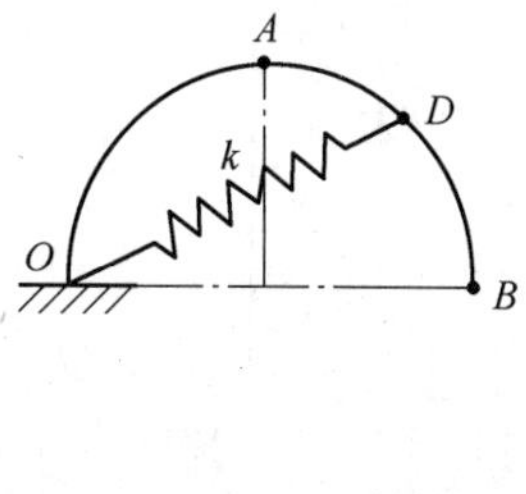

图15-27 题15-4图

15-5　如图 15-28 所示，均质细长杆长为 l，质量为 m，与水平面夹角 $\alpha=30^\circ$。已知端点 B 的瞬时速度为 $\boldsymbol{v}_B$，求杆 AB 的动能。

15-6　图 15-29 所示坦克的履带质量为 m，两个车轮的质量均为 m_1。车轮可视为均质圆盘，半径为 R，两车轮轴间的距离为 πR。设坦克前进速度为 $\boldsymbol{v}$，计算此质点系的动能。

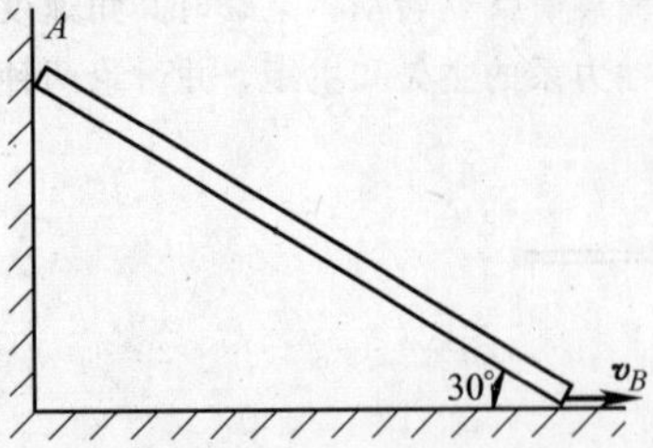

图 15-28　题 15-5 图

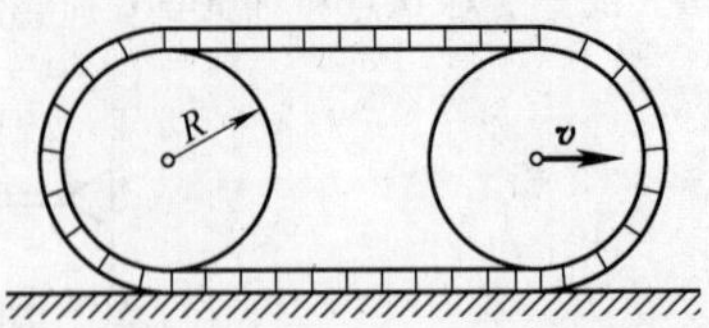

图 15-29　题 15-6 图

15-7　质量为 m 的物体，以向下的初速度 $\boldsymbol{v}_0$ 碰到刚度系数为 k 的弹簧末端并一起运动，如图 15-30 所示。如在碰撞的瞬时弹簧无变形，弹簧质量不计，求物体此后下降的最大距离 s。

15-8　卷扬机如图 15-31 所示，鼓轮在常力偶 M 的作用下将圆柱由静止沿斜坡上拉。已知鼓轮的半径为 R_1，质量为 m_1，质量分布在轮缘上；圆柱的半径为 R_2，质量为 m_2，质量均匀分布。设斜坡的倾角为 θ，圆柱只滚不滑。求圆柱中心 C 经过路程 s 时的速度与加速度。

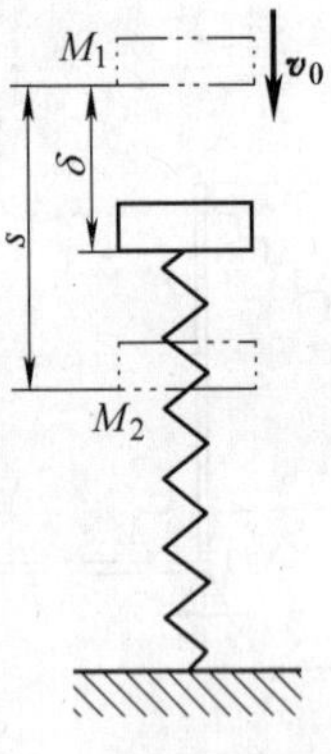

图 15-30　题 15-7 图

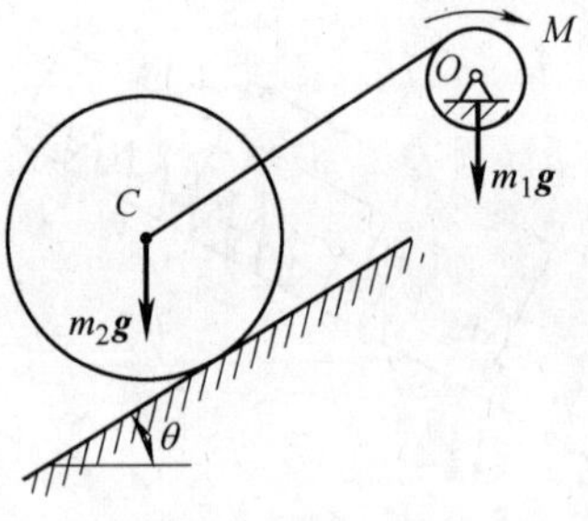

图 15-31　题 15-8 图

15-9　图 15-32 所示圆盘半径 $r=0.5\text{m}$，重量不计，可绕水平轴 O 转动。在绕过圆盘的绳上有两物块 A、B，质量分别为 $m_A=3\text{kg}$，$m_B=2\text{kg}$。绳与盘之间无相对滑动。在圆盘上作用一力偶，力偶矩按经验公式 $M=4\varphi$ 的规律变化（M 以 N·m 计，φ 以 rad 计）。求由 $\varphi=0$（系统静止）到 $\varphi=2\pi$ 时，物块 A、B 的速度。

15-10　自动弹射器如图 15-33 所示放置，弹簧原长为 200mm，恰好等于筒长。欲使弹簧改变 10mm，需力 2N。如弹簧被压缩到 100mm，然后让质量为 30g 的小球自弹射器中射出。求小球离开弹射器筒口时的速度。

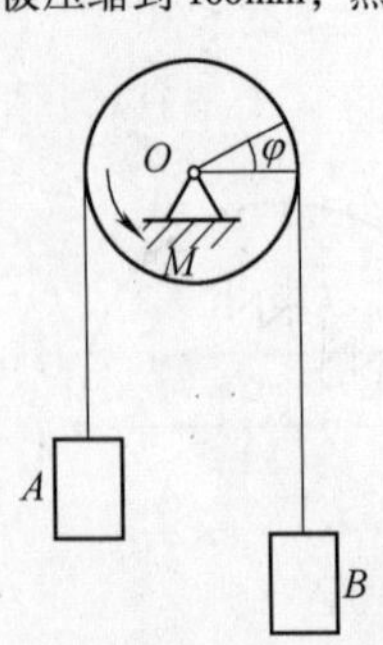

图 15-32　题 15-9 图

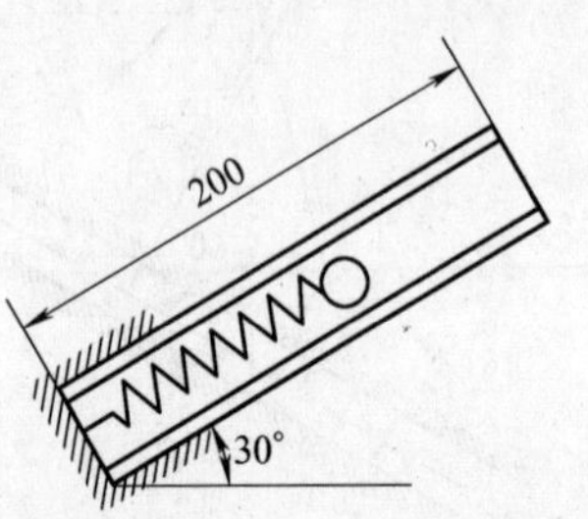

图 15-33　题 15-10 图

15-11 如图 15-34 所示，冲压机冲压工件时冲头受的平均工作阻力 $F=52\text{kN}$，工作行程 $s=10\text{mm}$。飞轮的转动惯量 $J=40\text{kg}\cdot\text{m}^2$，转速 $n=415\text{r/min}$。假定冲压工件所需的全部能量都由飞轮供给，计算冲压结束后飞轮的转速。

15-12 图 15-35 所示均质圆柱质量为 m，半径为 R，放在倾角为 θ 的斜面上，由静止开始纯滚动。求轮心 O 下滑 s 距离时圆柱的角速度 ω。

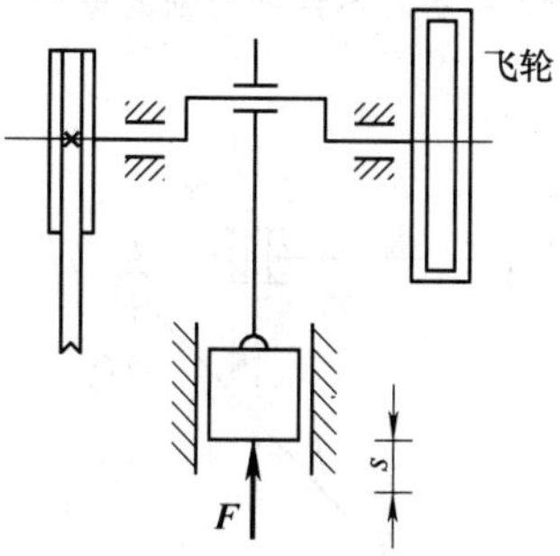

图 15-34 题 15-11 图

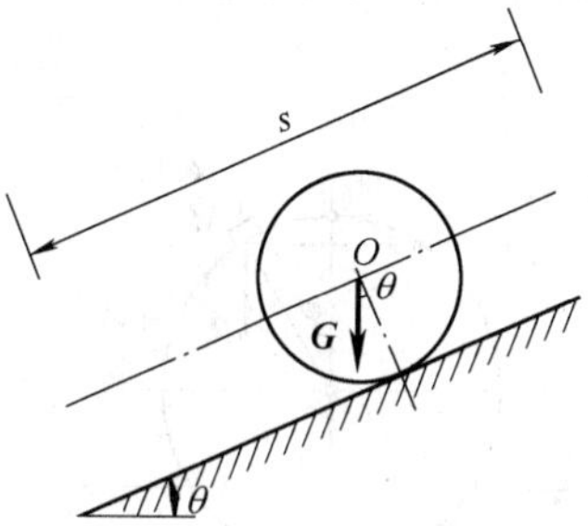

图 15-35 题 15-12 图

15-13 如图 15-36 所示，物块 A 重为 $P=10\text{N}$，在水平力$\boldsymbol{F}$作用下，物块 A 挤压弹簧 Ⅰ，压缩了 $\delta_1=5\text{cm}$，弹簧的刚度系数 $k_1=120\text{N/cm}$。现突然去除力$\boldsymbol{F}$，使物块沿水平面向左滑动，滑动 $s=100\text{cm}$ 后，撞及弹簧 Ⅱ，使其压缩 $\delta_2=30\text{cm}$。已知物块与水平面间动摩擦因数 $f'=0.2$。试求弹簧 Ⅱ 的刚度系数 k_2。

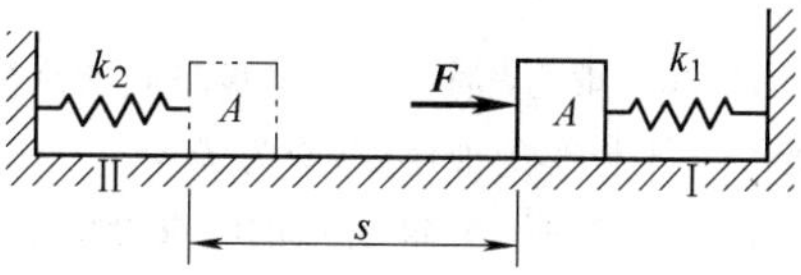

图 15-36 题 15-13 图

15-14 如图 15-37 所示机构，半径为 R、重为 $\boldsymbol{P}_1$ 的匀质圆盘 A 在水平面上作纯滚动；定滑轮 C 半径为 r，重为 $\boldsymbol{P}_2$；物 B 重为 $\boldsymbol{P}_3$。系统无初速度进入运动。试求重物 B 下降 s 距离时，圆盘中心的速度与加速度。

15-15 图 15-38 所示链条传送机，其链条与水平线的夹角为 φ，在链轮 B 上作用一不变的转矩 M。已知：物 A 重为 $\boldsymbol{P}_1$，链轮 B 和 C 的半径均为 r，重量均为 $\boldsymbol{P}_2$，可看做均质圆柱。传送机无初速度。试求传送机链条的速度（表示为距离 s 的函数）。

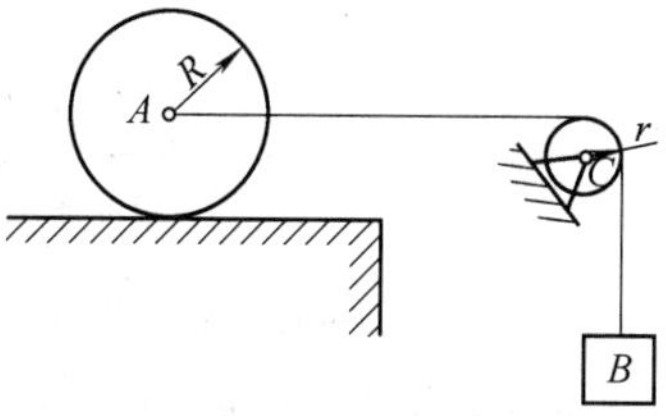

图 15-37 题 15-14 图

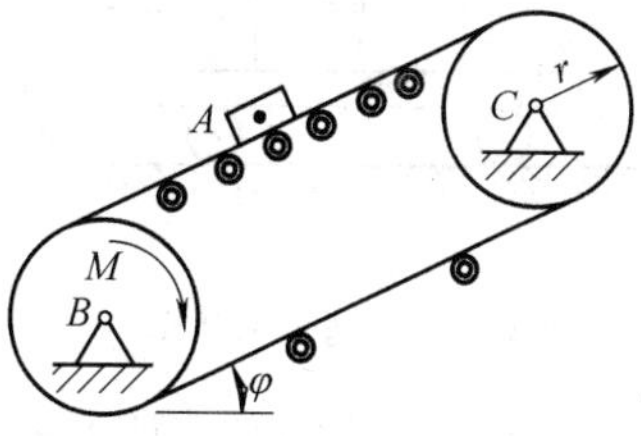

图 15-38 题 15-15 图

15-16 重 $G=98\text{N}$ 的圆球放在框架内，框架以 $a=2g$ 的加速度沿水平方向运动，如图 15-39 所示。试求该球对框架的压力。设 $\theta=15°$，接触面间的摩擦不计。

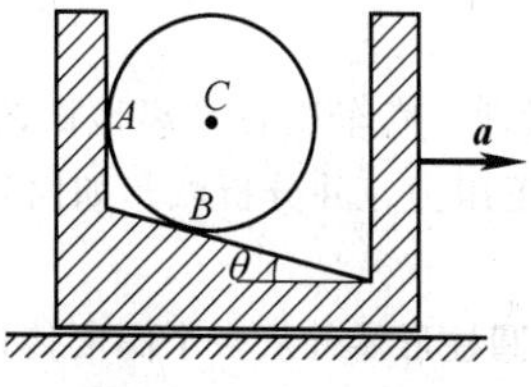

图 15-39 题 15-16 图

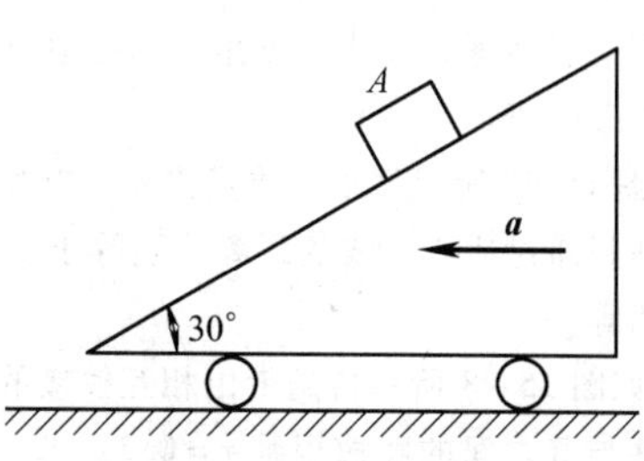

图 15-40 题 15-17 图

15-17 图 15-40 所示小物块 A 放在车的斜面上，斜面倾角为 30°，物块 A 与斜面的摩擦因数 $f=0.2$。若车向左加速运动，试求物块不致沿斜面下滑的加速度$\boldsymbol{a}$。

15-18 在半径为 R 的光滑球顶放一小物块，如图 15-41 所示。设物块沿铅垂面内的大圆自球面顶点静止滑下，求此物块脱离球面时的位置。

15-19 杆 CD 长 $2l$，两端各装一重物，$P_1=P_2=P$，杆的中间与铅垂轴 AB 固结在一起，两者的夹角为 θ，轴 AB 以匀角速度 ω 转动，轴承 A、B 间的距离为 h，如图 15-42 所示。不计杆与轴的重量，求轴承 A、B 的约束力。

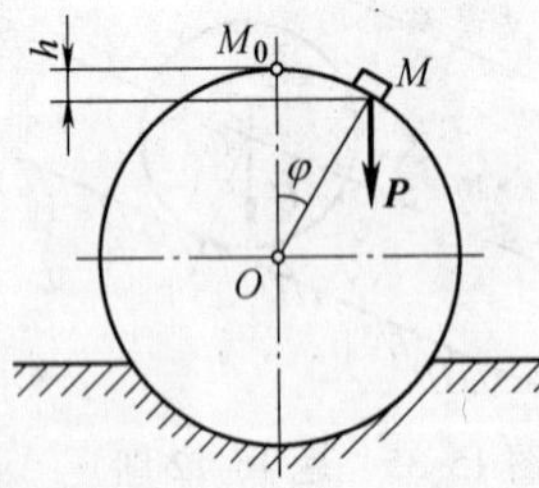

图 15-41 题 15-18 图

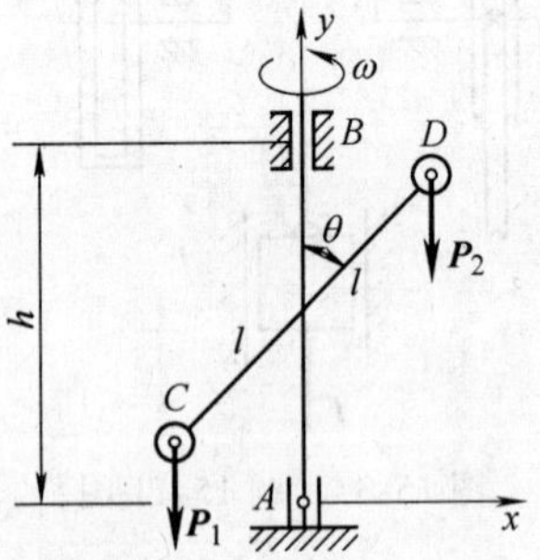

图 15-42 题 15-19 图

15-20 重为$\boldsymbol{P}$的货箱与平板车间的摩擦因数为 f，尺寸如图 15-43 所示。欲使货箱在平板车上不滑动也不翻倒，平板车的加速度$\boldsymbol{a}$应为多少？

15-21 如图 15-44 所示的起重设备中，卷筒的半径 $r=25\text{cm}$，其质量为 $m=1\text{kg}$，起吊的重物 A 的质量 $m_A=50\text{kg}$，转矩 $M_O=150\text{N}\cdot\text{m}$。求轴承约束力及钢丝绳的拉力。

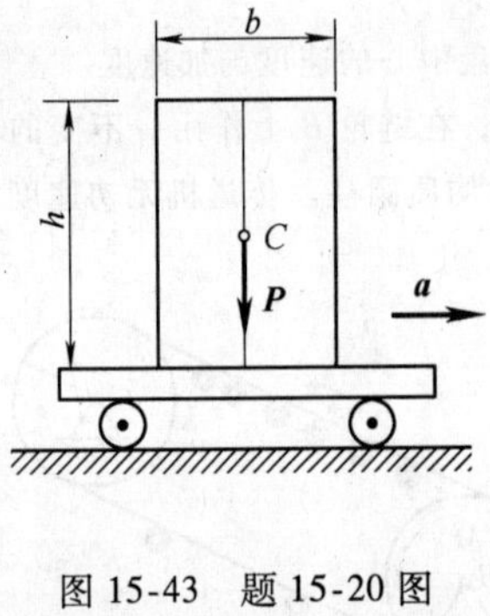

图 15-43 题 15-20 图

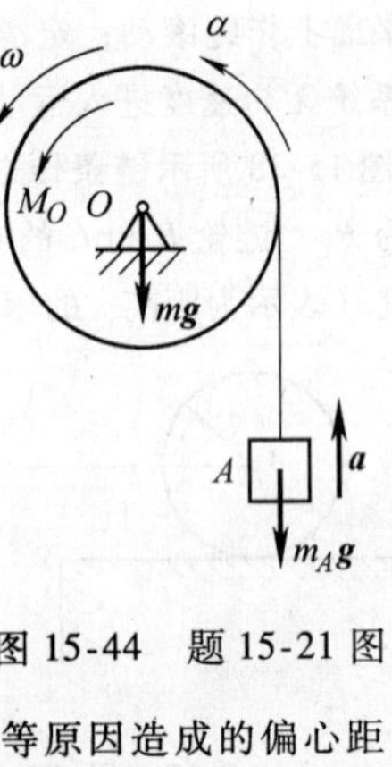

图 15-44 题 15-21 图

15-22 图 15-45 所示转子的质量 $m=20\text{kg}$，由于材料、制造和安装等原因造成的偏心距 $e=0.01\text{cm}$，转子安装于轴的中部，转轴垂直于转子的对称面。若转子以匀转速 $n=12000\text{r/min}$ 转动，求当转子的重心处于最低位置时轴承 A、B 的约束力。

15-23 如图 15-46 所示，物块 A 重为 $\boldsymbol{P}_1$，直杆 BD 重为 $\boldsymbol{P}_2$，由两根绳悬挂，$O_1B=O_2D$，$BD=O_1O_2$，O_1O_2为水平线。试求系统从图示 θ 角无初速地开始运动的瞬时，物块 A 不在直杆 BD 上滑动，接触面间的静摩擦因数的最小值。

15-24 图 15-47 所示汽车总质量为 m，以加速度 $\boldsymbol{a}$ 作水平直线运动，汽车质心 C 离地面的高度为 h，汽车的前后轴到通过质心垂线的距离分别等于 c 和 b。求其前后轮的正压力，并分析汽车如何行使能使前后轮的压力相等。

15-25 如图 15-48 所示传送带由相互铰接的水平臂连接而成，将圆柱形零件从一个高度传送到另一个高度。设零件与臂之间的摩擦因数 $f=0.2$。求：(1) 降落加速度$\boldsymbol{a}$为多大时，零件不致在水平臂上滑动；(2) 在此加速度$\boldsymbol{a}$下，比值 h/d 等于多少时，零件在滑动之前先翻倒。

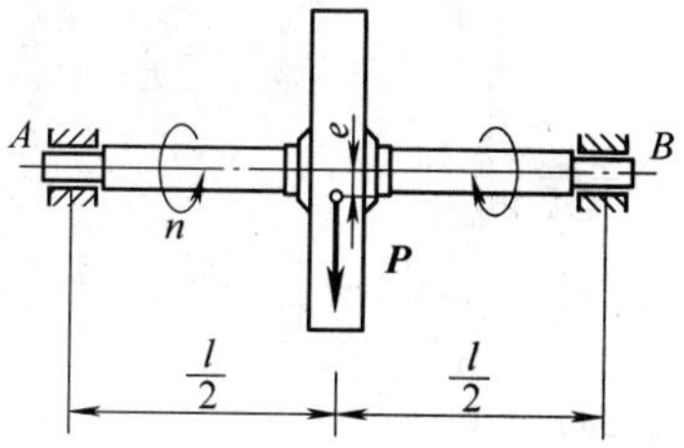

图 15-45　题 15-22 图

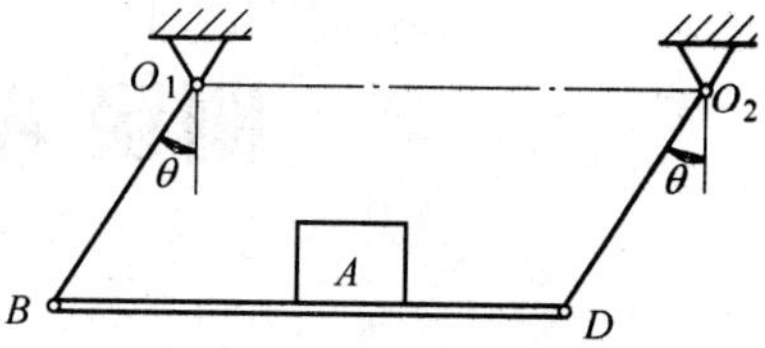

图 15-46　题 15-23 图

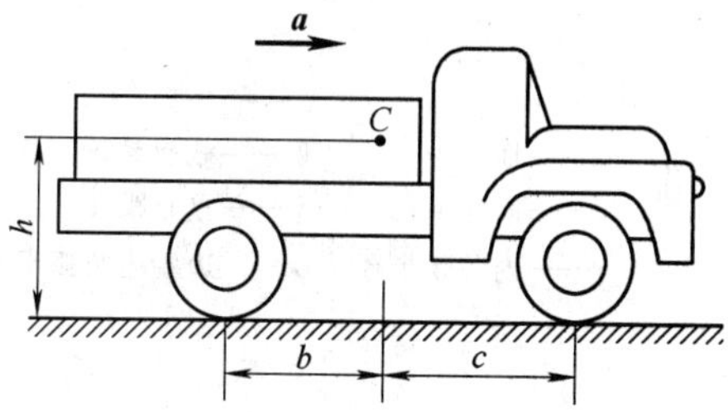

图 15-47　题 15-24 图

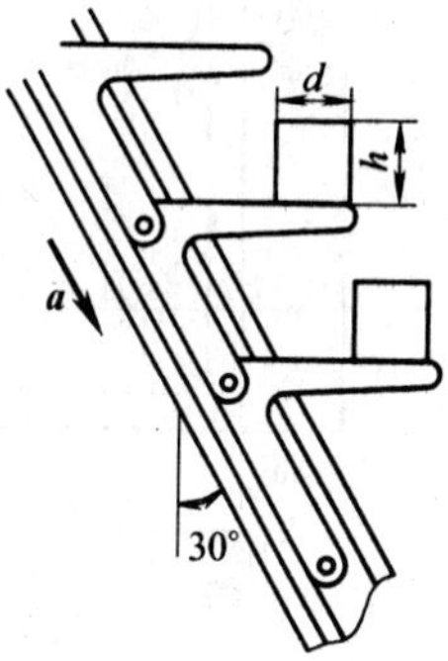

图 15-48　题 15-25 图

15-26　图 15-49 所示为一提升装置，已知转矩为 M，滚筒重为$\boldsymbol{G}$，转动惯量为 J，重物重$\boldsymbol{P}$，支座与梁共重$\boldsymbol{W}$，尺寸如图所示，求重物上升的加速度和梁 A、B 处的约束力。

15-27　质量为 m_1的物体 A 下落时，带动质量为 m_2的均质圆盘 B 转动，如图 15-50 所示。已知 $BC=l$，圆盘 B 的半径为 R，不计支架和绳子的重量及轴上的摩擦，求固定端 C 的约束力。

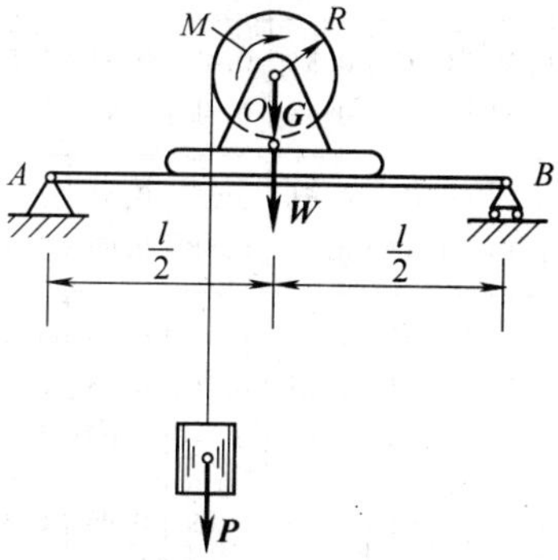

图 15-49　题 15-26 图

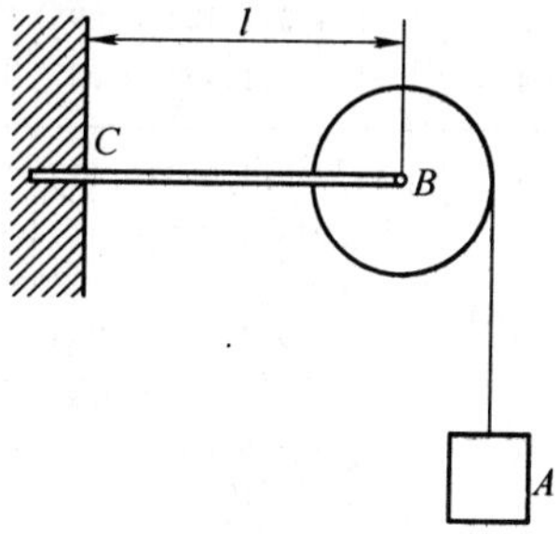

图 15-50　题 15-27 图

15-28　均质磙子 C 质量 $m=20\text{kg}$，被水平绳拉着在水平面上作纯滚动，绳子跨过滑轮 B 而在另一端系有质量 $m_1=10\text{kg}$ 的重物 A，如图 15-51 所示。求磙子中心的加速度以及水平面的约束力（滑轮和绳子的质量都忽略不计）。

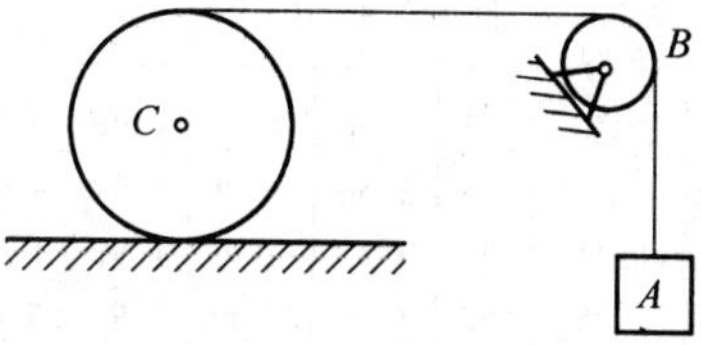

图 15-51　题 15-28 图

附录 A 型 钢 表

表 A-1 热轧等边角钢 (GB 9787—88)

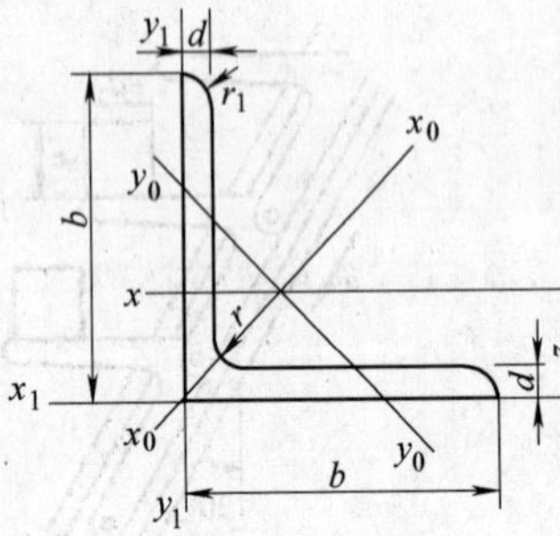

符号意义：

b——边宽	d——边厚
I——惯性矩	W——截面系数
i——惯性半径	z_0——重心距离
r——内圆弧半径	r_1——边端内圆弧半径

角钢型号	尺寸/mm			截面面积 A /cm²	理论重量 W /kg·m⁻¹	外表面积 /m²·m⁻¹	参 考 数 值										
							x—x			x_0—x_0			y_0—y_0			x_1—x_2	z_0
	b	d	r				I_x /cm⁴	i_x /cm	W_x /cm³	I_{x_0} /cm⁴	i_{x_0} /cm	W_{x_0} /cm³	I_{y_0} /cm⁴	i_{y_0} /cm	W_{y_0} /cm³	I_{x_1} /cm⁴	/cm
2	20	3	3.5	1.132	0.889	0.078	0.40	0.59	0.29	0.63	0.75	0.45	0.17	0.39	0.20	0.81	0.60
		4		1.459	1.145	0.077	0.50	0.58	0.36	0.78	0.73	0.55	0.22	0.38	0.24	1.09	0.64
2.5	25	3	3.5	1.432	1.124	0.098	0.82	0.76	0.46	1.29	0.95	0.73	0.34	0.49	0.33	1.57	0.73
		4		1.859	1.459	0.097	1.03	0.74	0.59	1.62	0.93	0.92	0.43	0.48	0.40	2.11	0.76
3	30	3	4.5	1.749	1.373	0.117	1.46	0.91	0.65	2.31	1.15	1.09	0.61	0.59	0.51	2.71	0.85
		4		2.276	1.786	0.117	1.84	0.90	0.87	2.92	1.13	1.37	0.77	0.58	0.62	3.63	0.89
3.6	36	3	4.5	2.109	1.656	0.141	2.58	1.11	0.99	4.09	1.39	1.61	1.07	0.71	0.76	4.68	1.00
		4		2.756	2.163	0.141	3.29	1.09	1.28	5.22	1.38	2.05	1.37	0.70	0.93	6.25	1.04
		5		3.382	2.656	0.141	3.95	1.08	1.56	6.24	1.36	2.45	1.65	0.70	1.09	7.84	1.07
4	40	3	5	2.359	1.852	0.157	3.59	1.23	1.23	5.69	1.55	2.01	1.49	0.79	0.96	6.41	1.09
		4		3.086	2.422	0.157	4.60	1.22	1.60	7.29	1.54	2.58	1.91	0.79	1.19	8.56	1.13
		5		3.791	2.976	0.156	5.53	1.21	1.96	8.76	1.52	3.10	2.30	0.78	1.39	10.74	1.17
4.5	45	3	5	2.659	2.088	0.177	5.17	1.40	1.58	8.20	1.76	2.58	2.14	0.89	1.24	9.12	1.22
		4		3.486	2.736	0.177	6.65	1.38	2.05	10.56	1.74	3.32	2.75	0.89	1.54	12.18	1.26
		5		4.292	3.369	0.176	8.01	1.37	2.51	12.74	1.72	4.00	3.33	0.88	1.81	15.25	1.30
		6		5.076	3.985	0.176	9.33	1.36	2.95	14.76	1.70	4.64	3.89	0.88	2.06	18.30	1.33
5	50	3	5.5	2.971	2.332	0.197	7.18	1.55	1.96	14.37	1.96	3.22	2.98	1.00	1.57	12.50	1.34
		4		3.897	3.059	0.197	9.26	1.54	2.56	14.70	1.94	4.16	3.82	0.99	1.96	16.69	1.38
		5		4.803	3.770	0.196	11.21	1.53	3.13	17.79	1.92	5.03	4.64	0.98	2.31	20.90	1.42
		6		5.688	4.465	0.196	13.05	1.52	3.69	20.68	1.91	5.85	5.42	0.98	2.63	25.14	1.46

表 A-2 热轧工字钢（GB 706—88）

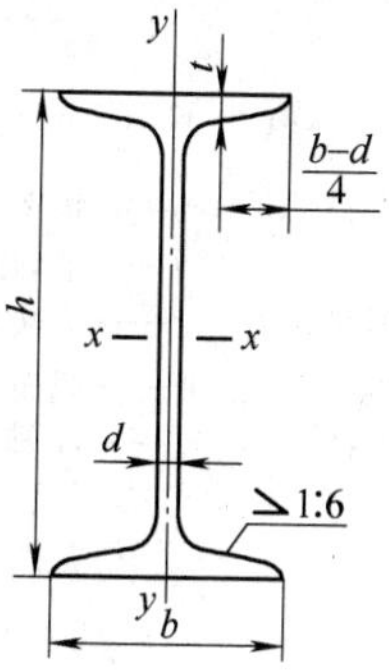

符号意义：

h——高度　　b——腿宽

d——边厚　　t——平均腿厚度

r——内圆弧半径　　r_1——腿端圆弧半径

I——惯性矩　　W——截面系数

i——惯性半径　　S——半截面的静力矩

型号	尺寸/mm						截面面积 A /cm²	理论重量 W /kg·m⁻¹	参考数值						
									x—x				y—y		
	h	b	d	t	r	r_1			I_x /cm⁴	W_x /cm³	i_x /cm	$I_x:S_x$	I_y /cm⁴	W_y /cm³	i_y cm
10	100	68	4.6	7.6	6.5	3.3	14.345	11.261	245	49.0	4.14	8.59	33.0	9.72	1.62
12.6	126	74	5.0	8.4	7.0	3.5	18.118	14.273	488	77.5	5.20	10.8	46.9	12.7	1.61
14	140	80	5.5	9.1	7.6	3.8	21.516	16.890	712	102	5.76	12.0	64.4	16.1	1.73
16	160	88	6.0	9.9	8.0	4.0	26.131	20.513	1130	141	6.58	13.8	93.1	21.2	1.89
18	180	94	6.5	10.7	8.5	4.3	30.756	24.143	1160	185	7.36	15.4	122	26.0	2.00
20a	200	100	7.0	11.4	9.0	4.5	35.578	27.929	2370	237	8.15	17.2	158	31.5	2.12
20b	200	102	9.0	11.4	9.0	4.5	39.578	31.069	2500	250	7.96	16.9	169	33.1	2.06
22a	220	110	7.5	12.3	9.5	4.8	42.128	33.070	3400	309	8.99	18.9	225	40.9	2.31
22b	220	112	9.5	12.3	9.5	4.8	46.528	36.524	3570	325	8.78	18.7	239	42.7	2.27
25a	250	116	8.0	13.0	10.0	5.0	48.541	38.105	5020	402	10.2	21.6	280	48.3	2.40
25b	250	118	10.0	13.0	10.0	5.0	53.541	42.030	5280	423	9.94	21.3	309	52.4	2.40
28a	280	122	8.5	13.7	10.5	5.3	56.404	43.492	7110	508	11.3	24.6	345	56.6	2.50
28b	280	124	10.5	13.7	10.5	5.3	61.004	47.888	7480	534	11.1	24.2	379	61.2	2.49
32a	320	130	9.5	15.0	11.6	5.8	67.156	52.717	11100	692	12.8	27.5	460	70.8	2.62
32b	320	132	11.6	15.0	11.6	5.8	78.556	57.741	11600	726	12.6	27.1	502	76.0	2.61
32c	320	134	13.5	15.0	11.5	5.8	79.956	62.765	12200	760	12.3	26.8	544	81.2	2.61
36a	360	136	10.0	15.8	12.0	6.0	76.480	60.037	15800	875	14.4	30.7	552	81.2	2.69
36b	360	138	12.0	15.8	12.0	6.0	83.680	65.689	16500	919	14.1	30.3	582	84.3	2.64
36c	360	140	14.0	15.8	12.0	6.0	90.880	71.341	17300	962	13.8	29.9	612	87.4	2.60
40a	400	142	10.5	16.5	12.5	6.3	86.112	67.598	21700	1090	15.9	34.1	660	93.2	2.77
40b	400	144	12.5	16.5	12.5	6.3	94.112	73.878	22800	1140	15.6	33.6	692	96.2	2.71
40c	400	145	14.5	16.5	12.5	6.3	102.112	80.158	23900	1190	15.2	33.2	727	99.6	2.65
45a	450	150	11.5	18.0	13.5	6.8	102.446	80.420	32200	1430	17.7	38.6	855	114	2.89
45b	450	152	13.5	18.0	13.5	6.8	111.446	87.485	33800	1500	17.4	38.0	894	118	2.84

表 A-3　热轧槽钢（GB 706—88）

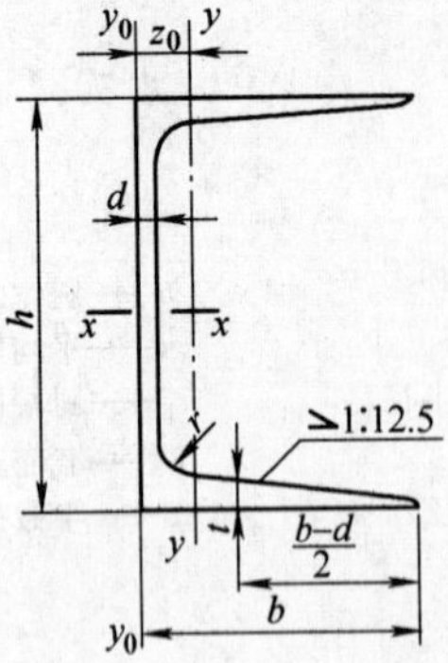

符号意义

h——高度　　b——腿宽

d——腰厚　　t——平均腿厚度

r——内圆弧半径　　r_1——腿端圆弧半径

I——惯性矩　　W——截面系数

i——惯性半径　　z_0——yy 轴与 y_0y_0 轴间距

型号	尺寸/mm						截面面积 A /cm²	理论重量 W /kg·m⁻¹	参考数值							
									x—x			y—y			y_0—y_0	
	h	b	d	t	r	r_1			W_x /cm³	I_x /cm⁴	i_x /cm	W_y /cm³	I_y /cm⁴	i_y /cm	I_{y0} /cm⁴	z_0 /cm
5	50	37	4.5	7.0	7.0	3.5	6.928	5.438	10.4	26.0	1.94	3.55	8.30	1.10	20.9	1.35
6.3	63	40	4.3	7.5	7.5	3.8	8.451	6.634	16.1	50.8	2.45	4.50	11.9	1.19	28.4	1.36
8	80	43	5.0	8.0	8.0	4.0	10.248	8.046	25.3	101	3.15	5.79	16.6	1.27	37.4	1.43
10	100	48	5.3	8.5	8.5	4.2	12.748	10.007	39.7	198	3.95	7.80	25.6	1.41	54.9	1.52
12	126	53	5.5	9.0	9.0	4.5	15.692	12.318	62.1	391	4.95	10.2	38.0	1.57	77.1	1.59
14a	140	58	6.0	9.5	9.5	4.8	18.516	14.535	80.5	564	5.52	13.0	53.0	1.70	107	1.71
14b	140	60	8.0	9.5	9.5	4.8	21.316	16.733	87.1	609	5.35	14.1	61.0	1.69	121	1.67
16a	160	63	6.5	10.0	10.0	5.0	21.962	17.240	108	866	6.28	16.3	73.3	1.83	144	1.80
16	160	65	8.5	10.0	10.0	5.0	25.162	19.752	117	935	6.10	17.6	83.4	1.82	161	1.75
18a	180	68	7.0	10.5	10.5	5.2	25.699	20.174	141	1270	7.04	20.0	98.6	1.96	190	1.88
18	180	70	9.0	10.5	10.5	5.2	29.299	23.000	152	1370	6.84	21.5	111	1.95	210	1.84
20a	200	73	7.0	11.0	11.0	5.5	28.837	22.637	178	1780	7.86	24.2	128	2.11	244	2.01
20	200	75	9.0	11.0	11.0	5.5	32.837	25.777	191	1910	7.64	25.9	144	2.09	268	1.95
22a	220	77	7.0	11.5	11.5	5.8	31.846	24.999	218	2390	8.67	28.2	158	2.23	298	2.10
22	220	79	9.0	11.5	11.5	5.8	36.246	28.453	234	2570	8.42	30.1	176	2.21	326	2.03
25a	250	78	7.0	12.0	12.0	6.0	34.917	27.410	270	3370	9.82	30.6	176	2.24	322	2.07
25b	250	80	9.0	12.0	12.0	6.0	39.917	31.385	282	3530	9.41	32.7	196	2.22	353	1.98
25c	250	82	11.0	12.0	12.0	6.0	44.917	35.260	295	3690	9.07	35.9	218	2.21	384	1.92
28a	280	82	7.5	12.5	12.5	6.2	40.034	31.427	340	4760	10.9	35.7	218	2.33	388	2.10
28b	280	84	9.5	12.5	12.5	6.2	45.634	35.822	366	5130	10.6	37.9	242	2.30	428	2.02
28c	280	86	11.5	12.5	12.5	6.2	51.234	40.219	393	5500	10.4	40.3	268	2.29	463	1.95
32a	320	88	8.0	14.0	14.0	7.0	48.513	38.083	475	7600	12.5	46.5	305	2.50	552	2.24
32b	320	90	10.0	14.0	14.0	7.0	54.913	43.107	509	8140	12.2	49.2	336	2.47	593	2.16
32c	320	96	12.0	14.0	14.0	7.0	61.313	48.131	543	8690	11.9	52.6	374	2.47	643	2.09
36a	360	96	9.0	16.0	16.0	8.0	60.910	47.814	566	11900	14.0	63.5	455	2.73	818	2.44
36b	360	98	11.0	16.0	16.0	8.0	68.110	53.466	703	12700	13.6	66.9	497	2.70	880	2.37

附录B 部分习题参考答案

第1章

1-1 $R=3.11\text{kN}$，$\alpha=6.74°$

1-2 $R=322.49\text{N}$，$\alpha=60°$

1-3 a) $M_O(\boldsymbol{F})=Fl$；b) $M_O(\boldsymbol{F})=Fl\sin\alpha$；c) $M_O(\boldsymbol{F})=F(a\sin\alpha-b\cos\alpha)$；

d) $M_O(\boldsymbol{F})=F\sqrt{a^2+b^2}\sin\alpha$

1-4 力的作用线垂直于矩形对角线，所需的最小力为 $F_{\min}=89.4\text{N}$

1-5 $R=2000\text{N}$，$\alpha=45°$，$d=50\text{mm}$

1-6 $x=213\text{mm}$

第2章

2-1 合力偶 $M_O=260\text{N}\cdot\text{m}$

2-2 $R'=10.3\text{N}$，$\alpha=43.27°$，$M_C=-3.96\text{N}\cdot\text{m}$

2-3 a) $S_{AB}=1.155G$(拉)，$S_{BC}=0.577G$(压)；b) $T_{AB}=0.518G$，$T_{AC}=0.732G$

2-4 $N_A=346.42\text{N}$，$N_B=200\text{N}$

2-5 $T_{AB}=80\text{kN}$

2-6 $F_2=3.56\text{kN}$

2-7 $N=100\text{kN}$

2-8 $M_2=3\text{N}\cdot\text{m}$，$S_{AB}=5\text{N}$

2-9 $S_A=N_C=\dfrac{\sqrt{2}m}{3a}$

2-10 $\theta=2\arcsin\dfrac{Q}{P}$

2-11 a) $N_{Ax}=14.14\text{kN}$，$N_{Ay}=N_B=7.07\text{kN}$

b) $N_{Ax}=21.2\text{kN}$，$N_{Ay}=7.07\text{kN}$，$N_B=10\text{kN}$

2-12 $F_A=P+ql$，$M_A=Pl+\dfrac{1}{2}ql^2$

2-13 a) $N_A=-15\text{kN}$，$N_B=35\text{kN}$；b) $N_A=-10\text{kN}$，$N_B=34\text{kN}$

2-14 $N_{Ax}=-\dfrac{F}{4}$，$N_{Ay}=-\dfrac{3F}{4}$，$N_B=\dfrac{3\sqrt{2}}{4}F$

2-15 $x=9.17\text{m}$

2-16 $N_{Ox}=-286\text{N}$，$N_{Oy}=619\text{N}$，$N_A=310\text{N}$

2-17 $N_{Ax}=2\text{kN}$，$N_{Ay}=107.5\text{kN}$，$N_B=42.5\text{kN}$

2-18 $G_{\text{pmax}}=7.41\text{kN}$

2-19 $N_{Ax}=2.4\text{kN}$，$N_{Ay}=1.2\text{kN}$，$S_{BC}=849\text{N}$

2-20 $S_A=1948\text{N}$，$S_B=974\text{N}$

2-21 $\dfrac{P}{G}=\dfrac{a}{l}$

2-22 a) $F_A=P$, $M_A=Pa$, $S_{BC}=\sqrt{2}P$; b) $F_A=P$, $M_A=Pa-m$, $S_{BC}=\dfrac{\sqrt{2}(m-Pa)}{a}$

2-23 a) $N_{Ax}=0$, $N_{Ay}=-\dfrac{1}{4}qa$, $N_B=qa$, $N_{Cx}=0$, $N_{Cy}=-\dfrac{1}{4}qa$, $N_D=\dfrac{5}{4}qa$

b) $F_{Ax}=qa$, $F_{Ay}=1.5qa$, $M_A=qa^2$, $N_B=1.5qa$, $N_{Cx}=qa$, $N_{Cy}=-0.5qa$

2-24 a)临界状态;b)静止;c)运动

2-25 $s=1.824\text{m}$

2-26 $P_1=P_2\geqslant 800\text{N}$

2-27 $b\leqslant 10.5\text{cm}$

2-28 $0.5<\dfrac{l}{L}<0.559$

第3章

3-1 $F_{1x}=F_{1y}=0$, $F_{1z}=F_1$; $F_{2x}=-\dfrac{\sqrt{2}}{2}F_2$, $F_{2y}=\dfrac{\sqrt{2}}{2}F_2$, $F_{2z}=0$; $F_{3x}=\dfrac{1}{\sqrt{3}}F_3$,

$F_{3y}=-\dfrac{1}{\sqrt{3}}F_3$, $F_{3z}=\dfrac{1}{\sqrt{3}}F_3$

3-2 $M_x=\dfrac{F}{4}(h-3r)$, $M_y=\dfrac{\sqrt{3}}{4}F(r+h)$, $M_z=-\dfrac{Fr}{2}$

3-3 $M_x(\boldsymbol{F}_1)=0$, $M_y(\boldsymbol{F}_1)=-20\text{N}\cdot\text{m}$, $M_z(\boldsymbol{F}_1)=0$; $M_x(\boldsymbol{F}_2)=-\dfrac{90}{\sqrt{13}}\text{N}\cdot\text{m}$,

$M_y(\boldsymbol{F}_2)=-\dfrac{60}{\sqrt{13}}\text{N}\cdot\text{m}$, $M_z(\boldsymbol{F}_2)=\dfrac{180}{\sqrt{13}}\text{N}\cdot\text{m}$; $M_x(\boldsymbol{F}_3)=-\dfrac{60}{\sqrt{5}}\text{N}\cdot\text{m}$,

$M_y(\boldsymbol{F}_3)=0$, $M_z(\boldsymbol{F}_3)=\dfrac{120}{\sqrt{5}}\text{N}\cdot\text{m}$

3-4 $S_{AB}=-2\sqrt{3}F\sin\varphi$, $T_{AC}=2F(\sin\varphi-\cos\varphi)$, $T_{AD}=2F(\sin\varphi+\cos\varphi)$

3-5 $S_{OA}=-1414\text{N}$(压), $S_{OB}=S_{OC}=707\text{N}$(拉)

3-6 $S_1=S_2=-5\text{kN}$, $S_3=-7.07\text{kN}$, $S_4=S_5=5\text{kN}$, $S_6=-10\text{kN}$

3-7 $N_A=8.33\text{kN}$, $N_B=78.33\text{kN}$, $N_C=43.34\text{kN}$

3-8 $F=800\text{N}$; $N_{Ax}=320\text{N}$, $N_{Az}=-480\text{N}$; $N_{Bx}=-1120\text{N}$, $N_{Bz}=-320\text{N}$

3-9 $T=200\text{N}$; $N_{Ax}=86.6\text{N}$, $N_{Ay}=150\text{N}$, $N_{Az}=100\text{N}$; $N_{Bx}=N_{Bz}=0$

3-10 $F_2=2.19\text{kN}$; $N_{Ax}=-2.01\text{kN}$, $N_{Az}=0.376\text{kN}$; $N_{Bx}=-1.77\text{kN}$, $N_{Bz}=-0.152\text{kN}$

3-11 a) $x_C=5.12\text{mm}$, $y_C=10.12\text{mm}$; b) $x_C=0$, $y_C=49.47\text{mm}$; c) $x_C=0$,

$y_C=\dfrac{4(R^3-r^3)}{3\pi(R^2-r^2)}$

3-12 $x_C=21.43\text{mm}$, $y_C=21.43\text{mm}$, $z_C=-7.143\text{mm}$

3-13 $h=\frac{r}{\sqrt{2}}$

第5章

5-4 横截面上的正应力之比为4

5-5 $\sigma_{AB}=-3.65\text{MPa}$, $\sigma_{BC}=137.9\text{MPa}$

5-6 $\sigma_1=62.5\text{MPa}$, $\sigma_2=-60\text{MPa}$, $\sigma_3=50\text{MPa}$

5-7 $\Delta l=0.9\text{mm}$

5-8 $\sigma_{30°}=75\text{MPa}$, $\tau_{30°}=43.3\text{MPa}$; $\sigma_{45°}=50\text{MPa}$, $\tau_{45°}=50\text{MPa}$

5-9 $\Delta l=0.25\text{mm}$; $\sigma=71.4\text{MPa}>[\sigma]$，螺栓强度不够

5-10 $d_{AB}=18\text{mm}$(Q235A 钢), $d_{BC}=23\text{mm}$(铸铁)

5-11 $[P]=97.1\text{kN}$

5-12 $[G]=42\text{kN}$

5-13 $N_{AC}=\frac{l_2}{l}F$, $N_{BC}=-\frac{l_1}{l}F$

5-14 $\sigma_{\max}=131.25\text{MPa}$

第6章

6-1 $\tau=66.3\text{MPa}<[\tau]$, $\sigma_{\text{bs}}=102\text{MPa}<[\sigma_{\text{bs}}]$

6-2 $F\geqslant235.5\text{kN}$

6-3 $\tau=132\text{MPa}<[\tau]$, $\sigma_{\text{bs}}=176\text{MPa}<[\sigma_{\text{bs}}]$, $[F]=63.5\text{kN}$

6-4 $d\geqslant13\text{mm}$

6-5 $\tau=70.7\text{MPa}>[\tau]$，销钉强度不够;应改为 $d\geqslant35.7\text{mm}$ 的销钉

6-6 $l\geqslant127\text{mm}$

6-7 $\tau=16\text{MPa}<[\tau]$，安全

6-8 $l=200\text{mm}$, $a=20\text{mm}$

6-9 $\tau_{铜}=50.9\text{MPa}$, $\tau_{销}=61.1\text{MPa}$

第7章

7-1 a) $T_1=3\text{kN}\cdot\text{m}$, $T_2=-2\text{kN}\cdot\text{m}$, $T_3=-2\text{kN}\cdot\text{m}$; b) $T_1=-3\text{kN}\cdot\text{m}$, $T_2=3\text{kN}\cdot\text{m}$, $T_3=0$

7-3 $P=18.5\text{kW}$

7-4 节省 43.6% 的材料

7-5 $\tau_{\max}=19.22\text{MPa}<[\tau]$，安全

7-6 $d\geqslant32.2\text{mm}$

7-7 $P_1\leqslant244\text{kW}$; $P_2=73\text{kW}$

7-8 $d\geqslant21.7\text{mm}$; $W=1120\text{N}$

7-9 $M_{\max}=215.5\text{kN}\cdot\text{m}$

7-10 (1) $D\geqslant73\text{mm}$; (2) $l=508\text{mm}$

7-11 (1) $d_1\geqslant84.6\text{mm}$, $d_2\geqslant74.5\text{mm}$; (2) $d\geqslant84.6\text{mm}$; (3)主动轮放在从动轮2、3之间合理

7-12　AC 段：$\tau_{1,\max}=49.4\text{MPa}<[\tau]$；$DB$ 段：$\tau_{2,\max}=21.3\text{MPa}<[\tau]$；$\theta_{\max}=1.77°/\text{m}<[\theta]$，安全

第8章

8-1　a) $Q_{1-1}=qa$，$M_{1-1}=-\frac{3}{2}qa^2$；$Q_{2-2}=qa$，$M_{2-2}=-\frac{1}{2}qa^2$；

$Q_{3-3}=qa$，$M_{3-3}=-\frac{1}{2}qa^2$；$Q_{4-4}=\frac{1}{2}qa$，$M_{4-4}=-\frac{1}{8}qa^2$

b) $Q_{1-1}=-qa$，$M_{1-1}=0$；$Q_{2-2}=-qa$，$M_{2-2}=-qa^2$；

$Q_{3-3}=-qa$，$M_{3-3}=0$；$Q_{4-4}=qa$，$M_{4-4}=0$

c) $Q_{1-1}=qa$，$M_{1-1}=-qa^2$；$Q_{2-2}=qa$，$M_{2-2}=0$；

$Q_{3-3}=0$，$M_{3-3}=0$；$Q_{4-4}=0$，$M_{4-4}=0$

d) $Q_{1-1}=-2qa$，$M_{1-1}=0$；$Q_{2-2}=-2qa$，$M_{2-2}=-2qa^2$；

$Q_{3-3}=2qa$，$M_{3-3}=-2qa^2$；$Q_{4-4}=0$，$M_{4-4}=0$

8-2　梁的剪力方程和弯矩方程略

a) $|Q|_{\max}=ql$，$|M|_{\max}=\frac{ql^2}{2}$；b) $|Q|_{\max}=\frac{m}{l}$，$|M|_{\max}=m$；

c) $|Q|_{\max}=F$，$|M|_{\max}=Fl$；d) $|Q|_{\max}=\frac{5ql}{4}$，$|M|_{\max}=\frac{3ql^2}{4}$；

e) $|Q|_{\max}=\frac{ql}{2}$，$|M|_{\max}=\frac{ql^2}{8}$；f) $|Q|_{\max}=F$，$|M|_{\max}=3Fl$

8-3　a) $|Q|_{\max}=2F$，$|M|_{\max}=3Fa$；b) $|Q|_{\max}=\frac{3ql}{8}$，$|M|_{\max}=\frac{9ql^2}{128}$；

c) $|Q|_{\max}=2qa$，$|M|_{\max}=qa^2$；d) $|Q|_{\max}=\frac{qa}{2}$，$|M|_{\max}=\frac{5qa^2}{8}$；

e) $|Q|_{\max}=\frac{5qa}{4}$，$|M|_{\max}=\frac{qa^2}{2}$；f) $|Q|_{\max}=3F$，$|M|_{\max}=3Fa$；

g) $|Q|_{\max}=\frac{7qa}{2}$，$|M|_{\max}=3qa^2$；h) $|Q|_{\max}=qa$，$|M|_{\max}=qa^2$

8-4　竖放 $\sigma_{\max}=180\text{MPa}$；平放 $\sigma_{\max}=360\text{MPa}$

8-5　$\tau_{1,\max}=159.2\text{MPa}$，$\tau_{2,\max}=93.6\text{MPa}$，$\frac{\tau_{1,\max}-\tau_{2,\max}}{\tau_{1,\max}}\times 100\%=41.2\%$

8-6　$d=53\text{mm}$

8-7　$\sigma_{\max}=102\text{MPa}$，发生在梁中部截面上下边缘点；$\tau_{\max}=3.39\text{MPa}$，发生在两支座内侧横截面中性轴上各点

8-8　$\sigma_{\max}=196.4\text{MPa}<[\sigma]$，满足强度要求

8-9　$\sigma_{\max}=46.4\text{MPa}<[\sigma]$，满足强度要求

8-10　$b\geqslant 277\text{mm}$，$h\geqslant 416\text{mm}$

8-11　$[F]=26.2\text{kN}$

8-12　$[F]=56.9\text{kN}$

8-13　D 截面：$\sigma_{t,\max}=17.5\text{MPa}$，$\sigma_{c,\max}=7.5\text{MPa}$；

B 截面：$\sigma_{t,max}=30MPa$，$\sigma_{c,max}=70MPa$，梁满足强度要求

8-14 $b=510mm$

8-15 $\sigma_{max}=84.2MPa<[\sigma]$，$\tau_{max}=11.3MPa<[\tau]$，梁满足强度要求

8-16 选用16号工字钢

8-17 a) $y_B=-\dfrac{29Fl^3}{48EI_z}$，$\theta_B=-\dfrac{9Fl^2}{8EI_z}$；b) $y_B=\dfrac{5ql^4}{24EI_z}$，$\theta_B=\dfrac{ql^3}{3EI_z}$

8-18 $y_C=-\dfrac{17ql^4}{384EI_z}$，$\theta_B=\dfrac{ql^3}{8EI_z}$

8-19 $[q]=9.9kN/m$

第9章

9-1 a) $\sigma_\alpha=0.5MPa$，$\tau_\alpha=-20.5MPa$；b) $\sigma_\alpha=35MPa$，$\tau_\alpha=-8.7MPa$

9-2 a) $\sigma_1=48.3MPa$，$\sigma_2=0$，$\sigma_3=-8.3MPa$；$\sigma_{r3}=56.6MPa$，$\sigma_{r4}=52.9MPa$

b) $\sigma_1=40MPa$，$\sigma_2=0$，$\sigma_3=-10MPa$；$\sigma_{r3}=50MPa$，$\sigma_{r4}=45.8MPa$

9-3 a) $\sigma_1=60MPa$，$\sigma_2=30MPa$，$\sigma_3=-70MPa$；$\tau_{max}=65MPa$

b) $\sigma_1=50MPa$，$\sigma_2=30MPa$，$\sigma_3=-50MPa$；$\tau_{max}=50MPa$

9-4 1点：$\sigma_1=0$，$\sigma_2=0$，$\sigma_3=-100MPa$，$\tau_{max}=50MPa$

2点：$\sigma_1=30MPa$，$\sigma_2=0$，$\sigma_3=-30MPa$，$\tau_{max}=30MPa$

3点：$\sigma_1=58.6MPa$，$\sigma_2=0$，$\sigma_3=-8.6MPa$，$\tau_{max}=33.6MPa$

4点：$\sigma_1=100MPa$，$\sigma_2=0$，$\sigma_3=0$，$\tau_{max}=50MPa$

各点应力状态略

第10章

10-1 (1)开槽前 $\sigma_{c,max}=\dfrac{F}{a^2}$，各截面；开槽后 $\sigma_{c,max}=\dfrac{8F}{3a^2}$，左侧外边缘

(2)均布，$\sigma_{c,max}=\dfrac{2F}{a^2}$

10-2 $\sigma_{t,max}=6.75MPa$，$\sigma_{c,max}=6.99MPa$

10-3 $d=122mm$

10-4 初选 $W_z=120cm^3$，选16号工字钢；校核：$\sigma_{max}=107.3MPa<[\sigma]$，强度满足

10-5 $G=788N$

10-6 $d=82.4mm$

10-7 $\sigma_{r3}=8.18MPa<[\sigma]$，满足强度要求

第11章

11-1 a) $F_{cr}=2540kN$；b) $F_{cr}=2647kN$；c) $F_{cr}=3136kN$

11-2 $F_{cr}=81.6kN$，$\sigma_{cr}=41.6MPa$

11-3 $\sigma_{cr}=7.40MPa$

11-4 $n=4.11$

11-5 $n=3.58>n_{st}$，满足稳定性要求

11-6 $n=3.14>n_{st}$，满足稳定性要求

11-7 $F_{max}=9kN$

11-8 $F_{max}=114.8\ kN$

11-9 a) $l_{cr}=1892mm$; b) $l_{cr}=2758mm$

11-10 $b/h=0.7$

第12章

12-1 运动方程$\begin{cases}x=a\sin\omega t\\y=b\cos\omega t\end{cases}$; 轨迹方程$\frac{x^2}{a^2}+\frac{y^2}{b^2}=1$

12-2 运动方程 $x=\frac{rl\sin\omega t}{\sqrt{a^2+r^2+2ar\cos\omega t}}$

12-3 直角坐标法: $x_C=\frac{bL}{\sqrt{L^2+(ut)^2}}$, $y_C=\frac{but}{\sqrt{L^2+(ut)^2}}$;

自然法: $s=b\varphi$, $\varphi=\arctan\frac{ut}{L}$, $v_C=\frac{bu}{2L}$

12-4 直角坐标法: $x=R+R\cos2\omega t$, $y=R\sin2\omega t$, $v=2R\omega$, $\cos(\boldsymbol{v},\boldsymbol{i})=-\sin2\omega t$,

$a=4R\omega^2$, $\cos(\boldsymbol{a},\boldsymbol{i})=-\cos2\omega t$; 自然法: $s=2R\omega t$; $v=2R\omega$; $a_\tau=0$, $a_n=4R\omega^2$

12-5 $a_\tau=1.2m/s^2$, $a_n=90m/s^2$

12-6 $v=-r\omega\sin\omega t$, $a=-r\omega^2\cos\omega t$

12-7 a) $v_A=2a\omega$, $a_{A\tau}=2a\alpha$, $a_{An}=2a\omega^2$;

$v_M=\omega\sqrt{a^2+b^2}$, $a_{M\tau}=\alpha\sqrt{a^2+b^2}$, $a_{Mn}=\omega^2\sqrt{a^2+b^2}$

b) $v_A=v_M=r\omega$, $a_{A\tau}=a_{M\tau}=r\alpha$, $a_{An}=a_{Mn}=r\omega^2$

12-8 $t=0$ 时, $v=15.7cm/s$, $a_\tau=0$, $a_n=6.17cm/s^2$;

$t=2s$ 时, $v=0$, $a_\tau=-12.34cm/s^2$, $a_n=0$

12-9 $v=\frac{R\pi n}{30}$, $a=\frac{R\pi^2n^2}{900}$

12-10 运动方程: $x=200\cos\frac{\pi}{5}t$, $y=100\sin\frac{\pi}{5}t$; 轨迹: $\frac{x^2}{40000}+\frac{y^2}{10000}=1$

12-11 $s=125t$, $v=125cm/s$, $a_\tau=0$, $a_n=625cm/s^2$

12-12 $v=7.24m/s$

12-13 $n_{2min}=240r/min$, $n_{2max}=960r/min$

12-14 $v=52mm/s$, $a=0$, $a_n=274mm/s^2$

12-15 $v_M=0.4m/s$, $a_{M\tau}=-0.4m/s^2$, $a_{Mn}=0.8m/s^2$; $v_A=0.4m/s$, $a_A=-0.4m/s^2$

第13章

13-1 $v_a=\frac{\sqrt{3}}{3}v$

13-2 $\omega_1=\frac{r^2\omega_O}{r^2+l^2}$

13-3 $v_a=r\omega\sin\varphi$

13-4 $v_r=3.6m/s$

13-5 $\omega=\frac{r\omega_O}{l}$

13-6 a) $\omega_2=1.5\text{rad/s}$; b) $\omega_2=2\text{rad/s}$

13-7 $v_C=\dfrac{av}{2l}$

13-8 $v=0.173\text{m/s}$

13-9 $v_M=0.173\text{m/s}$

13-10 $v_B=34.64\text{mm/s}$, $\omega_{AB}=0.2\text{rad/s}$

13-11 $v_P=0$, $v_A=\sqrt{2}v_O$, $v_B=2v_O$, $v_C=\sqrt{2}v_O$

13-12 $\omega_{AB}=3\text{rad/s}$, $\omega_{O_1B}=5.2\text{rad/s}$

13-13 $\omega_{\text{II}}=\dfrac{\omega_O(r_1+r_2)}{r_2}$, $v_B=\sqrt{2}\omega_O(r_1+r_2)$, $v_C=2\omega_O(r_1+r_2)$

13-14 $v_E=0.8\text{m/s}$

13-15 $v_{BC}=2.513\text{m/s}$

13-16 $\omega_{ABD}=1.072\text{rad/s}$, $v_D=0.254\text{m/s}$

13-17 $v_C=\dfrac{3}{2}r\omega_O$

13-18 $\omega_{O_1D}=0$, $\omega_{BD}=3.43\text{rad/s}$, $v_M=103\text{cm/s}$

第14章

14-1 $v=\sqrt{2gs(\sin\alpha-f\cos\alpha)}$, $t=\sqrt{2s/g(\sin\alpha-f\cos\alpha)}$

14-2 $F=1.96\text{kN}$

14-3 $F=G\left(\cos\varphi+\dfrac{v_0^2}{gl}\right)$

14-4 $n=\dfrac{30}{\pi}\sqrt{\dfrac{fg}{r}}$

14-5 $n=\dfrac{30}{\pi}\sqrt{\dfrac{g}{R}\cos\theta_0}$

14-6 $S_{AM}=m\left(\dfrac{1}{2}l\omega^2+g\right)$, $S_{BM}=m\left(\dfrac{1}{2}l\omega^2-g\right)$

14-7 $t=\sqrt{\dfrac{(m_1+m_2)h}{(m_1-m_2)g}}$

14-8 $J_O=\dfrac{1}{3}m_1l^2+m_2\left(\dfrac{3}{8}d^2+l^2+ld\right)$

14-9 $\alpha=\dfrac{2G_1g}{(G+2G_1)R}$

14-10 $\alpha=\dfrac{3g}{4l}$

14-11 $\alpha_1=\dfrac{2(R_2M-R_1M')}{(m_1+m_2)R_1^2R_2}$

14-12 $J=1065\text{kg}\cdot\text{m}^2$, $M_f=5.98\text{N}\cdot\text{m}$

14-13 $a=\dfrac{(Mi-mgR)R}{mR^2+J_1i^2+J_2}$

第 15 章

15-1 重力 $W_G = 24.5\text{J}$，法向力 $W_N = 0$，摩擦力 $W_{F'} = -8.5\text{J}$，弹性力 $W_F = -12.5\text{J}$，合力 $W = 3.5\text{J}$

15-2 重力 $W_G = \frac{mgl}{2}$，法向力 $W_N = 0$，力矩 $W_M = \frac{\pi M}{2}$，弹性力 $W_F = -0.17kl^2$，合力 $W = \frac{mgl}{2} + \frac{\pi M}{2} - 0.17kl^2$

15-3 $W = 6.29\text{J}$

15-4 $W = -20.7\text{J}$

15-5 $T = \frac{2}{3}mv_B^2$

15-6 $T = \frac{1}{2}(3m_1 + 2m)v^2$

15-7 $\delta_{st} = \frac{mg}{k}$，$s = \delta_{st}\left(1 + \sqrt{1 + \frac{v_0^2}{g\delta_{st}}}\right)$

15-8 $v_C = 2\sqrt{\frac{(M - m_2 gR_1\sin\theta)s}{(2m_1 + 3m_2)R_1}}$，$a_C = \frac{2(M - m_2 gR_1\sin\theta)}{(2m_1 + 3m_2)R_1}$

15-9 $v_A = v_B = 6.6\text{m/s}$

15-10 $v = 8.1\text{m/s}$

15-11 $n = 412\text{r/min}$

15-12 $\omega = \frac{2}{R}\sqrt{\frac{gs\sin\theta}{3}}$

15-13 $k_2 = 2.76\text{N/cm}$

15-14 $v = \sqrt{\frac{4P_3 gs}{3P_1 + P_2 + 2P_3}}$，$a = \frac{2P_3 g}{3P_1 + P_2 + 2P_3}$

15-15 $v = \sqrt{\frac{2gs(M - P_1 r\sin\varphi)}{r(P_1 + P_2)}}$

15-16 $N_A = G(2 - \tan\theta)$，$N_B = \frac{G}{\cos\theta}$

15-17 $a \geqslant 3.2\text{m/s}^2$

15-18 $h = \frac{R}{3}$

15-29 $N_{Ax} = N_{Bx} = \frac{Pl^2\omega^2}{gh}\sin 2\theta$，$N_{Ay} = 2P$

15-20 货箱不滑动 $a \leqslant fg$；货箱不翻倒 $a \leqslant \frac{b}{h}g$

15-21 $N_{Ox} = 0$，$N_{Oy} = 608\text{N}$；$T = 598\text{N}$

15-22 $N_A = N_B = 1677\text{N}$

15-23 $f \geqslant \tan\theta$

15-24 $N_A = m\frac{gb - ah}{c + b}$，$N_B = m\frac{gc + ah}{c + b}$；$a = m\frac{(b - c)g}{2h}$时，$N_A = N_B$

15-25 (1)$a \leqslant 2.91\text{m/s}^2$；(2)$\frac{h}{d} \geqslant 5$ 时先倾倒

15-26 $a = \frac{M - PR}{PR^2 + Jg}Rg$，$N_{Ax} = 0$，$N_{Ay} = N_B = \frac{1}{2}\left(W + G + P\frac{Jg + MR}{PR^2 + Jg}\right)$

15-27 $X_C = 0$，$Y_C = \frac{3m_1 + m_2}{2m_1 + m_2}m_2 g$，$M_C = \frac{3m_1 + m_2}{2m_1 + m_2}m_2 gl$

15-28 $a_C = 2.8\text{m/s}^2$，$N = 196\text{N}$，$F = 14\text{N}$

参 考 文 献

[1] 刘鸿文. 材料力学 [M]. 北京: 高等教育出版社, 1992.
[2] 范钦珊. 理论力学 [M]. 北京: 高等教育出版社, 2000.
[3] 范钦珊. 材料力学 [M]. 北京: 高等教育出版社, 2000.
[4] 陈位宫. 工程力学 [M]. 北京: 高等教育出版社, 2000.
[5] 陈继刚, 张建中, 唐平. 工程力学 [M]. 徐州: 中国矿业大学出版社, 2002.
[6] 刘思俊. 工程力学 [M]. 北京: 机械工业出版社, 2006.
[7] 张凤翔. 工程力学 [M]. 北京: 北京理工大学出版社, 2007.